服装高等教育“十二五”部委级规划教材（本科）

现代服装材料与应用

李艳梅　林兰天等　编著

中国纺织出版社

内容提要

本书在着重介绍服装用纤维、纱线、织物、辅料等基本服装材料的种类、特点和性能知识的基础上，对新型服装材料进行了比较全面的扩展。而且在服装材料的选择和应用上形成特色，在对典型服装企业实际生产调研的基础上，分别针对服装设计、服装工程（生产）、防护性服装的特点，通过大量实例探讨了服装材料选用的原则和运用。作为服装材料应用的延伸，本书也对服装面料二次设计进行了阐述，与后续服装专业课程形成承上启下之势。

本书的附录中收录了大量服装材料专业常识，以开阔学生的视野，增加实践性。所附光盘中收集了大量的服装材料图片，为教学提供直观的素材，有利于学生“预习”和“复习”。

本书得到上海市重点课程《服装材料学》建设项目的资助。主要面向服装设计与工程及其相关专业和专业方向的本科生应用，也可以作为服装学科外其他学生和服装科研人员的参考资料。

图书在版编目（CIP）数据

现代服装材料与应用 / 李艳梅等编著 .—北京：中国纺织出版社，2013.3（2019.7重印）
服装高等教育“十二五”部委级规划教材. 本科
ISBN 978-7-5064-9287-4

I. ①现… II. ①李… III. ①服装—材料—高等学校—教材 Ⅳ. ① TS941.15

中国版本图书馆 CIP 数据核字（2012）第 240423 号

策划编辑：李沁沁　张　程　　责任编辑：宗　静　　特约编辑：朱嘉玲
责任校对：余静雯　　责任设计：何　建　　责任印制：何　艳

中国纺织出版社出版发行
地址：北京市朝阳区百子湾东里 A407 号楼　邮政编码：100124
销售电话：010-67004422　传真：010-87155801
http://www.c-textilep.com
E-mail:faxing@c-textilep.com
中国纺织出版社天猫旗舰店
官方微博 http://weibo.com/2119887771
北京玺诚印务有限公司印刷　各地新华书店经销
2013年3月第1版　2019年7月第3次印刷
开本：787×1092　1/16　印张：20
字数：380千字　定价：35.00元（附光盘一张）

出版者的话

《国家中长期教育改革和发展规划纲要》（简称《纲要》）中提出“要大力发展职业教育”。职业教育要“把提高质量作为重点。以服务为宗旨，以就业为导向，推进教育教学改革。实行工学结合、校企合作、顶岗实习的人才培养模式”。为全面贯彻落实《纲要》，中国纺织服装教育协会协同中国纺织出版社，认真组织制订“十二五”部委级教材规划，组织专家对各院校上报的“十二五”规划教材选题进行认真评选，力求使教材出版与教学改革和课程建设发展相适应，并对项目式教学模式的配套教材进行了探索，充分体现职业技能培养的特点。在教材的编写上重视实践和实训环节内容，使教材内容具有以下三个特点：

（1）围绕一个核心——育人目标。根据教育规律和课程设置特点，从培养学生学习兴趣和提高职业技能入手,教材内容围绕生产实际和教学需要展开,形式上力求突出重点,强调实践。

（2）突出一个环节——实践环节。教材出版突出高职教育和应用性的特点，注重理论与生产实践的结合，有针对性地设置内容，增加实践和实训，并通过项目设置，直观反映生产实践的最新成果。

（3）实现一个立体——开发立体化教材体系。充分利用现代教育技术手段，构建数字教育资源平台，开发教学课件、音像制品、素材库、试题库等多种立体化的配套教材，以直观的形式和丰富的表达充分展现教学内容。

教材出版是教育发展中的重要组成部分，为出版高质量的教材，出版社严格甄选作者，组织专家评审，并对出版全过程进行跟踪，及时了解教材编写进度、编写质量，力求做到作者权威、编辑专业、审读严格、精品出版。我们愿与院校一起，共同探讨、完善教材出版，不断推出精品教材，以适应我国职业教育的发展要求。

中国纺织出版社

教材出版中心

序

本教材得到上海市重点课程《服装材料学》建设项目的资助。教材在突出特色和重点的同时，也注重服装材料基础知识的介绍，以保证专业教学的基础，并拓展学生对专业知识的协调应用。教材主要面向服装设计与工程及其相关专业和专业方向的本科生应用，也可以作为服装学科外其他学生和服装科研人员的参考资料。

《服装材料学》是服装设计与工程专业必修的专业基础课程。本课程在专业培养目标中的定位与课程目标是：要求学生从理论和实践中充分了解和认识各类服装材料的种类、特点和性能，为服装设计和成衣加工合理选择和搭配材料，并了解各种材料在使用中的保养和维护要求。通过本课程的教学，培养学生的创新意识，学会分析和掌握服装材料的流行趋势，在服装材料的发展新动向中不断激发创造性思维和提高科学运用技能，为后继课程的学习奠定扎实的专业基础和实践技能。

《现代服装材料与应用》教材的书写上，采用简洁明了、图文结合的表达形式，突出条理性，并附上体现出教学相长的教学提示与思考题，也有其可取之处。内容组织上，根据教学中积累的经验，以及历年来学生对于课程教学的反馈，在着重介绍服装用纤维、纱线、织物等基本服装材料的种类、特点和性能知识的基础上，对教学内容进行了整合和更新。

教材对新型服装材料进行了比较全面的扩展，结合实例阐述了新材料的结构、性能和用途等。

对于服装用织物的染整内容，较为精炼简明地介绍了染色、印花及后整理的相关内容，连贯系统，并举例图示，侧重于分析在服装面料上的应用与最终效果。

服装材料的应用内容是本教材内容整合的特色之一，分别针对服装设计、服装工程（生产）、防护性服装的特点，通过大量实例探讨了服装材料选用的原则和运用等。在对典型服装企业实际生产调研的基础上，比较详细地阐述了服装材料在生产中的选择方法、加工中的性能特点、质量检验内容等，以充实原有教材中的不足，也是为现今服装设计与工程专业人才的教学需要。当今，对服装专业的教学科研已从时尚生活延伸到太空航天等装备，正是历史向我们专业学科提出了又一个光荣又艰难的课题。防护服装也是当前国际上对服装材料应用方面一个重大突破口，前景广阔，本教材涉及相应的启迪内容也是恰当的。

教材内容整合的另一特色体现在服装面料二次设计的章节与后续服装专业课

程形成承上启下之势，也是服装材料应用的延伸。该章节阐明了服装面料二次设计的特征、原则和方法等，使服装设计与面料设计的关系更加紧密，更突出服装设计与服装材料两者相辅相成、再次创意的特点。

教材的附录中收录了大量服装材料专业常识，以开阔学生的视野，增加实践性。教材所附光盘中收集了大量的服装材料图片，为教学提供直观的素材，有利于学生“预习”和“复习”。

《现代服装材料与应用》教材的编写团队的教学科研水平成绩显著，近年来取得了可喜的教书育人成果，上海工程技术大学的两位主编教师曾分别被评为上海市优秀青年教师、校教学明星。团队教师教学认真、责任感强，参编教师团队成员均具有本课程的主讲经验。自2006年以来，《服装材料学》课程教学水平不断提高，先后获得校级精品课程、上海工程技术大学教学成果二等奖和中国纺织工业协会教学成果三等奖。因此，今天该教学团队能出色地完成上海市重点课程《服装材料学》建设项目的任务，正是教学团队全体教师长期企盼的，为报效我国高等专业教育建设的心愿。教材的第一章、第三章第二节和第十章由柯宝珠副教授完成；第二章和第五章由许颖琦老师完成；第三章第一节和第三节、第四节、第七章、第八章第一节、附录二由李艳梅副教授完成；第四章由刘茜副教授完成；第六章由复旦上海视觉艺术学院仇晓坤老师完成；第八章第三节和第九章由林兰天教授和吴海燕副教授完成；第八章第二节由服装研究所冯宪高工完成；附录一由沈逸平副教授完成。全书由林兰天教授统稿。作为主审，我在逾耄耋之年能参与这项教材工作，也是向教学团队教师学习、交流的机会，喜见一代胜过一代，祖国的教育事业大有希望。

王传铭

2012-8-8

教学内容及课时安排

章/课时	课程性质/课时	节	课程内容
第一章 （1课时）	应用理论及 专业技能 （48课时）		**• 绪论**
		一	服装材料学的内容
		二	服装材料的发展
第二章 （8课时）			**• 服装用原材料**
		一	服装用纤维
		二	服装用纱线
第三章 （14课时）			**• 服装用织物**
		一	机织物的构成与种类
		二	针织物的构成与种类
		三	非织造布的构成与种类
		四	织物的服用性能与风格评价
第四章 （3课时）			**• 服装用织物的染整**
		一	概述
		二	染色与印花
		三	后整理
第五章 （3课时）			**• 服装用毛皮与皮革**
		一	毛皮
		二	皮革
第六章 （4课时）			**• 新型服装材料**
		一	新型服装材料的发展概况
		二	新型环保服装材料
		三	新型功能服装材料
		四	新型智能服装材料
		五	高感性服装材料
第七章 （4课时）			**• 服装辅料**
		一	服装里料
		二	服装用衬垫材料
		三	服装用絮填材料

章/课时	课程性质/课时	节	课程内容
第七章 （4课时）	应用理论及 专业技能 （48课时）	四	服装用固紧材料
		五	其他服装辅料
第八章 （5课时）			**• 服装材料的选择和应用**
		一	服装材料的设计应用
		二	服装材料的工程应用
		三	特种防护服装的材料应用
第九章 （3课时）			**• 服装面料的二次设计**
		一	服装面料二次设计的概念
		二	服装面料二次设计的原则与方法
		三	服装面料二次设计的实现方法
第十章 （3课时）			**• 服装材料的洗涤、保养与标志**
		一	服装材料的洗涤
		二	服装材料的熨烫
		三	服装材料的保养
		四	服装的标志

注 各院校可根据自身的教学特点和教学计划对课程时数进行调整。

目录

应用理论及专业技能——

绪论

教学内容：1. 服装材料学的内容。
2. 服装材料的发展。

上课时数：1课时。

教学提示：重点在于掌握服装材料的内容以及服装材料的发展趋势。

教学要求：使学生了解服装材料学课程的主要内容和基本要求，以及服装材料发展简史及趋势，能够结合流行趋势分析服装材料发展的主要趋势和特点。

课前准备：教师准备服装材料与设计、服装材料加工过程、服装材料发展概况的图片。

第一章　绪论

服装的色彩、款式和材料是构成服装的三要素。而服装的颜色、图案、材质风格等是由服装材料直接体现的，服装的款式造型亦需依靠服装材料的厚薄、轻重、柔软、硬挺、悬垂性等因素来保证。服装材料形态和特性各异，也影响着服装的外观、加工性、服用性、保养及经济性等。因此，只有了解和掌握了服装材料的类别、特性及其对服装设计的影响，才能正确地选用服装材料，设计和生产出使消费者满意的服装。同样，新型纤维的不断推出、高科技加工技术的运用，也促使服装业不断朝着更为舒适、便利、健康、安全、生态的方向努力。

从服装材料到服装，是一个艺术创作的过程，尤其是要求服装深层次地体现特定的风格理念时，对材料质感和肌理的探索十分重要。服装材料的二次设计——通过在面料上加珠片、刺绣、打磨、撕破等手法，赋予面料全新的风格，更大限度地发挥材质视觉美感的潜力。同样，通过不同材质间的组合搭配，如将金属与皮革、针织与薄纱、闪光与亚光等各种材质加以组合，也可以产生独特的艺术魅力。

第一节　服装材料学的内容

服装材料学是研究服装面料、辅料及其有关的纺织纤维、纱线、织物的结构和性能，结构与性能的关系，以及服装衣料的分类、鉴别和保养等知识和技能的一门学科。

一、服装材料学的内容

1. 服装材料的概念

服装材料就是构成服装的全部材料，包括服装的面料和辅料。各类服装材料各具特色与不同用途，基本上包括以下几个方面。

（1）构成服装外观主体部分的面料。

（2）实现特定功能的辅料，如起保暖作用的填充材料与起定型作用的衬料。

（3）生产、加工性材料，如用于衣片缝合的缝纫线。

（4）装饰性材料，如各种花边、绳带。

（5）标志性材料，如商标、标志。

从下图可知，服装材料所使用的原料范围广泛，种类繁多，形态各异，在材质、外观、性能、质量等方面均有很大差异，在服装设计中必须依据设计目的和用途，合理使用和相互匹配。

- 服装材料
  - 纤维制品
    - 纺织制品
      - 布类：机织物、针织物、钩编物
      - 线带类：织带、编织带、缝纫线、绳索
    - 集合制品：毛毡、絮棉、非织造布、纸
  - 皮革制品
    - 皮革类：兽皮、鱼皮、人造革
    - 毛皮类：天然兽皮毛、人造毛皮
  - 泡沫制品：泡沫薄片、泡沫衬垫
  - 皮膜制品：黏胶薄膜、合成树脂薄膜、塑料薄膜、动物皮膜等
  - 金属制品：钢、铁、铜、铝、镍等制成的服装辅料与配件及镀金属制品（纽扣、拉链、装饰连接件等）
  - 其他制品：木质、骨质、贝壳、橡胶、塑料、玻璃、石料等制品

服装材料的种类

2. 服装材料学研究的内容

服装材料学课程主要从消费科学的角度讲述各类天然和化学纤维、纱线、织物以及各种辅料的结构、外观及服用性能，而不是侧重于它们的制作过程与化学分子结构，故有别于纺织材料学。为此，要求学生懂得以下知识。

（1）能够辩证地认识服装和材料间相辅相成、互相制约的关系。

（2）掌握常用服装材料的各项性能，具有一定的面、辅料识别应用能力。

（3）能够结合服装设计要求，合理选择服装材料和提出创新意见，培养新产品的开发能力。

（4）分析和掌握服装材料的流行、发展趋势，理解和把握其创新特征，不断激发创造性思维和提高科学的运用技能。

（5）能对一些典型的名师佳作进行分析，从纤维组成、纱线和织物特点以及辅料的选用中领悟服装设计师运用服装材料的理念和意图。

二、服装材料与服装设计

服装材料是服装设计的三大要素之一，造型、色彩都由服装材料的性能和形态来体现。法国著名的服装设计大师伊夫·圣·洛朗（Yves Saint Laurent）说："在服装设计时，我们需要关心的，并非衣服、腰带的位置，也不是开领的形态和大小之类的问题，而是同画家选择不同颜色、雕塑家选择所需的褐土一样，要精心地选择布料和颜色，即材料，若要设计的连衣裙符合自己的想象，就必须选用恰当的材料。"因此，如何选择和使用服装材料直接关系到服装设计的成败。下面主要从外观表现和性能应用两方面阐述服装材料对服装设计的影响。

1. 外观表现

不同的材料有着不同的质地外观，一般来说，棉织物颜色柔和、质地柔软；毛织物高

雅、含蓄；丝织物华丽、轻薄；麻织物粗犷、自然；各种化学纤维织物在仿真外观、性能及自身特色上也各有千秋。例如，同为黑色，柔润光滑的丝绸软缎显得高贵、富丽，而粗糙的棉麻布则给人以朴素、淡雅的感觉；同为蓝色，薄如蝉翼的乔其纱飘逸、轻盈，而丰厚的烤花呢则给人以端庄、稳重的感觉；同为灰色，在棉织物上显得陈旧，在毛织物上则显得高贵。各类服装材料的色彩都有自己的特点，这是材料本身的光泽、性能和使用要求决定的。所以，在服装设计时希望达到的色彩效果必须与服装材质共同考虑。

材料的闪光闪色、小花小格、暗条暗格等，使色彩的明度随着人体的动作而变化，也可达到远近不同的色彩配合效果。材料的软硬度、弹性、延伸性直接影响服装的穿与脱、折皱与平整、保形与变形等。一般，延伸性好的材料容易穿脱，弹性好的材料不易走形，表面不易起皱，即使起皱也易恢复。有的材料经防皱、防缩处理，表面平整，保形性好。变形与形变是一对始终存在又可相互转换的矛盾，在服装材料的外观表现与应用上较为突出。

除了材料的选择外，服装材料的二次设计（也称面料再造）也是现代服装设计的一种新手法。面料再造是指根据设计需要，运用各种服饰工艺手段对现有的常规服装面料进行再创作的过程，使其产生丰富的视觉肌理和触觉肌理效果，这是设计师思想的延伸，具有无可比拟的创新性。得体的面料设计处理方案是服装设计的关键，比如通过刺绣、缀饰、缝线、镶拼、编结、打磨、镂空、撕破、烧灼、起褶、水洗、砂洗、印染、扎染、蜡染、手绘、喷绘等很多工艺手法对其进行处理，最后面料的光泽、肌理改变了，给人的感觉也不一样了，有可能使原来过时的材料变得时尚了，普通的材料更有个性了，而且再度处理的面料风格必然也与众不同，符合现在大众追求个性化的心理。例如，日本已故设计师君岛一郎曾介绍过他的设计构思方法，最常用的就是，直接把面料披挂在人体上，在面料的围绕、聚合、披挂、连接的比较中萌发灵感。再如，著名服装设计师三宅一生（Issey Miyake）创造出各种肌理效果的面料，设计出独特而不可思议的服装，被称为“面料魔术师”。由他开创的“一生褶”，展示了面料二次创意的无限魅力，至今仍是面料再设计的典范。来自瑞典的新锐设计师 Sandra Backlund 对编织面料质感的把握一点也不输前辈，用镂空的织法赋予了毛线新的含义，用纯手工的技法，编织出层叠的宫廷服饰褶皱效果和皮草的奢华质感，构筑起新的时尚空间。

另外，多种材料面料的组合也是服装设计的一种思路。充分利用不同质感、肌理特征的面料进行组合，也可以产生奇异的外观变化。有些材料单独看很单调，但将其与其他面料组合搭配就可以产生令人耳目一新的感觉。比如，同颜色有光泽与无光泽面料的组合、立体肌理与平滑肌理的组合、凹肌理与凸肌理效果的组合等，都会使服装产生丰富的变化，甚至可以“化腐朽为神奇”。

2. 性能应用

（1）可加工性。在加工服装的过程中，服装材料的可加工性，除要受缝纫机械状态等因素影响外，还受到构成材料的诸多因素影响，如构成材料的纤维原料、纱线、结构及后整理等，因此有的材料加工容易，而有的材料加工不易。

（2）舒适性。随着人们生活水平的提高，许多人越来越重视服装的舒适性。服装材料的舒适可分为视觉舒适与触觉舒适。视觉舒适是人的视觉对材料外观表现的主观意见；触觉舒适是人体接触服装材料的触感意见与穿着服装时身体达到热湿平衡的舒适。因此，服装材料的舒适性是各种材料的质地、物理性能与人体判断的综合性能。

（3）安全性。服装是人体的一部分，也是人体的延伸，使人体免受外来恶劣条件的侵害或不对周边环境引起不良后果。例如材料的防潮、防碱、防油、防水、防污、防菌、防静电、防辐射、防紫外线、防弹、阻燃等，均可达到安全的目的。

（4）耐用性。从表面看，指服装穿用时间长短的问题，然而新的消费观念已不是破旧服装能不能穿，而是新衣穿多久。它涉及服装的色彩、款式及材质的变化，具体到服装材料上，就是经过多长时间穿着后材质不发生不必要的变化。

（5）保养性。服装的保样涉及服装材料的洗涤与收藏。服装用什么方式洗涤？洗涤效果如何？用什么条件洗？洗后是否不需处理便可穿着？收藏时，服装是否需防腐、防蛀、防霉、防老化、防变质，是否会发生形的变化等？不同材料的服装的保管方法是不同的。

由此可见，服装材料在服装设计、制作、消费过程中的选择与应用极其重要的。新的材料在不断出现，但只要掌握了材料选择与应用的最基本的方法，都能及时地处理所出现的任何问题。面对任何一块面料时，不要简单判定它是好是坏，而要看它的纤维原料是什么，使用何种纱线，组织结构如何，加工方法如何等，这样就能恰如其分地分析材料、选择材料、应用材料。由此发展，还可以积极地向材料制造商提供有效意见，制造出所需的面料。

第二节 服装材料的发展

服装材料的发展经过了漫长的过程，从远古的兽皮、树叶到天然纤维棉、麻、丝、毛，又到各种化学纤维产品的问世，再到近年来流行的各类高科技功能性服装材料。服装材料的发展反映了人类认识自然、征服自然的历程，也是人类文明进化的基础。

一、服装材料的发展简史

1. 服装面料的发展过程

考古学家发现，距今约 40 多万年前的旧石器时代，人类就开始使用兽皮和树叶作为御寒遮体之物。在温和的热带，人类把树皮、草叶和藤等系扎在身上，某些树木的海绵状树皮剥下后捣烂，制成大块衣料，其质地如纸，只能用作围裙。这对以后天然纤维的发现具有先导作用。在北京周口店猿人洞人中曾发掘出 12000 年前的一枚经刮削磨制而成的骨针，可见当时已能用骨针把兽皮连接起来遮身。

人类在生活和劳动实践中发现，把植物的韧皮剥下来浸泡在水中，就可得到细长柔韧的线状材料，这就是公元前5000多年在埃及最早使用的植物纤维——麻。古埃及人的基本服饰叫做“努格白”，就是一块亚麻布缠在身上，既遮羞又凉快。

随着人们对大自然的探索，对生存环境的逐步了解，渐渐从自然界中提取更多的材料用于制衣御寒，即现在所称的天然纤维原料——丝、毛和棉等。距今4000多年前，我国开始使用蚕丝制作精美的丝织物。公元前1世纪，我国商队通过丝绸之路将此技术传播到西方。公元前2000多年，古代美索不达米亚地区已开始利用动物的兽毛制作服装，其中主要是羊毛。大约公元前2000年至2500年，印度首先使用了棉纤维。

服装材料的发展，经历了非常缓慢的历史过程，直到19世纪中下叶产业革命才使服装及其材料得到了迅速发展。化学纤维长丝便是最早投入工业生产的人工纺织材料，从此，各种新型的服装材料不断涌现，速度很快，开始和推动了化学纤维工业的发展。

早在1664年，英国人R. 胡克（R. Hooke）就有了创制化学纤维的构想，经过一系列研究，1883年英国人斯旺（Swan）发明了硝酸纤维素丝。1889年，法国人C. H. de查多尼特（Chardon-net）在巴黎首次展出了工业化的硝酸纤维素丝。英国人C. F. 克劳斯（C. F. Cross）等在1904年获得了生产黏胶纤维（Viscose）的专利权，1925年，黏胶短纤维（Rayon）问世。1938年，美国杜邦成功研制聚酰胺纤维（Polyamide)，并命名为锦纶（尼龙，Nylon），这是第一种合成纤维。1946年，美国研制成功人造金属长丝（Lurex)。1950年，杜邦公司研制成功腈纶（Acrylic)。1953年，杜邦公司使涤纶（Polyester)工业化。1956年，弹性纤维（Spandex)研制成功。而后，新型的再生纤维、合成纤维层出不穷。

随着科学技术的进步，化学纤维产量、质量都在不断提高和改善，成本也在降低。更重要的是，化学纤维不仅可代替天然纤维，而且超越天然纤维，进入一个数量和质量的全新领域，为服装的成衣化、个性化、高附加值提供了更丰富、品质更优异、更新颖的新型纤维。

2. 服装辅料的发展过程

辅料的发展也经历了漫长的过程。早在古埃及时期，人类已开始运用亚麻织物作为辅料，使服装变得硬挺。

文艺复兴时期的欧洲，人们已在服装上加衬垫和棉絮以塑成一定的造型。巴洛克时期，用鲸骨、金属或藤做成纽扣;而我国在宋代已出现了纽扣。19世纪末，美国人发明了拉链。

在衬料方面，20世纪初，人们曾用亚麻和羊毛等材料制成各种衬布。20世纪50年代末才有热熔黏合衬。由于使用黏合衬使服装制作工艺简便、造型美观、保型性好、品种多、穿着舒适，所以黏合衬逐步代替了毛麻衬。

20世纪80年代以来，我国研制、引进和生产了纽扣、缝纫线、花边、拉链、刺绣和商标等所需的新设备和新技术，以适应服装流行变化和日益增长的消费需求。

3. 加工技术的进步

人类发明纺轮纺线并用原始的织机织布以来，通过长时间的技术改良，使纺织品的服用效果与工艺水平得到了发展。18 世纪后半叶到 19 世纪，英国产业革命给纺织业带来了巨大的变革，动力革命使古老的手工织机实现了机械化，化学技术的进步使面料的品质与性能得到提高，面料品种不断增加，品质持续提高。随着科技的进步，纺织工业与高科技成果不断结合，促进纺织工业的进一步发展。例如新型纤维的开发，传统材料的性能改进，织造机械的自动控制，纺织 CAD/CAM 出现和完善，染整工艺和设备的改进等，这些技术进步提高了纺织工业的技术水平，同时也为生产出更高品质、更多品种的衣料提供了可能。

二、服装材料的发展趋势

现代科学技术的飞速发展，大大促进了纤维工业和纺织加工技术的改革，不断涌现出各种新型纺织品。高科技附加值产品已成为当今世界服装工业发展的流行趋势。服装产品的竞争，归根到底是材料的竞争。因此，掌握最基本的服装材料知识，并了解服装材料的发展前景，不断将高科技运用于服装材料的创新开发中，将成为服装专业人士抓住契机、把握时尚、领导潮流的根本要素所在。服装材料的发展趋势主要表现如下。

1. 天然纤维继续占有优势

羊毛产品中，凉爽羊毛的地位有所下降，而高档、有着整洁外观的纯毛、毛 / 麻织物的地位却越来越突出。除羊毛外，亚麻、棉、大麻以及真丝也发挥着重要作用。

2. 多种纤维混纺交织的面料越来越占有重要地位

天然纤维、人造纤维和合成纤维性能各异，都具有一定的优点与不足，通过混纺后各种纤维取长补短，大大改善了面料的使用性能。例如，采用棉 / 真丝 / 黏胶 / 莱卡混纺的提花或素色面料，制作精细且富有弹性，深受消费者喜爱。

3. 更加重视新型纤维的开发和利用

例如，采用新型纤维素纤维 LYOCELL、高湿模量黏胶纤维 MODAL、改性锦纶 TACTEL 以及醋酸纤维 ACETET 等。新型纤维的应用拓展了面料的开发空间，使面料在手感、舒适性、抗皱性、吸湿性等方面得到进一步发展和改善。

4. 功能性和环保型的纺织品正在蓬勃发展，并将成为未来纺织的主流

随着人们保护环境意识和自我保护意识的加强，对纺织品的要求也逐渐从柔软舒适、吸湿透气、防风防雨等扩展到防霉防蛀、防臭、抗紫外线、防辐射、阻燃、抗静电、保健无毒等方面，而各种新型纤维的开发和应用以及新工艺新技术的发展，则使得这些要求逐渐得以实现。

5. 织物组织结构的变化产生了各种新观感、新风格的面料产品

如今的消费者越来越重视自身的风格和气质，与之相应，织物的质感和风格也起来越被强调。各种具有精细表面平滑有光的细特纱织物、手感柔软的起绒织物和表面效应独特，有立体感的织物大受欢迎。例如，经轧光整理、呢面平整的马海毛织物，各种丝绒织物和双层组织的绉织物以及异支纱的凹凸花纹织物等，都具有独特质感与风格。

6. 高超的后整理技术为服装面料锦上添花

一方面，人们追求自然的心态使得舒适和易护理成为发展趋势，从而使各种柔软整理、抗皱免熨整理得到高度发展并延伸到防风、防污、抗紫外线等领域。另一方面，人类爱美的天性和对装饰的渴望使得各种花式面料、闪光织物、绣花 / 印花织物走向新纪元。例如，在纯棉平纹布上镂空绣花、贴花，在印花和提花织物上再绣花、轧花，使之装饰性更强等。

思考题

1. 试述服装材料的重要性。
2. 结合实际情况，分析服装材料的发展趋势。

应用理论及专业技能——

服装用原材料

教学内容： 1. 服装用纤维。
2. 服装用纱线。

上课时数： 8课时。

教学提示： 阐述服装用原材料的种类、结构和性能特点及其对成品的影响。重点讲解常用纤维的中英文名称、缩写以及在服装成分表示中的应用；纤维的性能指标及各种常见服装用纤维的基本性能；纱线的结构和结构参数；纱线结构对于成品织物的影响；常见花式纱线的结构和特点。使学生在掌握基本理论的基础上，能够结合文献和实际，识别和应用服装原材料。

教学要求： 1. 使学生掌握常见服装纤维的类别、名称及在服装成分标志中的运用。
2. 使学生掌握常用纤维材料的基本性能。
3. 使学生掌握各类纱线的结构特点以及纱线结构对于成品织物的影响。
4. 使学生掌握常见花式纱线的结构和特点。

课前准备： 教师准备各类服装用纤维和纱线以及纤维和纱线加工方法的图片或实物。

第二章　服装用原材料

服装材料种类繁多，形态各异。其中构成服装面料、辅料的主要材料如机织物、针织物、编织物、里料、缝纫线、装饰线、填充料、衬料、线带等的基本元素是纤维、纱线等。了解和掌握纤维、纱线这两类服装用原材料的分类、特性和应用，对服装的设计、生产、使用和保养有着极其重要的意义。

第一节　服装用纤维

纺织纤维是纺织类服装材料的基本材料，其种类、性能、结构以及生产加工等是决定服装面、辅料的外观、品质和用途的重要因素。

一、服装用纤维的定义

纤维呈细而长的形态，而直径很细（从几微米到几十微米），长度是细度的很多倍（上百倍到上千倍），且具有一定柔韧性能。自然界中的纤维种类很多，如棉花、叶络、木材、毛发、矿物质等，但并不是所有的纤维都可以用来纺纱、织布。只有具有一定的强度、长度和柔韧性，并有一定的可纺性能及服用性能的纤维，才能作为服用纤维原料。

二、服装用纤维的种类

服用纺织纤维的种类很多，其分类方法也不同。

（一）按纤维的来源分类

按纤维的来源不同分为天然纤维和化学纤维两大类。

1. *天然纤维*

天然纤维是指在自然界天然形成的或从人工培植的植物、人工饲养的动物中获得的纤维。根据生物属性，它们又可分为植物纤维、动物纤维和矿物纤维（表 2–1）。

表 2–1 天然纤维分类表

分类			中文名称	英文名称	常见缩写
天然纤维	植物纤维（天然纤维素纤维）	种子纤维	棉	Cotton	C
			木棉	Kapok	—
		韧皮纤维	苎麻	Ramie	—
			亚麻	Flax，Linen	L
			大麻	Hemp	—
			罗布麻	Kender	—
	动物纤维（天然蛋白质纤维）	动物毛	绵羊毛	Wool	W
			山羊绒	Cashmere	—
			马海毛	Mohair	—
			兔毛	Rabbit hair	—
			牦牛毛	Yak hair	—
			骆驼毛	Camel hair	—
			羊驼毛	Alpaca	—
			骆马毛	Vicuna	—
		丝	桑蚕丝	Cultivated silk	Silk
			柞蚕丝	Tussah silk	—
			蓖麻蚕丝	Castor silk	—
			木薯蚕丝	Cassava silk	—
	矿物纤维	矿物	石棉	Asbestos	—

（1）植物纤维：从植物的种子、茎、叶、果实上获得的纤维。其主要组成物质是纤维素，并含有少量木质素、半纤维素等，所以植物纤维又称天然纤维素纤维。根据其在植物上生长的部位不同，又可分为种子纤维、韧皮纤维、叶纤维和果实纤维等。

（2）动物纤维：从动物的毛发或昆虫的腺分泌物中取得的纤维。其主要组成物质是蛋白质，所以动物纤维又称蛋白质纤维。动物纤维包括毛纤维和丝纤维两类。

（3）矿物纤维：从纤维状结构的矿物岩石中获取的纤维，如石棉、玻璃等。

2. 化学纤维

化学纤维是以天然或人工合成的高分子聚合物为原料，经特定的加工而制得的纺织纤维。根据其原料、组成及加工方法的不同分为人造纤维（再生纤维）和合成纤维两类（表 2–2）。

表 2-2 化学纤维分类表

分类		中文名称	俗称	英文名称	缩写
化学纤维	人造纤维（再生纤维）	黏胶纤维（长丝）	人造丝	Rayon	R
		黏胶纤维（短纤维）	人造棉	Viscose	VI，CV
		富强纤维	虎木棉	Polynosic rayon	—
		铜氨纤维	—	Cupramonium	CUP
		醋酯纤维	醋纤	Cellulose acetate	CA
	合成纤维	聚酯纤维	涤纶	Polyester	PET，T
		聚酰胺纤维	锦纶（尼龙）	Polyamide（Nylon）	PA
		聚丙烯腈纤维	腈纶	Polyacrylonitrile（Acrylic）	PAN
		聚丙烯纤维	丙纶	Polypropylene	PP
		聚氨基甲酸酯纤维	氨纶	Polyurethane（Spandex/Lycra）	PU
		聚乙烯醇纤维	维纶	Polyvinyl alcohol（Vinylon）	PVAL，PVA
		聚氯乙烯纤维	氯纶	Polyvinyl chloride	PVC
		聚对苯二甲酰对苯二胺纤维	芳纶	Aramid fiber	PDSTA

（1）人造纤维：采用天然高聚物或失去纺织加工价值的纤维原料（如木材、甘蔗渣、牛奶、花生、大豆、棉短绒、动物纤维等）为原料，经过化学处理与纺丝加工而制得的纤维，所以又称再生纤维。其包括人造纤维素纤维、人造蛋白质纤维、人造无机纤维和人造有机纤维。

（2）合成纤维：其占化学纤维的绝大部分，是以石油、煤和天然气及一些农副产品中所提取的小分子物质为原料，经人工合成得到高聚物，再经纺丝制成的纤维。

（二）按纤维长度分

1. **长丝**

纤维长度达几十米或上百米，为长丝。长丝分为天然蚕丝和化纤长丝两种。天然蚕丝，一个茧丝平均长 800~1000m。化学纤维可根据需要制成任意长度的长丝。

2. **短纤维**

长度较短的纤维称为短纤维。天然短纤维有棉、麻、毛；化学纤维也可制成短纤维。例如，棉型化纤短纤维，用于仿棉或与棉混纺；毛型化纤短纤维，用于仿毛或与毛混纺；中长型化纤短纤维，主要用于仿毛织物。各类纤维的一般长度见表 2-3。

表 2–3 常见纤维的长度范围

纤维类型	名称	长度（mm）
棉纤维	棉纤维	10~40
麻纤维	亚麻	25~30
	苎麻	120~250
毛纤维	绵羊毛	50~75
化纤短纤维	棉型	30~40
	毛型	75~150
	中长型	40~75

三、服装用纤维的形态结构及基本性能指标

（一）纤维的形态特征

纤维的形态特征主要指影响纤维服用性的形态结构特征，如纤维的长度、细度和横断面、纵截面形状及纤维内部存在的各种缝隙和微孔。

1. 纤维的长度

（1）纤维长度主要用毫米（mm）和米（m）来表示：天然纤维除蚕丝属长丝外，一般纤维（棉、麻、毛）都是短纤维，长度大都以毫米为单位。

（2）纤维长度与服装质量的关系：同样细度下，纤维越长，长度均匀度越好，品质也越好，成纱强度越高，服装的坚牢度越好；纤维越长，可纺织较细的纱线，制造出较为轻薄的面料；纤维越长，可使纱线少加捻，制成的织物和服装手感柔软舒适；纤维越长，纱上的纤维头端露出较少，因而服装外观光洁，毛羽少，不易起毛起球。

2. 纤维的细度

（1）纤维细度的表示方法：直接表示纤维的粗细指标可用直径 d，常以微米（μm）为单位，见表 2–4。

表 2–4 常见纤维的细度范围

纤维	线密度（dtex）	直径（μm）
海岛棉（长绒棉）	1.6~2	11.5~13
美国棉	2.2~3.4	13.5~17
亚麻	2.7~6.8	15~25
苎麻	4.7~7.5	20~45
澳大利亚美丽奴羊毛	3.5~7.6	18~27
马海毛	9.3~25.9	30~50
蚕丝	1.1~9.8	10~30
化学纤维	由设计与工艺定	由设计与工艺定

由于直接测试纤维的直径比较困难，因此纤维细度经常用间接指标来表示，即用纤维的长度和重量之间的关系来表征纤维的细度，分为定长制和定重制两种指标。

① 定长制。是指一定长度纤维的重量，其数值越大，表示纤维越粗。又分为线密度和旦数两类指标。

a. 线密度（Tt）：又称为特数、号数。是指在公定回潮率下，1000m长纤维的重量克数，单位为特克斯（tex）。纤维的细度小，通常用分特克斯（dtex，简称分特）来表示，1tex=10dtex。线密度是我国法定的细度计量单位，常用于衡量棉、麻等短纤维和短纤维纱线的细度。

$$\mathrm{Tt}=\frac{G}{L}\times 1000$$

式中：L——纤维或纱线的长度米数；

G——在公定回潮率时的重量克数。

b. 旦数（N_{d}）：也称为纤度、旦尼尔。在公定回潮率下，9000m长的纤维的重量克数，单位为旦（D）。一般多用于天然纤维蚕丝或化纤长丝的细度表达。

$$N_{\mathrm{d}}=\frac{G}{L}\times 9000$$

式中：L——纤维或纱线的长度米数；

G——在公定回潮率时的重量克数。

② 定重制。是指一定重量的纤维所具有的长度。其数值越大，表示纤维越细。包括公制支数和英制支数两类指标。

a. 公制支数（N_{m}）：是指在公定回潮率下，1克重的纤维所具有的长度米数，简称公支。

$$N_{\mathrm{m}}=\frac{L}{G}$$

式中：L——纤维或纱线的长度米数；

G——在公定回潮率时的重量克数。

目前，我国毛纺及毛型化纤纯纺、混纺纱线的粗细仍有部分沿用公制支数表示。

b. 英制支数（N_{e}）：属旧国家标准规定中表示棉纱线粗细的计量单位，现已被特数所替代。

（2）纤维细度对服装性能的影响。纤维越细，手感越柔软；纤维越细，在纤维同等长度、纱线同等粗细的情况下，纱线断面内的纤维根数就越多，纱线强力等品质越好；用较细的纤维可制得较为轻薄的织物；较细的纤维制成的衣料容易得到丰满蓬松的效果；用粗而长的纤维可制成外观粗犷和厚重的织物；采用细度细的短纤维，所制得的面料易起毛起球。

3. 纤维的断面形态

各种纤维由于生长机理或制造工艺的不同，导致其断面形态明显的不同，如转曲或横节结构、鳞片状结构、沟槽结构、平滑结构、表面多孔结构等。

纤维的表面状态与其可加工性、光泽以及手感都有较密切的关系。改变纤维表面结构是材料改性的有效途径，可改善吸水性、吸湿性、透气性、弹性、蓬松性和外观风格等。

（1）表面不光滑的纤维，易相互纠缠，利于纺织加工，对织物的覆盖性强，制成的织物蓬松、不易起毛起球。例如，棉有天然转曲，羊毛有鳞片呈卷曲，麻有横节、竖纹。

（2）表面光滑的纤维，纺织加工困难，制成的织物手感不好，易起毛起球。例如，锦纶织物有蜡状感，涤纶织物挺而不柔等。

（二）服装用纤维的化学组成和结构

组成纤维的高分子化合物及其排列决定形成纤维的结构特征并影响纤维的物理和化学性质。其中，类别决定了纤维的耐酸碱、染色、燃烧等化学性质，亲水基团的多少和强弱影响纤维的吸水性。分子极性的强弱影响纤维的电学性质。大分子的聚合度与纤维的力学性质极为密切。纤维大分子的结晶度的大小对吸湿能力、染色性、密度、透气性、力学性能有影响。

1. 纤维的大分子结构特点

（1）纤维是由多个单基（或称链节）结合起来的高分子物质构成。

（2）服用纤维高聚物一般是由单基结合形成长链分子的链状结构，另外，还有枝形结构和网状结构。

（3）每根纤维都是由许多根长链分子组成，长链分子依靠相互之间的作用力聚集起来，排列堆砌成为整根纤维。

2. 纤维的聚集态结构特点

聚集态结构即大分子之间的排列与堆砌，又称超分子结构。

（1）聚集态结构对纤维性能的影响：结晶度、取向度越高，纤维强度也越高，但变形能力较差。

（2）结晶度对染色的影响：结晶度低的纤维，无定形区多，纤维结构松散，染料易进入纤维，平衡吸附量高，纤维得色深浓。

（三）服装用纤维的力学性能

纺织纤维的力学性能指纤维在拉伸、弯曲、扭转、摩擦、压缩、剪切等外力的作用下，产生各种变形的性能。包括纤维的强度、伸长、弹性、耐磨性、弹性模量等。

1. 纤维的强度

纤维的强度是指纤维抵抗外力破坏的能力，在很大程度上决定了纺织品和服装的耐用程度。纤维的强度可用纤维的绝对强力来表示。指纤维在连续增加负荷的作用下，直至断裂时所能承受的最大负荷。其单位为牛顿（N）或厘牛顿（cN）。过去习惯用克力或公斤力表示。

由于纤维的强力与粗细有关，所以对不同粗细的纤维，绝对强力无可比性，因此，常用相对强度来表示纤维的强度。相对强度是指单位线密度（每特或每旦）纤维所能承受的最大拉力。法定计量单位为牛 / 特（N/tex）或厘牛 / 特（cN/tex）。过去习惯用 gf / 旦表示。

2. 纤维的伸长

纤维被拉伸到断裂时，所产生的伸长值，叫做断裂伸长，用 ΔL 表示。断裂伸长与原来长度的百分比被称为断裂伸长率（ε）。

$$\varepsilon = \frac{L - L_0}{L} \times 100\%$$

式中：L_0——纤维的原长；

L——拉断时的纤维长度。

纤维的断裂伸长率长被用来表示纤维的延伸性。纤维的断裂伸长率越高，说明纤维伸长变形的能力越大，延伸性越大，纤维的弹性越大。

各种纤维的强伸性能各不相同，天然纤维中麻纤维的强度最高，其次为蚕丝、棉和羊毛，而伸长特性却恰恰相反，羊毛的伸长率最大，其次为蚕丝、棉，麻的伸长率最小。化纤的强伸性能普遍好于天然纤维，其中氨纶具有典型的伸长特性，但是强度低。

一般纤维的湿强比干强小，见表 2–5，尤其是黏胶纤维湿强降低大，湿强比干强小近一半，俗称“见水断纤维”。但是，麻和棉纤维的湿强比干强大，一般纤维的湿断裂伸长率较干断裂伸长率大。合成纤维在湿态下的强伸特性与干态下相差不大。

表 2–5　常见纤维的强度和断裂伸长率

纤维名称	干强（cN/dtex）	湿强（cN/dtex）	干撕裂伸长率（%）	湿撕裂伸长率（%）
棉	2.6~4.3	2.9~5.6	3~7	—
苎麻	4.9~5.7	5.1~6.8	1.2~2.3	2.0~2.4
羊毛	0.9~1.5	0.7~1.4	25~35	25~50
蚕丝	3.0~3.5	1.9~2.5	15~25	27~33
黏胶（短纤）	2.2~2.7	1.2~1.8	16~22	21~29
醋酯（短纤）	1.1~1.4	0.7–0.9	25–35	35–50
涤纶（短纤）	4.2–5.7	4.2–5.7	35–50	35–50
锦纶 6（短纤）	3.8–6.0	3.2–5.5	25–60	27–63
锦纶 66（短纤）	4.2–5.6	3.7–5.2	28–45	36–52
腈纶（短纤）	2.5–4.0	1.9–4.0	25–50	25–60
丙纶（短纤）	2.6–5.7	2.6–5.7	20~80	20~80
维纶（短纤）	4.1~5.7	2.8~4.8	12~26	12~26

续表

纤维名称	干强（cN/dtex）	湿强（cN/dtex）	干撕裂伸长率（%）	湿撕裂伸长率（%）
氨纶（长丝）	0.5~0.9	0.5~0.9	450~800	—
氯纶（短纤）	1.7~2.5	1.7~2.5	70~90	70~90
乙纶（长丝）	4.5~7.9	4.5~7.9	12~26	12~26

3. **纤维的弹性**

纤维及其制品在加工和使用中，都要经受外力的作用，并且产生相应的变形。当外力的作用去除后，纤维的一部分变形可恢复，而另一部分变形则不会恢复。根据纤维的这一特性，可将纤维的变形分成三个部分，即当外力去除后能立即恢复的这部分变形称急弹性变形；当外力去除后，能缓慢地恢复的这部分变形称缓弹性变形；当外力去除后，不能恢复的这部分变形称塑性变形。

纤维的弹性就是指纤维变形的恢复能力。表示纤维弹性大小的常用指标是纤维的弹性回复率或称回弹率。它是指急弹性变形和一定时间的缓弹性变形占总变形的百分率。

纤维的弹性回复率高，则纤维的弹性好，变形恢复的能力强。用弹性好的纤维制成的纺织品尺寸稳定性好，服用过程中不易起皱，并且较为耐磨。

弹性回复能力最好的是氨纶，其次是锦纶、涤纶、羊毛等，差的是麻、黏胶纤维等。

表 2-6 为常见纤维在不同伸长下的弹性回复率。

表 2-6　常见纤维在不同伸长下的弹性回复率

纤维	弹性回复率（%）	定伸长率（%）	弹性回复率（%）	定伸长率（%）
棉	45	5	74	2
苎麻	45	2	84	1
亚麻	48	2	84	1
羊毛	63	20	99	2
桑蚕丝	55~55	8	90	2
普通黏胶纤维	35	5	55~80	3
富强纤维	60~85	3	—	—
醋酯纤维	70~90	3	—	—
涤纶长丝	95	3	100	4
锦纶 6 长丝	98~100	3	—	—
锦纶 66 长丝	100	3	—	—
腈纶短纤维	90~95	3	100	2
丙纶长丝	96~100	3	—	—
维纶长丝	70~90	3	—	—
氨纶长丝	80~90	3	—	—
氯纶长丝	95~99	50	100	3

4. 纤维的耐磨性

纤维及其制品在加工和实际使用过程中，由于不断经受摩擦而引起磨损。纤维的耐磨性就是指纤维耐受外力磨损的性能。

纤维的耐磨性与其纺织制品的坚牢度密切相关。耐磨性的优劣是衣着用织物服用性能的一项重要指标。纤维的耐磨性与纤维的大分子结构、超分子结构、断裂伸长率、弹性等因素有关。

5. 纤维的弹性模量

纤维的弹性模量是指纤维拉伸曲线上开始一段直线部分的应力应变比值。如图 2–1 所示，从拉伸曲线原点向该曲线作切线，此切线的斜率即为该纤维的弹性模量。或将屈服点前的拉伸曲线的斜率 $\tan\alpha$ 值称为此纤维的拉伸弹性模量 E，也称初始模量。在实际计算中，一般可取负荷伸长曲线上伸长率为 1% 时的一点来求得纤维的弹性模量。

图 2–2 和表 2–7 分别显示了常用纤维的弹性模量。

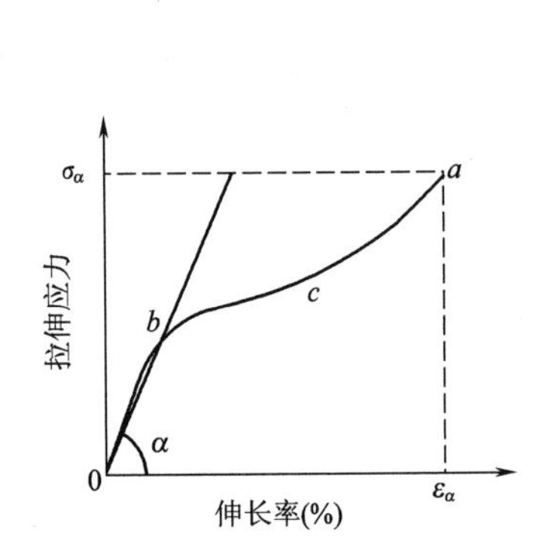

图2–1　纤维的拉伸曲线

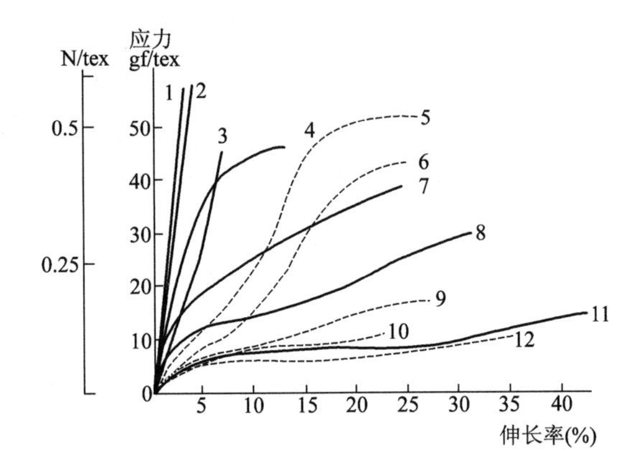

图2–2　常用纤维弹性模量

1—亚麻　2—苎麻　3—棉　4—涤纶　5、6—锦纶
7—蚕丝　8—腈纶　9—黏胶纤维　10、12—醋酯纤维　11—羊毛

表 2–7　常见纤维的弹性模量

纤　　维	弹性模量（N/mm^2）	
棉（美棉）	9310~12740	
麻（亚麻、苎麻）	24500~53900	
羊毛	1275~2940	
蚕丝	6370~11760	
普通黏胶纤维	短纤维	3920~9310
	长丝	8330~11270
醋酯纤维	短纤维	2940~4900
	长丝	3430~5390

续表

纤　　维	弹性模量（N/mm^2）	
涤纶	短纤维	3038~6076
	长丝	10780~19600
锦纶 6	短纤维	785~2940
	长丝	1960~4410
腈纶	短纤维	2548~6370
维纶	短纤维	2940~7840
	长丝	6860~9310
氯纶	短纤维	1960~2940
	长丝	4410~4998
乙纶	长丝	2940~8330

纤维弹性模量的大小表示纤维在拉伸力很小时的变形能力，它反映了纤维的刚性，并与织物的性能关系密切。E 值越大（夹角越大），纤维越不易变形。当其他条件相同时，纤维的弹性模量大，则织物硬挺，不易变形。反之，弹性模量小，则织物柔软。

（四）纤维的吸湿性能

1. 吸湿性

纺织纤维放在空气中，会不断地和空气进行水汽的交换，即纺织纤维不断地吸收空气中的水汽，同时也不断地向空气中放出水汽。纺织纤维在空气中吸收或放出水汽的性能称为纤维的吸湿性。

纺织纤维的吸湿性是纺织纤维的重要物理性能之一。纺织纤维吸湿性的大小对纺织纤维的形态尺寸、重量、力学性能都有一定的影响，从而也影响其加工和使用性能。纺织纤维吸湿能力的大小还直接影响服用织物的穿着舒适程度。吸湿能力大的纤维易吸收人体排出的汗液，调节体温，解除湿闷感，从而使人感到舒适。所以，在商业贸易、纤维性能测试、纺织加工及纺织品的选择中，都要注意纤维的吸湿性能。

2. 吸湿性指标

（1）含水率（M）：指试样中吸着的水量占含湿试样重量的百分率，即：

$$M = \frac{G - G_0}{G} \times 100\%$$

式中：G——纤维湿重；

　　G_0——纤维干重。

（2）回潮率（W）：指试样所吸着的水量占试样干燥重量的百分率，即：

$$W=\frac{G-G_0}{G_0}\times 100\%$$

式中：G——纤维湿重；

G_0——纤维干重。

由此可以看出，回潮率高，纤维的吸湿能力强，穿着舒适。但是，同一材料在不同的大气条件下测得的实际回潮率有所不同，不利于不同材料之间吸湿能力的比较，以及测试计重和贸易核价。因此，对各种纤维及其制品的回潮率规定了一个标准，即公定回潮率。在国际贸易和纺织材料测试中，各类纺织材料的公定回潮率，相当于在标准条件下（相对湿度 65% ± 2%、温度 20℃ ±2℃）的回潮率数值。常见纤维的公定回潮率见表 2–8。公定回潮率数值越大，表示纤维的吸湿性越好。

表 2–8 常见纤维的公定回潮率

纤维名称	公定回潮率（%）	纤维名称	公定回潮率（%）
原棉	11.1	涤纶	0.4
洗净羊毛	15.0~16.0	锦纶	4.5
山羊绒	15.0	腈纶	2.0
兔毛	15.0	维纶	5.0
桑蚕丝	11.0	氨纶	1.0
柞蚕丝	11.0	氯纶	0
亚麻	12.0	丙纶	0
苎麻	16.28	醋酯纤维	7.0
黏胶纤维	13.0	铜氨纤维	13.0

由表 2–8 中各类纤维的公定回潮率可以看出，在常见的纺织纤维中，羊毛、麻、黏胶纤维、蚕丝、棉花等吸湿能力较强，合成纤维的吸湿能力普遍较差，其中，维纶和锦纶的吸湿能力稍好，腈纶差些，涤纶更差，丙纶和氯纶则几乎不吸湿。目前，常将吸湿能力差的合成纤维与吸湿能力较强的天然纤维或黏胶纤维混纺，以改善纺织品的吸湿能力。

在纤维的吸湿性能中，除吸湿性外，纤维材料的吸水性也与服用织物的穿着舒适性密切相关。纤维的吸水性是指纤维吸着液体水的性能。人们在活动时所产生的水汽和汗水，主要凭借纺织材料的吸湿和吸水性能，进行吸收并向外发散，从而使人感到舒适。一般来说，外衣主要是受雨水的浸湿，所以可选择吸水性小的纤维做外衣材料；内衣主要是受身体的不显性蒸发和出汗浸湿，因此要选择吸湿和吸水性大的纤维做内衣材料。

（五）纤维的热学性能

1. 导热性

在有温差的情况下，热量总是从高温部位向低温部位传递，这种性能称为导热性，而抵抗这种传递的能力则称为保暖性。

物体的导热性可以用导热系数 λ 表征，导热系数是热扩散过程中的热能传导速率，也称热导率。指在稳定传热条件下厚度为 1m 的材料上下两表面间温度差为 1℃（即温度梯度为 1℃ /m）时，1s 内通过 $1m^2$ 表面积所传导的热量瓦数［W/（m · ℃）］。环境温度 20℃时的各种材料的导热系数见表 2-9。

表 2-9　常见纤维的导热系数

材料	导热系数（λ）	材料	导热系数（λ）
棉	0.071~0.073	涤纶	0.084
羊毛	0.052~0.055	锦纶	0.245~0.337
蚕丝	0.05~0.055	腈纶	0.051
黏胶纤维	0.055~0.071	丙纶	0.221~0.302
醋酯纤维	0.05	氯纶	0.042
羽绒	0.024	静止空气	0.027
木棉	0.32	水	0.697

影响织物导热性（保暖性）的主要因素有以下几个。

（1）纤维导热系数。导热系数 λ 值越大，表示导热性能越好，保暖性能越差。夏天穿导热性好的材料（λ 值大）感觉凉爽；冬天穿导热性差的材料（λ 值小）感觉温暖，保暖性好。

由表 2-9 可见，羊毛、蚕丝、腈纶、氯纶的导热系数小，织物保暖性好，氯纶织物比其他纤维织物绝热性好。麻织物导热性大，冷感性大。

（2）含气量（含静止空气）。静止空气的 λ 值小，它是最好的热绝缘体。若纺织材料中含静止空气，则材料的保暖性提高。纤维层的体积质量在 0. 03~0. 06g/cm^3 范围时，导热系数最小，如图 2-3 所示，即此时的纤维层保暖性最好。

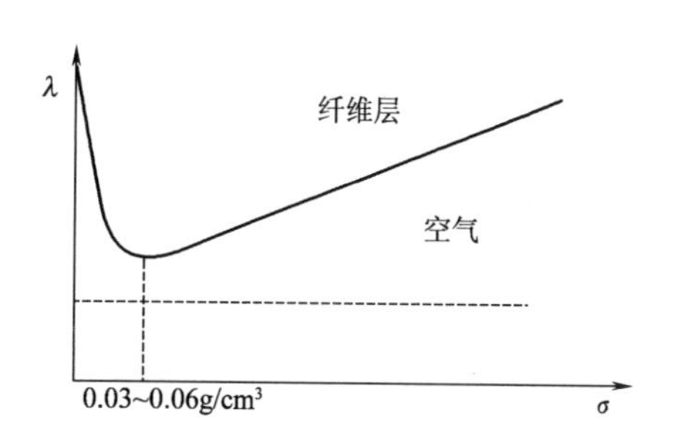

图2-3　纤维层的体积重量 σ 与导热系数 λ 的关系曲线

（3）含水。水的导热系数很大，约为纤维的 10 倍左右。因此，随着纤维的回潮率增加，导热系数增大，保暖性下降。衣服湿了，保暖性会下降。

（4）织物结构。密度较大的织物热量不易散失；厚织物比薄织物隔热性好，利于保暖。因此，在原料相同的情况下，织物厚度越大，密度越高，保暖性就越好，冬季外衣料应紧密厚实。

2. 纤维的热收缩与热定型

（1）纤维的热收缩。指在温度增加时，由于纤维内大分子间的作用力减弱而产生的纤维收缩现象。

合成纤维有热收缩现象，天然纤维和再生纤维的大分子间的作用力比较大，不会产生热收缩。合成纤维的热收缩率随热处理的条件不同而异。在合成纤维中，热收缩突出的是氯纶、丙纶和维纶。氯纶在70℃时开始收缩；丙纶在100℃时开始收缩；维纶面料耐干热性较好，但湿水后耐湿热性极差，收缩严重。

纤维的热收缩是不可逆的，热收缩大的纤维，织物受热后尺寸稳定性差。当纤维的热收缩不匀时，会使织物起皱不平。

（2）纤维的热定型。织物在热与机械力的作用下容易变形，并能使变形依照需要固定下来不发生变化的性能为热定型性。

纤维特性决定织物热定型性的优劣，一般合成纤维织物热定型性较天然纤维好。合成纤维织物易成型、定型且耐久不变，即使洗涤后也会保持，如热定型的褶裥具有持久性。

3. 耐热性

纤维材料抵抗因热而引起的破坏的性能，即在高温作用下，纤维材料强度、弹性等性能不发生变化，则耐热性好。在高温作用下，温度越高，时间越长，纤维恶化的程度则越大。各种纤维的耐热性见表2-10。

表2-10 各类纤维的耐热性

纤维	剩余强度（%）				
	20℃未加热	100℃		130℃	
		20天	80天	20天	80天
棉	100	92	68	38	10
亚麻	100	70	41	24	12
苎麻	100	62	26	12	6
蚕丝	100	73	39	—	—
黏胶纤维	100	90	62	44	32
涤纶	100	100	96	95	75
锦纶	100	82	43	21	13
腈纶	100	100	100	91	55
玻璃纤维	100	100	100	100	100

4. 燃烧性能

纤维的燃烧性能指纺织纤维是否易于燃烧及燃烧过程中表现出的燃烧速度、熔融、收缩等现象，据此将纤维分成四大类。

易燃纤维：接触火焰时迅速燃烧，即使离开火焰，仍能继续燃烧。如纤维素纤维（棉、麻、黏胶纤维）与腈纶。

可燃纤维：接触火焰后容易燃烧，但燃烧速度较慢，离开火焰后能继续燃烧。如羊毛、蚕丝、锦纶、涤纶、维纶等。

难燃纤维：接触火焰时燃烧，离开火焰后，自行熄灭。如氯纶等含卤素的纤维。

不燃纤维：即使接触火焰，也不燃烧。如石棉、玻璃纤维。

易燃纤维制成纺织物容易引起火灾。合成纤维燃烧时，聚合物的熔融会严重伤害皮肤。

纤维的燃烧性能还可以通过纤维的可燃性指标和纤维的耐燃性（阻燃性）指标两种燃烧性能指标来衡量。

（1）纤维可燃性指标——点燃温度和发火点。点燃温度指燃烧开始时的温度，发火点指开始冒烟的温度。用点燃温度和发火点来衡量纤维是否容易燃烧。点燃温度和发火点越低，纤维制品越易燃烧。各种纤维的可燃性指标见表 2-11。

表 2-11 各种纤维的燃烧温度

纤维名称	点燃温度（℃）	火焰最高温度（℃）	纤维名称	点燃温度（℃）	火焰最高温度（℃）
棉	400	860	涤纶	450	697
羊毛	600	941	锦纶 6	530	875
黏胶纤维	420	850	锦纶 66	532	—
醋酯纤维	475	960	腈纶	560	855
三醋酯纤维	540	885	丙纶	570	839

（2）纤维的耐燃性（阻燃性）指标——极限氧指数。阻燃性（又称难燃性、防燃性）指服装材料遇火时阻止、限制燃烧或使燃烧极缓慢的性能称为阻燃性。

极限氧指数 LOI（Limited Oxygen Index）：材料点燃后在大气里维持燃烧所需要的最低含氧量的体积百分数。

$$LOI=\frac{O_2\text{ 的体积}}{O_2\text{ 的体积}+N_2\text{ 的体积}}\times 100\%$$

极限氧指数小，材料易燃。要达到自灭作用，纤维的极限氧指数要在 27% 以上。表 2-12 为各类纤维制成织物后的极限氧指数。

表 2–12 各类织物的极限氧指数

纤维	织物重量（g/m²）	极限氧指数（%）
棉	220	20.1
棉	153	16~17
棉（防火整理）	153	26~30
羊毛	237	25.2
黏胶纤维	220	19.7
涤纶	220	20.6
锦纶	220	20.1
腈纶	220	18.2
丙纶	220	18.6
维纶	220	19.7

5. 熔孔性

在穿着过程中，织物某个局部受到或接触到温度超过熔点的火花或热体时，接触部位会形成熔孔，这种性能称为熔孔性。织物抵抗熔孔现象的性能称为抗熔孔性。

不同纤维的抗熔孔性不同。合成纤维容易产生熔孔；天然纤维和黏胶纤维抗熔孔性好。因含水分多，升温吸收的热量多，受热时不软化、熔融，而是在温度过高时分解、燃烧。

（六）纤维的抗静电性

两个物体互相接触、摩擦，电荷积聚，产生静电。

静电会对服装生产和服用的性能产生不利影响：会引起裁剪时布料粘贴裁刀、布匹不易码放整齐等加工困难；会使面料易沾污（吸附灰尘）；发生缠附现象，使人体活动不便，穿着不舒服、不雅观；衣服穿、脱时产生放电（产生电击），放电会给人造成一定的刺激；严重时会引起火灾。

纤维材料能够抵抗电荷积聚、灰尘吸附的性能称为抗静电性。纤维材料的抗静电性可以用电荷半衰期表示，电荷半衰期是指纤维材料上的静电电压或电荷衰减到原始数值一半时所需要的时间。电荷半衰期越长，抗静电作用越差。

（七）纤维的耐气候性

耐气候性指纤维制品在太阳辐射、风雪、大气等气候因素作用下，不发生破坏，保持性能不变的特性。因此，室外或野外工作服的耐气候性要好。在使用过程中，日光对服装材料性能的影响最为明显。纤维在阳光下照射后，会变黄发脆，强力下降。日光对纤维影响的三种情况。

（1）对强度影响不大的有腈纶、涤纶、醋酸纤维、维纶等。

（2）强度明显下降的有黏胶纤维、铜氨纤维、丙纶、氨纶等。

（3）强度下降且色泽变黄的有锦纶（变黄）、棉（变黄）、毛（染色性减弱）、蚕丝（强度明显下降，且变黄）。

（八）纤维的耐化学品性能

纤维的耐化学品性能指纤维抵抗各种化学药剂破坏的能力。

（1）纤维素纤维耐碱不耐酸，纤维素纤维对碱的抵抗力较强，对酸的抵抗力很弱。纤维素纤维遇酸后，手感变硬，强度严重降低。

（2）蛋白质纤维耐酸不耐碱，对酸的抵抗力较对碱的抵抗力强。碱使蛋白质损伤，甚至导致分解。除热硫酸外，蛋白质纤维对其他酸均有一定的抵抗能力。蚕丝稍逊于羊毛。氧化剂对蛋白质有较大的破坏性。

（3）合成纤维的耐化学药品性能各有特点，耐酸碱的能力要比天然纤维强。

利用纤维的耐化学品性质可作为鉴别纤维的理论依据，并开发风格独特的新产品，如丝光棉、烂花织物等。

四、常见服装用纤维的特性

（一）天然纤维

1. 棉纤维

棉纤维是附着在棉属植物的种子上的纤维，俗称棉花，从古至今都是服装用的主要原料，适用于各类服装。公元前3000年，古印度人就开始人工种植与采集使用棉花，我国从明朝起就在中原地区开始大面积种植棉花。如今，中国、美国、埃及、印度、俄罗斯、巴基斯坦均是世界主要产棉国。我国大部分地区适合于种植棉花，现主要有华南地区、黄河流域、长江流域、辽河流域和西北内陆五大产棉区。

棉花的品种主要有粗绒棉、细绒棉和长绒棉。其中，粗绒棉因品质较差、产量低，近年已逐渐被细绒棉所取代。细绒棉又称陆地棉，适合亚热带和温带地区种植，是目前世界上栽培最广和产量最多的棉纤维品种；我国种植的棉花98%是细绒棉；其纤维细度和长度中等，纤维品质优良。长绒棉又称海岛棉，尼罗河流域是长绒棉的主要产地，盛产的国家有埃及、苏丹和摩洛哥等，其中最著名的是埃及长绒棉；我国长绒棉的主要产地有新疆维吾尔自治区、云南和广西壮族自治区；长绒棉纤维长，细度细，品质优良，是高档棉纺产品的原料。

（1）外观性能。棉纤维在不同成熟期和生长环境下会呈现出不同的色泽，正常成长、吐絮的棉花，原棉的色泽呈洁白、乳白或淡黄色，皆称为白棉。棉纺厂使用的原棉，绝大部分为白棉。其他成长不良的原棉，如黄棉、灰棉，因质量较差，棉纺厂很少使用。棉纤维光泽暗淡，染色性能良好，可以染成各种颜色。纤维的变形伸长能力差，弹性差，所以未经处理的纯棉织物容易起皱。

(2)纤维形态。棉纤维的横向截面由于棉铃开裂吐絮后，棉纤维干涸收缩，胞壁产生扭转，截面呈具有不同胞壁厚度且含有中腔的不规则的腰圆形。纵向呈扁平带状，且有不同方向的转曲。转曲的形成是由于棉纤维生长发育过程中微原纤沿纤维轴向呈螺旋形排列的结果，形成“天然转曲”，它使棉纤维具有良好的抱合性能与可纺性能。天然转曲越多，棉纤维品质越好。一根棉纤维上的转曲数有多有少，一般成熟正常的棉纤维转曲最多，薄壁纤维转曲很少，过成熟纤维外观呈棒状，转曲也少。不同品种的棉花，转曲数也有差异，一般长绒棉的转曲多，细绒棉的转曲少。棉纤维和丝光棉纤维的形态结构分别如图 2-4、图 2-5 所示。

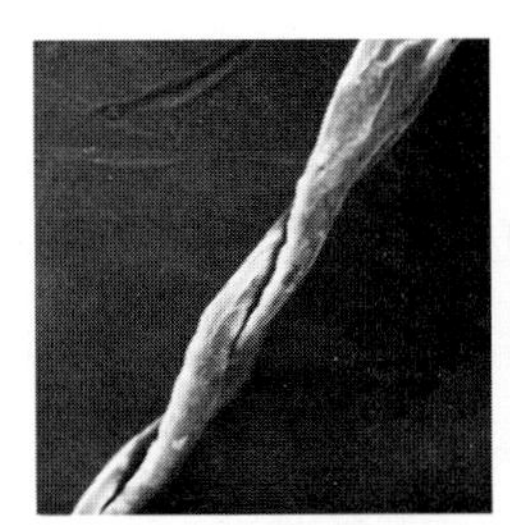
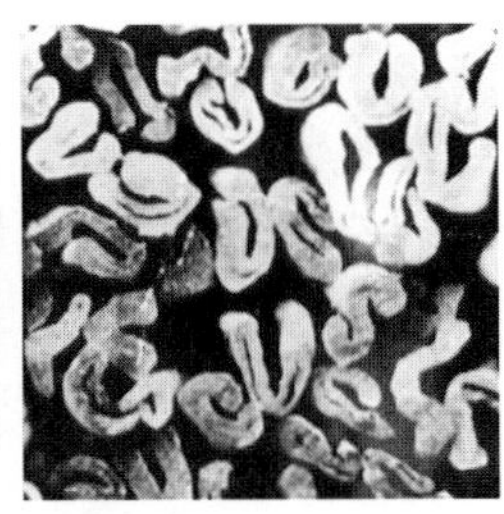

图 2-4 棉的纤维形态

图2-5 丝光棉的纤维形态

(3)舒适性能。棉纤维具有中腔与多孔的空间结构，可以保存大量空气，因此保暖性较好。棉纤维的公定回潮率为 11. 1%，吸湿性较好，不易产生静电，触感柔软，因此穿着舒适，适合制作贴身衣物、儿童服装等。由于吸湿性强，棉制品缩水较严重，缩水率为 4%~10%，加工时应进行预缩处理。

(4)耐用和保养性能。棉纤维强度较好，耐磨性一般，弹性较差，因此不耐穿。棉纤维湿态下的强度要高于干强，且耐湿热性好，因此棉制品耐水洗，洗时可以用热水浸泡，高温烘干。棉织品洗后易皱，一般需要熨烫。棉纤维耐热性好，熨烫温度可达 190℃，若垫干布熨烫可提高 20~30℃，垫湿布熨烫可提高 40~60℃。棉制品熨烫时，最好喷湿，易于熨平。为了改善棉纤维的皱缩、尺寸不稳定等性能，常对棉织物进行免烫整理。

棉纤维耐酸能力较弱，对无机酸极不稳定，即使很稀的硫酸也会使纤维素分解。棉纤维较耐碱，一般稀碱在常温下对棉纤维不发生作用，因此可用碱性洗涤剂进行清洗。但强碱作用下，会导致棉纤维直径膨胀，长度缩短。若使用 18% ~25%的氢氧化钠溶液浸泡棉织物，并施加一定的张力，限制其收缩，棉制品会变得平整光滑，吸附能力、化学反应能力增强，尺寸稳定性、强力、延伸性等服用机械性能有所改善，这种处理称为丝光处理。若不施加张力任其收缩，称为碱缩，也称无张力丝光。碱缩虽不能使织物光泽提高，但可使织物变得紧密，弹性提高，手感丰满，保形性好，主要用于对针织物的处理。

棉纤维的主要成分是纤维素，真菌和微生物易导致纤维素大分子水解、发霉引起色变。保管时，棉质服装应洗净，干燥后进行防潮保管。

2. 麻纤维

麻纤维是世界上最古老的纺织纤维。埃及人利用亚麻纤维已有 8000 年历史。中国早在公元前 4000 年前的新石器时代已采用苎麻作为纺织原料。麻类植物生长速度快，不需施加农药，不污染环境；麻织物强度高、吸湿快干、抗菌除臭、风格粗犷朴实，具有较高的开发利用价值。

麻纤维是从各种麻类植物取得的纤维的统称。麻纤维种类繁多，从麻织物茎皮中提取的麻纤维称为韧皮纤维，经济价值较大的有苎麻、亚麻、黄麻、芙蓉麻、大麻、苘麻等。其中苎麻、亚麻等胞壁不木质化，纤维的粗细长短同棉相近，可作为纺织原料，织成各种凉爽的细麻布、夏布，也可与棉、毛、丝或化纤混纺。亚麻主要产自俄罗斯、波兰、德国、法国、比利时和爱尔兰等，我国主要在黑龙江、吉林两省。苎麻起源于中国，有“中国草”之称，目前的主要产地是中国、菲律宾、巴西等，我国主要产地在湖南、湖北、广东、广西和四川等。黄麻、槿麻等韧皮纤维胞壁木质化，纤维短，只适宜纺制绳索和包装用麻袋等。

从麻织物叶子中提取的纤维称为叶纤维，叶纤维中有价值的有剑麻和蕉麻，纤维比较粗硬，商业上称为“硬质纤维”，纤维长，强度高，伸长小，耐海水侵蚀，不易霉变，适宜制作绳缆，织制包装用布或粗麻袋。

（1）外观性能。麻纤维多为象牙色，另有棕黄色和灰色。麻纤维不易染色，且有一定色差，因此市场上看到的麻制品颜色大多较灰暗，黄色等本色麻布或浅灰、浅米、深色颜色较多，鲜艳颜色较少。亚麻由于采用工艺纤维，纤维粗细不匀，导致亚麻织物布面具有粗细节的独特外观特征。

麻纤维弹性较差，制品易于起皱，起皱不易消失，因此很多用于高级西装和外套的麻织物都要经过防皱整理。麻纤维较脆硬，压缩弹性差，经常折叠的地方容易断裂，因此保存时不应重压，在织物褶裥处不宜重复熨烫，否则会导致褶裥处断裂。

（2）纤维形态。亚麻纤维的横向截面呈多角形，苎麻纤维横向截面呈腰圆形，有中腔，腔壁有裂缝。麻纤维的纵向形态为：有横节、竖纹。几种常见麻纤维的形态如图 2–6~ 图 2–9 所示。

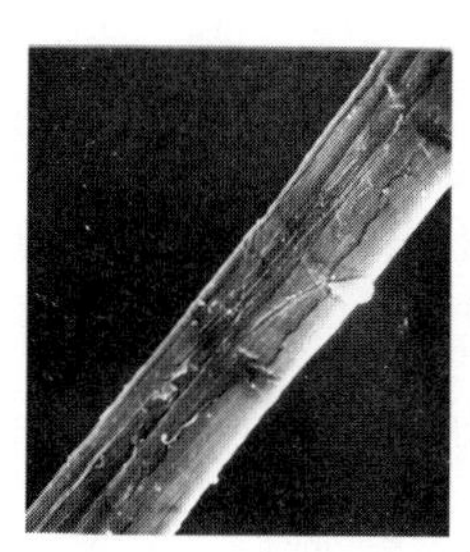
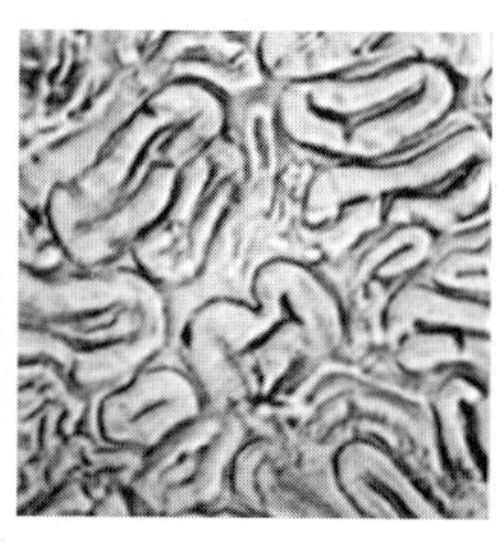

图2–6　苎麻的纤维形态

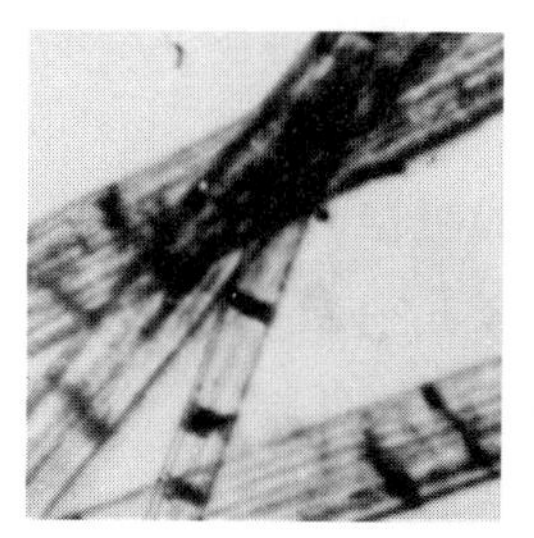
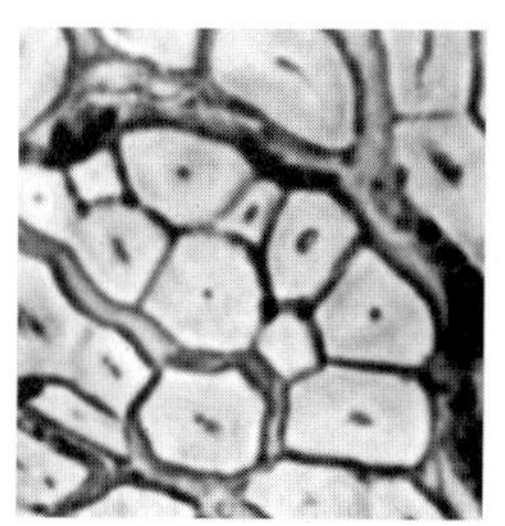

图2–7　亚麻的纤维形态

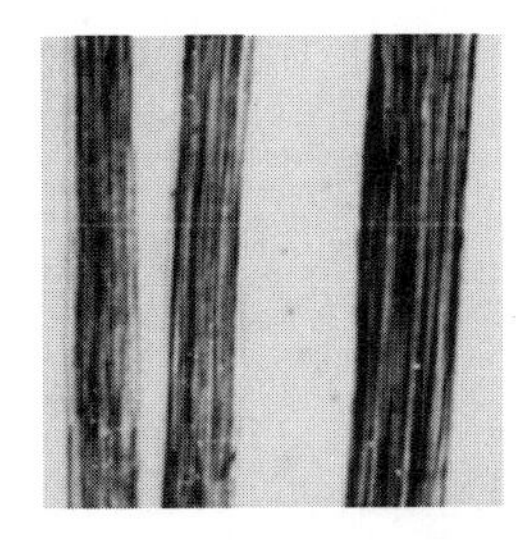
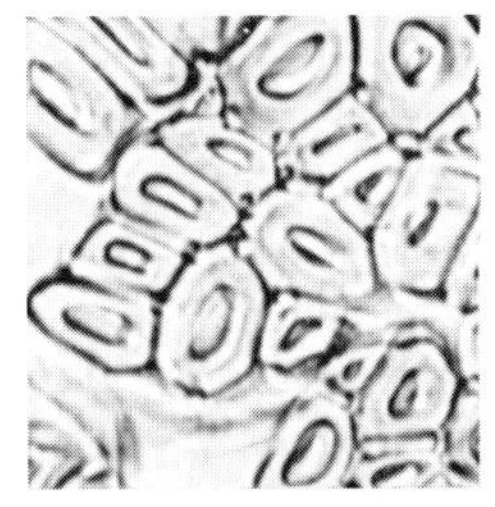

图2-8　黄麻的纤维形态

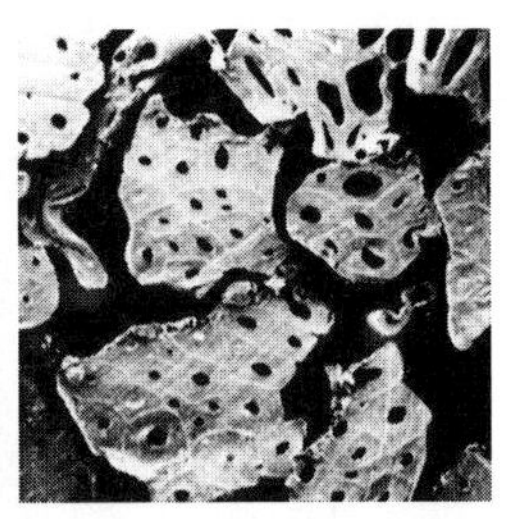

图2-9　大麻的纤维形态

（3）舒适性能。麻纤维具有良好的吸湿性和散湿性，导热速度快，穿着凉爽，出汗后不贴身，尤其适用于夏季面料。但缩水率大，易改变尺寸。麻纤维主要用于套装、衬衫、连衣裙、桌布、餐巾、抽绣工艺品等。

由于麻纤维比较粗硬，麻制品与人体接触时有刺痒感。

（4）耐用和保养性能。麻纤维具有较高的强度，居天然纤维之首，是羊毛的 4 倍、棉的 2 倍，麻制品比较结实耐用；且湿强高于干强，较耐水洗。但伸长率低，是天然纤维之末。麻纤维耐碱不耐酸，耐碱性比棉差，耐酸性比棉强。麻纤维对多种病菌和真菌有抑制作用，有抗菌防霉和除臭的功能。麻纤维易洗去污，水洗柔软，污垢易清除。麻纤维耐热性好，熨烫温度可达 200℃，在常用纤维中熨烫温度最高。麻织物干熨烫较困难，一般需加湿熨烫，一经定形能保持较长时间。

（5）苎麻与亚麻的区别。苎麻与亚麻性能相近，只是苎麻比亚麻纤维更粗长，强度更大、更脆硬，在折叠的地方更易于折断。因此，在设计苎麻服装时应避免褶裥造型，保养时不要折叠重压。苎麻颜色洁白，光泽好，染色性比亚麻好，易于得到比亚麻更丰富的颜色。

3. 毛纤维

毛纤维指从各种动物身上获取的纤维，主要成分为蛋白质。其中最常用的为绵羊毛，一般称为羊毛纤维。

（1）羊毛纤维。人类利用羊毛可追溯到新石器时代，由中亚向地中海和世界其他地区传播，遂成为亚欧的主要纺织原料。绵羊毛在纺织原料中占相当大的比重。澳大利亚、新西兰、俄罗斯和中国等是羊毛主要生产国，产量约占世界羊毛总产量的 60%。此外还有阿根廷和乌拉圭以及南非等。其中，澳大利亚的美利努羊是世界上品质最为优良的、产量最高的羊种。我国的羊毛主产地有新疆、内蒙古、青海和甘肃等。国际羊毛局是国际上最权威的羊毛研究和信息发布机构，国际羊毛局的羊毛标志是世界最著名的纺织品保证商标。图 2-10（a）所示为纯毛标志，图 2-10（b）所示为羊毛混纺标志。新西兰也是羊毛出口大国，其羊毛是绒线和工业用呢的优良原料，新西兰羊毛局的厥叶标志是国际闻名的羊毛制品保证商标，如图 2-10（c）所示。

根据绵羊品种不同，一般羊毛包含细羊毛、长羊毛、半细毛和粗羊毛。

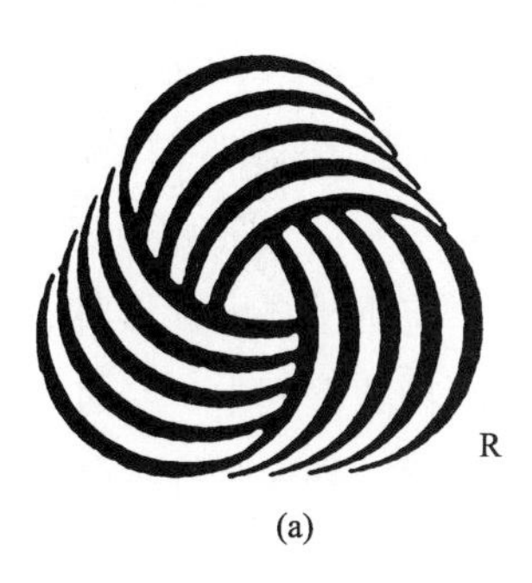

(a)

(b)

(c)

图2–10　各种羊毛标志

细羊毛纤维很细，直径为 25μm 以下的同质毛。细羊毛纺纱性能优良，是粗纺毛织物和高级精纺毛织物的原料。

长羊毛：纤维粗长，毛丛长度在 10cm 以上，纤维平均直径在 29~55μm 之间，有明亮的光泽。是织制长毛绒织物、衬里、毛毯和工业用呢的原料。

半细毛：纤维直径在 25~45μm 之间的同质毛。纺纱性能较好，是纺制针织绒线和高级粗绒线的原料，也可加工成粗纺毛织物和工业用呢等。

粗羊毛：纤维平均直径为 36~62μm，纺纱性能较差。主要用于织制地毯，故又称地毯毛。

① 外观性能。羊毛纤维的天然颜色有奶油色、棕色，偶尔也有黑色。羊毛纤维光泽柔和，染色性能好，染色牢固，色泽鲜艳。羊毛纤维具有优良的弹性恢复性，服装的保形性好，经过热定型处理可以形成所需要的服装造型。但是湿润后，羊毛制品的保形性会明显下降，因此羊毛制品应避免水洗雨淋。

② 纤维形态。羊毛纤维的横截面为圆形或椭圆形。羊毛纤维纵向从根部到尖部逐渐变细，具有天然卷曲，外包鳞片。羊毛纤维的鳞片结构导致其贴身穿着具有刺扎感。羊毛的鳞片结构也是其具有缩绒性的主要原因。缩绒性是指羊毛纤维在湿热条件下，经机械外力的反复挤压，纤维集合体逐渐收缩紧密、并互相穿插纠缠、交编毡化的现象。缩绒性是毛纤维所特有的。较细的羊毛，鳞片密度大，卷曲正常，弹性好，定向摩擦效应大，缩绒性强。羊毛纤维的形态结构如图 2–11 所示。

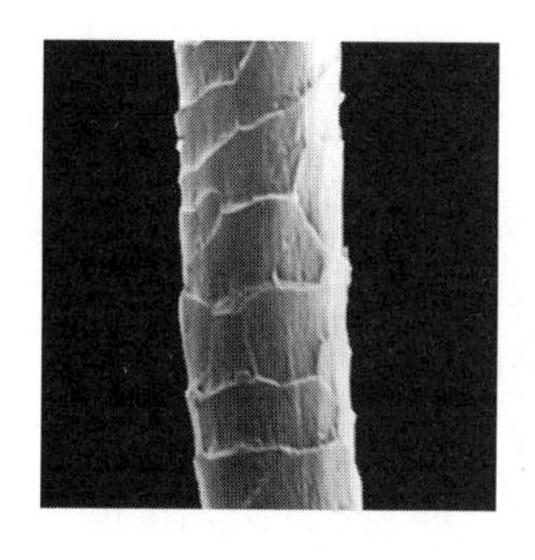
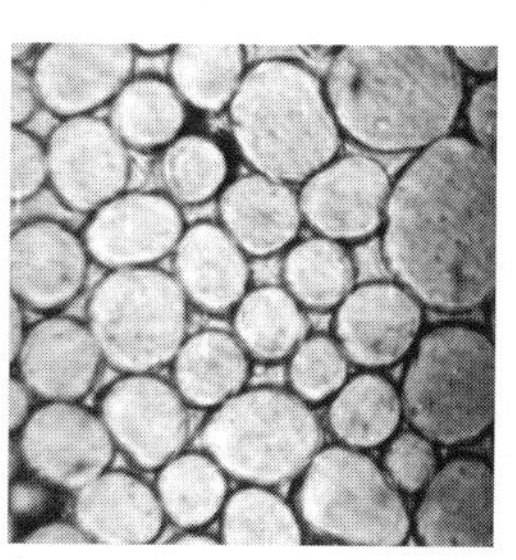

图2–11　羊毛的纤维形态

缩绒性对于羊毛制品既有不利影响，也有可利用之处。羊毛的缩绒性使毛织物和羊毛针织品在穿用过程中容易产生尺寸收缩和变形，产生起毛起球等现象，影响了穿用的舒适性和美观性。因此，大多数精纺毛织品、绒线、针织物在整理过程中都要经过防缩绒处理。生产中通常采用破坏鳞片层的方法来达到防缩绒的目的。

利用羊毛的缩绒性，可以把松散的短毛纤维结合成具有一定机械强度、形状、密度的毛毡片，这一作用称为毡合。利用羊毛的缩绒性，在粗纺毛织物的整理中，经过缩绒工艺（又称缩呢），织物的长度缩短、厚度和紧度增加，强力提高，弹性和保暖性增强。精纺类羊毛衫也常以常温、短时间做净洗湿整理或轻缩绒整理以改善外观。经过缩绒的羊毛衫其表面显露出一层绒毛，使外观优美，手感丰厚柔软，色泽柔和。另外，缩绒产生的绒毛对羊毛衫原有的某些疵点起到淡化和掩盖作用，使其不致明显地暴露在织物表面。

③ 舒适性能。羊毛的吸湿性是常见纤维中最好的，一般大气条件下，回潮率为15%~17%。羊毛制品穿着舒适，且有一定的蓄水能力，故吸收相当的水分亦不显潮湿。羊毛纤维的导热系数小，纤维又因卷曲而存有静止空气，加之纤维的吸湿性强，吸湿放热，因此具有优良的保暖性。羊毛纤维柔软而富有弹性，可用于制作呢绒、绒线、毛毯、毡呢等纺织品以及围巾、手套等。

④ 耐用和保养性能。羊毛纤维的拉伸强度是天然纤维中最低的，羊毛纤维拉伸后的伸长能力却是常用天然纤维中最大的。断裂伸长率干态可达25%~35%，湿态可达25%~50%。去除外力后，伸长的弹性恢复能力是常用天然纤维中最好的，所以用羊毛织成的织物不易起皱，具有良好的服用性能。

羊毛纤维较耐酸而不耐碱。较稀的酸和浓酸短时间作用对羊毛的损伤不大，所以常用酸去除原毛或呢坯中的草屑等植物性杂质。有机酸如醋酸、蚁酸是羊毛染色中的重要促染剂。羊毛纤维的耐碱性较差，不能用碱性洗涤剂洗涤。羊毛对氧化剂比较敏感，尤其是含氯氧化剂，会使其变黄、强度下降，因此羊毛不能用含氯漂白剂漂白，也不能用含漂白粉的洗衣粉洗涤。羊毛纤维的耐光性较差，长期光照可使其发黄，强力下降。羊毛纤维耐热性不如棉纤维，洗涤时不能用开水烫，熨烫时最好垫湿布。熨烫温度为160~180℃。

羊毛纤维易受虫蛀，易霉变。因此，保存前应洗净、熨平、晾干，高级呢绒服装勿叠压，并放入防虫蛀的樟脑球。

（2）其他特种毛纤维。

① 山羊绒。山羊绒是掩在山羊粗毛根部的一层薄薄的细绒，属于稀有的特种动物纤维。羊绒之所以十分珍贵，不仅由于产量稀少（仅占世界动物纤维总产量的0. 2%），更重要的是其优良的品质和特性，交易中以克论价，被人们认为是“纤维宝石”、“纤维皇后”，是目前人类能够利用的所有纺织原料都无法比拟的，因而又被称为“软黄金”。

世界山羊绒的主要生产国家有中国、蒙古、伊朗、阿富汗、哈萨克斯坦、吉尔吉斯斯坦、巴基斯坦、土耳其等国家。其中，中国约占世界总产量的70%以上。我国主要产地为内蒙古、宁夏、甘肃、新疆、陕西以及西藏、河北、辽宁等省，其中以内蒙古产量最高，质量最好。

山羊绒的主要种类有白绒、青绒、紫绒三种。而在羊绒资源中白绒最为珍贵，其产量仅占世界羊绒产量的 30% 左右。山羊绒有不规则的稀而深的卷曲，卷曲数较细羊毛少。由鳞片层和皮质层组成，没有髓质层。山羊绒鳞的边缘光滑，呈环状覆盖，间距大。山羊绒纤维直径比细羊毛细。吸湿能力、弹性、强伸性、保暖性优于绵羊毛。山羊绒的形态结构如图 2-12 所示。

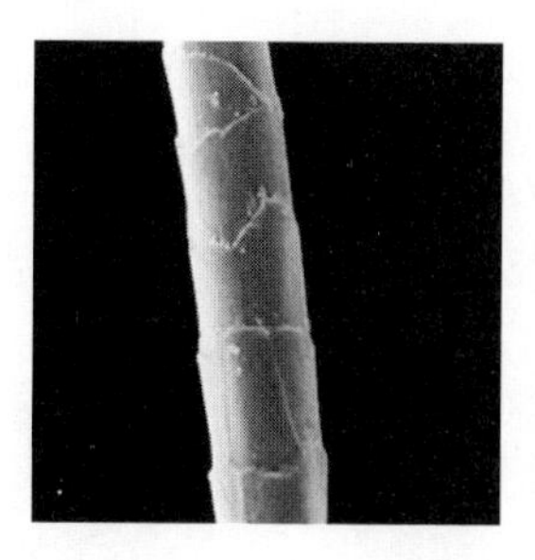
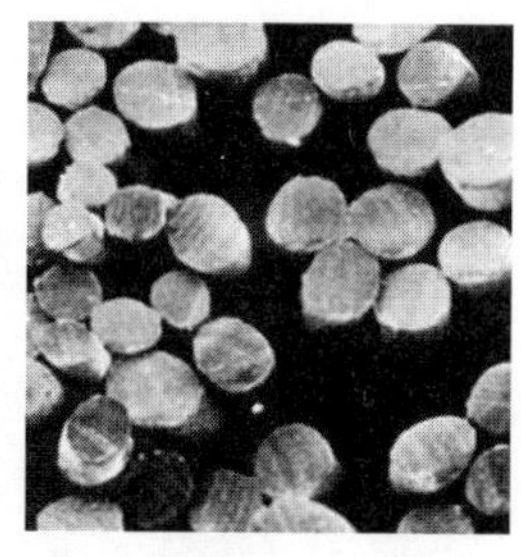

图2-12 山羊绒的纤维形态

山羊绒产品具有轻柔、滑糯细腻、丰满、弹性好等优良特性，主要用于纯纺或与细羊毛混纺，制作羊绒衫、羊绒围巾、羊绒花呢、羊绒大衣呢等高档贵重纺织品。但由于其纤维细而短，故产品的强度、耐磨、起球性能等各项指标均不如羊毛。在穿着羊绒产品时，应特别注意减少较大的摩擦，与羊绒配套的外衣不可太粗糙和坚硬，以避免摩擦损伤纤维降低强度或产生起球现象。

② 牦牛绒。牦牛是生长于中国青藏高原及其毗邻地区高寒草原的特有牛种。牦牛毛的细毛部分为牦牛绒，呈深咖啡色，是针织毛衣、粗纺、精纺毛料的高档原料。牦牛绒很细，有不规则弯曲，横截面近似圆形。牦牛绒由鳞片层和皮质层组成，极少量绒有点状毛髓，鳞片呈环状紧密抱合。其纤维的形态结构如图 2-13 所示。

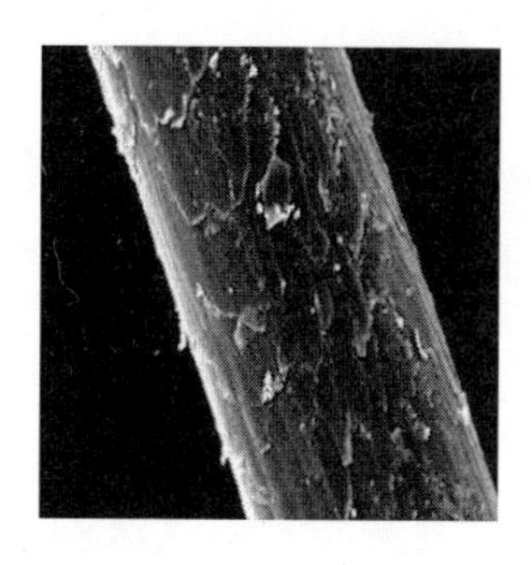
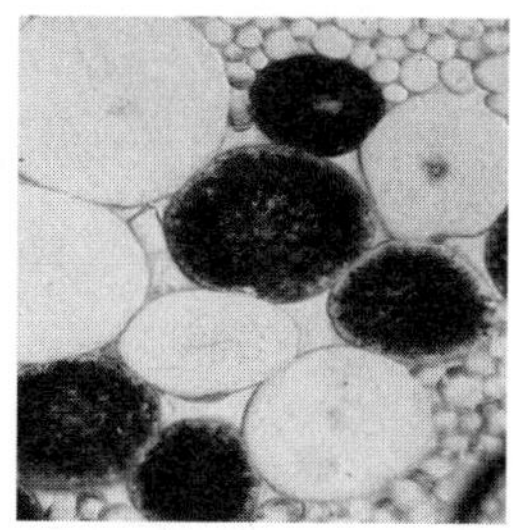

图2-13 牦牛绒的纤维形态

牦牛绒手感柔软、滑腻、弹性好，光泽柔和，比普通羊毛更加保暖，近年来已被应用于服装生产领域。其常见的产品有牦牛绒纱、牦牛绒线牦牛绒衫、牦牛绒裤、牦牛绒面料和牦牛绒大衣等。随着加工工艺和技术的提高，牦牛绒必将被广泛认可，并成为继羊绒之后的又一种高档纺织原料。

③ 驼绒。驼绒是取自骆驼腹部的绒毛，制成的驼绒色泽杏黄、柔软蓬松，保暖御寒，是动物绒中耐寒最强的纤维，是制作高档毛纺织品的重要原料之一。以双峰驼的绒毛质量最好，单峰驼的纤维质量差，无纺纱价值。我国骆驼多产于内蒙古、新疆、甘肃、青海、宁夏等地，年产原毛量约占世界驼毛产量的 20%，是世界上最大的产地之一。

驼绒纤维为多孔、中空竹节结构，极利于空气的储存，纤维细度高，有极强的保暖性。驼绒主要由鳞片层和皮质层组成，极少数驼绒有髓质层，呈点状，间断线状分布。鳞片呈环状或斜条状紧贴毛干，边缘光滑，横截面为近似圆形，表层有高密度的胶质保护层，绒质本身不吸收水分，因而具有极好的隔潮性。驼绒纤维的形态结构如图 2–14 所示。

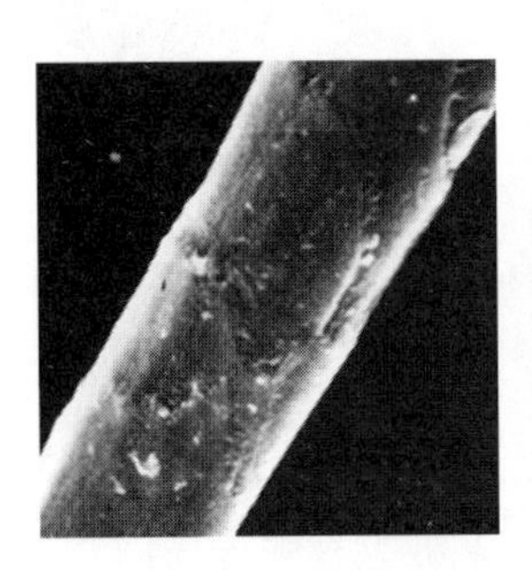
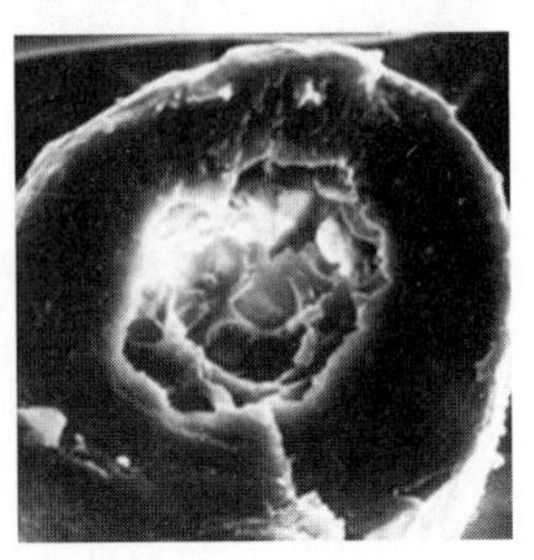

图2–14　骆绒的纤维形态

驼绒保暖性比同等重量的美利奴羊毛高 30%，耐磨度是美利奴羊毛的 4 倍，韧性高于羊毛，而且在混纺后也不会起球，横向、纵向均有较大的伸缩性，经向延伸可达 30%~45%，纬向延伸可达 60%~85%，具有贴身舒适的特点。驼线颜色丰富，有多达 22 种的天然色。其比染色羊毛更密更细，绒面丰满、美观，质地松软、富有弹性，手感厚实，色泽鲜艳，保暖性好，极具商业价值。

④ 兔毛。兔毛有普通兔毛和安哥拉兔毛两种，以土耳其安哥拉所产兔毛最为知名。我国兔毛主要产于江苏、浙江等省，产量占全世界的 80%~90%。

兔毛由角蛋白组成，分绒毛和粗毛两个类型，都由鳞片层、皮质层和髓质层组成。绒毛的鳞片呈环形，斜条状，排列细密。绒毛的髓腔呈单列断续状或窄块状，粗毛的髓腔较宽，呈多列块状，含有空气。其纤维形态如图 2–15 所示。

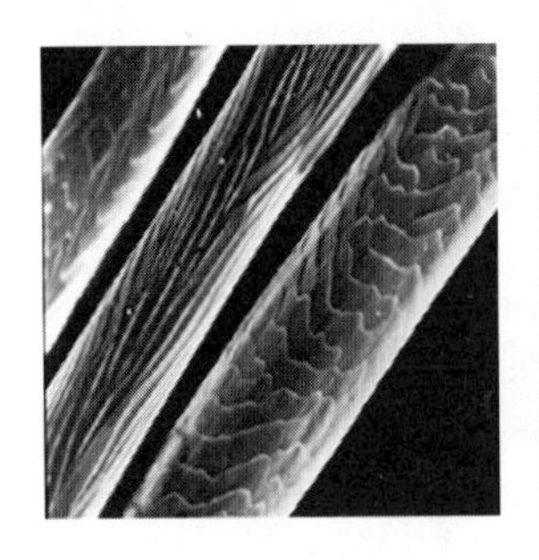
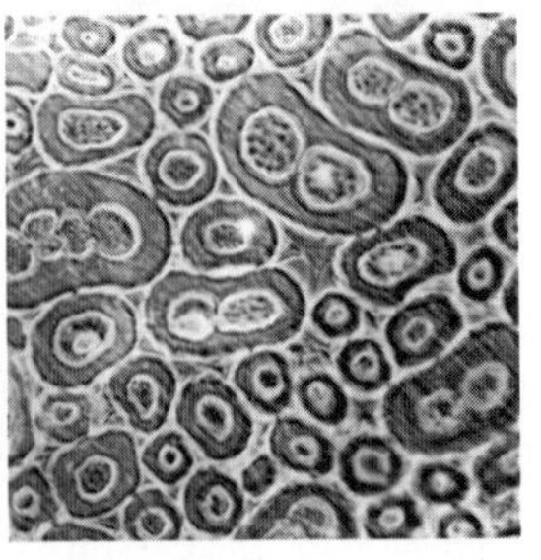

图2–15　兔毛的纤维形态

兔毛纤维细长，颜色洁白，光泽好，柔软蓬松，保暖性强，但纤维卷曲少，表面光滑，纤维之间抱合性能差，强度较低，纯纺有一定困难，一般与羊毛或其他纤维混纺，可作针织衫和机织面料。

⑤ 马海毛。马海毛是安哥拉山羊身上的被毛，又称安哥拉山羊毛，得名于土耳其语，意为“最好的毛”。马海毛在全世界每年的产量不过 26000 吨左右，是目前世界市场上高级的动物纺织纤维原料之一。目前南非、土耳其、美国为马海毛三大产地，其中以土耳其所产马海毛品质较好。

马海毛的长度一般为 100~150mm，最长可达 200mm 以上。马海毛纤维很少弯曲，鳞片少而平阔紧贴于毛干，很少重叠，具有竹筒般的外形，使纤维表面光滑，产生蚕丝般的光泽，其织物具有闪光的特性。纤维柔软，坚牢度高，耐用性好，不毡化，不起毛起球，沾污后易清洁，其富丽堂皇的外观、高档的手感和独特的天然光泽在纺织纤维中是独一无二的。

马海毛强度、弹性好，对化学药品的反应比绵羊毛敏感，与染料有较强的亲和力，染出的颜色透亮，色调柔和、浓艳，是其他纺织纤维无法比拟的。马海毛广泛地应用于大衣面料、针织、手编披肩、毛衣、毛毯等领域，产品高档华贵。较细的马海毛用于制作长毛绒和衣服衬里；细的马海毛做夏季服装、装饰花边、窗帘布等；极粗的马海毛则用于制作粗呢和地毯。

⑥ 羊驼毛。羊驼又名骆马、驼羊，主产于秘鲁、阿根廷等地。羊驼毛属粗细毛混杂，毛浓密细长、柔软、色泽鲜艳，有乳白色、棕黄色、浅灰等六种颜色。其强力和保暖性均远高于羊毛，具有良好的光泽、柔软性和卷曲性。可用作轻薄夏季衣料、大衣和羊毛衫等。其数量稀少，较为名贵。

4. 丝纤维

蚕丝是熟蚕结茧时所分泌丝液凝固而成的连续长纤维，也称天然丝，是人类利用最早的动物纤维之一。中国、日本、印度、俄罗斯和朝鲜是主要产丝国，总产量占世界产量的 90%以上。丝纤维有家蚕丝和野蚕丝之分，家蚕丝就是通常所说的桑蚕丝，是栽桑养家蚕结的茧里抽出的蚕丝，色泽白里略带黄色，手感细腻、光滑。柞蚕俗称野蚕，主要生活在北方地区，它由人工放养在野外柞林之中，以柞叶为食。和桑蚕丝相比，柞蚕丝的颜色比较深，纤维较粗，其本色为黑灰色。

桑蚕丝还有桑蚕长丝和桑蚕短丝之分。正常的蚕茧拉出的丝长度一般有几十米长，属于长丝。而桑蚕短丝一般用茧衣和厂丝的下脚料做原料，在应用中，将其加工成绢丝和䌷丝。

绢丝是以蚕丝的废丝、废茧、茧衣等为原料，加工成短纤维，再纺成长丝。绢丝光泽优良，粗细均匀，强力与伸长率较好，保暖性、吸湿性好；缺点是多次洗涤后易发毛。

䌷丝由绢丝的副产品落绵加工制成，整齐度差，含棉结、杂质较多，纤维表面具有别具风格的不规则的颗粒疙瘩。用它做原料织造的绵绸称为“䌷织物”，织物表面有很多细小的绵粒和毛茸，无光泽，具有柔软、丰满、粗犷的特点。一般较厚实，比其他真丝挺括，夏天穿着不粘身，与粗布或麻布的效果相似。

（1）外观性能。蚕茧经过缫丝后得到的生丝呈白色，具有优雅而美丽的光泽。这种特殊的光泽主要是丝素的三角形截面以及茧丝的层状结构所形成的。蚕丝的染色性能良好，可以染成各种颜色。柞蚕丝茧色为黄褐色，这种褐色素不易除去，因而难以染上漂亮的颜色，以致影响了它的使用价值。

桑蚕丝在微变形时的弹性回复率较高，织物的抗皱性能较好。但在温度升高和含水量增加的情况下，初始（弹性）模量下降，故制成的服装湿态易起皱，洗后的免烫性也差。

经过酸处理的蚕丝织物在相互摩擦时，能产生独特的响声，被称为“丝鸣”。丝鸣对鉴别真丝绸和纺丝绸具有一定的参考价值。

（2）纤维形态。蚕丝是由两根并列的丝素和丝胶组成。丝素是蚕丝的基本组成部分，呈白色半透明状，具有较好的光泽和强力。组成丝素的化学成分主要是氨基酸，它们基本上不溶解于水。丝胶位于丝素的外面，并包裹着丝素。丝胶的主要成分是丝氨酸，丝胶能溶解于水，尤其是在高温下，缫丝就是利用丝胶的这一特性。

蚕丝的纵向平直光滑。桑蚕丝的横截面呈半椭圆形或略呈三角形，如图 2–16 所示。柞蚕丝的横截面较桑蚕丝扁平，如图 2–17 所示。

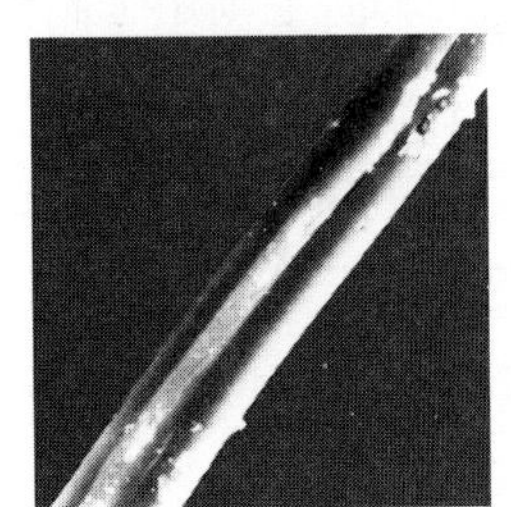

图2–16　桑蚕丝的纤维形态

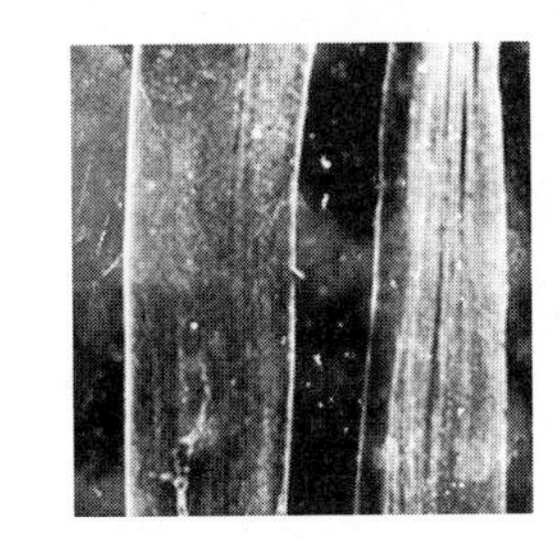
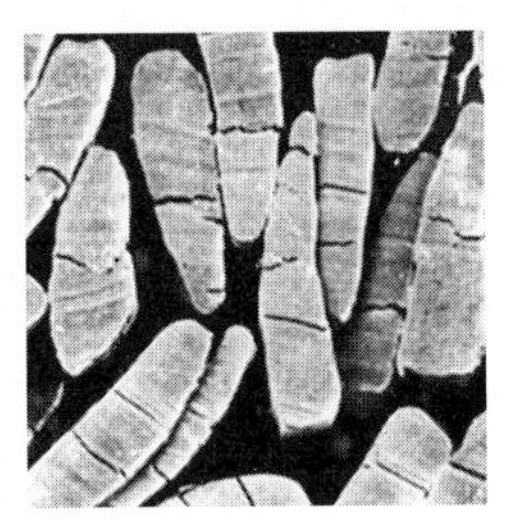

图2–17　柞蚕丝的纤维形态

（3）舒适性能。蚕丝的吸湿能力较强，蚕丝的在一般大气条件下回潮率可达 9%~13%。蚕丝吸收和散发水分的速度快，所以夏季穿着丝绸服装会感到舒适、凉爽。蚕丝的导热系数小，内部为多孔结构，因此保温性能也很好，冬夏穿着均宜。蚕丝纤维表面平滑，触感优良。

柞蚕丝的保暖性、耐水性、强力、湿强、耐光性、耐酸、耐碱性等均优于桑蚕丝，但是其光泽、色泽、柔软、细腻、光洁度等方面不及桑蚕丝，致命缺点是易产生水渍。

（4）耐用和保养性能。蚕丝纤维的强度较大，与棉纤维相近，但在湿态下的强度低于干态下的强度，伸长能力小于羊毛纤维、大于棉纤维。桑蚕丝是一种弱酸性物质，有一定的耐酸性，在丝绸精练或染整加工时，常用有机酸处理，以增加丝织物的光泽、改善手感，但织物的强伸度稍有下降。日常洗涤蚕丝制品时，漂洗阶段加入适当的白醋，可以增加织物的光泽。但是，浓酸会使蚕丝的光泽、手感、强度等性能都受到损害。倘若在浓酸中浸渍极短时间并立即用水冲洗，丝素可收缩 30% ~40%，这种现象被称为酸缩，可用于丝织物的缩皱整理。蚕丝不耐碱，即便是稀碱溶液，也能溶解丝胶，浓碱对丝的破坏性更大，所以天然丝织物不可用碱性大的洗涤剂清洗。蚕丝不能用含氯漂白剂漂白。蚕丝的耐光性较差，在日光照射下，蚕丝易发黄，强度下降，织物脆化。

（二）化学纤维

1. 人造纤维

（1）黏胶纤维。黏胶纤维是指从木材和植物叶杆等纤维素原料中提取的 α－纤维素，或以棉短绒为原料，经加工成纺丝原液，再经湿法纺丝制成的人造纤维。采用不同的原料和纺丝工艺，可以分别得到普通黏胶纤维、高湿模量黏胶纤维和高强力黏胶纤维等。普通黏胶纤维具有一般的物理性能和化学性能，又分棉型、毛型和长丝型，俗称人造棉、人造毛和人造丝。高湿模量黏胶纤维具有较高的聚合度、强力和湿模量，主要有富强纤维。高强力黏胶纤维具有较高的强力和耐疲劳性能。黏胶纤维的染色性能良好，染色色谱全，能染出鲜艳的颜色。

普通黏胶纤维的截面呈锯齿形皮芯结构，纵向平直有沟横，纤维形态如图 2–18 所示。而富强纤维无皮芯结构，截面呈圆形。

图2–18 黏胶纤维的纤维形态

黏胶纤维吸湿能力优于棉，在一般大气条件下回潮率可达 13% 左右，透气凉爽。吸湿后显著膨胀，直径增加可达 50%，所以织物下水后手感发硬，收缩率大，可达 8%~10%。普通黏胶纤维的初始模量比棉低，在小负荷下容易变形，而弹性回复性能差，因此织物容易伸长，尺寸稳定性差，但悬垂性能好，手感光滑柔软。黏胶纤维穿着舒适，短纤维可纺性好，与棉、毛及其他合成纤维混纺、交织，用于各类服装及装饰用品；黏胶长丝可用于制作衬里、美丽绸、旗帜、飘带等丝绸类织物；高强力黏胶可用作轮胎帘子线、运输带等工业用品。

普通黏胶纤维的断裂强度比棉小，断裂伸长率大于棉，湿强下降多，约为干强的 50%，湿态伸长增加约 50%。耐磨性较差，吸湿后耐磨性更差，所以黏胶纤维不耐水洗，尺寸稳定性差。而富强纤维的强度特别是湿强比普通黏胶高，断裂伸长率较小。

黏胶纤维的化学组成与棉相似，所以较耐碱而不耐酸，但耐碱耐酸性均较棉差。黏胶纤维的耐热性和热稳定性较好。

（2）铜氨纤维。铜氨纤维也属再生纤维素纤维。由棉短绒等天然纤维素高聚物溶解在氢氧化铜溶液中，或在碱性铜盐的浓氨溶液内，制成纺丝液，再进行湿法纺丝和后加工制成铜氨纤维。由于原料的限制，工艺较为复杂，产量较低，因此铜氨纤维比较昂贵。铜氨纤维具有会呼吸、清爽、抗静电、悬垂性佳四大功能。铜氨纤维的耐热性差，在150℃时强度下降，180℃时即枯焦。铜氨纤维对含氯漂白剂，过氧化氢的抵抗能力差。

铜氨纤维的用途与黏胶纤维大体一样，但铜氨纤维的单纤比黏胶纤维更细。其产品的服用性能极佳，性能近似于丝绸，极具悬垂感。加上其具有较好的抗静电的功能，即使在干燥的地区穿着仍然具有良好的触感，可避免产生闷热的不舒适感，这是它成为一直受欢迎的内衣里布的重要原因，且至今仍然处于无可取代的地位。目前，铜氨纤维已从里布推向面料，成为高级套装的素材，特别适用于与羊毛、合成纤维混纺或纯纺，做高档针织物，如做针织和机织内衣、女用袜子以及丝织、绸缎女装、衬衣、风衣、裤料、外套等。

（3）醋酯纤维。纤维素与醋酐发生反应而得到纤维醋酸酯，经纺丝成纤维素醋酸酯纤维，简称醋酯纤维，包括二型醋酯纤维和三醋酯纤维两类。前者的醋酯化程度较低，溶解于丙酮；后者醋酯化程度较高，不溶于丙酮。一般制成短纤维，可用作人造毛，也可制成强力乙酯纤维。

醋酯纤维截面为多瓣形、片状或耳状，无皮芯结构，如图2-19所示。二醋酯纤维的强度比黏胶纤维小，湿强为干强的60%左右；三醋酯纤维湿强与干强相接近。吸湿能力比黏胶纤维差，在一般大气条件下，二醋酯纤维回潮率为6.5%左右，三醋酯纤维为4.5%左右。染色性能较黏胶纤维差，通常采用分散性染料和特种染料染色。醋酯纤维对稀碱和稀酸具有一定的抵抗能力，但对于浓碱会使纤维皂化分解。醋酯纤维的耐热性和热稳定性较好，具有持久的压烫整理性能。

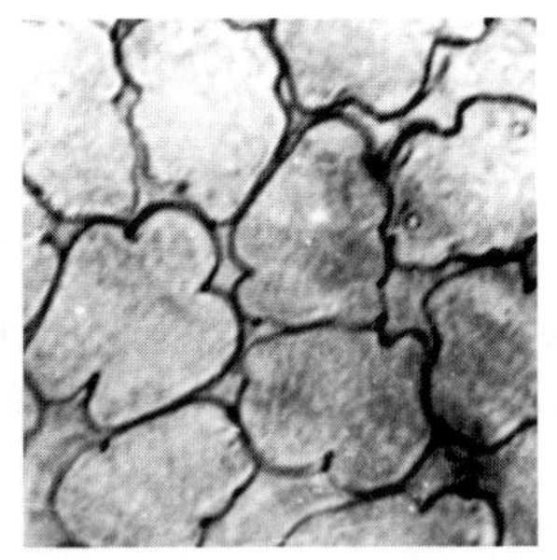

图2-19　醋酯纤维的外观形态

醋酯纤维吸湿较低，不易污染，洗涤容易，且手感柔软，弹性好，不易起皱，故较适合于制作妇女的服装面料、衬里料、贴身女衣裤等。也可与其他纤维交织生产各种绸缎制品。

2. 合成纤维

（1）涤纶。涤纶学名称为聚酯纤维，是当前合成纤维中用途最广、产量最高的一种纤维。涤纶有许多商品名称，如 Terylene（特丽纶）、Daron（大可纶）、Tetoron（蒂托纶）等。涤纶具有结实耐用、弹性好、不易变形、耐腐蚀、绝缘、挺括、易洗快干等特点，广泛用于服装行业。

涤纶为熔体纺丝，一般纤维的截面呈圆形，纵向呈圆棒状，如图 2-20 所示。

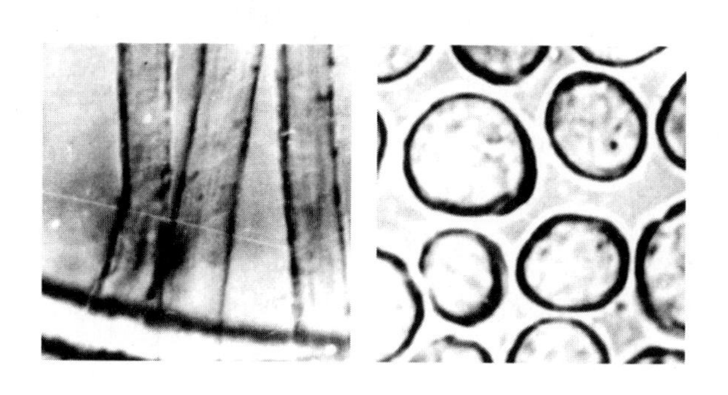

图2-20 涤纶的纤维形态

涤纶的吸湿性差，在一般大气条件下回潮率只有 0. 4% 左右，因此穿着体感闷热，舒适性差，容易产生静电。低吸湿也导致涤纶纤维的染色性较差，多采用分散染料在高温高压条件下染色。但低吸湿使得涤纶织物易洗快干，具有“洗可穿”的特点。

涤纶在小负荷下不易变形，即初始模量高，在常见纤维中仅次于麻纤维。涤纶的弹性优良，弹性接近羊毛，当伸长 5%~6% 时，几乎可以完全恢复。耐皱性超过其他纤维，即织物不折皱，尺寸稳定性好。弹性模量为 22~141cN/dtex，比锦纶高 2~3 倍。

涤纶的拉伸断裂强力和拉伸断裂伸长率都较高，根据加工工艺的不同，可将纤维分为高强低伸型、中强中伸型和低强高伸型。涤纶的耐冲击强度比锦纶高 4 倍，比黏胶纤维高 20 倍。耐磨性仅次于耐磨性最好的锦纶，优于其他天然纤维和合成纤维。

涤纶的耐热性和热稳定性在合成纤维织物中是最好的。但涤纶织物遇火种易产生熔孔。涤纶的耐光性很好（仅次于腈纶），曝晒 1000 小时，强力保持 60%~70%。

涤纶在服装、装饰、工业中的应用都十分广泛。其短纤维可与天然纤维以及其他化纤混纺，加工不同性能的纺织制品，用于服装、装饰及各种不同领域。涤纶长丝，特别是变形丝，可用于针织、机织制成各种不同的仿真型内外衣。长丝还可以用于轮胎帘子线、工业绳索、传动带等工业制品。

（2）锦纶。锦纶学名称为聚酰胺纤维，俗称尼龙（Nylon）。其命名由合成单体具体的碳原子数而定，常用的主要有锦纶 6 和锦纶 66。

锦纶为熔体纺丝纤维，截面、纵面形态与涤纶相似。染色性能好，色谱较全。

锦纶的吸湿能力是常见合成纤维中较好的，在一般大气条件下回潮率可达 4. 5% 左右。锦纶的初始模量低，小负荷下容易变形，所以织物保形性和硬挺性不及涤纶织物。

锦纶密度小，织物轻，比棉纤维轻 26%，比黏胶纤维轻 24%。锦纶强度高，弹性好，其抗疲劳能力比棉纤维高 7~8 倍，弹性恢复率在常用纺织纤维中居首位，耐磨性是常见纺织纤维中最好的。锦纶的耐热、耐日光性较差，织物久晒就会变黄，强度下降。锦纶织物遇火种会熔孔。锦纶的化学稳定性好，耐碱不耐酸。

锦纶的产量仅次于涤纶。锦纶长丝民用上多用于针织和丝绸工业，工业上常用于帘子线和渔网，也可制作地毯、绳索、传送带、筛网等。锦纶短纤维与毛、棉等纤维混纺，开发各种服装面料。近年来，锦纶作为羽绒服高密面料被广泛使用。

（3）腈纶。腈纶学名称为聚丙烯腈纤维，腈纶是在我国的商品名。腈纶的商品名称很多，如美国称 Orlon（奥纶）、Acrilan（阿克利纶）、Zefran（泽弗纶）等，日本有 Vonnel（毛丽纶）、Cashnilan（开司米纶）等，英国称 Courtelle（考特尔）等。因其性质似羊毛，因此有“合成羊毛”之称。腈纶的总产量在合成纤维家族中，仅次于涤纶和锦纶，居第三位。

腈纶的染色性能良好，色谱齐全，染色鲜艳。腈纶为湿法纺丝纤维。截面呈圆形或哑铃形，纵向平滑或有少许沟槽，如图 2-21 所示。

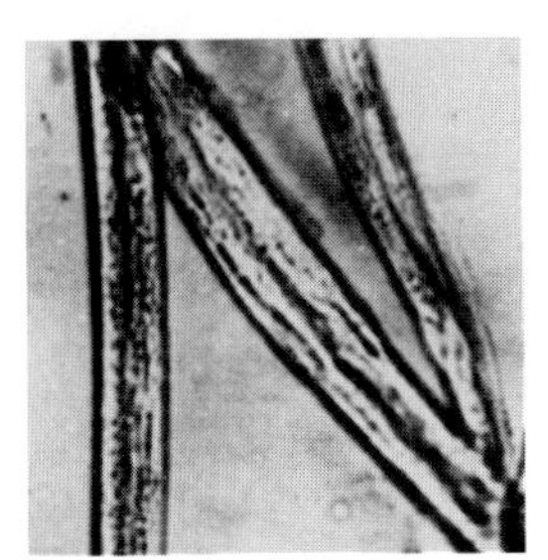
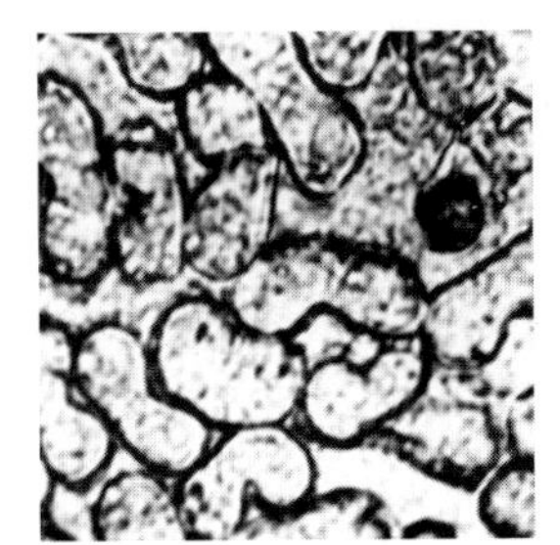

图2-21　腈纶的纤维形态

腈纶的吸湿性较差，在一般大气条件下回潮率为 2% 左右，穿着有闷热感，但易洗快干。腈纶的强度比涤纶、锦纶低，断裂伸长率则与涤纶、锦纶相似，弹性较差，耐磨性是合成纤维中最差的。腈纶的耐日晒性特别优良，露天曝晒一年，强度仅下降 20%，在常见纺织纤维中居首位。腈纶耐酸、耐氧化剂和一般有机溶剂，但耐碱性较差。

腈纶密度小，比羊毛轻，柔软、蓬松，保暖性好，有较好的弹性，在低伸长的范围内弹性恢复能力接近羊毛。腈纶常制成短纤维与羊毛、棉或其他化纤混纺，织制毛型织物或纺成绒线。粗旦腈纶可织制毛毯或人造毛皮。利用腈纶特殊的热收缩性，可纺成蓬松性好、毛型感强的膨体纱。

（4）维纶。维纶学名为聚乙烯醇缩醛纤维，也叫维尼纶。维纶的生产工业流程较长，纤维综合性能不如涤纶、锦纶和腈纶，年产量较小。维纶纤维的性质与棉花相似，有“合成棉花”之称，使用以短纤维为主。

维纶为湿法纺丝纤维。截面呈腰圆形，纵面平直，有少许沟槽，如图 2-22 所示。

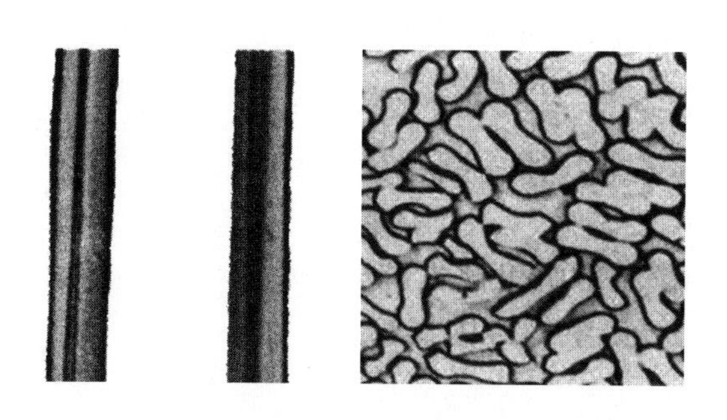

图2-22 维纶的纤维形态

维纶的吸湿能力是常见合成纤维中最好的，在一般大气条件下回潮率可达5%左右。维纶的染色性能较差，染色色谱不全。弹性差，织物易起皱。维纶的热传导率低，保暖性好。维纶的强度比锦、涤差，稍高于棉，断裂伸长率大于棉而差于其他常见合成纤维。耐日光性与耐气候性好，但耐干热而不耐湿热，所以须经缩醛化处理，否则耐热水性很差，在热水中收缩大，并会溶解于热水。近年来，利用维纶的耐湿热差的特性，开发的水溶性维纶纤维得到多方面的使用，如作为伴纺纤维、绣花衬等。维纶的化学稳定性好，耐碱，不耐强酸。

维纶性质接近于棉，相对密度比棉小，耐磨性和强度比棉花好，常用于开发仿棉产品，或者与棉混纺。主要用于制作外衣、棉毛衫裤、运动衫等针织物。由于维纶与橡胶有很好的黏合性能，可大量用于工业制品，如绳索、水龙带、渔网、帆布帐篷、外科手术缝线、自行车轮胎帘子线、过滤材料等。

（5）丙纶。丙纶的学名称为聚丙烯纤维，是用石油精炼的副产物丙烯为原料制得的合成纤维，原料来源丰富，生产工艺简单，产品价格相对比其他合成纤维低廉。丙纶的分子结构为纯碳链结构，因此具有许多独特的性质。

丙纶为熔体纺丝纤维，纵面平直光滑，截面呈圆形。

丙纶密度仅为0. 91g/cm^3，是常见化学纤维中密度最轻的品种，同样重量的丙纶可比其他纤维得到的较高的覆盖面积。丙纶纤维几乎不吸湿，易洗快干，具有良好的芯吸能力，能通过织物中的毛细管传递水蒸气，吸湿排汗作用明显。染色性较差，色谱不全，但可以采用原液着色的方法来弥补不足。丙纶的强度与中强中伸型涤纶相近，特别是浸湿后其强度仍然不降低，很耐磨，是制作缆绳及渔业用品的理想材料。丙纶的初始模量较高，弹性优良，耐磨性仅次于锦纶。有较好的耐化学腐蚀性，除了浓硝酸、浓的苛性钠外，丙纶对酸和碱抵抗性能良好，适于用作过滤材料和包装材料。丙纶的主要缺点是热稳定性差，不耐日晒，易于老化脆损，因而制造时常添加防老化剂。

除了工业使用外，丙纶可以纯纺或与羊毛、棉或黏胶纤维等混纺混织来制作各种衣料。可以用于织各种针织品如袜子、手套、针织衫、针织裤、洗碗布、蚊帐布、被絮、保暖填料、尿不湿等。医学上可代替棉纱布做卫生用品。

（6）氨纶。氨纶学名称为聚氨基甲酸酯纤维，是一种线型大分子构成的弹性纤维，国际商品名称为斯潘德克斯（Spandex）。因其变形能力大，弹性回复性好，因此被直观地称为“弹性纤维”。美国杜邦公司将其开发的聚氨基甲酸酯纤维命名为 Lycra（莱卡），并大力推广，因此莱卡也常被用来指代弹性纤维。

氨纶的染色性能良好，色谱齐全，染色鲜艳。氨纶的吸湿性较差，在一般大气条件下回潮率为 0.8%~1%。

氨纶的显著特点是其高伸长的特性，可以拉伸到原来的 4~7 倍，且在外力释放后，能基本恢复到原来的长度。其回弹性比橡胶纤维大 2~3 倍，重量却轻 1/3。但与纺织纤维相比，则强度很低，是常见纺织纤维中强度最低的。氨纶有较好的耐酸、耐碱、耐光和耐磨等性质，但是耐热性差。

除了织造针织罗口外，很少直接使用氨纶裸丝。一般将氨纶与其他纤维的纱线一起做成包芯纱或加捻后使用，如纱芯为氨纶，外层为棉、羊毛、蚕丝等手感、吸湿性能优良的天然纤维的包芯纱。用这些纱线开发的机织或针织弹性面料，柔软舒适又合身贴体，穿着者伸展自如。因此，广泛用于体操、游泳、滑雪、田径等运动服和紧身内衣、弹力牛仔服装面料，以及绷带、压力服等医疗领域。

（7）氯纶。氯纶的学名为聚氯乙烯纤维。其基本原料是氯乙烯，原料来源丰富，成本低廉。但其耐热性能差一度却阻碍了它的发展，而近年来，在这方面有了一定的突破。氯纶的突出优点是难燃、保暖、耐晒、耐磨、耐蚀和耐蛀，弹性也很好，主要用于制作各种针织内衣、绒线、毯子、絮制品等。特别是由于它保暖性好，易带静电，故用它做成的针织内衣对风湿性关节炎有一定疗效。还可制成鬃丝，用来编织窗纱、筛网、绳子等；此外，还可用于工业滤布、工作服、绝缘布、阻燃纺织品等。氯纶的强度较差，耐热性差，在 60~70℃时开始收缩，到 100℃时分解，因此在洗涤和熨烫时必须注意温度。

五、纤维的鉴别

服装用纤维种类繁多，性能各异，不同纤维的应用和组合搭配在很大程度上决定了服装用面料和服装的价格、性能等，因此，科学分析和鉴别服装纤维原料的种类显得十分重要。

纤维鉴别是利用各种纤维之间存在的外观形态和内在性质的差异，采用各种方法将它们区分开来，常用的方法包括形态特征鉴别和理化性质鉴别。形态特征鉴别常用显微镜观察法。理化性质鉴别的方法很多，有燃烧法、溶解法、试剂着色法、熔点法、密度法、双折射法、X 射线衍射法和红外吸收光谱法等。

（一）感观鉴别法

感观鉴别法又称为手感目测法，是用手触摸，眼睛观察，根据纤维外观形态、色泽、手感、伸长、强度、重量等特征来加以识别。这种方法简便，不需要任何仪器，但需要鉴别人员具有丰富的经验。常见纤维的手感目测特征见表 2-13。

表 2-13 常见纤维的手感特征

纤维名称	手 感
棉	凉快、无弹性、柔软和干爽
麻	凉快、坚韧、硬挺和干爽
真丝	温暖、挺爽、光滑和干爽
羊毛	温暖、有弹性、毛糙和干爽
涤纶	凉快、有弹性、光滑和滑溜
锦纶	凉快、有弹性、光滑和滑溜
腈纶	凉快、有弹性、光滑和干爽
维纶	凉快、弹性差
氯纶	温暖
烯烃类纤维	温暖、有弹性、光滑和蜡状感
玻璃纤维	温暖、硬挺、光滑和干爽

天然纤维与化学纤维的目测比较见表 2-14。

表 2-14 天然纤维与化学纤维的目测比较

目测内容	天然纤维	化学纤维
长度、细度	差异很大	相同品种比较均匀
含杂	附有各种杂质	几乎没有
色泽	柔和但欠均匀	颜色近似雪白、均匀，光泽根据有光、半光、无光，有的明亮，有的有金属感，有的有蜡状感

（二）燃烧法

燃烧法是鉴别纤维简单而常用的方法之一。各种纺织纤维由于化学组成不同，在燃烧过程中产生不同的现象，依此可鉴别纤维原料。鉴别时，用镊子夹住一小束纤维或纱线，慢慢移近火焰，仔细观察纤维在接近火焰时是否有收缩熔融现象；燃烧时火焰的颜色、纤维的状态；离开火焰时纤维是否续燃及纤维散发出来的气味；燃烧后灰烬的颜色、形状及灰烬的软硬程度。常见纤维的燃烧特征见表 2-15。

表 2-15 常见纤维的燃烧特征

纤维名称	接近火焰	在火焰中	离开火焰后	燃烧后残渣形态	燃烧时气味
棉、普通黏胶纤维 麻、富强纤维	不熔不缩	迅速燃烧	迅速燃烧	小量灰白色的灰	烧纸味
羊毛、蚕丝	收缩	逐渐燃烧	不易延烧	松脆黑灰	烧毛发臭味

续表

纤维名称	接近火焰	在火焰中	离开火焰后	燃烧后残渣形态	燃烧时气味
涤纶	收缩熔融	先熔后燃烧，有熔液滴下	能延烧	玻璃状黑褐色硬球	特殊芳香味
锦纶	收缩熔融	先熔后燃烧，有熔液滴下	能延烧	玻璃状黑褐色硬球	烂瓜子、烂花生味
腈纶	收缩、微熔发焦	熔融燃烧，有发光小火花	继续燃烧	松脆黑色硬块	有辣味
维纶	收缩、熔融	燃烧	继续燃烧	松脆黑色硬块	特殊的甜味
丙纶	缓慢收缩	熔融燃烧	继续燃烧	硬黄褐色球	轻微的沥青味
氯纶	收缩	熔融燃烧，有大量黑烟	不能延烧	松脆黑色硬块	有氯化氢臭味

（三）显微镜观察法

利用不同纤维所具有的独特的外观形态、横截面和纵向特征，借助于生物显微镜在适宜的倍数下观察各种纤维的纵向和横截面的形状，以此鉴别纤维。在显微镜下天然纤维的特征比较明显；合成纤维因合成工艺的不同而呈现出不同的形状，有时需用其他辅助方法加以确认。常见纤维的外观形态见表 2-16。

表 2-16　常见纤维的外观形态

纤维名称	横向截面	纵向截面
棉	腰圆形，有中腔	扁平带状，有天然转曲
亚麻	多角形	有横节，竖纹
苎麻	腰圆形，有中腔	有横节，竖纹
羊毛	圆形或近似圆形，有些有毛髓	表面有鳞片
兔毛	哑铃形，有毛髓	表面有鳞片
桑蚕丝	不规则三角形	光滑平直，纵向有条纹
普通黏胶纤维	锯齿形，皮芯结构	纵向有沟槽
富强纤维	较少齿形，或圆形，椭圆形	表面平滑
醋酯纤维	三叶形或不规则锯齿形	表面有纵向条纹
腈纶	圆形、哑铃形或叶状	表面平滑或有条纹
氯纶	接近圆形	表面平滑
氨纶	不规则形状，有圆形、土豆形	表面暗深，呈不清晰骨形条纹
涤纶、锦纶、丙纶	圆形或异形	平滑
维纶	腰圆形，皮芯结构	1~2 根沟槽

（四）溶解法

根据各种纺织纤维在不同化学试剂中的可溶性能把纤维区别开来，这种方法简易可行，准确性也较高。一种溶剂往往能溶解多种纤维，因此用溶解法鉴别纤维时，要连续进行不同溶剂溶解试验才能确认所鉴别纤维的种类。溶解法在鉴别混纺产品的混合成分时，可先用一种溶剂溶解一种成分的纤维，再用另一种溶剂溶解另一种成分的纤维。这种方法也可用来分析混纺产品中各种纤维的成分和含量。溶剂的浓度和温度不同时，纤维的可溶性不同。常见纤维的溶解性能见表2–17。

表2–17 常见纤维的溶解性能

化学品	浓度（%）	温度（℃）	棉	苎麻	羊毛	蚕丝	黏胶纤维	醋酯纤维	锦纶	涤纶	腈纶	维纶	丙纶	氯纶
冰醋酸	浓	室温						√						
	浓	煮沸						√	√					
盐酸	20	室温							√					
硫酸	70	室温	√	√		√	√	√	√		√	√		
	浓	室温	√	√		√	√	√	√	√	√	√		
硝酸	浓	室温				√		√	√		√	√		
甲酸	85	室温						√	√			√		
次氯酸钠	大约1mol/L	室温			√	√								
铜氨液	$[Cu^{2+}] \approx 1mol/L$	室温	√	√		√								
二甲基甲酰胺	浓	煮沸						√			√			√
间甲酚	浓	室温						√	√					
	浓	煮沸						√	√	√				
NaOH	5	煮沸			√	√								
KCNS	65	20～75									√			
丙酮	85	室温						√						

注 表中√表示可以溶解。

（五）药品着色法

由于各种纤维的结构不一，对碘、碘化钾溶液的着色反应不同，可以观察试剂作用后纤维的色泽、膨润情况来鉴别纤维。着色剂分两种。

（1）专用着色剂：用以鉴别某一类特定纤维。例如，酸性染料是羊毛、蚕丝等蛋白质纤维的专用着色剂，它和羊毛、蚕丝中的氨基起作用而使纤维着色。

（2）通用着色剂：由各种染料混合而成，能使各种不同纤维呈现不同的颜色。

（六）熔点法

根据某些合成纤维的熔融特性，在化纤熔点仪或附有加热和测温装置的偏振光显微镜下，观察纤维消光时的温度来测定纤维的熔点。例如，锦纶 6 与锦纶 66 的熔点不同，前者为 216℃，后者为 244℃。此法适用于有明显熔点的某些合成纤维的鉴别。

（七）X 射线衍射法

由于各种纤维具有不同的结构，这两种方法都可以用来鉴别各种纺织纤维，其中以红外吸收光谱法更为有效。当 X 射线照射到纤维的结晶区时，有些被晶体的原子平面所衍射，其衍射角度决定于 X 射线的波长和晶体中原子平面之间的距离。由于各种纤维晶体的晶格大小不同，X 射线的衍射图就具有特征性。拍摄未知纤维的衍射图，与标准的纤维衍射图相对照，可以鉴别未知纤维。

（八）红外吸收光谱法

用红外射线照射纤维时，由于各种纤维具有不同的化学基团，在红外光谱中会出现这种纤维的特征吸收谱带。例如，涤纶在 1725cm^{-1} 处具有特征吸收谱带；腈纶在 2240cm^{-1} 处具有特征吸收谱带。根据各种纤维的特征吸收光谱带，可以区分各种纺织纤维。在鉴别纤维时，将未知纤维的红外吸收光谱与已知纤维的红外吸收光谱直接比较，就可以肯定这种纤维的种类。这种方法需要的试样少，一次试验即可定性，是纤维鉴别的可靠方法。

（九）密度法

各种纺织纤维的密度不同，例如涤纶密度为 1. 38，锦纶密度为 1. 14，测量纤维密度就可以区别纤维品种。密度法一般不单独应用，而是作为证实某一纤维的辅助方法。各种纤维的密度见表 2–18。

表 2–18 各种纤维的密度

纤维名称	密度（g/cm^3）	纤维名称	密度（g/cm^3）
棉	1.54	涤纶	1.38
麻	1.50	锦纶	1.14
羊毛	1.32	腈纶	1.17
蚕丝	1.33	丙纶	0.91
黏胶纤维	1.50	乙纶	0.95~0.96
铜氨纤维	1.50	维纶	1.26~1.30
醋酯纤维	1.32	氨纶	1.00~1.30
三醋酯纤维	1.30	氯纶	1.39

（十）荧光法

利用紫外线荧光灯照射纤维，根据各种纤维光致发光的性质不同，纤维的荧光颜色也不同的特点鉴别纤维，通常适用于荧光颜色差异大的纤维。常见纤维的荧光颜色见表2-19。

表2-19 常见纤维的荧光颜色

纤维名称	荧光颜色
棉、羊毛	淡黄
丝光棉	淡红
黄麻（生）	紫褐
黄麻、丝、锦纶	淡蓝
黏胶纤维	白色紫阴影
有光黏胶纤维	淡黄色紫阴影
涤纶	白色青光很亮
有光维纶	淡黄色紫阴影

服装用纤维的鉴别方法很多，在实际工作中往往不能使用单一方法，而需要使用几种方法，综合分析研究。系统鉴别纤维的程序，是把几种鉴别方法科学地组合起来。常采用的方法是：运用燃烧法区别出天然纤维和化学纤维，用显微镜观察法区别各类植物纤维和各类动物纤维。对于化学纤维，应用含氯和含氮分析法，区别不含氯不含氮、含氯不含氮、不含氯而含氮以及含氯也含氮四类，再根据化学纤维的熔点、密度、双折射率、溶解性能等不同，把各类合成纤维和人造纤维逐一加以区别。对于某些特种纤维，则用红外吸收光谱法鉴别。

服装用纤维的鉴别对象有单一纤维，也有混合纤维；有纱线，也有织物；有原色的，也有经过染色或整理的。对于混合纤维或混纺纱，一般先用显微镜观察，确认其中含有几种纤维，然后再用其他适当方法逐一鉴别。对于经过染色或整理的纤维，一般先进行染色剥离或其他适当预处理，才能使鉴别结果正确可靠。

第二节 服装用纱线

纤维的基本特性是影响织物性能的最重要因素，而由纤维形成的纱线，作为构成服装面料的二次原料，在很大程度上，决定了织物和服装的表面特征和性能，如织物表面的光滑度、织物的轻重感、冷热感、织物的质地（丰满、柔软、挺括或弹性）等。服装穿着的牢度、耐磨性、抗起毛起球性等也与纱线性质有关。

一、纱线的分类

由纺织纤维所制成的细而柔软，并具有一定力学性能的连续长条，统称纱线。纱线的品种繁多，性能各异。通常，可根据纱线所用原料、纱线粗细、纺纱方法、纺纱系统、纱线结构及纱线用途等进行分类。

（一）按纱线原料分

1. 纯纺纱

由一种纤维材料纺成的纱，如棉纱、毛纱、麻纱和绢纺纱等。此类纱适宜制作纯纺织物。

2. 混纺纱

由两种或两种以上的纤维所纺成的纱，如涤纶与棉的混纺纱，羊毛与黏胶的混纺纱等。混纺的目的多样，如改善产品性能，增加产品变化，降低产品成本等。

混纺纱线的命名遵循一定的规则。当混纺比例不同时，一般是混纺比例高的纤维名字在前，比例低的纤维名字在后。例如，T/C 55/45。当混纺比例相同时，则按照天然纤维→合成纤维→人造纤维的顺序命名。例如，25% 羊毛，25% 黏胶纤维和 50% 涤纶，称为 50/25/25 涤毛黏混纺纱。若出现稀有纤维，如兔毛、驼绒、山羊绒等，不管比例高低，均排在前面。

（二）按纱线结构分

1. 短纤维纱线

（1）单纱：由短纤维沿轴向排列并经加捻纺制而成的纱。其可以制作纯纺织物，也可以制作混纺织物。

（2）股线：由两根或两根以上的单纱捻合而成的线，如双股线、三股线和多股线。其强力、耐磨好于单纱，主要用于缝纫线、编织线或中厚结实织物。

（3）复捻股线：按一定方式进行合股并合加捻而成的线。

2. 长丝纱

（1）单丝：由一根纤维长丝构成的。其直径大小决定于纤维长丝的粗细。一般只用于加工细薄织物或针织物，如锦纶袜、面纱巾等。

（2）复丝：由多根单纤维并合而成的有捻或无捻丝束，一般比同纤度的单丝柔软。复丝的规格以复丝的纤度和单根丝的根数来表示（如 77dtex/24f）。复丝用于机织和针织衣料。

（3）变形纱：对合成纤维长丝进行变形处理，使之由伸直变为卷曲而得到的，也称为变形丝或加工丝。

除此之外，还有结构和外观独特的花式纱线。花式纱线是指通过各种加工方法而获得特殊的外观、手感、结构和质地的纱线。

（三）按纱线粗细分

1. 粗特纱

粗特纱是指 32 特及其以上的纱线。此类纱线适于粗厚织物，如粗花呢、粗平布等。

2. 中特纱

中特纱是指 21~32 特的纱线。此类纱线适于中厚织物，如中平布、华达呢、卡其等。

3. 细特纱

细特纱是指 11~20 特的纱线。此类纱线适于细薄织物，如细布、府绸等。

4. 超细特纱

特细特纱是指 10 特及其以下的纱线。此类纱适于高档精细面料，如细特衬衫、精纺贴身羊毛衫等。

（四）按纺纱系统分

1. 棉纱

根据原料品质和成纱质量要求，棉纺纺纱系统分为普梳系统、精梳系统和废纺系统，得到的纱线分别称为普梳纱、精梳纱和废纺纱。

普梳纱是按一般的纺纱系统进行梳理，不经过精梳工序纺成的纱，一般为粗、中特纱，纱中短纤维含量较多，纤维平行伸直度差，结构松散，毛茸多，品质较差。其多用于一般织物和针织品的原料。

精梳纱是通过精梳工序纺成的纱，一般为高档棉纱、特种用纱或棉与化纤混纺纱。纱中纤维平行伸直度高，条干均匀、光洁，但成本较高。其主要用于高级织物及针织品的原料，如细纺、府绸、华达呢等。

废纺纱是纺织下脚料（废棉）或混入低级原料纺成的纱，为粗特棉纱，价格低廉。此类纱品质差、松软、条干不匀、含杂多、色泽差，一般只用来织粗棉毯、厚绒布和包装布等低级的织品。

2. 毛纱

粗纺毛纱一般比较粗，纤维的伸直程度差，价格低，但是织物手感丰满，弹性好，保暖性好。主要用于织造呢绒类、毯类及粗纺针织纱等。粗纺生产的产品种类较多，不同线密度与长度的纤维都能得到合理的使用。

精纺毛纱是在精梳毛纺纺纱系统上生产的纱线，其工序多、流程长。用其制造的精梳毛织物表面光洁、有光泽，织纹清晰，一般为轻薄型织物，手感坚、挺、爽。

半精纺毛纱品质介于粗纺和精纺毛纱之间。

（五）按纱线用途分

1. 机织用纱

机织用纱指织制机织物所用纱线，分经纱和纬纱两种。经纱用作织物纵向纱线，具有捻度较大、强力较高、耐磨较好的特点；纬纱用作织物横向纱线，具有捻度较小、强力较低而柔软的特点。

2. 针织用纱

针织用纱指织制针织物所用纱线。纱线质量要求较高，捻度较小，柔软性好，强度适中。

3. 其他用纱

其他用纱包括缝纫线、绣花线、编结线、杂用线等。根据用途不同，对这些纱的要求是不同的。

（六）按纱线的后加工分

1. 本色纱

本色纱又称原色纱，未经练漂或染色加工的纱线。

2. 染色纱

染色纱是指经过煮练和染色加工制成的纱线。

3. 漂白纱

漂白纱是指经过煮练和漂白加工制成的纱线。

4. 丝光纱

丝光纱是指经过丝光处理的棉纱线。丝光处理如前所述是用浓碱处理棉制品的过程。

5. 烧毛纱

烧毛纱是指经过烧毛加工的纱线。一般用燃烧的气体或电热烧掉纱线表面的毛羽，使纱线表面光洁的加工过程。

二、纱线的品质指标

（一）细度

用以表示纤维或纱线的粗细程度，是纱线结构的重要的指标，对织物的结构、外观、物理力学性能、手感、风格等都有影响。纱线细度的不同，不仅反映其用途不同，而且在一定程度上表示纺纱时所用的纤维的规格、质量不同，一般纺细纱用较高质量的纤维。

纱线细度可用直接指标和间接指标来表达，间接指标包含定长制和定重制，其定义方法同纤维细度的间接指标。

1. 定长制

定长制指一定长度的纤维或纱线所具有的重量。其数值越大，表示纱线越粗。

（1）线密度（Tt），常被称为特数、号数。对单纱而言，特数可写成如“18特”、“24tex”的形式。股线的特数用组成股线的单纱号数 × 股数表示，如18×2表示两根单纱为18特的纱线合股。当组成股线的单纱特数不同时，则用各股单纱的特数相加表示，如14tex + 16tex。特数一般用于棉、麻、毛等短纤维纱线的细度表达。

（2）旦（N_d）。旦数可表达为：“24旦”、“30D”等。对股线的旦数，其表示方法与特数相同。旦数一般多用于天然纤维蚕丝或化纤长丝的细度表达。

2. 定重制

定重制指一定重量的纤维或纱线所具有的长度。其数值越大，表示纱线越细。

（1）公制支数（N_m）。公制支数可表示成“20公支”、“40N_m”的形式。股线的公制支数，以组成股线的单纱的公制支数 / 股数来表示，如26/2、60/2等。如果组成股线的单纱的支数不同，则股线公制支数用斜线划开并列的单纱支数加以表示，如21/42。目前我国毛纺及毛型化纤纯纺、混纺纱线的粗细仍有部分沿用公制支数表示。

（2）英制支数（N_e）：英制支数为棉纱线粗细的旧有国家标准规定计量单位，现已被特数所替代。对于棉纱，是指在公定回潮率时，1磅（454g）重的棉纱线有几个840码（1码 =0. 9144m）长。若1磅重的纱线有60个840码长，则纱线细度为60英支。

股线的英制支数其表示方法和计算方法同公制支数，如60英支 /3。

3. 纱线细度指标的换算

$$\mathrm{Tt} = \frac{1000}{N_m} = \frac{N_d}{9} = \frac{C}{N_e}$$

C为换算常数，对于棉纱：C=583，对于纯化纤：C=590. 5。

纱线细度不仅影响服装材料的厚薄、重量，而且对其外观风格和服用性能也构成一定的影响。纱线越细，其织造的服装材料越轻薄，织物手感越滑爽，加工的服装重量越轻便，反之亦然。纺细特纱、织轻薄面料是近年来服装材料的一个发展趋势，如细特精梳棉衬衫、高档轻薄羊毛面料等已逐渐成为服装之精品。

（二）捻度和捻向

加捻使纱条的两个截面产生相对回转，这时纱条中原来平行于纱轴的纤维倾斜呈螺旋线。对短纤维来说，加捻主要是为了提高纱线的强度。而长丝的加捻既可以提高纱线的强度，又可产生织物的绉效应。纱线加捻的多少以及纱线在织物中的捻向与捻度的配合，对产品的外观和性能都有较大的影响。

1. 捻度

纱线加捻角扭转一圈为一个捻回。纱线单位长度内的捻回数称捻度。我国棉型纱线采用特数制捻度，即用10 cm纱线长度内的捻回数表示；精梳毛纱和化纤长丝则采用公制支数制捻度，即以每米内的捻回数表示；此外，还有以每英寸内捻回数表示的英制支数制捻度。

捻度不能用来比较不同粗细纱线的加捻程度，因为相同捻度，粗的纱条其纤维的倾斜程度大于细的纱条。在实际生产中，常用捻系数来表示纱线的加捻程度。

2. 捻系数

捻系数是结合线密度表示纱线加捻程度的相对数值，可用于比较不同粗细纱线的加捻程度。捻系数可根据纱线的捻度和纱线的线密度计算而得到的。捻系数计算公式：

$$\alpha_t = T_t\sqrt{\mathrm{Tt}}$$

式中：α——捻系数；

T_t——捻度，捻 /m；

Tt——纱线线密度。

3. 捻向

捻向即纱线加捻的方向。根据加捻后纤维或单纱在纱线中的倾斜方向来描述，分 Z 捻和 S 捻两种。加捻后，纱丝的捻向从右下角倾向左上角，倾斜方向与“S”的中部相一致的称 S 捻或顺手捻；纱线的捻向从左下角倾向右上角，倾斜方向与“Z”的中部相一致的称 Z 捻或反手捻。一般单纱常采用 Z 捻，股线采用 S 捻。纱线捻向如图 2-23 所示。

图2-23 纱线捻向

股线的捻向按先后加捻的捻向来表示。例如，复捻股线的捻度 ZSZ 表示：单纱为 Z 捻、初捻为 S 捻、复捻为 Z 捻。

纱线的捻度和捻向不同，会形成不同外观、手感和强力的织物，对织物的光泽也有一定的影响。

（三）纱线结构对织物外观和性能的影响

纱线的结构在很大程度上影响纱线的外观和特性，从而影响织物和服装的手感、舒适性及耐用性能。

1. 对织物外观的影响

织物的表面光泽除了受纤维性质、织物组织、密度和后整理加工的影响外，也与纱线的结构特征有关。普通长丝纱织物表面光滑、光亮、平整、均匀。短纤维纱绒毛多、光泽少，对光线的反射随捻度的大小而变。当无捻时，光线从各根散乱的单纤维表面散射，因此纱线光泽较暗；随着捻度增加，光线从比较平整光滑的表面反射，可使反射量增加达最大值；但继续增加捻度，会使纱线表面反而不平整，光线散射增加，故亮度又减弱。

采用强捻纱所织成的绉织物表面具有分散且细小的颗粒状绉纹，所以织物表面反光柔和，而用光亮的长丝织成的缎纹织物表面具有很亮的光泽。起绒织物中的纱线捻度较低，这样便于加工成毛茸茸的外观。

纱线的捻向也影响织物的光泽与外观效果，如在平纹织物中，经纬纱捻向不同，则织物表面反光一致，光泽较好，织物松软厚实。斜纹织物如华达呢，当经纱采用S捻，纬纱采用Z捻时，则经纬纱捻向与斜纹方向相垂直，因而纹路清晰。又如花呢，当若干根S捻、Z捻纱线相间排列时，织物表面产生隐条、隐格效应。当S捻与Z捻或捻度大小不等的纱线捻合在一起构成织物时，表面会呈现波纹效应。

当单纱的捻向与股线捻向相同时，纱中纤维倾斜程度大、光泽较差，股线结构不平衡。容易产生扭结。而当单纱捻向与股线捻向相反时，股线柔软、光泽好、结构均匀、平衡。故多数织物中的纱线采用的都是单纱与股线异向捻即ZS捻向（单纱为Z捻,股线为S捻），由于股线结构均衡稳定，故强度一般也较大。

2. 对织物手感的影响

通常普通长丝纱具有蜡状手感,而短纤维纱有温暖感。随着捻度的增加,纱线结构紧密，手感越来越硬，故织物的手感也越来越挺爽。捻度高、手感挺爽的纱线宜做夏季凉爽织物；蓬松、柔软的纱线宜做冬季保暖服装。单纱与股线异向捻的纱线比同向捻纱线手感松软。

3. 对织物舒适性的影响

纱线的结构与服装的保暖性有一定关系，因为纱线的结构决定了纤维之间能否形成静止的空气层。通常纱的蓬松性有助于服装保持人的体温，但是另一方面，结构松散的纱又会使空气顺利地通过纱线之间，空气流动将加强服装和人体之间空气的交换。如蓬松的羊毛衫能把空气留在纤维之间，无风时，纱线内存的空气能起到身体和大气之间的绝热层作用。棉纱蓬松性较羊毛低，不能留存像羊毛衫中毛纱那样多的空气，因此，防止热传递的作用较差，保暖性不如毛。由此可见，捻度大而低线密度纱的绝热性比捻度小、较蓬松的高线密度纱差，即含气量大的纱其热传导性较小，所以，纱线的热传导不仅随纤维原料的特性有差异，还随纱线结构状态有所差异。

纱线的透气、透湿性能取决于纤维特性和纱线结构，是影响服装舒适性的重要方面。普通长丝纱表面较光滑，织成的织物易贴在身上。又如，织物的质地比较柔软、紧密，也会紧贴皮肤，使汗气不易渗透织物表面，则穿着后都会感到不适。短纤维纱因有纤维绒毛伸出在织物表面，减少了织物与皮肤的接触，从而改善了透气性，使穿着舒适。在织物密度相同下，纱线结构虽紧密，但纱线与纱线间的空隙较大，则织物的透气、透湿性能大大改善。

4. 对织物耐用性能的影响

纱线的拉抻强度、弹性和耐磨性能等与织物和服装的耐用性是紧密相关的，而纱线的这些品质除取决于组成纱线的纤维固有的强伸度、长度、细度等品质外，同时还受纱线结构的影响。通常，长丝纱的强力和耐磨性优于短纤维纱，这是因为长丝纱中纤维具有同等长度，能同等地承受外力，纱中纤维受力均衡，所以强力较大。又由于长丝纱的结构比较紧密，摩擦应力分布到多数纤维上，导致纱中的单纤维不易断裂和撕裂。

纱线的结构同样会影响弹性。如果纱中的纤维可以移动，即使移动量少，也能使织物具有可变性；反之，如果纤维被紧紧地固定在纱中，那么织物就发板。若纱线中的纤维呈卷曲状，在一定外力下可被拉直，但去除张力后又能卷曲，体现出纱线的弹性。如纱线捻度大，纤维之间摩擦力大，纱中的纤维不容易滑动，则纱线的延伸性能差。随着捻度的减小，延伸性提高，但拉伸恢复性能降低，也会影响服装的外观保持性。

纱线中所加的捻度，明显地影响纱线在织物中的耐用性。捻度过低，纤维间抱合力小，受纱线中所加的捻度力后纱很容易瓦解，使强度降低，且捻度小的纱线易使服装表面勾丝、起毛起球；捻度过大时，又因内应力增加而使强度减弱，所以在中等捻度时，短纤维纱的耐用性最好。

三、花式纱线

在纺纱和制线过程中采用特种原料、特种设备或特种工艺对纤维或纱线进行加工而得到的具有特种结构和外观效应的纱线，是纱线产品中具有装饰作用的一种纱线。近年来，花式纱线越来越广泛地应用在服装、家纺以及产业用等领域中。花式纱线的应用赋予服装面料以高贵、典雅、立体、含蓄、细腻、休闲、自然美观等不同风格特征，以满足人们追求时尚、特性的需求。花式纱线使用的原料种类广泛，几乎所有的天然纤维和常见化学纤维都可以作为生产花式线的原料。各种纤维可以单独使用，也可以相互混用，取长补短，充分发挥各自固有的特性。

（一）花式纱线的分类

花式线在原料选用、颜色搭配、花型变化及工艺参数选择上潜力很大，有助于花式线本身线种的增多。目前国际上尚无统一的分类方法。依据加工方法的不同，花式纱线大致可分为以下几类。

1. 花式线

花式线的主要特征是具有不规则的外观和纱线结构，如捻度、捻向、捻合方式变化，纱线本身的光泽、热收缩性能等与普通纱线有所不同。这类纱线又包含两大类，一类是普通纺纱系统加工的花式线，如链条线、金银线、夹丝线等；另一类是用花式捻线机加工的花式线，其中按芯线与饰线喂入速度的不同和变化，又可分为超喂型，如螺旋线、小辫纱、圈圈线和控制型，如竹节线、大肚线、结子线等。

2. 花色线

花色线是指用染色方法加工制得的花式纱线。主要特征是在纱线长度方向上呈现不同的色泽变化和特殊效应的色泽，如混色线、印花线、彩虹线、差异染色纱线、间隔染色纱线等。

3. 特殊花式线

特殊花式线采用特殊的设备和加工方法生产的花式纱线，如金银丝、雪尼尔线、包芯纱和膨体纱等。

同时，通过将以上三类花式纱线复合设计，可以得到各类综合花式纱线，如间隔印色结子纱线、多色竹节纱、大肚间断圈圈线等。

（二）花式纱线的结构

花式捻线机的技术进步和快速开发生产，极大地丰富了花式纱线的品种。大多数花式纱线一般由芯纱、饰纱和固纱三部分组成，如图 2-24 所示。

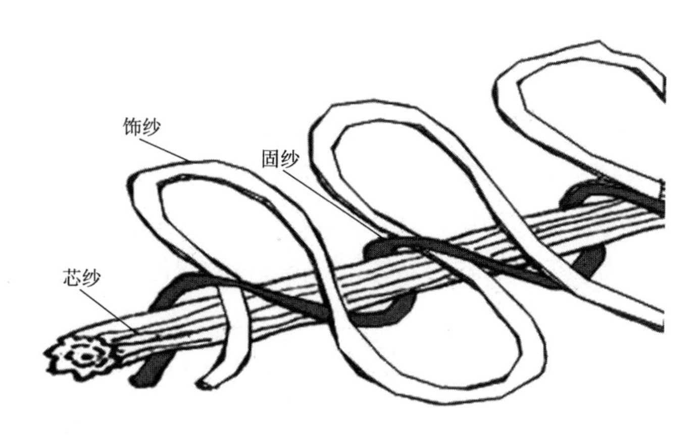

图2-24 花式纱线结构

1. 芯纱

芯纱也称基纱，构成花式线的主干，被包在花式线的中间，是饰纱的依附件，它与固纱一起形成花式线的强力。在捻制和织造过程中，芯纱承受着较大的张力，因此应选择强力较好的材料，一般采用涤棉纱或中长纱。

2. 饰纱

饰纱也称效应纱或花纱。它以各种花式形态包缠在芯纱外面而构成起装饰作用的各种花型，是构成花式线外形的主要成分，一般占花式线重量的 50% 以上。各类花式纱线均以饰纱在芯纱表面的装饰形态而命名。花式纱线的色彩、花型、手感、弹性、舒适度等性能特征，也主要由饰纱决定。一般用单纱，很少用股线，也可以直接用纤维条做饰纱。原料一般为腈纶、羊毛、马海毛等。

3. 固纱

固纱也称缠绕纱或包纱、压纱，包缠在饰纱外面，主要用来固定饰纱的花型，以防止花型的变形或移位，并与芯纱一起构成花式纱的强力。固纱一般采用强力较好的涤纶、锦纶、腈纶纱或长丝作为原料。

（三）花式纱线的种类

花式纱线发展到今天，种类繁多，性能各异。花式线在强力、耐磨性方面不如普通纱线结实，容易起毛起球和钩丝，但在外观表现方面却优于普通纱线，可通过制造各种花型、搭配各种色彩而得到新颖别致的外观效果。用花式纱线既可加工衣着材料，如织制各种色织女线呢、花呢，又可加工各种手编毛线，使花型在织物上突出，立体感强，风格独特。下面介绍几种常见的花式纱线。

1. 环圈类花式纱线

环圈类花式纱线包括圈圈线、环圈线、波形线、毛巾线、辫子线、割绒线等。这类花式线的饰纱包绕在芯纱上呈波形或圈形呈现在花式线的表面，是花式线中品种最多、使用最广的一大类花式线，主要用于色织女线呢、花呢、大衣呢和手编毛线等。

2. 结子类花式纱线

结子类花式纱线包括结子纱、结子线、疙瘩线等。其特点是在花式线的表面生成一个个相对较大的突出的结子，而这种结子是在生产过程中由一根纱缠绕在另一根纱上而形成的。由于结子线在纱线表面形成节结，原料一般不宜用得太粗。其广泛用于色织产品、丝绸产品、精梳和粗梳毛纺产品及针织产品等，配合颜色的变化，在布面上形成明显的点状突起装饰效果。

3. 粗节类花式纱线

粗节类花式纱线的典型产品为竹节纱和大肚纱。其特点是在纱线上间断性的出现粗节，形成粗细分布不均匀的外观。竹节纱可用于轻薄的夏季织物和厚重的冬季织物，也可用于衣着、服饰织物，还可用于装饰织物，花型突出，风格别致，立体感强。

4. 断丝类花式纱线

两根交捻的纱线中夹入一段段断断续续的纱线或者纤维束形成断丝花式纱线。由于夹入的丝是被拉断的，各段断丝长度会有差异，而且断丝两头出现毛耸茸的绒毛，使织物具有独特的风格。断丝一般选用对比度较强的色彩，如白底上加入红色或蓝色的断丝，黑底中加入白色的断丝等。

5. 拉毛类花式纱线

拉毛类花类纱线包括圈圈拉毛线、波形拉毛线、平线拉毛线等。圈圈拉毛和波形拉毛一般用锦纶长丝做芯纱和固结纱，饰纱用马海毛、林肯毛等。在花式捻线机上先加工圈圈线或波形线，再由拉毛机把圈圈拉断成为较长的毛附着在芯纱和固结纱之间，拉毛时只拉到饰纱，也不会影响强力。平线拉绒线用粗特涤纶制成彩色条，纺成粗绒线后，再拉毛。这种拉毛效果不好，因为绒线经过拉毛后，强力降低，毛头也拉不长，而在表面呈毛茸而已。

6. 双组分纱

双组分纱也称 AB 纱。是利用两种不同颜色的纤维或不同染色性能的纤维先单独制成粗纱，再将粗纱同时喂入细纱机后经牵伸后纺成，在纱线表面呈现对比度明显的色点效应。

7. 彩点线

彩点线的纱上有单色或多色彩点，长度短，体积小。在深色底纱上附着浅色彩点，也有在浅色底纱上附着深色彩点。这种彩点一般用各种短纤维先搓制成粒子，经染色后在纺纱时加入。短纤维粒子的加入，使纱比一般粗些，用于粗梳呢绒较多，如粗花呢中的火姆司本（钢花呢）等。

8. 金银丝花式线

金银丝是涤纶薄膜经真空镀铝染色后切割成条状的单丝，由于薄膜延伸性大，在实际使用中往往要包上一根纱或线，成为金银丝线。

9. 雪尼尔线

雪尼尔线也叫绳绒线，纤维被握持在合股的芯纱上，状如瓶刷，手感柔软，有单色、双色、彩色、段染绳绒线等变化。可用于机织物或针织物以及手工编结物。

10. 羽毛线

在钩编机上使纬纱来回交织在两组经纱间，把两组经纱间的纬纱在中间用刀片割断，使纬纱竖立于经纱上，成为羽毛线。用作羽毛的经纱大都是涤纶或锦纶长丝，而纬纱用光泽较好的三角涤纶或锦纶长丝，也有用有光黏胶短纤纱的。目前羽毛线大都用于针织品及装饰品。

11. 段染纱

在同绞纱上染上多种色彩称为段染纱。一般一绞纱染 4~6 种颜色，其在花式线上应用很多。其可用于大肚纱、粗特毛纱、粗节与波形线复合的花式线；也有用段染纱再加工花式线用于饰纱，做成多彩圈圈线；还有用作固结纱，使色彩丰富。这类花式线大都用于针织品，是近年来发展较快的一大类产品。

12. 扎染纱

我国传统的一种花色纱染色方法，将一绞纱分为两到三段，用棉纱绳扎紧，扎的长度视品种而定，然后将这种纱进行染色，因扎紧的地方染液渗透不进去而产生一段白节。每段白节均不等长，使制成的织物具有自然随意的风格。

13. 包芯纱线

一般以强力和弹力都较好的合成纤维长丝为芯丝，外包棉、毛、黏胶纤维等短纤维一起加捻而纺制成的纱为包芯纱线。常用的如氨纶包芯纱、涤棉包芯纱等。

14. 复合花式线

随着花式线产品应用越来越广，花式线的类型也越来越多，出现了把几种不同类型花式线复合在一起的复合花式线。如钩编机的松树线与圈圈线复合，雪尼尔线用段染长丝包绕成长结子或结子，使花式线产品更丰富多彩，并在后道产品的开发中得到了良好的效果。典型产品如结子与圈圈复合线、粗节与波形复合线、绳绒线与结子复合线、粗节与带子复合线、断丝与结子复合线、大肚与辫子复合线、圈圈与段染长丝复合线等。

四、变形纱

合成纤维长丝在热机械或喷气作用下，使伸直状态长丝变为卷曲状的长丝称为变形纱。

由天然纤维或化学短纤维纺得的纱线，由于纱条中纤维的复杂排列和纤维自由端形成的毛羽，使纱线腔体形成一定空隙，内部蓬松、外观丰满、手感柔软、覆盖率大，故其织物的服用性能良好。而长丝纤维表面光滑、截面圆整、伸直平行、排列紧密，织成的织物具有蜡状黏滑手感，不透气、不吸湿，缺乏舒适感。如对长丝给予二度或三度空间的卷曲变形处理，如用假捻变形、空气变形、热流变形、网络变形等方法加工成变形纱，使原本伸直平行排列紧密的长丝变成卷曲状，增加了纱线的蓬松性和覆盖性。长丝卷曲后使得纱线表面的反光变成了漫反射，则纱线表面的光泽也接近短纤维纱线，从而改善了产品外观和服用舒适性，如吸湿性、透气性、柔软性、蓬松性、弹性和保暖性等，又因接近短纤维纱线织成的织物，具有仿棉、仿麻、仿丝、仿毛等不同风格。

变形纱根据其最终形成产品的特征和性能，主要包括以下几种。

1. 弹力丝

弹力丝以提高长丝的弹性为主要变形目的，同时可以改善丝的蓬松性，分为高弹丝和低弹丝两种。弹力丝的变形方法主要有假捻法、空气喷射法、热气流喷射法、填塞箱法和赋型法等。

高弹丝具有优良的弹性变形和回复能力，伸长率大于100%，多用锦纶丝制成。主要用于弹力织物，如弹力衫裤、弹力袜、游泳衣等。

低弹丝具有适度的弹性和蓬松性，一般伸长率小于50%，其织物在厚度、重量、不透明性、覆盖性和外观特征等方面接近天然纤维织物，如涤纶低弹丝。广泛用于各种仿毛、仿丝、仿麻的针织物和机织物。

2. 膨体纱

膨体纱即利用聚合物的热可塑性，将两种不同收缩性能的合成纤维毛条按比例混合，经热处理后，高收缩性的毛条迫使低收缩性的毛条卷曲，从而使混合毛条具有伸缩性和蓬松性，类似毛线。目前以腈纶膨体纱产量最大，用于制作针织外衣、内衣、毛线和毛毯等。

3. 网络丝

用压缩空气喷吹，使复丝相互旋转、扭合，丝条上分布有许多网络点，改善了合纤长丝的极光效应和蜡状感。织造时省掉并丝、并捻、上浆工序，织成的织物厚实，有毛型感。

短纤维纱、长丝纱和变形长丝的区别见表2-20。

表2-20 短纤维纱、长丝纱和变形长丝比较

短纤维纱	长丝纱	变形长丝纱
1. 织物有毛绒感	1. 织物有丝感	1. 织物同时具有长丝织物的强力和短纤维纱的外观
2. 纤维的强力没有被充分利用	2. 纤维强力被充分利用	2. 强力可能被织物充分利用或没有被充分利用
3. 短纤维被捻合成连续的有纤维端伸出的纱条	3. 为光滑、紧密的长丝	3. 为长的、连续的、不均匀的、疏松的、有捻曲性的纱条
（1）光线暗淡，有绒毛外观	（1）光滑，光泽好	（1）暗淡，有绒毛
（2）易起球	（2）不易起球	（2）起球性与织物结构有关

续表

短纤维纱	长丝纱	变形长丝纱
（3）易沾污	（3）不易沾污	（3）比长丝易沾污
（4）手感暖和	（4）手感凉滑	（4）比长丝暖和
（5）纱较蓬松	（5）蓬松性差	（5）蓬松或有弹性
（6）不易纠缠	（6）纤结与织物结构有关	（6）易纠缠
（7）覆盖性好	（7）覆盖性差	（7）覆盖性好
（8）延伸性与捻度有关	（8）延伸性与捻度有关	（8）延伸性与加工方法有关
4. 吸湿性好，静电少，与皮肤接触舒适	4. 吸湿性取决于化学纤维成分，热塑性纤维吸湿性差，易产生静电	4. 吸湿性优于同种化学纤维的长丝，易产生静电
5. 具有各种捻度	5. 一般很少加捻或捻度很高	5. 一般捻度很少
6. 加工过程复杂	6. 加工简单	6. 加工比长丝复杂

五、新型纱线

现代纺纱普遍采用的是环锭纺纱，但这种方式存在产量难以大幅提高，增大卷装容量受限等不足，因此近年来出现了各种不同原理的纺纱方法，这些纺纱方法被统称为新型纺纱。

新型纺纱的加捻与卷绕分开进行，其加捻速度和卷绕速度互补牵连。所以，新型方法具有高速高产、卷装增大和流程短的特点。新型纺纱的种类繁多，按照加捻和卷绕方式不同，包括转杯纺、喷气纺、喷气涡流纺、摩擦纺、涡流纺和自捻纺等。以下简单介绍几种新型纺纱的方法及其成纱的特点。

1. 转杯纱

转杯纱也称为气流纱，是依靠纺纱杯凝聚分离的棉纤维至转杯内四周的凝棉槽中，依靠纺纱杯的高速旋转，当集束的纤维从纺纱杯中往外引出时，即被加捻成纱。气流纱比环锭纱蓬松，耐磨，条干均匀，染色性能良好，棉结杂质和毛羽少，其主要缺点是强力较低。转杯纱主要用于机织物中膨松厚实的平布，起毛均匀、手感良好的绒布，色泽鲜艳的纱罗，线条圆滑的灯芯绒，还可用于针织品中的棉毛衫、内衣、睡衣、衬衫、裙子和外衣等。

2. 包缠纱

包缠纱即用空心锭子所纺制的纱。由于其纱芯纤维无捻，呈平行状，所以也称平行纱。包缠纱属于双组分纱线，即由长或短纤维组成纱芯，外缠单股或多股长丝线。包缠纱的强力、耐磨等品质均比环锭纱好，且手感蓬松、柔软。某些新产品，如特别蓬松柔软的全棉毛巾、灯芯绒、天鹅绒、针织物等是由可溶性聚乙烯醇作为缠绕丝，以毛、棉或其他纤维为芯，经整理将外包长丝溶解，从而使剩下的无捻纱芯所织成的织物格外柔软。主要品种：以棉纱为芯，外包 35%~50% 真丝，吸湿舒适，有光泽；以羊毛为芯，外包真丝，保暖，有光泽；

以锦纶为芯，外包真丝，重量轻、强力好；以涤纶为芯，外包真丝，悬垂性、抗皱回复性、耐用性好；以绢丝为芯，外包真丝等。

3. 摩擦纱

摩擦纱又称尘笼纱，是指利用尘笼对纤维进行凝聚和加捻纺制而成的纱线。尘笼纱具有纱芯和外层的分层结构。纱芯比较坚硬，外层比较松软，由于尘笼纺纱机构的不断完善，可以纺制出各种花式纱线和多组分纱线等。这些纱线特数较低，常用于外衣（工作服、工作防护服）等。

4. 喷气纱

喷气纱是指利用喷气给纱条施加假捻所纺制的纱线。纱线强力较低，手感粗糙，但比较疏松，可加工成机织物和针织物。喷气纱织物可用来做男女衬衣、运动服和工作服等。喷气包芯纱的手感柔软、弹性良好、耐磨性高、服用性好，可织卡其、府绸和烂花布等。

5. 涡流纱

涡流纱是指利用固定不动的涡流纺纱管代替高速回转的纺纱杯所纺制的纱。涡流纱耐磨、透气、染色性能好，但是强力较低，条干均匀度较差，主要用于起绒织物。

思考题

1. 名词解释：公制支数、线密度、公定回潮率、缩水、花式纱线、变形纱、捻度、混纺纱。

2. 收集服装成分标志牌，并说明标志内容。

3. 在零售商店纺织服装部，你可以辨识出多少种不同的纤维类型?

4. 观察衣柜中的服装，列出不同类型服装所用的纤维成分，并评述使用这些纤维成分的原因及优缺点。

5. 收集纱线样品，并判断纱线的种类、名称，分析纱线的结构。

应用理论及专业技能——

服装用织物

教学内容： 1. 机织物的构成与种类。
2. 针织物的构成与种类。
3. 非织造布的构成与种类。
4. 织物的服装性能与风格评价。

上课时数： 14课时。

教学提示： 主要阐述织物的分类和主要规格；织物的组织及各种组织的特点；讲授棉、麻、丝、毛、典型化纤的常见产品及特性；讲授服装用织物的服用性能特点及简要测试方法。本章节内容采用讲授结合实物演示的教学方法，在介绍相关产品特点的基础上，结合实物，使学生对于常见产品有直观感性的认识。要求学生在掌握理论知识的基础上，收集各种织物样品，并能判断织物的种类、名称，分析织物的用途。

教学要求： 1. 使学生掌握机织物、针织物和非织造织物的区别，以及各自的特点和适合的应用领域。
2. 使学生掌握各类织物的种类、结构参数、组织特点。
3. 使学生掌握各类服装用织物的常见产品名称及特性，能够判别织物种类，并说明其特点。
4. 使学生掌握服装性能指标及其测试方法，掌握织物的风格评价方法。

课前准备： 教师准备各类服装用织物，以及织物加工方法的图片、视频和实物；采用多媒体手段，实时展示织物组织的模拟效果。

第三章 服装用织物

服装材料大多为织物，一般由纱线编织而成，主要包含机织物和针织物两大类型，大多数服装面料、里料都是这两类织物。机织物由相互垂直排列即横向和纵向两系统的纱线，在织机上根据一定的规律交织而成，是服装面料中花色品种最多、使用面最广、使用量最大的一类产品。针织物是由纱线编织成圈而形成的织物，分为纬编和经编。随着人们生活方式的转变以及针织技术的进步，针织产品在服装领域的应用越来越多。随着纺织技术的发展，由纤维集合形成的非织造织物在服装上的应用比例也在加大，如非织造仿麂皮、服装用衬垫料等。各种服装用织物，由于结构上的差异，导致其风格和性能也有显著不同。如图 3-1 所示为织物的结构示意图。

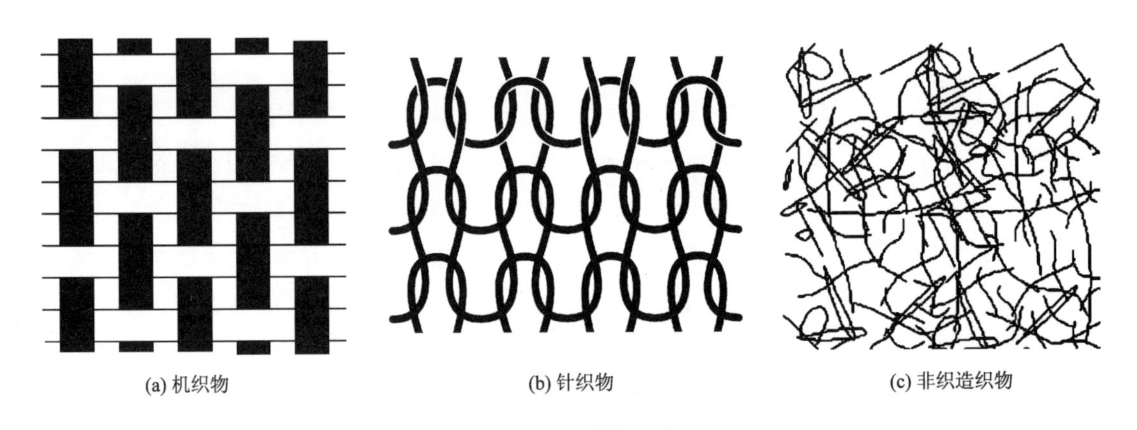

图3-1 织物的结构示意图

第一节 机织物的构成与种类

机织物俗称梭织物，是由相互垂直的两组纱线在织机上按照一定的规律交织形成的。在织物内，平行于布边方向的纱线称为经纱，与布边垂直的纱线称为纬纱。在服装设计和加工中，将织物的经纱方向称为直丝缕，纬纱方向称为横丝缕，与布边呈 45° 夹角的方向称为正斜丝缕。

一、机织物的构成原理

机织物中的经纬纱通常相互垂直排列在织机上按一定的浮沉规律交织而成，如图 3-2 所示。

传统的织机采用的是木质梭子和木质打纬机构，限制了织机效率的提高，因此许多新型无梭织机，如片梭、剑杆、喷气、喷水织机等相继问世，这些新型织机用新型引纬器（或者引纬介质）直接从固定筒子上将纬纱引入梭口，织造效率得到了大幅提高，织物宽度也得到了成倍的扩大。

机织物在织造之前必须进行织前准备工作，包括原料准备、络筒捻线、整经、纬纱准备等。织造完成后，形成的坯布一般需经过印染后整理等工序才能进入市场。

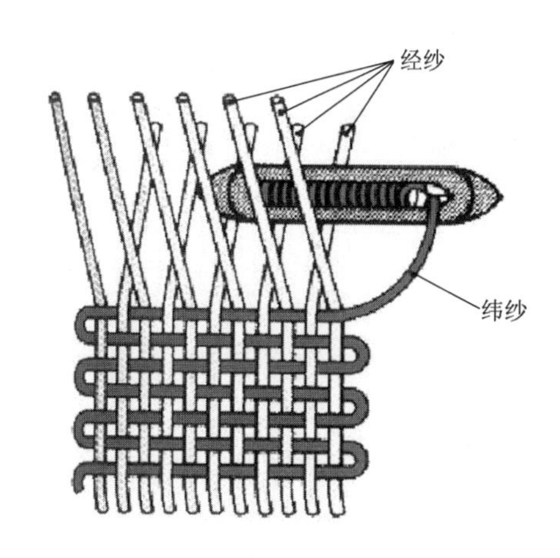

图3-2 机织物形成示意图

二、机织物的组织结构

机织物中经纱和纬纱相互浮沉交织的规律被称为织物组织。织物组织结构是影响织物外观、手感及风格的重要因素之一。利用织物组织不仅可以得到各种大小提花花纹，还可以产生起皱、加厚、孔洞、起绒或起毛、起圈等效果。

（一）基本概念

为了更好地掌握机织物的组织，首先必须掌握与机织物组织相关的一些基本概念。

1. 组织图

为了形象地表达机织物的组织形态，通常是在方格纸上画出织物中经纱和纬纱相互交织的图解规律，称为组织图（或意匠图）。组织图中的纵行表示经纱，从左至右依次排列，横行表示纬纱，从下至上依次排列，如图 3-3 所示。每一个小方格代表经纱和纬纱的一个交织点，也称“浮点”。从织物的正面看，如果经纱浮在纬纱上面，称为经组织点，或经浮点，在方格中以各种符号标志，如（■、☒、▨、⊡ 等，称为“上”；如果纬纱浮在经纱上面，则称纬组织点（纬浮点），以空白方格表示□，称为“下”。

2. 完全组织

当经纬纱的交织规律达到循环重现时，称其为一个完全组织，或称为组织循环，用字母 R 来表示。通常只需要画出一个组织循环就能表达某种织物的交织规律，构成一个组织循环的经纱和纬纱根数分别称为“组织循环经纱数”和“组织循环纬纱数”，分别用 R_j 和 R_w 表示。

3. 飞数

织物组织中相应点的位置关系用组织点飞数 S 来表示。在一个组织循环中，在同一系统经纱（或纬纱）中，相邻两根纱线上对应的经（纬）组织点在纵向（或横向）所间隔的经纱（或纬纱）根数叫做经向飞数 S_j（纬向飞数 S_w）。经向飞数以向上为正，向下为负。

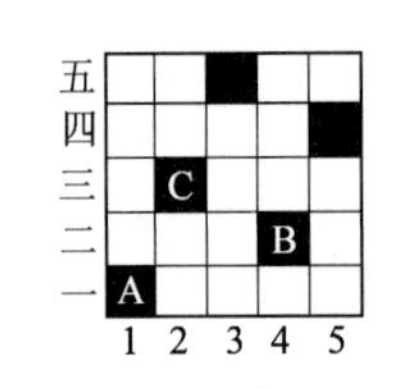

图3-3 织物的飞数

纬向飞数以向右为正，向左为负。如图 3-3 所示，经组织点 C 相应于经组织点 A 的飞数为 S_j=2；经组织点 B 相应于经组织点 A 的纬向飞数为 S_w=3。

组织循环中组织点飞数为常数的组织称为规则组织（正则组织），组织点飞数为变数的组织称为不规则组织（变则组织）。

4. 浮长

在织物组织中，经向或纬向的连续组织点长度，称为经浮长或纬浮长。其长度以此浮长线连续跨过另一个系统的纱线的根数而定。

5. 同面、异面组织

在一个完全组织中，经纬组织点数相等，称为同面组织或者双面组织，织物的正反面织纹相同。在一个完全组织中，当经纬组织点的数目不相等时，构成异面组织，如经组织点多于纬组织点，称为经面组织，构成的织物正面以经纱外观为主；否则为纬面组织，构成的织物正面以纬纱外观为主。

（二）基本组织及其织物

机织物的织物组织分为基本组织、变化组织、联合组织、复杂组织和提花组织等。其中基本组织是构成其他组织的基础，又称原组织，机织物的各种组织都由基本组织变化衍生而来。

原组织必须具备以下基本特征。

（1）在一个组织循环内，组织循环经纱数等于纬纱数。

（2）组织点飞数 S 是常数。

（3）每根经纱或纬纱上，只有一个经组织点或纬组织点，其余均为纬组织点或经组织点。

原组织包含平纹组织、斜纹组织和缎纹组织三种，通常称为三原组织。在三原组织的织物中，在其他条件（纱线的性质、线密度、密度等）相同的情况下，由于组织循环中的每根纱线只与另一系统纱线交织一次，因而组织循环纱线数（R）越大，纱线交织间隔距离相对越大，织物越松软。原组织所构成的织物，表面花纹简单，织物外观朴素大方，织造方法简单，被广泛应用于各种织物中。

1. 平纹组织

平纹组织是最简单的组织。它是由经、纬纱线一上一下相间交织而成，如图 3-4 所示。

（1）组织参数。经组织循环纱线数 R_j = 纬组织循环纱线数 R_w = 2。

经向飞数 S_j= 纬向飞数 Sw= ± 1。如图 3-4 中箭头线包围区域所示。

（2）表示方法。除了用组织图表示外，织物组织还经常用分式表示法记录。平纹组织可用 $\frac{1}{1}$ 来表示，

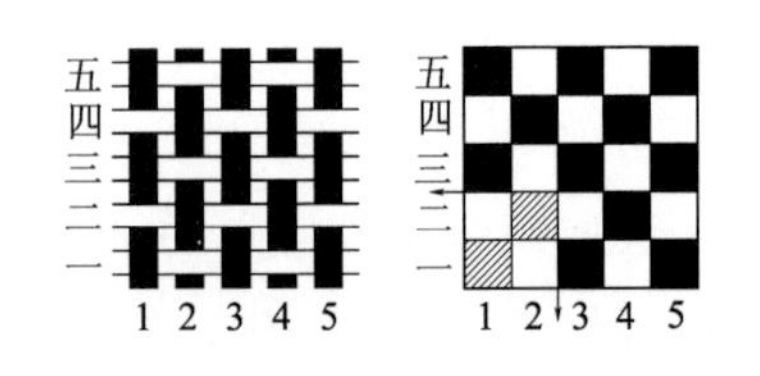

图3-4 平纹组织

读作“一上一下平纹组织”。其中分子和分母分别表示一个完全组织中，每根纱线上的经组织点数和纬组织点数。

（3）平纹组织织物的特点。在组织循环内，经组织点数等于纬组织点数，织物正、反面的织纹相同。平纹组织无浮长线，织物光泽较暗（漫反射）。原料和工艺条件相同时，平纹织物紧密、挺括，质地坚牢。平纹织物经纬交织最频繁，经纬纱都有最多的弯曲数，因此织造的最大密度小。

（4）平纹组织的应用。在实际使用中，根据不同的要求，采用各种方法，如经纬纱线粗细的不同、经纬纱排列密度的改变以及捻度、捻向和颜色等的不同进行搭配、配置等，织物可获得各种特殊的外观效应，如横纵凸条、隐条隐格、绉效应、泡泡纱效果等。

平纹组织广泛应用于棉、毛、丝、麻织物中，如棉织物中的平布、府绸、帆布、泡泡纱、巴厘纱等；毛织物中的派力司、凡立丁、法兰绒等；丝织物中的电力纺、杭纺、乔其、塔夫绸、绉等；化纤织物中的涤棉细纺等。平纹组织结构紧密，一上一下能锁住纱线，常应用于机织物的布边组织，使得布边整齐。

2. **斜纹组织**

斜纹组织的特点在于在组织图上有经组织点或纬组织点构成的斜线，斜纹组织的织物表面有经（或纬）浮长线构成的斜向织纹，如图 3-5 所示。

（1）组织参数。组织循环经纱数 R_j= 组织循环纬纱数 $R_w \geq 3$，即构成斜纹的一个组织循环至少要有三根经纱和三根纬纱。

经向飞数 S_j= 纬向飞数 $S_w = \pm 1$。飞数的正负值决定了斜纹组织的斜向。当 S_w =+1 时，S_j 是正号为右斜，负号为左斜；当 S_j =+1 时，S_w 是正号为右斜，负号为左斜；当 $S_j = S_w = -1$ 时，组织为右斜纹。

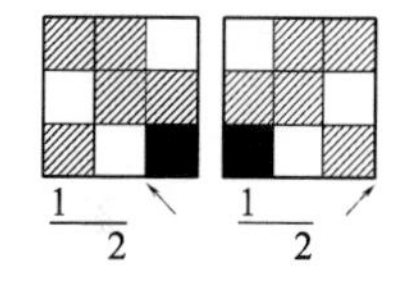

图3-5　斜纹组织

（2）表示方法。斜纹组织用分式表示法表示时，分子和分母分别表示一个完全组织中，每根纱线上的经组织点数和纬组织点数，分子和分母之和等于组织循环纱线数 R。在图 3-5 中的三枚斜纹用分式表示为 $\frac{1}{2}$，读作一上二下，后面用箭头表示斜纹的斜向。在原组织的斜纹分式中，分子或分母必有一个等于 1。

（3）斜纹织物的特点。原组织的斜纹必然是异面组织，织物的正反面外观不同。

斜纹组织交织点较少，浮线较长。因此在其他条件相同的情况下，斜纹织物不如平纹织物紧密、牢固，耐磨性较差，但手感较柔软，光泽较好。斜纹组织的经纬纱交错次数相对比平纹组织少，因此其织物的可密性相对较好。

（4）斜纹组织的应用。斜纹组织被广泛应用于棉型、毛型、丝型等风格的各类织物中，典型应用如棉织物中的哔叽、华达呢、卡其、牛仔布、斜纹布等；丝织物中的斜纹绸、美丽绸、羽纱等；毛织物中的毛华达呢、毛哔叽、啥味呢等。

3. 缎纹组织及其织物

缎纹组织是原组织中最复杂的一种组织。这种组织的特点在于相邻两根经纱或纬纱上的单独组织点相距较远，并且所有的单独组织点分布有规律且不连续。这些单个组织点分布均匀，并为其两旁的另一系统纱线的浮长所遮盖，因此，在织物表面都呈现经或纬的浮长线，使布面平滑匀整，富有光泽，质地柔软。

（1）组织参数。为了达到缎纹织物的特点，缎纹组织的参数应为：

① 组织循环数 $R \geqslant 5$（6 除外）。

② 单个组织点飞数 S 应符合下列关系：$1<S<R-1$。

③ R 与 S 之间互为质数（不能有公约数）。

（2）表示方法。缎纹有经面缎纹与纬面缎纹之分，用分式表示时，写作 $\frac{R}{S}$ 经（纬）面缎纹，分子表示缎纹组织一个循环的完全纱线数 R，分母表示组织点的飞数 S，读作 R 枚 S 飞经（纬）面缎纹。图 3–6 为 5 枚纬面缎纹组织图。

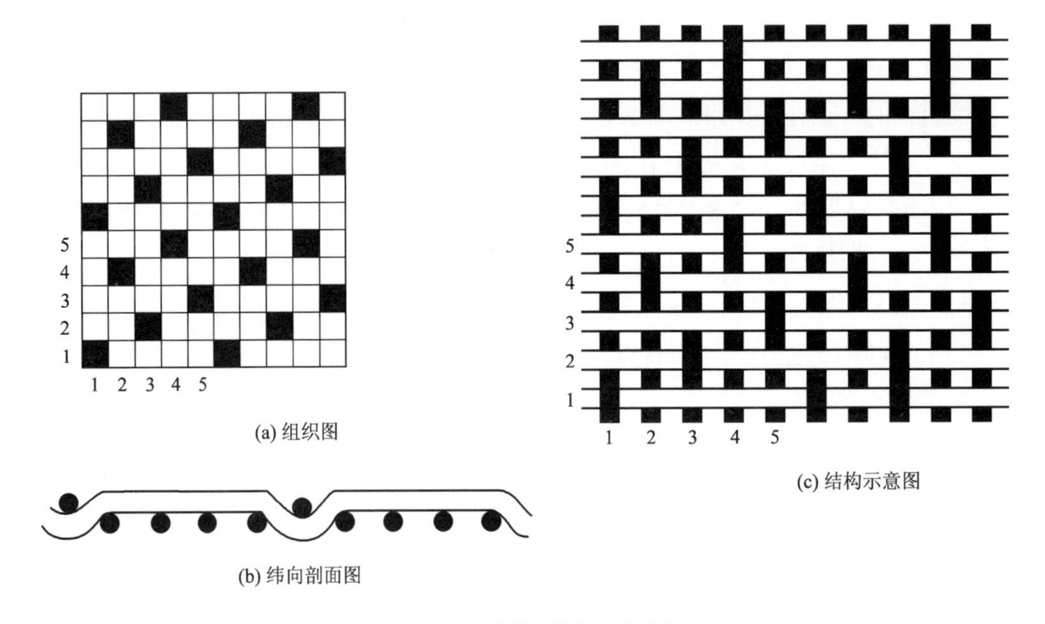

图3–6　五枚纬面缎纹组织图

（3）缎纹织物的特点。缎纹组织正、反面差异非常显著，且组织循环越大，差异越大。

缎纹组织较平纹、斜纹组织出现更大的经浮长或纬浮长，在织物的一面几乎全被一系统的纱线所覆盖，在三原组织中单位长度内的交织点最少，故受到拉伸作用时，几乎全为某一系统纱线所承担，因此强力最差，但手感柔软。缎纹组织的组织点分布均匀，单个组织点为两旁的浮长线所覆盖，故织物表面光泽最好。缎纹组织交织点少，单位长度内可容纳的经纱根数或纬纱根数多，故可密性最大。

（4）缎纹组织的应用。缎纹织物在日常生活中应用较广泛，在商业领域中，通常称经面缎为直贡，纬面缎为横贡，如毛织物中的直贡呢、横贡呢等。在棉织品中，有直贡缎、横贡缎。此外，缎纹组织还可与其他组织配合制成各种织物，如缎纹组织与平纹结合而成的缎条府绸、缎条手帕等。

（三）变化组织及其织物

在基本组织的基础上，变化某些参数（如改变组织点的浮长、飞数、斜纹线的方向等）而派生出来的各种组织称为变化组织。

1. 平纹变化组织

平纹变化组织有重平、方平及变化重平、变化方平等，其组织如图 3–7 所示。

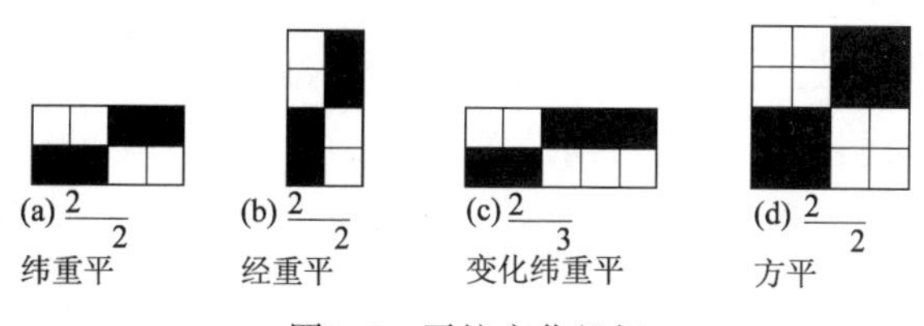

图3–7　平纹变化组织

重平组织是以平纹组织为基础，沿一个方向延长组织点的方法形成，包括经重平和纬重平组织。经重平织物表面会呈横凸条纹，纬重平织物表面会呈纵凸条纹。当重平组织中浮线长短不同时称为变化重平组织，传统的麻纱织物采用这种组织。

方平组织是沿着经、纬方向同时延长其组织点。方平组织织物外观呈板块状席纹，结构较松散，有一定抗皱性能，如棉布类的牛津纺、中厚花呢类的板司呢都属于此类方平组织。

2. 斜纹变化组织

斜纹变化组织是以斜纹组织为基础，采用延长组织点浮长，改变组织点飞数的数值和方向（即改变斜纹线的方向），或同时采用几种变化方法，得到的各种新组织。斜纹组织的变化比较丰富，可以得到十几种不同的变化组织，若再配上纱线颜色、结构的变化，可以获得丰富多样的织物外观、用途广泛。

（1）加强斜纹。加强斜纹是斜纹变化组织中最简单的一种，是以原组织斜纹为基础，沿一个方向（经向或纬向）延长组织点而得到的。

组织参数：$R_j=R_w=$ 分子 + 分母 ≥ 4；$S=+1$。

加强斜纹用分式表示，分子表示一个组织循环中每根经纱上的经组织点数，分母表示纬组织点数，后面用箭头表示斜纹方向。图 3–8 所示为二上二下双面加强右斜纹组织。这种组织应用很广，如双面卡其、华达呢、哔叽、马裤呢等采用的都是这种组织。同时加强斜纹也常用于其他组织的基础组织。

（2）复合斜纹。在一个组织循环中，由两条或两条以上不同宽度的斜纹线组成的斜纹。

组织参数：$R_j=R_w=$ 分子 + 分母 ≥ 5；$S=\pm 1$。

复合斜纹用分式表示时，分子分母分别代表一个组织循环中的经组织点数和纬组织点数，后面用个箭头表示斜纹方向，如图 3-9 所示。复合斜纹常用作其他组织的基础组织。

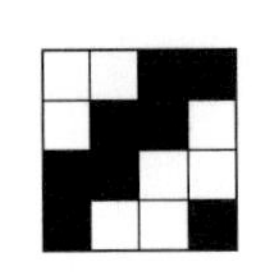

图3-8 $\frac{2}{2}\nearrow$双面加强斜纹组织

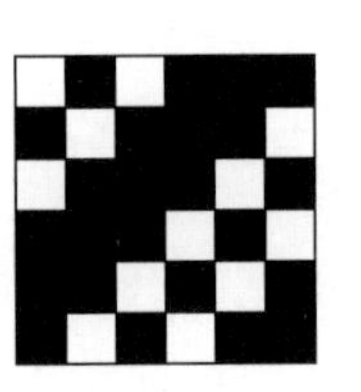

图3-9 $\frac{3\ \ 1}{1\ \ 1}\nearrow$复合斜纹组织

（3）山形斜纹。山形斜纹是以斜纹组织为基础，变化斜纹线的方向，使斜纹线一半向左，一半向右，连成山峰状。按照山峰指向的不同，分为经山形和纬山形斜纹，斜纹的山峰指向经纱方向称为经山形斜纹；山峰指向纬纱方向，称为纬山形斜纹。图 3-10 所示为以 $\frac{3}{3}$ 斜纹为基础组织的经山形斜纹。经山形斜纹组织应用较广泛，常在棉织物中的人字呢，毛织物中的大衣呢、女式呢、花呢中采用。

（4）破斜纹。破斜纹也由左斜纹和右斜纹组成，与山形斜纹不同的是，在左右斜纹的交界处有一条明显的分界线，称为“断界”，在断界两侧斜纹线改变且组织点相反。当断界与经纱方向平行时，称为经破斜纹；断界与纬纱方向平行时，称为纬破斜纹。图 3-11 为以 $\frac{3\ \ 1}{1\ \ 3}$斜纹为基础组织的经破斜纹。

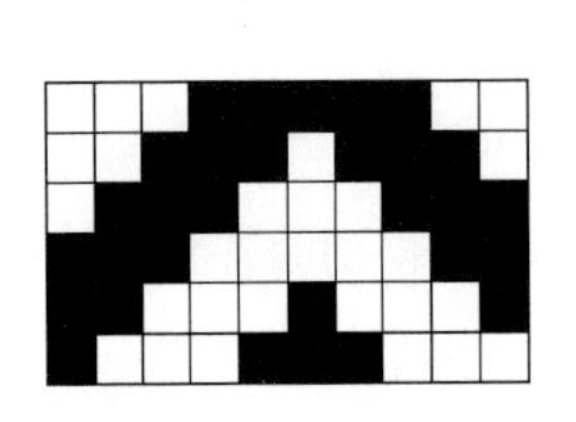

图3-10 山形斜纹

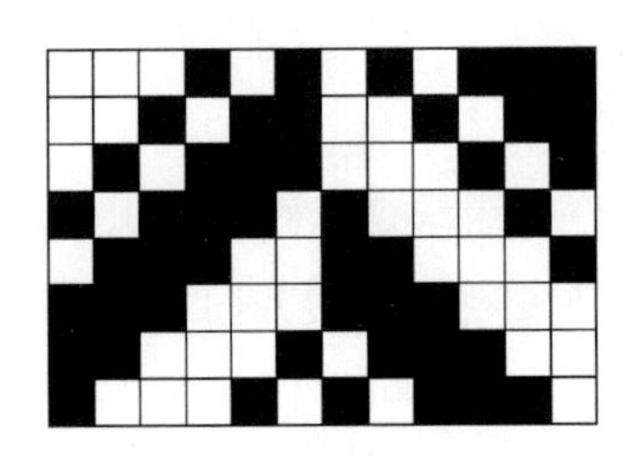

图3-11 破斜纹

破斜纹织物具有较清晰的人字纹效应，因此较山形斜纹应用普遍。一般用于棉织物中的线呢，织物中的人字呢等。$\frac{3}{1}$ 或 $\frac{1}{3}$破斜纹组织在棉毛织物中应用较为广泛，常被用于制织服用织物及毯类等织物。

（5）菱形斜纹。由经山形和纬山形构成具有菱形图案的组织。菱形斜纹一般应用于棉织物中的女线呢，毛织物中的花呢类织物等。通过改变其基础组织，可以得到各种更加美观的变化菱形斜纹。

（6）锯齿形斜纹。锯齿形斜纹也是由山形斜纹进一步变化而成的。山形斜纹各山峰之顶位于同一水平线（或垂直线）上，而在锯齿形斜纹中则不然，各山峰的峰顶处在一条斜线上，各山形连接成锯齿状，如图 3–12 所示。

（7）角度斜纹。通过改变经纬向飞数值的方法，改变斜纹线的倾斜角度，由此得到的斜纹称为角度斜纹。如果增大经向飞数值，得到的斜纹组织斜纹线的倾斜角度大于 45°，称之为急斜纹组织，如图 3–13（a）所示；如果增加纬向飞数值，得到的斜纹组织斜纹线的倾斜角度小于 45°，称之为缓斜纹组织，如图 3–13（b）所示。

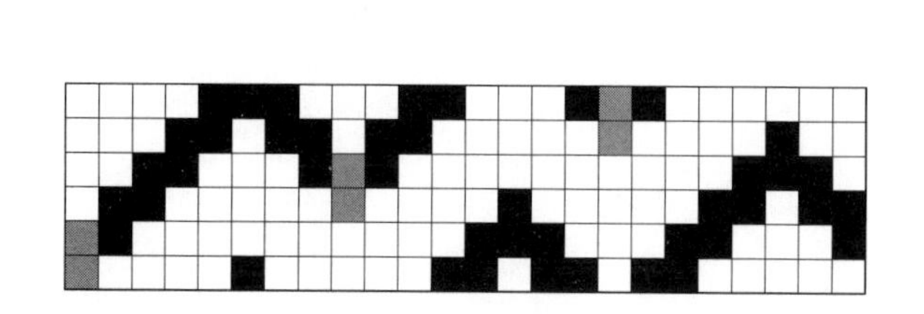

图3–12 锯齿形斜纹

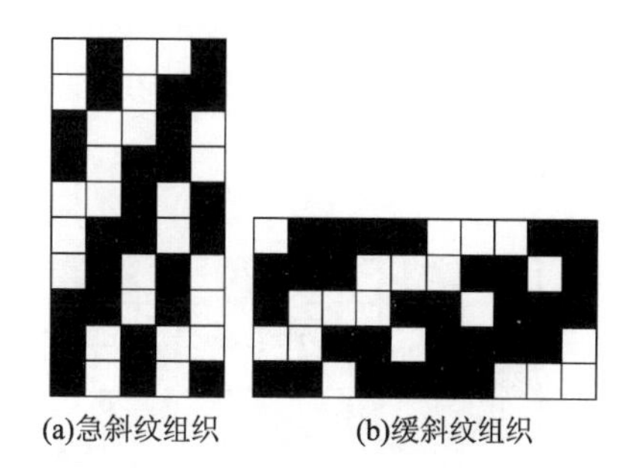

图3–13 角度斜纹

急斜纹组织一般应用于棉织物中的粗服呢、克罗丁等，在精纺毛织物中应用较广泛，如礼服呢、马裤呢、巧克丁等。

（8）曲线斜纹。将经（或纬）向飞数设为一组变数，使斜纹线呈现曲线形外观，由此构成曲线斜纹，如图 3–14 所示。设计曲线斜纹时，飞数的值是可以任意选定的，但必须注意：

图3–14 曲线斜纹

使分数的和等于 0 或为基础组织的组织循环纱线数的整数倍；最大飞数必须小于基础组织中最长的浮线长度，以保证曲线的连续。曲线斜纹组织常用于制织装饰织物，也可用于服用织物等。

（9）芦席斜纹。芦席斜纹由一部分右斜和一部分左斜的斜纹线相互交错组合而成，外观类似于编织的芦席，因此得名，如图 3-15 所示。芦席斜纹组织一般用于服装及床单等织物。

（10）阴影斜纹。由纬面斜纹逐渐过渡到经面斜纹，或由经面斜纹逐渐过渡到纬面斜纹，或由纬面斜纹逐渐过渡到经面斜纹再过渡到纬面斜纹，得到的斜纹变化组织称为阴影斜纹，如图 3-16 所示。这种组织构成的织物表面呈现由明到暗或由暗到明的光影层次感，在提花织物中经常应用。

图3-15 芦席斜纹

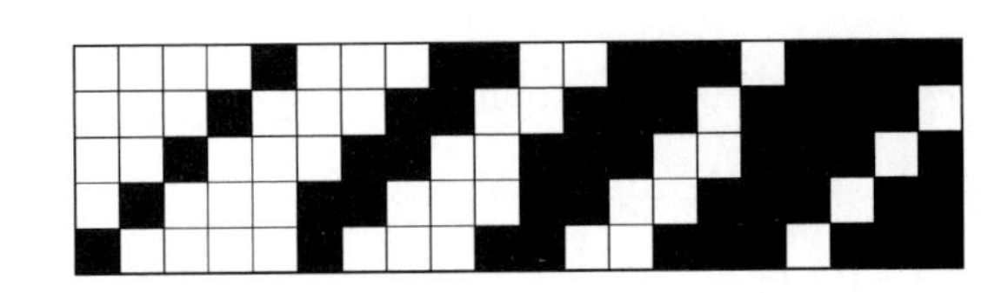

图3-16 阴影斜纹

3. 缎纹变化组织

缎纹变化组织多数采用增加组织点、延长组织点或改变组织点飞数的方法构成。

（1）加强（重）缎纹。强缎纹是以原组织的缎纹组织为基础，在单个经（或纬）组织点四周添加单个或多个经（或纬）组织点而形成的。

图 3-17（a）所示为十一枚七飞纬面加强缎纹，是在原来单个经组织点的右上方添加

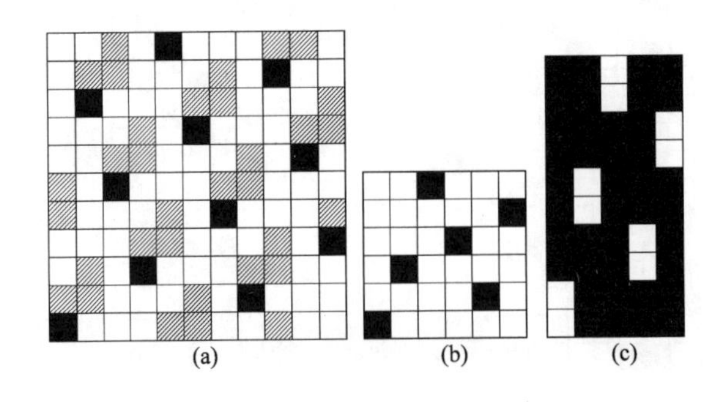

图3-17 缎纹变化组织

三个组织点而成。此组织配合较大的经密，可以获得正面呈斜纹而反面呈经面缎纹的外观，故称之为缎背华达呢，这种组织在毛织物中用的比较多。

（2）变则缎纹。改变组织点飞数获得的缎纹组织，称为变则缎纹。图 3–17（b）所示为六枚变则缎纹组织，经向飞数为 4、3、2、2、3、4，可用于服装和装饰用织物。

（3）重缎纹。延长缎纹组织的纬（或经）向组织循环根数，即延长组织点的经向（或纬向）浮长所得的组织称为重缎纹。图 3–17（c）所示为扩大 $\frac{5}{2}$ 经面缎纹的纬向循环根数，称为 $\frac{5}{2}$ 经面重纬缎纹组织，在手帕织物中应用广泛。

（4）阴影缎纹。与阴影斜纹组织类似，阴影缎纹组织是由纬面缎纹逐渐过渡到经面缎纹，或由经面缎纹逐渐过渡到纬面缎纹，或由纬面缎纹逐渐过渡到经面缎纹再过渡到纬面缎纹得到的。阴影段纹在提花织物中经常应用。

（四）联合组织及其织物

联合组织是指两种或两种以上的组织用不同的方法联合而成的新组织。构成联合组织的方法很多，可以是两种组织的简单合并，也可以是两种组织纱线的交互排列，或者在某一种组织上按另一组织的规律增加或减少组织点等。不同的联合方法获得不同的联合组织，在织物表面可以呈现几何图案或者小花型，应用比较广泛而且具有特定外观效应的主要有条格组织、绉组织、透孔组织、蜂巢组织、凸条组织、网目组织、平纹地小提花组织等。

1. 条格组织

条格组织是用两种或两种以上的组织并列配置而获得的。由于各种不同的组织，其织物外观不同，因此在织物表面呈现了清晰的条或格的外观。条格组织广泛应用于各种不同的织物，如服装用织物、头巾、手帕、被单等。在条格组织中，以纵条纹组织的应用最为广泛。

2. 绉组织

由织物组织中不同长度的经、纬浮线，在纵横方向上错综排列，使织物表面形成分散且规律不明显的细小颗粒状，使织物表面呈现皱效应的组织称为绉组织。用绉组织形成的织物表面反光柔和，手感柔软，有弹性。一般多用于女衣呢、树皮绉、绉纹呢等。

3. 透孔组织

透孔组织的织物表面具有明显的均匀密布的孔眼。由于类似纱罗组织，故又称“假纱罗组织”。图 3–18 所示为透孔组织的组织图和结构示意图。透孔组织多孔、轻薄、透气、散热，最适合做夏季面料及装饰用料。

4. 蜂巢组织

蜂巢组织织物的外观具有规则的边高中低的四方形凹凸花纹，形状如同蜂巢，因此得名。图 3–19 所示为蜂巢组织的组织图和经、纬向剖面图。

此类组织的织物之所以能形成周边高、中间凹的蜂巢形外观，是由于在它的一个组织循环内，有紧组织（交织点多）和松组织（交织点少），二者逐渐过渡相间配置。蜂巢组织织成的中厚型织物立体感强、手感松软、保温性好，常用于围巾，细薄织物可作为衣着用料。在服用织物中，常采用简单蜂巢组织或变化蜂巢组织与其他组织（如平纹组织）联合，以形成各种花型效果。

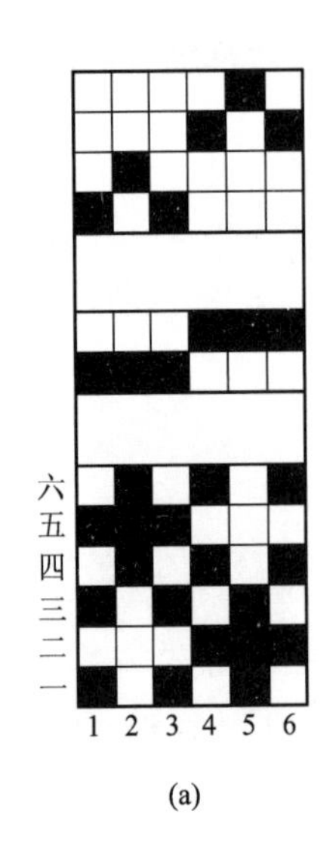

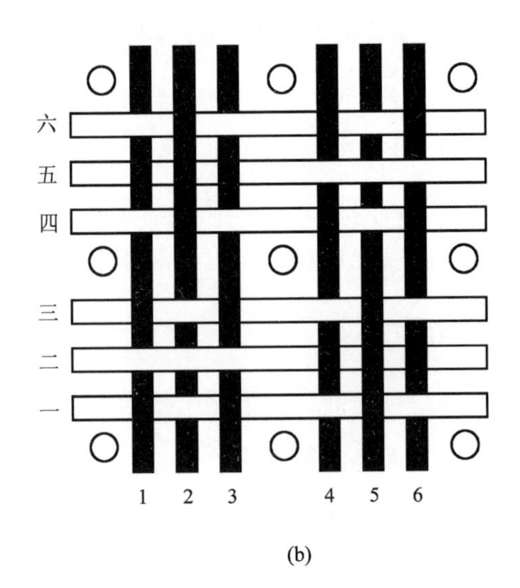

图3-18　透孔组织

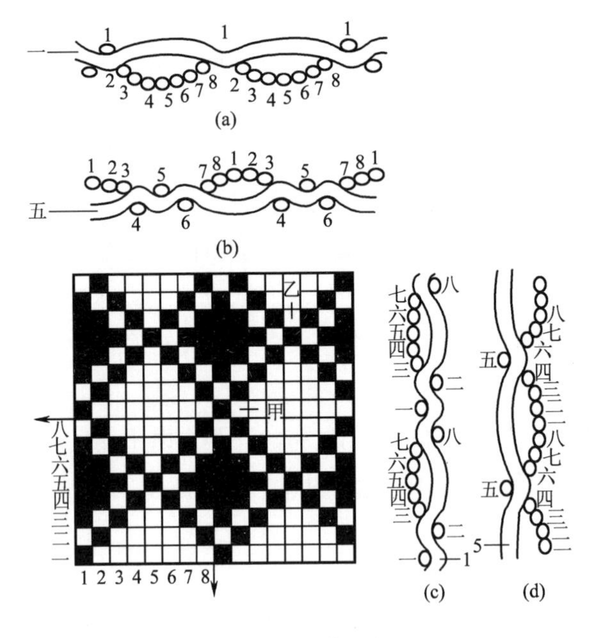

图3-19　蜂巢组织

5. 凸条组织

以一定方式将平纹或斜纹与平纹变化组织组合而成的织物组织，织物外观具有经向、纬向或倾斜的凸条效应。图 3–20 所示为凸条组织的组织图和纬向剖面图。凸条表面呈现平纹或斜纹组织，凸条之间有细的凹槽。采用强捻纱或具有较高热收缩性能的化纤纱作纬纱，能加强凸条效应并有起绉效果。棉织物中的灯芯绒和毛织物花呢类中的凸条花呢等都是用凸条组织织制的，织物富有凹凸立体感，丰厚柔软，可以用作各种休闲服装面料。

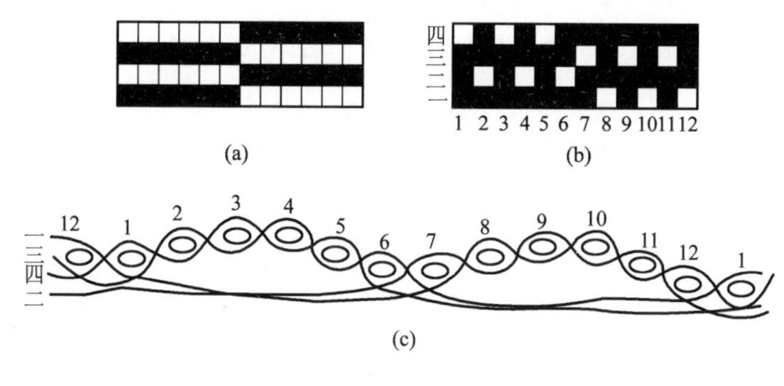

图3–20　凸条组织

6. 平纹地小提花组织

在平纹组织的基础上，通过经纬浮长线形成小花纹，成为平纹地小提花组织；还可以透孔、蜂巢等组织起花纹，花纹形状多种多样，可以是散点，也可以是各种几何图形。这类织物外观细洁、紧密、不粗糙，花纹不太突出，整体上以平纹为主。平纹地小提花织物是薄型织物中的主要类型之一，常用作男女衬衫、裙装等的面料。

7. 色纱与组织配合——配色模纹组织

织物的外观不仅与组织结构有关，而且与经纬纱的颜色配合有关，利用不同颜色的纱线与织物组织相配合，在织物表面构成各种不同的花型图案，使得织物的外观变化更加丰富多彩。配色模纹组织如图 3–21 所示。配色模纹组织在棉、毛、丝、麻、化纤等各种织物中，应用均较广泛。

图3–21　配色模纹组织

（五）复杂组织及其织物

复杂组织是指由一组经纱与两组纬纱、两组经纱与一组纬纱，或有两组及两组以上经纱与两组和两组以上纬纱构成的组织。其目的是增加织物的厚度而表面细致，产生特殊外观效果或者提高织物的服用性能。

复杂组织种类繁多，根据复杂组织结构的不同，主要分为以下几种。

1. 二重组织

二重组织为复杂组织中最简单的组织，它由两个系统经纱和一个系统纬纱或两个系统纬纱和一个系统经纱交织而成，前者称经二重组织，后者称纬二重组织。二重组织中的纱线在织物中成重叠状配置，不需要采用线密度高的纱线就可增加织物厚度与质量，又可使织物表面细致，并且可使织物正反两面具有不同组织、不同颜色的花纹。利用二重组织可使经纱或纬纱具有重叠配置的特点，可在一些简单组织的织物中局部采用，织物表面按照花纹要求，将使起花纱线在起花时浮在织物表面，不起花时沉于织物反面，起花部分以外的织物仍按简单组织交织，形成各式各样局部起花的花纹，这种组织称为起花组织，也有经起花和纬起花之分。

2. 双层组织

分别由两组各自独立的经、纬纱线，在同一台织机上形成的织物的上下两层，这种织物称为双层织物。图 3–22 是双层组织的组织上机图和经纬向剖面图。

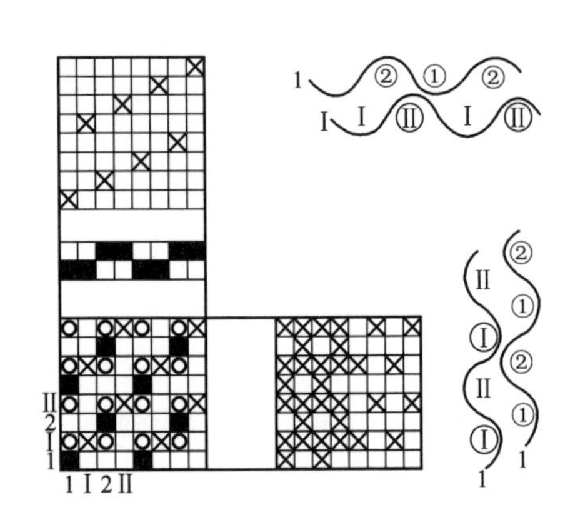

图3–22 双层组织

双层组织的织物种类繁多，根据其上下层连接方法的不同可分为：连接上下层的两侧构成管状织物；连接上下层的一侧构成双幅或多幅织物；采用两种或两种以上的色纱做表里交换，形成配色花纹；利用各种不同的接结方法，使双层织物紧密地连接在一起，增加织物的厚度和质量。

双层组织用途广泛，如毛织物中的厚大衣呢、棉织物的双层鞋面布等。现代织物设计中，利用双层组织的特性，开发出各种外观独特的产品。

3. 起毛组织

起毛组织有纬起毛和经起毛之分。纬起毛组织是由一组经纱与两组纬纱组成，其中一组纬纱（地纬）与经纱交织成地布，用于固结毛绒和决定织物的坚牢度，另一组纬纱（绒纬）与经纱交织，但其纬浮长线被覆盖于织物表面，通过割绒，将绒纬割开，经整理后形成毛绒，如图 3–23 所示。这类织物有灯芯绒、金丝绒、拷花大衣呢等。

经起毛组织由两个系统经纱（即地经与毛经），同一个系统纬纱交织而成。地经与毛经分别卷绕在两只织轴上，地经纱分别形成上下两层梭口，纬纱依次与上下层经纱的梭口进行交织，形成两层地布。两层地布间隔一定距离，毛经位于两层地布中间，与上下层纬纱同时交织。两层地布间的距离等于两层绒毛高度之和，如图 3–24 所示，织成的织物经割绒工序将连接的毛经割断，形成两层独立的经起毛织物。

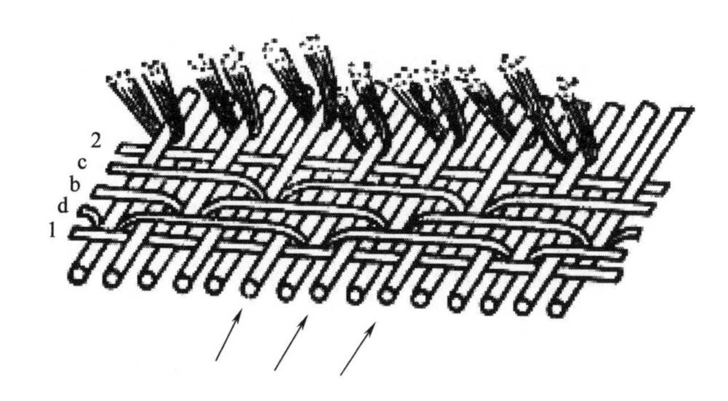

图3-23　纬起毛组织

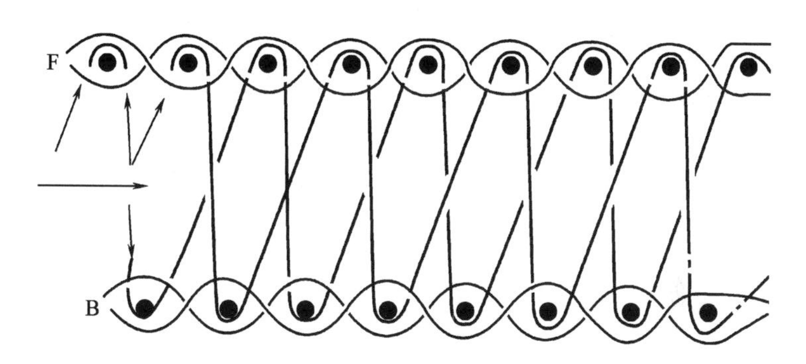

图3-24　经起毛组织

起毛组织形成的织物由于织物表面的毛绒与外界摩擦，因此其耐磨性能好，且织物表面绒毛丰满平整，光泽柔和，手感柔软，弹性好，织物不易起皱，织物本身较厚实，并借耸立的绒毛组成空气层，所以保暖性好。平绒织物适宜制作妇女、儿童秋冬季服装和帽料。长毛绒织物适于制作男女服装，多数为女装和童装的表里用料、帽料、大衣领等。

4. 毛巾组织

织制毛巾织物的组织，毛巾织物的毛圈是借助于织物组织及织机送经打纬机构的共同作用所构成，需要两个系统的经纱（即毛经和地经）和一个系统纬纱交织而成。地经与纬纱构成底布成为毛圈附着的基础，毛经与纬纱构成毛圈。毛巾织物按毛圈分布情况可分为双面毛巾、单面毛巾和花色毛巾三种。

毛巾织物具有良好的吸湿性、保温性和柔软性，适宜做浴衣、睡衣以及面巾、浴巾、枕巾、被单和床毯等。为了达到良好的服用性能，毛巾织物一般采用棉纱织制，但在个别情况下，如装饰织物可根据用途选用其他纤维的纱线（如人造丝、腈纶等）制成。

5. 纱罗组织

由地、绞两个系统经纱与一个系统纬纱构成的经纱相互扭绞的织物组织。纱罗织物上经纱相互扭绞形成清晰匀布的孔眼，经纬纱密度较小，织物较为轻薄，结构稳定，透气性良好，如图3–25所示。纱罗组织适宜制作夏季服装以及窗帘、蚊帐等日用装饰织物，也可用作无梭织机织物的布边组织。

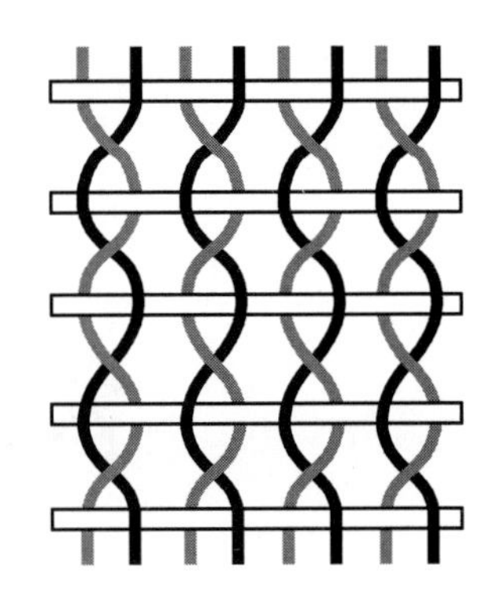

图3–25 纱罗组织

三、机织物的分类

机织物的种类繁多，风格各异。根据纤维原料、纺纱工艺、纱线结构、织物结构以及染整加工方式等，分设不同的分类体系。

(一)按照纤维原料分类

按照织物中所含纤维原料种类的不同，对织物进行分类，见表3–1。

表3–1 按照纤维原料对织物分类

织物种类	特点
纯纺织物	仅有一种原料成分的织物，如纯棉织物、纯毛织物等
混纺织物	由混纺纱交织而成的织物，织物中含有两种或两种以上的纤维材料，如涤棉织物、涤粘织物、涤粘棉织物等
交织物	经纬纱分别采用不同纤维原料的纯纺纱交织而成的织物，如丝棉交织、丝毛交织等
	由交并丝（也称为并捻丝，即不同原料的单纱合并成的股线）相互交织而成的织物

(二)按照纺纱工艺分

棉、毛织物是典型的具有不同纺纱工艺的织物，棉、毛织物按照纺纱工艺分类分别见表3–2、表3–3。

表3–2 棉织物按照不同纺纱工艺分类

织物种类	特点
精梳棉织物	采用精梳棉纱织制，布面洁净平整，质地细致，光泽柔和，手感柔软滑润，常用作高档制品
普梳棉织物	采用普梳棉纱织制，毛羽较多，手感丰满，保暖性好，用途广泛
废纺棉织物	采用低等级棉纤维，在废纺系统上纺制废纺纱后，再织制的废纺织物

表3–3 毛织物按照不同纺纱工艺分类

织物种类	特点
精纺毛织物	精纺毛织物一般采用细度较细、长度较长、品质良好的毛纤维原料，其纱线结构紧密，多为33.3~16.7tex（30~60公支）双股毛线，织成的织物表面光洁，织纹清晰。该类织物多用于春秋服装、西装面料，但近年来超薄型精纺毛织物已开始用于衬衫面料，一般的薄型精纺毛织物可用于夏季裤料
粗纺毛织物	粗纺毛织物用粗梳毛纱织制而成，粗纺毛纱的结构较为蓬松，表面绒毛很多，纤维较粗而长度较短，纱线也比较粗。大多数产品均需做缩呢整理，以取得致密绒面，故织物表面多覆盖有短绒毛，质地厚实，织纹比较模糊。主要用于冬季服装如大衣、制服、夹克等

（三）按照纱线的结构分类

首先，按照构成纱线的纤维长度不同，将织物分为短纤维织物、长丝织物、长丝纱与短纤维纱交织织物、花式纱线织物等。各类织物又可以进一步细分。

1. 短纤维织物

将短纤维原料纺成短纤维纱线，织成的织物称为短纤维织物。短纤维织物具有松软的触觉，透气而舒适，光泽柔和。根据短纤维纱线的结构，又可再将短纤维织物细分为单纱织物（经纱和纬纱均为单纱）、全线织物（经纬纱均为股线）和半线织物（单纱和股线交织）三种不同的类型。单纱织物的质地松软、表面光洁度和光泽稍差；全线织物厚实硬挺、织纹清晰、坚牢耐用；半线织物的特点介于二者之间。

2. 长丝织物

长丝纤维织物由天然长丝纱（桑蚕丝或柞蚕丝）或化纤长丝纱为原料织制而成。近几年来，由于差别化技术的进步，化纤长丝纱织物以很高的增长率逐年增加，产品的覆盖面也越来越大，各类仿丝绸、仿麻、仿毛、仿棉新品种不断涌现。织物的服用性能提高，用途不断扩大。

3. 长丝纱与短纤维纱交织织物

长丝纱与短纤维纱交织织物指分别以长丝纱和短纤纱作为经纱和纬纱织制的长短纤交织物。它同样可以通过利用这两种不同纱线的优良性能，互补不足，使织物的服用性能得到改善。

4. 花式纱织物

花式纱织物是全部或部分使用花式纱线（如竹节纱、圈圈纱、彩点纱、结子纱等）作为经纬纱织成的织物，风格独特，装饰性强。

（四）按照印染加工方法分类

不经过任何染整加工的织物称为坯布，坯布一般不能作为服装面料。织物按照印染加工方法分类见表 3–4。

表 3–4 织物按照印染加工方法分类

织物种类	特　　点
本色织物	用本色纱线织成后未经漂白、染色或印花的机织物
漂白织物	经漂白、染白或用白浆料处理（除另有规定的以外）的成匹机织物
染色织物	染成白色以外的其他单一颜色或用白色以外的其他有色整理剂处理的成匹机织物，以及以单一颜色的着色纱线织成的机织物
印花织物	成匹印花的机织物，不论是否用各色纱线织成。用刷子或喷枪、经转印纸转印、植绒或蜡防印花等方法印成花纹图案的机织物亦可视为印花机织物

续表

织物种类	特　　点
色织物	用各种不同颜色纱线或同一颜色不同深浅（纤维的自然色彩除外）纱线织成的机织物；用未漂白或漂白纱线与着色纱线织成的机织物；用夹色纱织成的织物
烂花织物	由两种纤维组合织制而成的，其中一种纤维能被某种化学物质水解破坏，而另一种纤维则不受影响，从而形成具有独特风格的烂花布

四、机织物的主要规格

（一）密度

表示织物中纱线排列的疏密程度，通常用织物在单位长度内排列的纱线根数表示，一般采用10cm内经纱或纬纱的根数来表示，分别称为经向密度和纬向密度。织物密度大小对织物的重量、坚牢度、手感、透气透水性都有重要影响。外销产品常用根/inch表示织物的密度。一般情况下，织物的经密往往大于纬密，这既是提高织造生产效率的需要，也是服装成型的需要。在织物的规格表示中，经密和纬密之间用符号“×”连接，如80×74，表示织物经密为80根/英寸，纬密为74根/英寸；547×283表示织物经密为547根/10cm，纬密为283根/10cm。

（二）重量

机织物的重量以一平方米面积内织物的无浆干燥重量克数来表示。影响织物重量的因素有纤维比重、纱线粗细、织物内纱线密度等。织物的用途不同，对其重量的要求也不同，如丝织物一般为50~100g，棉、黏胶织物为100~250g，精纺毛呢为150~300g左右，大衣类粗纺毛呢在400~600g左右。

（三）幅宽

幅宽即织物的宽度。幅宽的单位因销售对象的不同而不同，内销织物常用厘米（cm）单位，外销织物则常用英寸（inch）单位。幅宽设计依据织物的用途，生产设备条件、生产效益、合理用料、产品管理等因素而定，并有一定的规范性。如有梭织机生产的织物幅宽一般不超过150cm，无梭织机生产的织物幅宽可达300cm以上。从服装裁剪排料的角度，要求织物以宽幅为佳，所以幅宽在91.5cm以下的织物已逐渐被淘汰。

（四）匹长

匹长是指每匹布的长度，计量单位为米（m）。织物的匹长主要根据织物的用途、重量、厚度和织机卷装容量来决定，一般棉布匹长在27~40m之间，毛织物为60~70m，因织物的品种不同而匹长不同。通常一卷布中有几个联匹长的布连在一起。

五、机织物的常见品种及特征

按照织物风格特征，机织物通常被分为棉型、毛型、丝型和麻型风格的织物，织物的类别或属于四类织物，或主要风格接近四类风格织物。化纤织物也可以按照风格特征归于四类风格织物，下面分别介绍四类风格织物的细分类别。

（一）棉型织物

1. 平纹布类

（1）平布：是普通棉织物中的主要品种，采用平纹组织织制，经纬纱的线密度和密度相同或相近。布面风格是平整光洁，均匀丰满。根据所用纱线粗细不同，可分为细平布、中平布和粗平布。

① 细平布：又称细布，采用细特棉纱、黏纤纱、棉黏纱、涤棉纱等织制。布身细洁柔软，质地轻薄紧密，布面杂质少。细布大多用作漂白布、色布、花布的坯布。加工后用作内衣、裤子、夏季外衣、罩衫等面料。

细纺是采用特细精梳棉纱、高密度织造、经过烧毛整理的中、高档细平布，以长绒棉为主要原料，或与涤纶混纺。其主要风格是质地细薄、手感柔软、滑爽挺括、布面光洁、细密匀净、色泽莹润、光滑似绸。其中特密细纺结构紧密，透气量小，能防止羽绒钻出，布面平整，质地坚牢，手感柔滑，具有防水、防缩功能，适于做羽绒被和羽绒服的里料。细纺主要做高档衬衫、衣裙以及手帕、绣品等服饰品。

② 中平布：又称市布、白市布，系用中特棉纱或黏纤纱、棉黏纱、涤棉纱等织制。结构较紧密，布面平整丰满，质地坚牢，手感较硬。市销平布主要用作被里布、衬里布，也有用作衬衫裤、被单的。中平布大多用作漂白布、色布、花布的坯布。加工后用作服装布料等。

③ 粗平布：又称粗布，大多用纯棉粗特纱织制。其特点是布身粗糙、厚实，布面棉结杂质较多，坚牢耐用。市销粗布主要用作服装衬布等；在山区农村、沿海渔村也有用市销粗布做衬衫、被里的，经染色后做衫、裤用料。

（2）府绸：是一种高支高密的平纹织物。其经密与纬密之比一般为（1. 8~2. 2）：1。由于经密明显大于纬密，织物表面形成了由经纱凸起部分构成的菱形粒纹，如图3-26所示。织制府绸织物，常用纯棉或涤棉细特纱。根据所用纱线的不同，分为纱府绸、半线府绸（经向用股线）、线府绸（经纬向均用股线）。根据纺纱工程的不同，分为普梳府绸和精梳府绸。根据织造花色分，可分

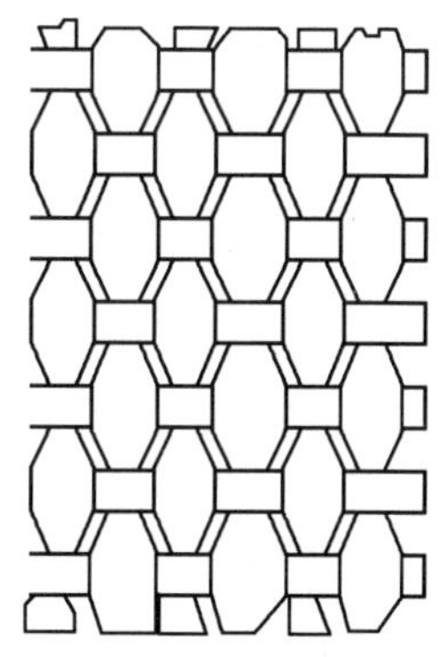

图3-26　府绸织物的菱形粒纹示意图

为隐条隐格府绸、缎条缎格府绸、提花府绸、彩条彩格府绸、闪色府绸等。根据本色府绸坯布印染加工情况分，可分为漂白府绸、杂色府绸和印花府绸等。各种府绸织物均有布面洁净平整、质地细致、粒纹饱满、光泽莹润柔和、手感柔软滑润等特征。府绸是棉布中的一个主要品种，主要用作衬衫、夏令衣衫及日常衣裤。

罗缎是一种较厚的高级府绸，主要风格是经纱细，纬纱粗，布面颗粒效果特别明显，质地紧密厚实，手感滑爽挺硬，有丝绸般的光泽。适宜做外衣、风衣、夏季裤料。

府绸中的另一个品种是纬长丝织物，一般经向用涤棉混纺纱，纬向为涤纶长丝，是一种交织织物。一般以色织工艺加工，并采用小花纹组织织制，使纬丝在织物表面形成小提花，以突出其光泽。这种织物质地轻薄，挺括滑爽，手感滑糯，光泽晶莹，色泽柔和，丝绸感强，易洗快干。主要用作男女衬衫、连衣裙面料等。

(3)麻纱:通常采用平纹变化组织中的纬重平组织织制,也有采用其他变化组织织制的。采用细特棉纱或涤棉纱织制，且经纱捻度比纬纱高，比一般平布用经纱的捻度也高，织物表面纵向呈现宽窄不等的细条纹，使织物具有像麻织物那样挺爽的特点。这种织物质地轻薄，条纹清晰，挺爽透气，穿着舒适。有漂白、染色、印花、色织、提花等品种。用作夏令男女衬衫、儿童衣裤、裙料等面料。

(4)牛津布：用平纹变化组织中的纬重平或方平组织织制。经纬纱中一种是涤棉纱，一种是纯棉纱，采用细经粗纬，纬纱特数一般为经纱的三倍左右，且涤棉纱染成色纱，纯棉纱漂白。该织物色泽柔和，布身柔软，透气性好，穿着舒适，有双色效应。主要用作衬衣、运动服和睡衣等面料。

(5)青年布：青年布是平纹纯棉织物，一般经纱、纬纱的线密度相同，织物中经纬密度接近。主要特点是：在经纱和纬纱中一种采用染色纱，另一种采用漂白纱（色经漂纬或色纬漂经），布面有双色效应。织物色泽调和，质地轻薄，滑爽柔软。主要用作衬衫、内衣面料和被套等。

(6)巴厘纱：又称玻璃纱，是一种平纹组织的稀薄透明织物。经纬纱均采用细特精梳强捻纱，织物中经纬密度比较小，进行烧毛、定型处理，由于"细"、"稀"，再加上强捻，使织物稀薄透明。所用原料有纯棉、涤棉。织物中的经纬纱或均为单纱，或均为股线。按加工方式不同，玻璃纱分为染色玻璃纱、漂白玻璃纱、印花玻璃纱、色织提花玻璃纱等。该织物的质地稀薄，手感挺爽，布孔清晰，透明透气。主要用作夏令妇女的衬衫、衣裙、纱巾、手帕、童装等。

(7)泡泡纱：采用平纹组织、色纱织造，布面呈凹凸状泡泡的薄型纯棉或涤棉织物。织造时采用两种不同张力的经纱，在织物表面形成凹凸不平的条形波浪状泡泡效果。也有用印染方法加工呈现的泡泡纱,其加工方法是用烧碱按照需要的纹样规律作用于织物表面，使受碱液作用和不受碱液作用的织物表面，由于收缩情况的差异而产生泡泡。泡泡纱的外观新颖别致，立体感强，质地轻薄，穿着不贴体，凉爽舒适，洗后不需熨烫。主要用作妇女、儿童的夏令衫、裙、睡衣裤等。但是，泡泡纱洗涤后泡泡容易变形、消失，使产品的尺寸变大，导致服装的保形性差，因此设计时放松量不宜过大。

（8）士林纱：是棉织品中最薄的高级平纹产品。经过漂白后染浅色。经纬纱线密度低，密度高。主要风格是质地轻薄透明，手感柔软凉爽，布面匀净，孔眼清晰，穿着透气舒适。适于做衬衫、衣裙、手帕和服饰物品。

（9）纱布：它是一种非常稀薄的平纹布，采用中特纱织造。其通过精练、漂白，具有手感柔软、轻薄稀疏、吸湿透气的特性。

（10）棉绉纱：从丝绸的绉类移植而来的中、高档平纹织物，又称棉绉绸。采用中特纱，经纱是普通捻度，纬纱用 120~180 捻 /10 cm 的强捻纱，经整理后，布面形成各种起绉效果。当纬纱按照 2S2Z 捻向的规律排列时，布面呈均匀细小的绉纹，称为双绉。当纬纱按照 4S4Z~8S8Z 捻向的规律排列时，布面呈斜线或粗斜线绉纹，称为风织绉。当纬纱按照单一捻向排列时，布面呈细长绉纹，称为凸条绉。棉绉纱质地轻薄柔软，手感柔和滑爽，穿着舒适，布面绉纹细密，有色织和印染之分，花色丰富多彩。适于做夏季衣料、衬衫、童装和睡服。

（11）烂花布。用耐酸的长丝或短纤维与不耐酸的棉或黏胶纺成包芯纱或混纺纱，织成平布，经烂花工艺处理，使布面呈现透明与不透明两部分，互相衬托出各种花型。烂花布质地细薄，花纹凹凸，手感挺爽，回弹性好，并具有易洗、快干、免烫等特点。其织造与一般平布相同。布料中部分花纹的纤维被烂去后，只留下涤纶纤维，类似筛网，透明如蝉翼，花纹轮廓清晰、立体感强。

烂花布品种按纤维原料分为涤 / 棉、涤 / 黏、丙 / 棉、维 / 棉等烂花布；按纱线分为包芯纱、半包芯纱（包芯纱与短纤混纺）等烂花布；按染整工艺分漂白、杂色等烂花布；按用途分服装用和装饰用烂花布。

2. 斜纹布类

斜纹布类有明显的斜向纹路，其共同特点是斜纹纹路匀而直。“匀”是指斜纹线要等距离，“直”是指斜线的纱线浮长要相等，无歪斜弯曲现象。由于斜纹布类的组织、用纱、经纬密度及紧度比各不相同，所以风格也不相同。

（1）斜纹布：属于低档斜纹棉织物，通常采用$\frac{2}{1}\nwarrow$组织，织物正面斜纹纹路明显，反面比较模糊。经纬向均用单纱，线密度接近，织物经密略高于纬密。采用细特纱的称细斜纹布，采用中特纱的称粗斜纹布。所用原料有纯棉、黏纤和涤棉等。斜纹布布身紧密厚实，手感柔软，纹路较细。大多加工成色布和花布。细斜纹色布用作制服、工作服布料和服装夹里；花斜纹布用作妇女、儿童衣着。

（2）哔叽：属于中档棉织物，采用$\frac{2}{2}$加强斜纹组织。经纬向密度接近，结构比相似品种的卡其、华达呢松。根据经纬向所用材料的不同，分为纱哔叽（经纬均用单纱）和线哔叽（经向股线，纬向单纱）两种，前者用$\frac{2}{2}\nwarrow$，后者用$\frac{2}{2}\nearrow$。纱哔叽比线哔叽结构松软。

哔叽正反面斜纹方向相反，斜纹清晰，纹路宽而平，斜纹倾角约 45°。质地比斜纹布稍厚实挺硬，比华达呢轻薄柔软，所用原料主要有纯棉、棉黏和黏纤。哔叽有漂白、染色和印花等多种，适合做外衣裤、时装等。

（3）华达呢：其特点是经密比纬密大一倍左右，因此，斜纹倾角较大，约为 63°。织物紧密程度小于卡其而大于哔叽。布身比哔叽挺括而不如卡其厚实。根据经纬向所用材料的不同，分为纱华达呢（经纬均用单纱）、半线华达呢（经向用股线，纬向用单纱）、全线华达呢（经纬均用股线），但都用 $\frac{2}{2}\nearrow$ 组织。所用原料有纯棉、棉黏、棉维和涤棉等。织物紧密厚实，手感挺括而不硬，弹性十足，坚牢耐磨而不折裂，斜纹纹路细密丰满，峰谷明显。适宜制作各种制服、风衣和裤子。

（4）卡其：是棉织物中最坚牢的一种，经密比纬密大 1 倍左右，斜纹倾角大于 67°。根据经纬向所用材料的不同，有线卡（经纬均用股线）、半线卡（经向股线，纬向单纱）和纱卡（经纬均用单纱）之分。线卡采用 $\frac{2}{2}\nearrow$ 组织，正反面斜纹纹路均很明显，又称双面卡；半线卡采用 $\frac{3}{1}\nearrow$ 组织；纱卡则采用 $\frac{3}{1}\nwarrow$ 组织。半线卡、纱卡都是单面卡，所用原料主要有纯棉、涤棉等。卡其织物结构紧密厚实、手感硬挺，坚牢耐用。双面卡其斜向纹路细密，正、反面纹路均很明显，但是由于非常坚硬，致使弹性较差、缺少韧性、不耐折边磨，在染色过程中，也不易染透，使用时出现磨白现象。单面卡其的正面纹路粗壮饱满，反面斜纹线不太明显。卡其主要适于做制服、外衣裤、风衣和工作服。

（5）劳动布、牛仔布：多数是 $\frac{2}{1}\nwarrow$ 组织，采用粗特纯棉纱或棉维纱。经纱染色、纬纱多为本白纱，因此织物正反异色，正面呈经纱颜色，反面主要呈纬纱颜色。这种织物的纹路清晰，质地紧密，坚牢结实，手感硬挺。牛仔布还要经过水洗和防缩整理。主要用作工厂的工作服、防护服，尤其适宜制作牛仔裤、女衣裙及各式童装。

3. 绒面类棉制品

（1）灯芯绒：布面呈灯芯状绒条，采用纬起毛组织。灯芯绒的绒条圆直，绒毛丰满，质地厚实，手感柔软，富有弹性，坚牢耐磨，保暖性好。原料有纯棉、涤棉、氨纶包芯纱等。按加工工艺分，有染色、印花、色织、提花等不同的品种。按每 2.54cm（1 英寸）宽织物中绒条数的多少，又可分为特细条灯芯绒（≥ 19 条）、细条灯芯绒（15~19 条）、中条灯芯绒（9~14 条）、粗条灯芯绒（6~8 条）和宽条灯芯绒（<6 条）等规格。其用途广泛，主要用于外衣、童装、裤料、鞋帽等。为了防止其倒毛、脱毛，洗涤时不宜用热水揉搓，不可在正面熨烫。

（2）平绒：采用起毛组织，一般经向采用精梳双股线，纬向采用单纱，布面均匀布满绒毛。按加工方法可分成经起绒和纬起绒，前者称割经平绒，后者称割纬平绒。平绒织物具有绒毛丰满平整、质地厚实、光泽柔和、手感柔软、保暖性好、耐磨耐穿、不易起皱等特点。主要用作妇女春、秋、冬季服装和鞋帽的面料等。

（3）绒布：坯布经拉绒机拉绒后呈现蓬松绒毛的织物。坯布通常采用平纹或斜纹织制。绒布所用的纬纱粗而经纱细，纬纱的特数一般是经纱的一倍左右，有的达几倍，纬纱使用的原料有纯棉、涤棉、腈纶。绒布品种较多，按织物组织分有平布绒、哔叽绒和斜纹绒；按绒面情况分有单面绒和双面绒；按织物厚度分有厚绒和薄绒；按印染加工方法分有漂白绒、杂色绒、印花绒和色织绒。色织绒按花式分又有条绒、格绒、彩格绒、芝麻绒、直条绒等。绒布手感松软，保暖性好，吸湿性强，穿着舒适。主要用作男女冬季衬衣、裤、儿童服装、衬里等。

4. 其他棉织物

（1）横贡缎：采用五枚或八枚纬面缎纹组织，纬密与经密的比约为5∶3，因此织物表面大部分由纬纱所覆盖。所用纯棉经纬纱均经精梳加工。织物表面光洁，手感柔软，富有光泽，结构紧密。染色横贡缎主要用作妇女、儿童服装的面料；印花横贡缎除用作妇女、儿童服装面料外，还用作被面、被套等。

（2）线呢：色织布中的一个主要品种，外观类似呢绒。原料有纯棉、涤棉、维棉、涤黏、涤腈等。经纬纱线有单色股线、花色股线、花式捻线，也有用混色纱线的。织物组织有三原组织及其变化组织，或联合组织、提花组织。利用各种不同色泽、原料、结构的纱线和织物组织的变化，可设计织制多种色彩、花型和风格的产品。男线呢中代表性产品有板司呢、绢纹呢、康乐呢、绉纹呢等；女线呢中代表性品种有格花呢、条花呢、提花呢、夹丝女花呢、结子线呢等。线呢类织物手感厚实，质地坚牢，毛型感强。主要用作春、秋、冬各式外衣或裤子面料。线呢缩水率比较大。

（3）条格布：色织布中的大路品种，花型大多为条子、格子。其特点是经、纬纱线用两种或两种以上颜色的纱线间隔排列，且大多采用平纹、斜纹组织，也可用小花纹、蜂巢组织或纱罗组织。只是经纱用两种或两种以上颜色，得到的是色条或彩条；经纬均用两种或两种以上颜色，得到的是色格或彩格。原料有纯棉、涤棉、棉维等。按条型和格型以及色泽深浅可分为深色条布、深色格布、浅色条布、浅色格布，其他还有彩条格斜（以斜纹组织织制）、哔叽条格和嵌线条格（在条格边沿嵌色线）等。条格布质地轻薄滑爽，条格清晰，布面平整，配色协调。主要用作夏令衣衫、内衣衫裤、冬令衣里及鞋帽里布等。纯棉条格布缩水率比较大。

（4）纱罗：又称网眼布，采用纱罗组织织制的一种透孔织物，常采用细特纱和较低密度。常用原料为纯棉、涤棉及各种化纤。按加工不同，纱罗可分为色纱罗、漂白纱罗、印花纱罗、色织纱罗、提花纱罗等。纱罗织物透气性好，纱孔清晰，布面光洁，布身挺爽。主要用作夏季衣料、披肩和蚊帐等。

（5）水洗布：是利用染整工艺技术使织物洗涤后具有水洗风格的织物。按所使用的原料分，水洗布有纯棉、涤棉和涤纶长丝等水洗织物。纯棉水洗布采用细特紧捻纱、平纹组织。该织物有漂白、染色、印花等品种。手感柔软，尺寸稳定，外观有轻微绉纹，免烫。主要用作各种外衣、衬衫、连衣裙、睡衣等面料。

（6）氨纶弹力织物：采用氨纶丝包芯纱（如棉氨包芯纱）作为经纱或纬纱，与棉纱或混纺纱交织而成的织物，也有经纬均用氨纶丝包芯纱。常见的品种有弹力牛仔布、弹力泡泡纱、弹力灯芯绒、弹力府绸等。这种织物的弹性良好，柔软舒适，穿着适体，服用性能好。主要用作运动服、练功服、牛仔裤、内衣裤、青年衣裤面料等。

（二）毛型织物

全毛织物、毛型化纤纯纺织物和毛与毛型化纤的混纺织物统称为毛型织物。毛型化学纤维的长度、细度、卷曲度等方面均与毛纤维相接近。常用的毛型化学纤维有涤纶、腈纶、黏胶短纤维等。毛织物是服用织物中的高档品种。按其生产工艺可分为精纺毛织物与粗纺毛织物。精纺毛织物选用精梳毛纱制织而成，所用原料一般细而长，纤维梳理平直，纱线结构紧密，排列整齐，织物柔滑，织纹清晰，布身结实。粗纺毛织物选用粗梳毛纱制织而成，所用原料的种类和范围很广，采用高特单纱，纺纱工艺短，织物的外观及风格在很大程度上取决于后整理工艺。

1. 精纺毛织物的主要品种

（1）凡立丁：采用平纹组织织成的单色股线的薄型织物，其特点是纱支较细、捻度较大，经纬密度在精纺呢绒中最小。凡立丁按使用原料，分为全毛、混纺及纯化纤、混纺多用黏纤、锦纶或涤纶，尚有黏、锦、涤搭配的纯化纤凡立丁。凡立丁除平纹外，还有隐条、隐格、条子、格子等不同品种，呢面光洁均匀、不起毛，织纹清晰，质地轻薄透气，有身骨、不板不皱。多数匹染素净，色泽以米黄色、浅灰色为多。适宜制作夏季的男女上衣和春秋季的西裤、裙装等。

（2）派力司：采用平纹组织织造的织物，是精纺毛织物中最轻薄的品种之一。其具有混色效应，一般采用毛条染色的方法，先把部分毛条染色后，再与原色毛条混条纺纱，呢面散布匀细而不规则的雨丝状条痕。颜色以混色灰为主，有浅灰、中灰、深灰等，也有少量混色蓝、混色咖啡等。呢面光洁平整，经直纬平，光泽自然柔和，颜色无陈旧感，手感滋润、滑爽，不糙不硬，柔软有弹性，有身骨。属精纺呢绒中单位重量最轻的。它与凡立丁的主要区别在于，凡立丁是匹染的单色，而派力司是混色，经密略比凡立丁大。与凡立丁织物相同，薄、滑、挺、爽也是其理想的外观与性能。毛涤派力司挺括抗皱，易洗、易干，有良好的穿着性能。派力司为夏季理想的男女套装、礼仪服、两用衫、长短西裤等的用料。

（3）哔叽：斜纹类的中厚毛织物，哔叽的经纬纱密度之比约为 1，外观呈的右斜纹，且纹路扁平、较宽，呢面有光面和毛面两种。光面哔叽纹路清晰，光洁平整；毛面哔叽呢面纹路仍然明显可见，但有短小绒毛。市场上较多见的是光面哔叽，呢面细洁，手感柔软，有身骨弹性，质地坚牢，色泽以灰色、黑色、藏青色、米色等为主，也有少量混色。主要用于春秋季男装、夹克，女装的裤子、裙子等衣料。为了适应服装向轻、薄、软方向发展的需求，低特薄型哔叽织物也成为一种必然趋势。

（4）啥味呢：由染色毛条与原色毛条按一定比例充分混条梳理后，纺成混色毛纱织制而成。啥味呢的纱线粗细、织物组织、斜线角度和质量与哔叽相似，独特之处是混色和夹花，混色均匀，颜色以灰色为主，多深、中色，斜纹纹路隐约，光泽自然柔和，有膘光，色彩鲜艳，无陈旧感，手感软糯，不板不烂，不硬不糙，无严重雨丝痕。所用原料以细羊毛为主，也有以黏胶纤维、涤纶或蚕丝与羊毛混纺。其中，光面啥味呢手感柔软丰满，有身骨，弹性好，呢面光洁平整，纹路清晰，无极光；毛面啥味呢经过轻缩绒，表面有细短毛茸，匀净平齐，底纹隐约可见；混纺啥味呢手感挺括，易洗免烫，保形性好；丝毛啥味呢用羊毛与蚕丝混纺，比全毛啥味呢的手感更细腻柔滑，光泽更滋润。色泽素雅，以灰色、米色、咖啡色为主。啥味呢宜做春秋季两用衫、西装、夹克、西裤等，故又名春秋呢。

（5）华达呢：又叫轧别丁，斜纹类精纺毛织物，属高级面料。组织可以选用$\frac{2}{1}$，$\frac{3}{1}$左斜纹（单面）、$\frac{2}{2}$左斜纹组织（双面）以及变化缎纹（缎背）。经密比纬密大，两者之比约为2，呢面呈现63°左右的清晰斜纹，纹路挺直、密而窄，呢面光洁平整，质地紧密，手感润滑，富有弹性。单面华达呢正面纹路清晰，反面呈平纹效应；双面华达呢正反两面均有明显的斜纹纹路；缎背华达呢正面纹路清晰，反面呈缎纹效应。一般以匹染素色为主，如藏青、灰、黑、咖啡等色，进行烧毛、绳洗等后整理。单面华达呢较薄，且多用鲜艳色、浅色，适于做女装裙衣料；双面华达呢一般适用于制作春秋西服套装；较厚型的缎背华达呢适于做冬季的男装大衣。

（6）贡呢：是精纺毛织物中历史悠久的传统高级产品。它是精纺呢绒中经纬密度最大而又较厚重的中厚型品种，采用缎纹、变化缎纹、急斜纹等组织。由于织纹浮点长，呢面显得特别光亮，表面呈现细斜纹，由左下向右上倾斜，倾角为75°以上，称直贡呢，采用的是经面缎纹组织；倾角为15°左右的称横贡呢，采用的是纬面缎纹组织。通常所说的贡呢以直贡呢为主。除纯毛品种外，另有毛涤、毛黏等。该织物织纹细洁清晰，光泽明亮，质地厚实，色泽以元色为主，也有藏青、什色等，主要适于制作高级春秋大衣、风衣、礼服、便装、民族服装等。

（7）驼丝锦：是细洁紧密的中厚型素色毛织物，也是精纺毛织物的传统高档品种之一，常用五枚或八枚变化经面缎纹组织。织物经纬密度较高，成品呢面平整滑润，织纹细腻，光泽明亮，手感软糯，紧密而有弹性，有丰厚感。驼丝锦与贡丝锦非常相似，差异仅在于织物的反面，贡丝锦的反面有类似缎纹的效果，而驼丝锦织物反面类似于平纹效果。驼丝锦以黑色为主，还有藏青色、白色、紫红色等。主要用于制作礼服、西服、套装、夹克、大衣等。

（8）马裤呢：采用急斜纹组织，用纱较粗，是比较厚重的精纺毛织物，主要风格是正面呈粗壮的右斜纹，角度为63°~76°，织纹凸出清晰，背面呈扁平的左斜纹，有时轻起毛，手感挺实丰满，保暖，有弹性。纱特粗，捻度大，质地紧密厚实，身骨好。因其结实耐磨，适于做骑马穿的裤子而得名。现在马裤呢的原料品种很多，如精经粗纬、丝毛合捻、棉经毛纬、毛涤、毛黏等。素色马裤呢以军绿为主，混色有黑灰、深咖、黄棕、暗绿等色，也有用深浅异色合股线织的夹色和闪色。多用于军大衣、军装、猎装和春秋外衣的布料。

（9）巧克丁：又名罗斯福呢，类似马裤呢的品种，采用斜纹变化组织。纹路比华达呢粗而比马裤呢细，斜纹间的距离和凹进的深度不相同，第一根浅而窄，第二根深而宽，如此循环而形成明显的两根为一组的罗纹线，其反面较平坦无纹。巧克丁一般以细羊毛为原料，除纯毛织品外，也有涤毛混纺巧克丁。织物条型清晰，质地厚重丰富，富有弹性。巧克丁有匹染和条染两种，色泽以元色、灰色、蓝色为主，宜做春秋大衣、便装等。

（10）女衣呢：花色变化较多的轻薄精纺毛织品。采用原料广泛，除了棉、毛、丝、麻和各种化纤外，还有各种稀有动物纤维、金银丝和新型化纤，有时会用各种花式线。织物组织变化丰富，构成多种花型，如平素、横直条纹、大小格子、小花点等，形成不同类型的呢面，如光洁平整、绒面、透孔、凸凹、带枪毛、各种印花等。女衣呢一般结构松软，色彩鲜艳，花型活泼、高雅，光泽自然，手感柔软、不松烂，质地细洁，富有弹性。典型的女衣呢品种有皱纹女衣呢、提花女衣呢、印花女衣呢、纱罗女衣呢、毛泡泡纱等。

（11）花呢：是精纺毛织物中花色变化最多的品种，以条染为主，利用各种彩色的纱线、花式线、竹节纱、正反捻纱等，配合不同的组织，形成丰富多彩的花样，如条格、隐条格、彩点、小花纹等。花呢使用的原料丰富，有全毛、毛涤、毛涤黏、毛黏、毛麻以及各种化纤混纺的产品。

根据后处理的不同，花呢可以加工成光面、呢面和绒面效果。光面花呢的呢面光洁平整、不起毛，织纹清晰，手感挺括；呢面花呢经过轻缩绒整理，呢面的绒毛短平均匀，织纹隐约可见，手感柔糯丰满，绒面花呢经过重洗呢或轻缩绒整理，绒面有均匀的绒毛，织纹不清楚，手感丰厚。

按照重量的不同，花呢可以分为薄花呢、中厚花呢和厚花呢。薄花呢的重量在195g/m^{2}以下，一般为平纹组织。采用条染、异色合股、正反捻花线、嵌条线和各种色纱，交织成条子、格子或小花纹等花色，配色讲究紧跟潮流，多为浅色。薄花呢手感活络有弹性，质地轻落，呢面平整，条干均匀，光泽自然。其中，全毛薄花呢手感滑软丰糯，原料纤维较细，纱线捻度不宜偏大，有时进行轻缩绒，属于呢面花呢。混纺薄花呢手感滑、挺、爽，原料纤维较粗，纱线捻度偏大，呢面经过光洁整理，显得特别透凉，属于光面花呢。薄花呢适于做夏季时尚服装、衣裙、衬衫，穿着舒适挺括。中厚花呢的成品重量为195~315g/m^2，呢面平整，光泽自然柔和，膘光足，色彩鲜艳，配色调和，无沾色，无陈旧感。手感滋润活络，光滑不糙，身骨丰厚，弹性良好。中厚花呢适合制作套装、西装、便装、西裤等。厚花呢的成品重量大于315g/m^2，风格与中厚花呢类似。

典型的花呢品种有以下几种。

① 麦士林：属于薄花呢，采用特数较细的同向强捻纯毛纱或毛涤混纺纱，织成平纹稀薄织物。织物质地疏松，轻薄细洁，手感柔糯，不易起皱，不易沾色，色彩鲜艳。适用于高档衬衫、礼服、裙装、头巾等。

② 海力蒙：属于中厚花呢，采用 $\frac{2}{2}$ 破斜纹组织，经纱用浅色，纬纱用深色，突出

人字花纹，有时还用装饰嵌钱形成装饰效果。适于做各类西装、西裤。

③ 雪克斯金：属于中厚花呢，采用$\frac{2}{2}$斜纹组织，经纬纱都按照“一深一浅”的规律间隔排列，通过色纱与组织的配合，使呢面呈阶梯形花纹。织物紧密，呢面洁净，花型典雅，适于制作套装、西裤等。

④ 牙签呢：属于中厚花呢，采用经二重或双层组织，织品密度大，结构紧密。由于纬纱换层，所以在换层处，呢面形成许多纤细的沟纹，形似牙签，故得名。织物表面有凹凸花纹或条纹，织纹清晰，有立体感，正反面花纹通常不同，因此俗称单面花呢。织物在后整理时经过多次剪毛、蒸呢、电压处理，使手感丰满厚实、细腻滑糯，富有弹性，光泽自然柔和，膘光足。

⑤ 丝毛花呢：属于中厚花呢，用天然蚕丝与羊毛为原料织成的高档精纺花呢，丝毛混合的方法有三种：丝毛交织、丝毛合捻、丝毛混纺。丝毛交织通常采用细特绢丝与毛纱交织，有丝经毛纬产品，也有丝毛混用的，如经纬纱均以“二毛二丝”或“一毛一丝”的方式排列，如丝毛鸟眼花呢、丝毛板司呢等。丝毛花呢的外观银光闪烁，手感细腻柔滑，花型清晰整齐，光泽好，舒适宜人，远胜于全毛织物。丝毛合捻通常采用细特绢丝和厂丝与毛纱合捻后进行交织，形成的织物与丝毛交织产品风格类似。丝毛混纺，通常采用10%~20%的绢丝与毛纤维混纺成纱。当绢丝长度与毛相近时，成纱条干光洁匀净，织品手感柔软细腻;当绢丝长度比毛纤维短时，成纱形成“大肚”、“疙瘩”，织品外观粗犷朴实，手感柔糯，具有特殊效应。丝毛混纺织品的光泽不如交织或合捻的明亮。

⑥ 鸟眼花呢：属于中厚花呢，织物外观呈均匀分布的小花点，每个小花点中有一粒微小的点，貌似鸟眼，故得名。鸟眼花呢的经纬纱线均采用两种色纱按照“2A2B”的规律排列，并与组织配合形成鸟眼花型，其中一种纱线是浅色，另一种纱线是深色，在深色地上配浅色小点，可显出丝光感的鸟眼效果。鸟眼花呢外观细洁，手感丰厚，挺括滑糯，弹性良好，毛纱条干均匀，点子匀净。适于做套装。

2. 粗纺毛织物的主要品种

（1）麦尔登：因首先在英国麦尔登（Melton Mowbray）地方生产而得名，是粗纺呢绒中的高档产品之一。一般采用细特散毛混入部分短毛为原料纺成粗特毛纱，多用$\frac{2}{2}$或$\frac{2}{1}$斜纹组织，呢坯经过重缩绒整理或两次缩绒而成。成品重量为360~480g/m^2。麦尔登表面有细密的绒毛覆盖织物底纹，细洁平整，身骨挺实，富有弹性，耐磨性好，不起球，保暖性好，并有抗水防风的特点。使用原料有全毛（有时为增加织物强力和耐磨性，混入不超过10%的锦纶短纤，仍称为全毛织品）、毛黏或毛锦黏混纺。以匹染素色为主，色泽有藏青、元色、黑色以及红、绿色等。适宜做冬令套装、上装、裤子、长短大衣及鞋帽面料等。

（2）法兰绒：一般是指混色粗梳毛纱织制的具有夹花风格的粗纺毛织物，大多采用斜纹组织（$\frac{2}{2}$，$\frac{2}{1}$斜纹），也有用平纹组织，经过重缩绒、拉毛等后整理，成品重量为 250~400g/m^2。呢面有一层丰满细洁的绒毛覆盖，不露织纹，手感柔软平整，混色均匀，身骨比麦尔登呢稍薄。所用原料除全毛外，一般为毛黏混纺，有的为提高耐磨性混入少量锦纶纤维。色泽素净大方，多为黑白夹花的灰色调，还有利用单面斜纹组织，配合经、纬异色纱，形成的鸳鸯色法兰绒、条格法兰绒以及加入少量氨纶形成的弹力法兰绒。法兰绒适宜制作春秋男女上装、西裤、大衣、套装和便服。

（3）大衣呢：使用纱支范围广，组织变化复杂，进行缩绒、起毛的后整理加工，使质地丰厚，保暖性强。由于男女大衣用途不同，大衣呢也形成多种不同的风格。典型产品有以下几种。

① 立绒大衣呢：绒面均匀丰满，绒毛密立平齐，质地厚实，手感柔软，不松烂，富有弹性，光泽柔和。适合做男女长、短大衣。

② 顺毛大衣呢：绒面均匀平伏，绒毛顺密整齐，不脱毛，手感柔软顺滑，不挺括，不松烂，富有动物毛皮的膘光和兽皮感。适于制作女式高档长、短大衣。

③ 拷花大衣呢：绒面丰满，呈现清晰均匀的人字或水波形拷花纹路，凹凸花纹的立体感很强，颜色多为黑色或深棕色，手感厚实，富有弹性，结实耐磨。其中立绒拷花呢的绒毛短、密、立，保暖性更强，适于做冬季男士高档大衣；顺毛拷花呢的绒毛齐、密、顺，纹路较隐匿但不模糊，适于做冬季女士高档大衣。

④ 平厚大衣呢：呢面平整匀净，绒毛丰满不露底，手感丰厚，不板硬，结实耐磨，不起球，富有弹性，多为深色。在深色散纤维中加入 5%~10% 的本白纤维，均匀混合，制成的呢面上分布着雪花般的白毛，称为雪花呢。可做冬季男女大衣。

（4）海军呢：过去称为细制服呢，因用于海军制服得名。采用 $\frac{2}{2}$ 斜纹组织，密度略小于麦尔登，重缩绒，不起毛或轻起毛，其外观与麦尔登呢无多大区别，织纹基本被毛茸覆盖，不露底，但手感身骨较麦尔登差。织物质地紧密，身骨挺实，弹性较好，手感不板不糙，呢面较细洁匀净，基本不露底，耐起球，光泽自然。原料为纯毛或混纺。重量范围 390~500g/m^2，颜色以匹染藏青色为主，也有墨绿、草绿等色。由于用毛不同，海军呢的产品风格及质量要求都比麦尔登稍差一些，主要用作军服、制服、大衣、帽子等。

（5）制服呢：粗纺呢绒中的大路品种，是一种较低档的粗纺呢绒。制服呢的组织规格、色泽、风格均与海军呢相仿，同属于重缩绒、不起毛或轻起毛、经烫蒸整理的产品。织物呢面较匀净平整，无明显露纹或半露纹，不易发毛起球，质地较紧密，手感不糙硬。由于采用三级、四级改良毛，故品质略次于海军呢，表面绒毛不十分丰满，隐约可见底纹，手感略粗糙，穿久易于落毛露底。除纯毛外，混纺的品种档次较多，有毛与黏胶、锦纶或腈纶等。制服呢的重量范围为 400~500g/m^2，色泽以原色、藏青为主，适于制作中低档上衣、裤子和短大衣。

（6）女式呢。采用平纹、斜纹和变化组织，经过缩绒、轻起毛处理，以匹染为主，色彩鲜艳，质地轻薄，手感柔软，富有弹性，呢面可呈现多种不同风格，如平素女式呢、立绒女式呢、顺毛女式呢、松结构女式呢，粗纺驼丝锦等。轻薄型适于做女便装、春秋套装、高档礼仪服装、衣裙，厚型适于做春秋女大衣。

（7）粗花呢。是粗纺呢绒中具有独特风格的花色品种，其组织变化丰富，通过利用两种或以上的单色纱、混色纱、合股夹色线、花式线与各种花纹组织配合，织成人字、条子、格子、星点、提花、夹金银丝以及有条子的宽、窄、明、暗等几何图形。成品重量为 250~420g/m^2。织物色彩调和鲜明，花纹粗犷活泼或文雅大方。因后整理时，缩绒、起毛的工艺差别很大，形成的织物外观也显著不同。

粗花呢按原料分有全毛、毛黏混纺、毛黏涤或毛黏腈混纺以及黏、腈纯化纤等。按呢面外观风格分为呢面、纹面和绒面三种。呢面花呢略有短绒，微露织纹，质地较紧密、厚实、手感稍硬，后整理一般采用缩绒或轻缩绒，不拉毛或轻拉毛。纹面花呢表面花纹清晰，织纹均匀，光泽鲜明，身骨挺而有弹性，后整理可不缩绒或轻缩绒。绒面花呢表面有绒毛覆盖，绒面丰富，绒毛整齐，手感较上两种柔软，后整理采用轻缩绒、拉毛工艺。粗花呢花式品种繁多，色泽柔和，主要用作春秋两用衫、女式风衣等。

（8）学生呢。属于大众呢产品，是利用细特精梳短毛或再生毛为主的重缩绒织物。织物呢面细洁、平整均匀，基本不露底，质地紧密有弹性，手感柔软。呢面外观风格近似麦尔登，组织常用 $\frac{2}{2}$ 斜纹或破斜纹，颜色以匹染藏青、墨绿、玫瑰红为主。以利用再生毛为主，由于再生毛的原料成分较复杂，故多做混纺产品。

（三）丝型织物

丝型织物是用蚕丝、人造丝、合纤丝等原料织制的织物，通常统称为丝绸。中国丝绸誉满全球，具有悠久历史和许多花色品种。丝绸按照使用的原料可分为 6 类：真丝（桑蚕丝）织品、人造丝织品、合纤丝织品、柞丝织品、丝交织品和短纤维纱线织品。按照组织结构、织制工艺、质地和外观效果可分为 14 大类：纺、绉、缎、锦、绢、绫、罗、纱、绡、葛、呢、绒、绨、绸。

给某种丝绸定名时，要在大类的前面冠以原料种类或表现风格特征的修饰词，如真丝花软缎、杭纺、双绉、喇叭绸、金丝绒等。

1. 纺类

纺类织物采用平纹组织，经纬丝一般不加捻，生织后再进行精练、印染。纺类织物质地比较轻薄，外观平整缜密。纺的品种很多，厚重的可达 120g/m^2，轻薄的只有 45g/m^2，有花、素、条格等品种。原料使用上有真丝、柞蚕丝、锦纶丝、涤纶长丝、人造丝、绢丝以及各种丝与绢丝交织等。纺类丝织物适用于男女衬衫、裙、便装等。常见品种有电力纺、杭纺、绢纺、洋纺、尼丝纺、涤丝纺等。

2. 绉类

绉类织物是指采用平纹或绉组织配合紧捻丝线，织成质地轻薄、密度稀疏、表面起绉，呈明显的纤细鱼鳞纹收缩的丝绸。绉类产品手感糯爽，光泽柔和，抗皱，弹性良好。绉类的品种很多，有轻薄透明型的、中薄型的、中厚型的。中薄型的可做衬衫、衣裙、礼服、头巾以及窗帘、玩具及装饰品；中厚型的可做外衣、便装。绉类织物适于制作男女衬衫、外衣、便服等。常见品种有双绉、顺纡绉、乔其绉、留香绉等。

3. 缎类

缎类织物指缎纹组织的丝绸。经纬丝通常不加捻或加弱捻，绸面平滑光亮，质地紧密厚实，手感柔软，富有弹性。按照制织工艺和外观可分为素缎、花缎、锦缎三种，每种都有许多花色。素缎只采用一种缎纹组织和一种颜色的丝线织制，表面没有任何花纹。其中经缎的经密远大于纬密，纬缎的纬密远大于经密，以使缎面光亮柔滑。花缎是色泽单一的提花缎，只利用组织纹路的差异或原料性能的差异，使缎面呈现精巧的花纹，富有立体感。可做男女棉衣、便服、表演服、装饰用布等。常见品种有真丝缎、花绉缎、花软缎、乔其缎等。

4. 锦类

采用斜纹或缎纹组织，无捻或弱捻熟丝，表面呈现绚丽多彩的色织提花丝绸。也有称三色以上的缎纹织物为织锦，如彩锦（缎）等。传统的锦原料以染色熟丝为主，现代又增加了人造丝、金银丝。组织有重经、重纬和双层组织，分别构成了经锦、纬锦和双层锦。纹样多是龙、风、仙鹤、梅、兰、竹、菊，或文字“福”、“禄”、“寿”、“喜”、“吉祥如意”等颇具民族特点的图案。外观富丽堂皇、五彩鲜艳，花纹古朴雅致，质地丰厚。

锦类品种繁多，其中宋锦、蜀锦、云锦并称中国三大名锦。除此之外还有壮锦、织锦缎、金陵锦、彩经缎、彩库锦等。用途很广，古时多用于制作帝皇将相、王公贵族的官服，现代用于制作棉袄面料、旗袍、礼服、民族服装和戏剧服装等。

5. 绢类

多用平纹或重平组织，熟丝色织或半色织，经、纬丝无捻或弱捻。质地轻薄，绸面细密、平整挺爽，光泽柔和。可做外衣、滑雪衫、礼服、领结、绢花、帽花等。常见品种有塔夫绢、桑格绢、天香绢、绒地绢、缤纷绢、西湖绢等。

6. 绫类

采用斜纹及其变化组织的花、素丝绸。绸面有明显的斜向纹路组成的斜线、山形、条格形、阶梯形花纹。质地细腻，光泽柔和。轻薄绫可做服装里子，中型绫可做衬衫、长头巾、睡衣、连衣裙等。常见品种有真丝斜纹绸、素宁绸、绢纬绫、彩芝绫、美丽绸（绫）、羽纱、涤丝绫、尼丝绫等。

7. 罗类

全部或者部分采用罗组织，构成等距或者不等距的条状绞孔的素、花丝织物。根据绞孔成条方向，分为直罗、横罗两种。绞孔沿织物纬向构成横条外观的，称横罗；构成直条外观的称为直罗。质地轻薄，丝缕纤细，绞孔透气，穿着凉快，并耐洗涤，适合于制作男女夏季各类服装。常见品种有杭罗、三梭罗、轻星罗等。

8. 纱类

全部或者部分采用纱组织，织物表面有均匀分布的由绞转经纱所形成的清晰纱孔，不显条状的素、花丝织品。其透气性好，是夏季服装的理想面料。其常见品种有香云纱、庐山纱、芝地纱、庐山纱等。

9. 绡类

绡类织物采用平纹组织或假纱组织（透孔组织），经、纬丝加捻，构成有似纱组织孔眼的花素织物，具有清晰方正微小细孔，经纬密度较小，质地轻薄挺爽，透明或半透明。其经纬丝通常是无捻或弱捻，原料有桑蚕丝、人造丝、涤纶丝和锦纶丝，也有交织的。按织造工艺分为素绡、提花绡、修花绡、烂花绡。绡类织物是颇受市场欢迎的产品，花式品种较多，用途广泛。可用于制作女式晚礼服、连衣裙、披纱、头巾等。其常见品种有建春绡、乔其绡、伊人绡、长虹绡等。

10. 葛类

葛类织物采用平纹、经重平或急斜纹组织，经细纬粗，经密纬疏，经纬一般不加捻，外观有明显均匀的横向凸条纹，表面光泽较暗，质地厚实缜密。通常经丝用无捻人造丝，纬丝用棉纱或混纺纱线，或经纬均用真丝织造。其宜用作春秋季或冬季服装面料。常见品种有文尚葛、明华葛、华光葛等。

11. 呢类

呢类织物采用平纹、斜纹、绉或经面、纬面短浮纹组织织成地纹，不显露光泽，多用丝经纱纬交织，质地比较丰满厚实。呢类织物品种较多，用丝较粗，可分为毛型呢和丝型呢。毛型呢用人造丝和棉纱合股加捻，按平纹或斜纹色织，表面有毛绒，不提花，织纹粗犷，手感丰满。丝型呢用真丝和人造丝按绉或斜纹组织制织，质地紧密突挺，光泽柔和。呢类织物可做西装、套装、连衣裙等各类服装，也可以作为装饰绸使用。常见品种有宝光呢、大伟呢、博士呢、条影呢、四维呢等。

12. 绒类

绒类织物是地纹和花纹的全部或局部采用起毛组织，表面呈现毛绒或毛圈的花素织物，属于高级丝织品。绒类织物质地厚实，坚牢耐磨，手感柔软，富有弹性，种类繁多。按照原料可分为真丝绒、人丝绒、交织绒；按照后整理可分为素色绒、印花绒、烂花绒、拷花绒、条格绒、立绒等。绒类织物可做礼服、旗袍、披肩、斗篷、民族服装、女式时装、套裙、装饰绸等。常见品种有天鹅绒（漳绒）、乔其绒、利亚绒、金丝绒、长毛绒、兰花绒等。

13. 绨类

绨类织物用长丝作为经纱，棉纱蜡线或其他低级原料作为纬纱，地纹用平纹组织，质地粗厚密致，纹路简洁清晰。现代绨可分两类:线绨和蜡纱绨。多用于秋冬季服装、装饰绸。

14. 绸类

绸类织物采用平纹、斜纹和各种变化组织（不含纱、罗、绒组织）织造，质地细密、较轻薄。广义来讲，绸是丝织物的总称，凡是无以上 13 大类品种明显特征的花素丝织物，都可以称为绸。原料有桑蚕丝、人造丝、柞蚕丝、合纤丝。按厚度分为轻薄型和中厚型。轻薄的质地柔软、富有弹性，可做裙子、衬衫；中厚的质地厚实平挺、层次丰富，可做西装、礼服、装饰绸等。其常见品种有双宫绸、和服绸、绵绸、柞丝绸等。

（四）麻型织物

1. 苎麻织物

在三种纤维长度的苎麻织物中，以长苎麻织物为主。这类织物多是漂白布，还有一些浅色布和印花布。采用平纹、斜纹或小提花组织，用较细的纯纺纱织制，或与其他纱线交织，属于较高档麻织品。中长苎麻布的纤维长度为9~11cm，通常与涤纶或其他中长纤维混纺，涤/麻混纺比为65：35或45：55，以色织为主。短苎麻布是用精梳落麻或4cm左右的苎麻纤维，与棉或其他短纤维混纺成较粗的纱线，织成较厚的布。麻/棉混纺比为50：50，以平布或斜纹布为主，属于低档麻织品。常见的苎麻织物有以下几种。

（1）爽丽纱：经、纬纱均为高支纯苎麻精纺单纱，采用平纹组织。质地轻薄似蝉翼，光泽如丝略透明，手感爽挺，外观华丽，在国际市场上颇受欢迎。只有漂白品种，主要做高档衬衫、衣裙、装饰手帕、抽绣工艺品。

（2）夏布：手工纺织的苎麻布的总称，专用于夏季服装和蚊帐。从明清时期起称为夏布，属于中国传统的麻织物。它是用手工将半脱胶苎麻韧皮撕成细丝，再首尾捻绩成纱，织成窄幅布。夏布以平纹为主，各个档次品种都有，颜色有本色（淡草黄）、漂白、染色、印花之分。现在主要在江西万载、湖南浏阳、四川隆昌生产。

（3）纯苎麻布：经纬纱均用精梳长苎麻纱织成的高档苎麻布。以平纹为主，也有提花，经纬纱相同，经纬密相近。手感挺爽，光泽如丝，吸湿透气。常用做夏季服装以及床单、床罩、枕套、台布、美术绣品等。

（4）涤麻布：用苎麻精梳长纤维与涤纶混纺的纱线织成的高档织品。若苎麻比例大于50%以上，称为麻涤布。以平纹或提花为主，经纬纱基本相同，经纬密相近。后整理有漂白、丝光、染色、印花相互组合。手感挺爽，穿着舒适，又称“麻的确良”。可做夏季衬衫、外衣等高档服装。

其他苎麻织物还有涤麻花呢、涤麻派力司、麻交布、麻棉混纺布等。

2. 亚麻织物

亚麻采用工艺纤维纺纱，原色为灰色或浅褐色，色泽自然大方，光泽特殊，不易吸附灰尘，服用性能好。按染整方式可分为原色布、半漂原色布、煮炼漂白纱织成的布、染色和印花布。另外，还有与涤纶、棉的混纺布或交织布。常见亚麻织物有以下几种。

（1）亚麻细布：一般泛指用中细特亚麻纱织成的纯麻、混纺或交织布。可作为服装用布、抽绣用布、装饰用布、巾类用布等。以平纹组织为主，部分外衣用面料也有用变化组织，装饰用织物用提花组织，巾类织物与装饰类布大多采用色织。织物表面呈粗细条痕状，并夹有粗节纱，形成了麻织物的特殊风格。亚麻细布透凉爽滑，光泽柔和，服用舒适，较苎麻布松软，但弹性差，易折皱，易磨损。适于制作内衣、衬衫、裙子、西服、短裤、制服以及手帕、床上用品等。

（2）亚麻帆布：用粗特亚麻干纺原纱，以平纹或方平组织织制的厚重织品，通常经过各种整理，如拒水、防火、防腐整理。其分为多种，如帐篷布、苫布、油画布、地毯布、衬布、包装布等。其优点是吸湿散湿快，湿后纤维膨胀使布孔变小，强度高，伸长小。

（3）亚麻交织布：用亚麻纱与其他纤维的纱线交织的织品。如棉经麻纬布，成本低，容易织造。

（4）亚麻混纺布：先将亚麻练漂脱胶，改良成棉型或毛型工艺纤维后，与棉、毛、绢或其他纤维混纺成纱线，然后织布。其织品主要有麻涤纶混纺、麻棉混纺、麻毛混纺。

3. 其他麻织物

除苎麻布、亚麻布外，还有许多其他麻纤维织物，如黄麻布、剑麻布、蕉麻布等，这些麻织物在服装上很少使用，多用于包装袋、渔船绳索等。近年来，大麻织物逐渐进入服用领域，而非常热门的罗布麻服装作为一种保健服饰，也日益为人们所认识。

大麻织物是以大麻为主要原料的纺织品。用脱胶或部分脱胶的大麻纤维借鉴苎麻纺纱、绢纺和毛纺工艺流程，纺成纯纺或混纺纱线。其产品主要有纯大麻交织细布、涤毛大麻精纺呢绒、毛黏锦大麻粗纺呢绒、大麻/棉混纺织物等。大麻织物可用作春夏季西装、外衣面料。

罗布麻纺织品是用野生罗布麻纤维脱胶后，与棉、毛或化纤混纺的纺织品，还没有纯纺产品，织物相对粗糙板硬，弹性不好。但罗布麻具有天然的抗菌、保健作用，开发应用前途广泛。

（五）其他织物

1. 仿麂皮绒织物

仿麂皮绒织物是利用超细纤维做成针织布、机织布或非织造布后，经过磨毛或拉毛，再浸渍聚氨酯溶液，并经染色和整理得到的织物。仿麂皮绒织物在性能、外观和手感上与真麂皮绒十分相似，不起皱，透气又保暖，易洗涤，不变形，不褪色，裁剪和缝纫方便，现已成为高级的时装面料。其适宜作春秋季外衣及大衣，也可以与其他织物以各种形式相拼，制成别具风格的夹克、妇女背心及童装等。

2. 桃皮绒

桃皮绒是经染整加工中精细的磨绒整理，使织物表面产生紧密覆盖约 0.2mm 的短绒，犹如水蜜桃的表面，具有新颖而优雅的外观和舒适的手感，故命名。桃皮绒具有吸湿、透气、防水的功能以及蚕丝般的外观和风格，织物柔软，富有光泽，手感滑糯。主要用作西服、妇女上衣、套裙等面料，也可与真皮、人造革、牛仔布、呢绒等搭配作夹克、背心等服装面料。

3. 静电植绒织物

静电植绒织物是指用静电在坯布上进行植绒后的织物。具有仿毛皮、遮光、保暖（防寒）、吸湿、装饰、吸音（隔音）等功能。用作植绒的底布有锦纶织物、黏胶织物或非织造织物等，绒毛纤维的种类有黏胶纤维、锦纶、涤纶和腈纶等。静电植绒加工过程如图 3-27 所示，植绒时将底布通过直流高电压的静电场，微小绒毛（或叫短绒）带电，并从一个电极被吸引到另一个电极，垂直地植附在涂有黏合剂的底布上，然后通过焙烘，使绒毛固结。有满地绒、花纹绒（印花）、单面绒、双面绒、单色绒、多色绒等。静电防护织物主要用于无菌无尘工作服、手术服、安全工作服和防火、防爆工作服等。

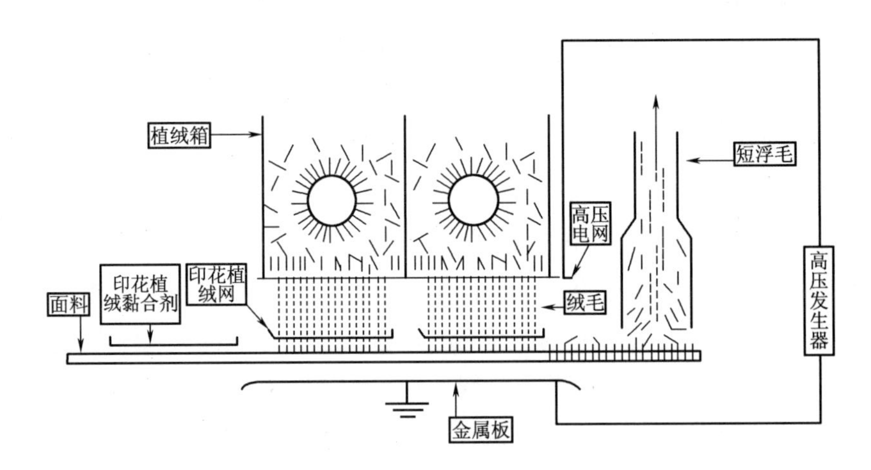

图3-27 静电植绒加工过程示意图

4. 氨纶弹力织物

氨纶弹力织物指含有氨纶的织物，其混用氨纶的比例高低不同，织物的弹力大小也不一样。织物中的氨纶多是以包芯纱的形式存在，包覆材料可以是棉、毛、丝、麻及其他化学纤维，并可织成不同组织结构和不同规格的弹力织物。其外观风格、吸湿、透气性均接近各种天然纤维同类产品。氨纶弹力织物一般具有 15%~45% 的弹力范围，广泛用于各类服装中，如紧身内衣、泳衣、紧身服、弹性袜以及护套等。

5. 复合织物

复合织物是由两种或两种以上不同性质的材料，通过一定的方法组合在一起，形成一种性能比其原材料更为优异的新型材料，以扩大其适用性、功能性，提高其附加值。复合织物有时也被称为层压织物，应用非常广泛。如多层保暖织物、黏合织物、薄膜涂层织物、泡沫涂层织物等。

第二节 针织物的构成与种类

在制作服装的主要材料中，除了人们所熟知的机织物外，另一大类就是针织物。随着人们生活方式的改变，针织服装越来越受到大家的喜爱，全球针织服装逐年递增 5%~8%，而机织服装仅为 2%，针织服装具有更广阔的发展前景。国内针织服装的消费也从十年前的 20% 上升到目前的 52%，距发达国家的 65% 仍有着相当大的增长空间。针织服装除了人们最常穿用的汗衫、背心、棉毛衫裤等内衣和各类毛衫、针织休闲装、针织时装外，还有各类针织袜品、手套、帽子及围巾等配饰品，此外还包括一些特殊运动竞技服装和功能服装等。

一、针织物的构成原理

（一）针织与针织物

针织是利用织针将纱线弯曲成线圈，并将其相互串套起来形成织物的一门工艺技术。根据纱线的喂入和成圈方向的不同，针织可分为经编和纬编两大类。

纬编是由一根或几根纱线沿纬向喂入纬编针织机的工作针上，使纱线在横向顺序地弯曲成圈并在纵向相互串套而形成织物的加工工艺，如图 3–28（a）所示。形成的织物称为纬编针织物，其编织结构图如图 3–28（b）所示。

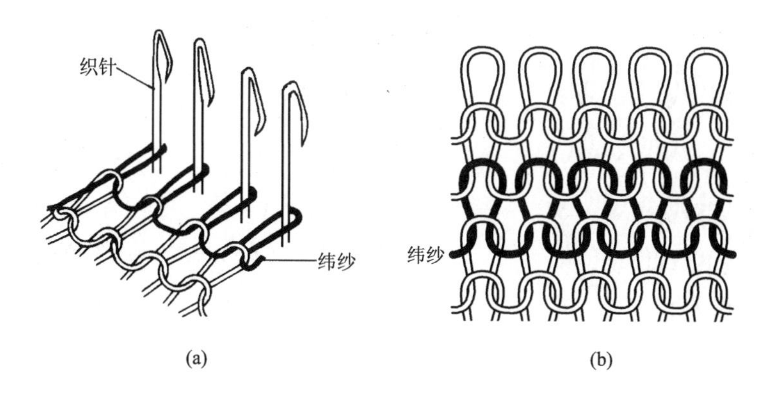

图3–28 纬编针织和织物线圈图

经编是由一组或几组平行排列的纱线沿经向喂入经编针织机的所有工作针上，同时进行成圈，依靠线圈的左右横移使其在横向相互连接，纵向互相串套而形成织物的加工工艺，如图 3–29（a）所示。形成的织物称为经编针织物，其线圈结构图如图 3–29（b）所示。

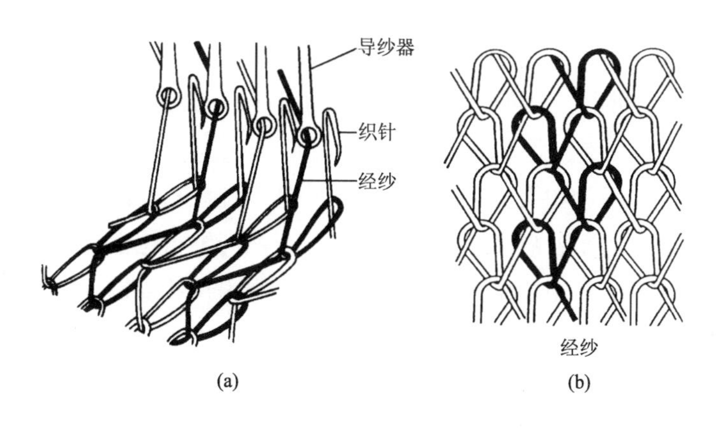

图3–29 经编针织和织物线圈图

(二)针织物的线圈结构

针织物的基本结构单元为线圈，它是一条三度弯曲的空间曲线，如图 3-30 所示。一个完整线圈单元由圈干 1—5 和延展线 5—6—7 组成，圈干则由圈柱 1—2 与 4—5 和针编弧 2—3—4 组成。针织物中线圈在横向连接的组合称为横列，如图 3-30 中的 a—a 横列；线圈在纵向串套的组合称为纵行，如图 3-30 中的 b—b 纵行；在同一横列中相邻两线圈对应点之间的水平距离 A 称为圈距；在同一纵行中相邻两线圈对应点之间的垂直距离 B 称为圈高。圈距和圈高度大小直接影响针织物组织的紧密程度。

针织物有正面和反面之分，圈柱覆盖于圈弧之上的一面为织物正面，圈弧覆盖于圈柱之上的一面为织物反面，如图 3-31 所示。

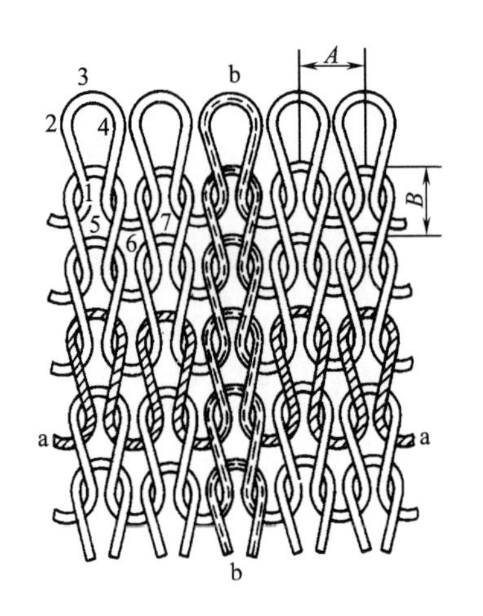

图3-30　纬平针组织线圈结构图

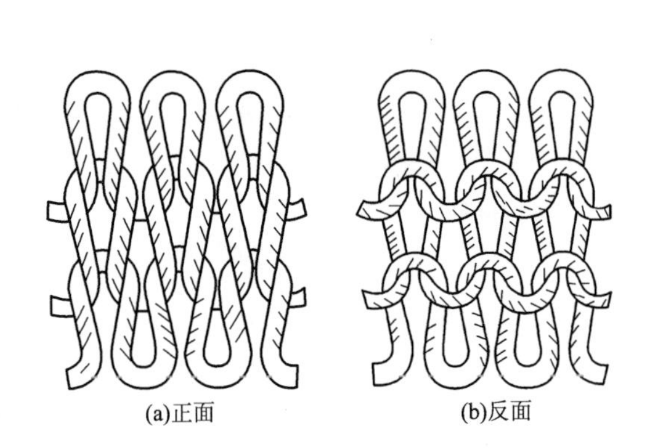

图3-31　纬平针织物线圈图

(三)针织物的分类

针织物除了分为经编和纬编两大类外，按照编织的针床数又分为单面针织物和双面针织物。单面针织物由一个针床编织而成，线圈的圈柱集中在织物的正面，而圈弧集中在织物的反面，如图 3-31 所示。双面针织物是在双针床针织机上编织而成，其织物正反两面或呈圈柱状的正面线圈，或呈圈弧状的反面线圈。

按照用途不同，针织物主要分为内衣针织物和外衣针织物。内衣针织物注重柔软、吸湿、透气、无静电、无刺激，故多用纯天然纤维或天然纤维与化学纤维混纺或交织，以满足人体的生理需要。外衣针织物主要注重外观风格，突出尺寸稳定、悬垂、耐磨和不易勾丝与起毛起球，故组织结构应比较紧密，不易变形。

二、针织物的主要规格

（一）线圈长度

组成一个线圈所需要的纱线长度，一般以毫米（mm）为单位。它不仅决定针织物密度，而且对针织物的脱散性、延伸性、耐磨性、弹性、强力以及抗起毛起球性和抗勾丝性等也有很大影响。

（二）密度

密度是针织物在单位长度或单位面积内的线圈个数，反映一定纱线粗细条件下针织物的稀密程度。其除了影响针织物的脱散性、延伸度、弹性和抗起毛起球等性能以外，还影响织物的手感和尺寸稳定性等。

密度通常用横密、纵密和总密度表示。横密是针织物沿线圈横列方向规定长度（一般为 5cm）内的线圈数。纵密是针织物沿线圈纵行方向规定长度内（一般为 5cm）的线圈数。总密度是针织物在规定面积（一般为 $25cm^2$）内的线圈数。针织物横密对纵密的比值，称为密度对比系数，反映了线圈在织物中的形态。

（三）未充满系数

未充满系数是指线圈长度对纱线直径的比值。反映织物覆盖能力的一种表示方法，即在相同密度条件下，纱线粗细对针织物稀密程度的影响。未充满系数越大，针织物就越稀疏。

（四）单位面积重量

单位面积重量是每平方米干燥针织物的重量克数，单位 g/m^2，是重要的经济指标。

（五）厚度

厚度取决于针织物的组织结构、线圈长度和纱线线密度等因素，与其风格特征有着密切的关系。针织物厚度用纱线直径表示，也可以用织物厚度仪在试样处于自然的状态下进行测量。

三、针织物的特点

针织物由线圈形成，结构比较松散，因而具有透气性好、弹性好、蓬松、柔软、轻便的特点。针织物的线圈是三度弯曲的空间曲线，当针织物受力时，弯曲的纱线会变直，圈柱和圈弧部分的纱线可互相转移（图 3–32），因此针织物延伸性大、弹性好。这一特点使得针织衣物穿着时既合体，又能随着人体各部位的运动而自行扩张或收缩，给人体以舒适的感觉。

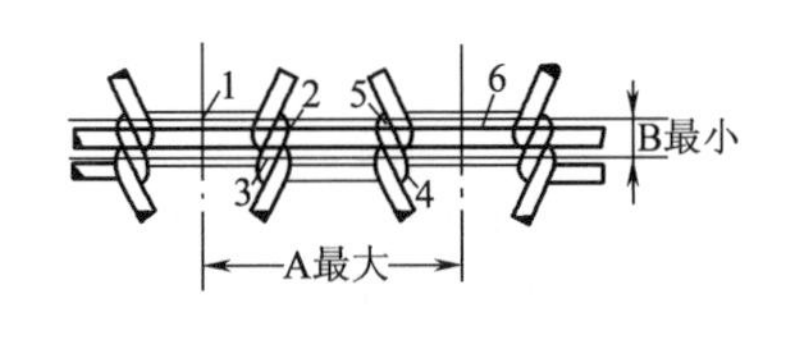

图3-32 针织线中圈柱与圈弧的转移

针织物可以直接加工成无缝内衣、毛衫、手套、袜子等成品或者半成品，这是针织工艺独有的成形性特征。在编织时通过改变针床的针数而改变织物的宽度，使之成形，既能减少裁剪损失，节约原料，也减少了工艺流程，提高了生产效率。

针织物也有其缺点。针织物的线圈结构使得织物中某根纱线断裂，就会引起线圈与线圈彼此分离和失去串套，由此造成针织物的脱散，脱散性受纱线性质、线圈长度、组织结构等因素的影响。脱散会影响针织物的外观，甚至造成织物的部分或全部损坏。

某些组织的针织物，在自由状态下边缘会出现包卷，称为卷边性。卷边性与织物组织类型关系密切，如纬编中的平针组织卷边现象严重，而双面组织和经编组织不易卷边。卷边会增加针织物加工的困难，但有时也可以利用针织物的卷边性实现特殊的设计效果，如在毛衫的领口、袖口等处的卷边设计，如图 3-33 所示。

图3-33 利用针织物的卷边性所做的设计

针织物在使用过程中容易钩丝和起毛起球，勾丝指针织物遇到毛糙物体，被勾出纤维或纱线，抽紧部分线圈。起毛起球指针织物在使用中经受摩擦，纱线中的纤维端露出织物表面，形成毛茸或球粒。钩丝和起毛起球会严重影响针织物的外观。

针织物的缺点并不影响它的使用，其具有的适体、舒服、抗折皱、轻松活泼、易于翻新等优点，容易适应服饰流行趋势，因此，特别适合制作各种运动服、休闲服、内衣、T恤、羊毛衫、袜子、手套、围巾等。

四、针织物的组织与产品

（一）针织物组织的表示方法

1. 线圈结构图

线圈结构图简称线圈图，用图解方法将线圈在织物中的形态描绘下来，参见图3-31。线圈结构图虽然能够清晰地看出针织物结构单元在织物内的连接与分布，但是绘制复杂，仅适用于较简单的织物，主要用于教学和研究中。

2. 意匠图

意匠图是将针织物内线圈组合的规律，用规定的符号在小方格纸上表示的一种图形，主要有花纹意匠图和结构意匠图。其特点是不够直观，适用于结构较复杂及大花纹的织物组织。

花纹意匠图用于表示提花织物正面的花型与图案。每一方格代表一个线圈，方格直向的组合表示线圈纵行，横向的组合表示线圈横列，方格内的不同符号代表不同的颜色。组成一个组织的最小循环单元为一个完全组织，如图3-34所示。

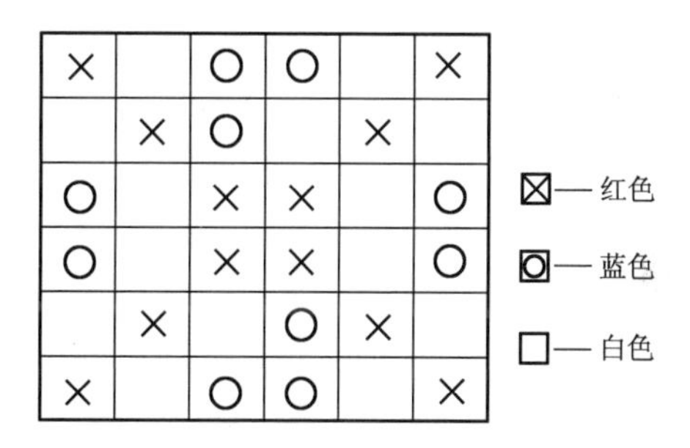

图3-34　花纹意匠图

结构意匠图是将线圈结构形式用规定的符号在方格纸上表示出来，多用于表示单面纬编针织物，如图3-35所示。

纬编针织物花色组织常用成圈、集圈、浮线组合而成。成圈是纱线编织成线圈；集圈是织针勾住喂入的纱线，但不编织成圈，纱线在织物内成悬弧状；浮线是织针不参加编织，纱线没有喂入织针内。按照织物结构的要求，织针可以处于编织（工作）状态，也可以把织针从针槽内取出，此时称为抽针。

3. 编织图

编织图是将织物的横断面形态，按编织的顺序和织针的工作情况，用图形来表示的一种方法。表3-5是针织物编织图的表示符号。编织图能够清晰地表示纱线在织针上的编织

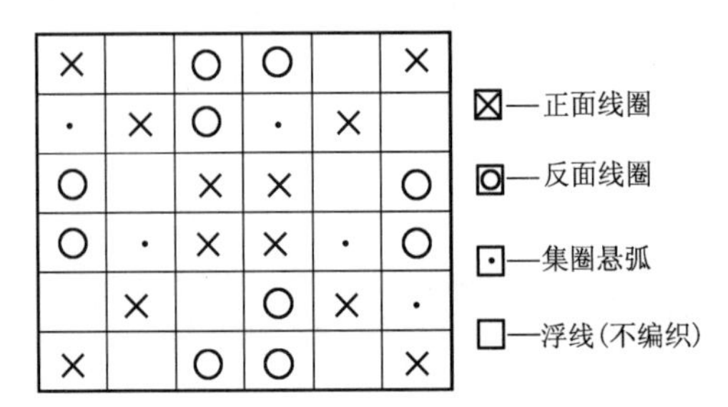

图3-35　结构意匠图

情况，特别是可以表示上下针（前后针）的编织情况，因此适用于大多数纬编针织物，尤其是双面纬编针织物。但编织图在表示大提花花型组织时有局限。

表 3-5　编织图的表示符号

线圈形态	下针	上针	上下针
成圈			
集圈			
浮线			
抽针			

4. 垫纱运动图

垫纱运动图是经编织物组织的一种表示方法，将经纱垫放在织针上的轨迹形象地描述在经编“点纸”意匠图上，同时表示出各把梳栉的穿经规律和对梳规律。图 3-36 是经平组织的垫纱运动图。

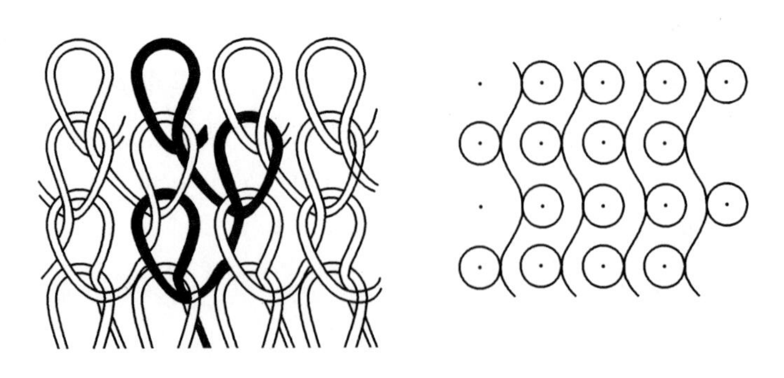

图3-36　经平组织垫纱运动图

（二）常见针织物的组织及产品

针织物的组织是指线圈在织物中的排列、组合与连接方式，包含原组织、变化组织和花色组织。原组织是所有针织物组织的基础，线圈以最简单的方式组合而成；变化组织是对原组织的变化或复合，改变原来组织的结构和性能；花色组织则是上述组织的衍生结构，具有显著的花色效应。

1. 常见纬编组织及产品特征

纬编的原组织包括纬平针、罗纹和双反面组织，构成了所有纬编组织的基础。在原组织基础上衍生出各种变化组织和花色组织，如双罗纹、集圈、添纱、毛圈组织等。

（1）纬平针组织：又称平针组织，由连续的单元线圈沿横向串套而成，是单面纬编针织物中的基本组织，其线圈结构图参见图 3–31。纬平针织物的一面为正面线圈，另一面为反面线圈，正面光洁，反面暗淡粗糙，如图 3–37 所示。纬平针织物常用来制作 T 恤、文化衫、童装、家居服、睡衣、毛衫等。

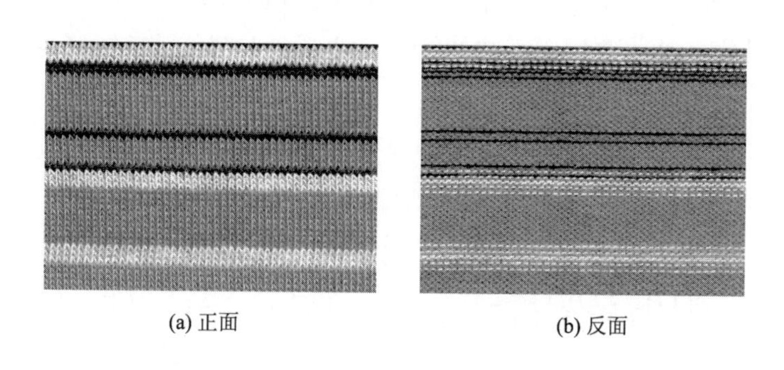

(a) 正面　　(b) 反面

图3–37　纬平针组织实物图

纬平针组织具有如下特性。

① 线圈歪斜。在自由状态下，线圈发生歪斜，使线圈横列和纵行相互不垂直，如图 3–37（a）所示。线圈歪斜的产生是由于织物内纱线的捻度不稳定，向一个方向有力图解捻的趋势。因此，采用低捻和捻度稳定的纱线，或采用两根捻向相反的纱线同时编织则可解决此问题。

② 卷边性。在织物边缘，弯曲的纱线力图伸直，从而产生边缘卷起，纬平针织物的宽度方向向反面卷，长度方向向正面卷。

③ 脱散性。纬平针织物具有纵横向脱散性。横向顺、逆编织方向均可脱散；纵向当纱线断裂时，线圈沿纵行从断裂纱线处顺序脱散，也称梯脱，如图 3–38 所示。

④ 延伸性。在外力拉伸作用下产生伸长的特性。纬平针组织织物的横向延伸性大于纵向。

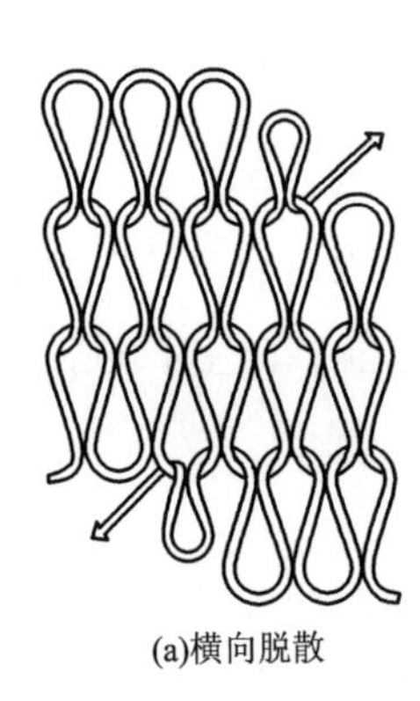

(a)横向脱散

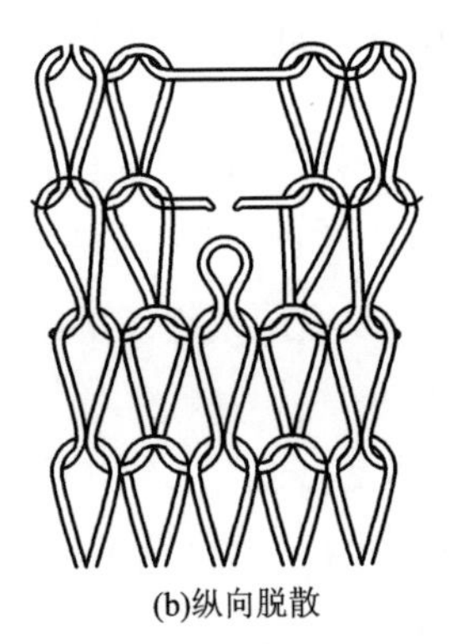

(b)纵向脱散

图3–38　纬平针组织的脱散

（2）罗纹组织：由正面线圈纵行和反面线圈纵行以一定的组合相间配置而成的双面纬编基本组织。每一横列由一根纱线编织而成，在自由状态下，正面线圈纵行遮盖部分反面线圈纵行，如图 3–39（a）所示；横向拉伸时会露出反面线圈纵行，如图 3–39（b）所示。罗纹组织横向延伸大，故主要用于服装的领口、袖口、下摆、袜口或紧身弹力衫裤等。

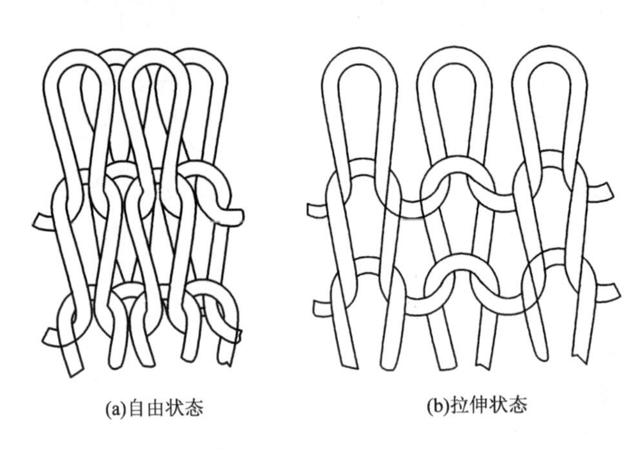

(a)自由状态　　(b)拉伸状态

图3–39　罗纹组织

按正反面线圈纵行的配置比例，罗纹组织用数字 1+1、2+2、3+2 等表示，形成宽窄不同的纵向凹凸条纹。罗纹组织具有如下特性。

① 卷边性。正、反线圈纵行相同（如 1+1、2+2 等）的罗纹组织，因造成卷边的力彼此平衡，基本不卷边；正、反线圈纵行不相同（2+1、2+3 等）的罗纹组织，存在微卷边，但卷边现象不严重；正、反线圈纵行数值相差较大（如 4+1）时，长度方向会存在类似平针组织的卷边。

② 脱散性。罗纹组织只能沿逆编织方向脱散，纵向脱散与纬平针类似，会发生梯脱。

③ 弹性和延伸性。纵向延伸性类似于纬平针组织，横向具有较大的弹性和延伸性，如图 3–39 所示。

（3）双反面组织：由正面线圈横列和反面线圈横列相互交替配置而成。双反面组织线圈圈柱由前至后，由后至前，使织物的两面都是圈弧突出在前，圈柱凹陷在里，在织物正、反两面，看上去都像纬平针组织的反面，所以称为双反面组织。其主要应用于毛衫、手套、袜子及婴幼儿产品。

与罗纹组织一样，根据正反面线圈横列组合形式的不同，双反面组织用数字 1+1、2+2、3+2 等表示，可以形成风格多样的横向凹凸条纹。双反面组织具有如下特性。

① 延伸性。横向延伸性与纬平针组织针织物相同，纵向延伸性约比纬平组织针织物大一倍，而其本身的纵横向延伸性接近，弹性好。

② 脱散性。顺、逆编织方向均可脱散，与纬平针织物相同。

③ 卷边性。随正、反面线圈横列的组合不同而不同，如 1+1、2+2 的组合，因卷边力互相抵消而不卷边，但 2+2 双反面织物由线圈横列所形成的凹陷条纹更为突出。

④ 纵向密度增大，厚度增加。

（4）双罗纹组织：俗称棉毛组织，由两个罗纹组织彼此复合而成的双面纬编组织，在一个罗纹组织线圈纵行之间配置了另一个罗纹组织的线圈纵行，如图 3–40 所示。其主要用于棉毛衫裤、内衣、儿童套装、休闲服、运动装和外套等，精梳优质丝光、烧毛棉毛布可用作高档男 T 恤。

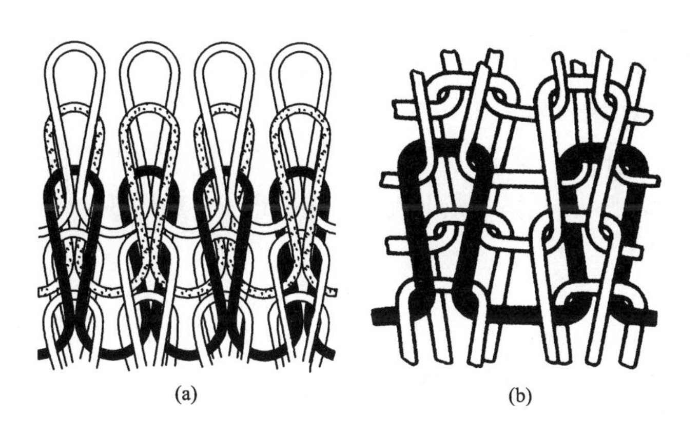

图3–40　双罗纹组织

双罗纹组织正反面均呈正面线圈外观。延伸性与弹性均小于罗纹组织，布面不卷边，线圈不歪斜。因受另一罗纹组织线圈摩擦的阻碍，使其不容易进行脱散。织物表面平整、结构稳定、厚实、保暖性好。

（5）提花组织：将纱线垫放在按花纹要求所选择的某些织针上编织成圈所形成的一种花色组织，如图 3–41 所示。提花组织针织物的花形可在一定范围内任意变化，广泛用于各种外衣和装饰用品。

提花组织按结构可分单面与双面组织；按色彩可分单色与多色组织。单面提花织物是在单面组织基础上进行提花编织的织物，可以形成不同色彩和图案效应，适当配置提花线圈可以产生假罗纹效应、闪色效应和凹凸效应。双面提花织物是在双面组织基础上进行提花编织的织物。双面提花织物大多用于色彩设计，使之产生各色横条效应、直条效应、格形效应、图案花纹效应等。

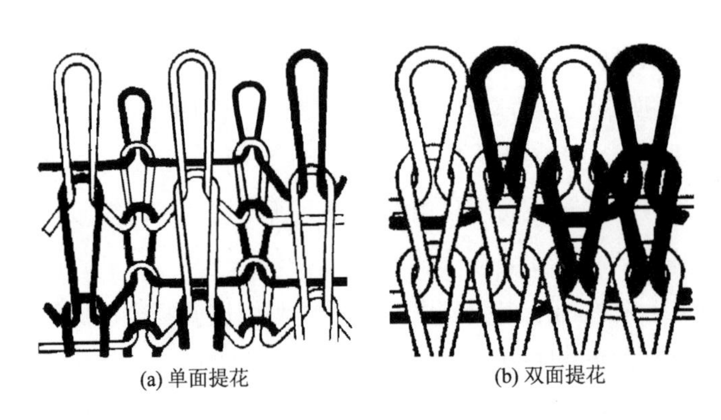

(a) 单面提花　　(b) 双面提花

图3–41　提花组织

提花组织中存在有浮线，因此延伸性较小，单面组织的反面浮线不能太长，以免产生抽丝疵点。双面组织由于反面织针参加编织，因此不存在浮线的问题。由于提花组织的线圈纵行和横列是由几根纱线形成的，因此它的脱散性较小。这种组织的织物较厚，平方米重量较大，但是生产效率比较低。

（6）集圈组织：一种在针织物的某些线圈上，除套有一个封闭的旧线圈外，还有一个或几个悬弧的花色组织，其结构单元由线圈与悬弧组成，如图 3–42 所示。集圈组织常见

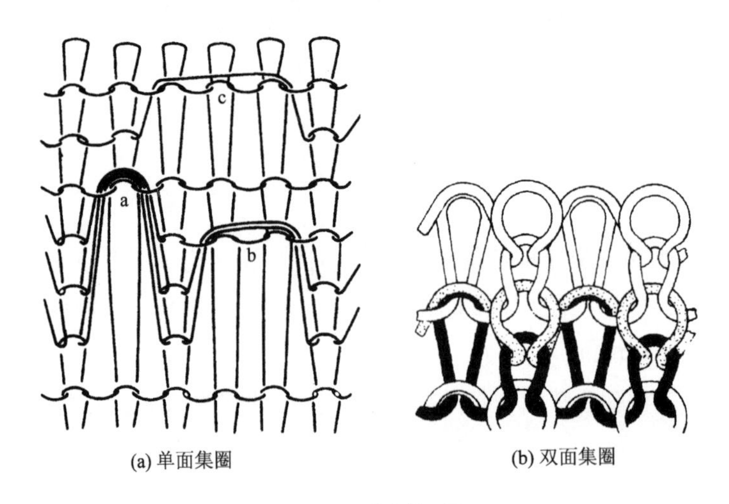

(a) 单面集圈　　(b) 双面集圈

图3–42　集圈组织

产品有珠地网眼、畦编和半畦编组织。主要用于T恤、运动衫、休闲装和毛衫、围巾等。

集圈组织有单面、双面之分；按悬弧数不同，可分为单列、双列、多列集圈组织；按参加集圈的针数分，可分为单针、双针、三针集圈。利用集圈单元在平针中的排列形成可形成各种花色效应，如凹凸网眼、色彩图案等，如图3-43（a）为集圈组织形成的斜纹效应，图3-43（b）、图3-43（c）为凹凸网眼效应。利用集圈悬弧还可以减少单面提花组织中浮线的长度。集圈织物的横向延伸较平针织物与罗纹织物差，脱散性较平针组织小。

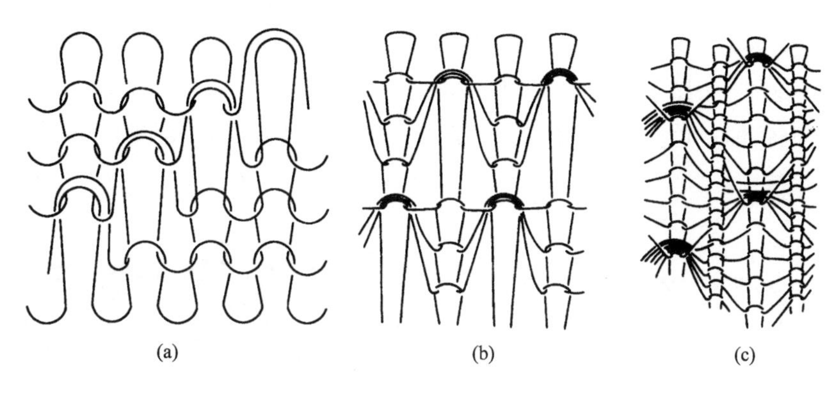

图3-43　集圈组织形成的花色效应

（7）添纱组织：织物上的全部线圈或部分线圈由两根纱线形成的一种组织，如图3-44所示。添纱的目的主要有：织物正反面具有不同的色泽与性能，如丝盖棉；使织物正面形成花纹；采用不同捻向的纱线编织时，可消除针织物线圈歪斜，还可增加织物的耐磨性。其主要用于T恤、运动装、休闲装、夹克、校服、职业装等产品。

图3-44　平针添纱组织

添纱组织可分为全部线圈添纱和部分线圈添纱两类。全部线圈添纱织物的所有线圈均由两个线圈重叠而成。织物一面由一种纱线显露，另一面由另一种纱线显露，又有简单添纱组织、交换添纱组织等。部分线圈添纱织物在地组织内，仅有部分线圈进行添纱，有绣花添纱和浮线（架空）添纱两种。添纱组织的线圈几何特性基本上与地组织相同。部分添纱组织延伸性和脱散性较地组织小，容易引起勾丝。

（8）衬垫组织：以一根或几根衬垫纱线按一定的比例在织物的某些线圈上形成不封闭的悬弧，在其余的线圈上呈浮线停留在织物反面的一种花色组织，如图 3-45 所示。其基本结构单元为线圈、悬弧和浮线。衬垫组织横向延伸性小，尺寸稳定，织物表面平整，保暖性好。衬垫纱也可用于拉绒起毛形成绒类织物。其主要用于保暖性较好的卫生衣、卫生裤及运动服、休闲服等。衬垫组织主要有平针衬垫组织和添纱衬垫组织。平针衬垫组织以平针为地组织，如图 3-45 所示，白色纱线编织平针地组织，黑色纱线为衬垫纱，它按一定的比例编织成不封闭的圈弧悬挂在地组织上。添纱衬垫组织中面纱和地纱编织平针组织，衬垫纱夹在面纱和地纱之间，如图 3-46 所示。这样衬垫纱不显示在织物的正面，从而改善了织物的外观。

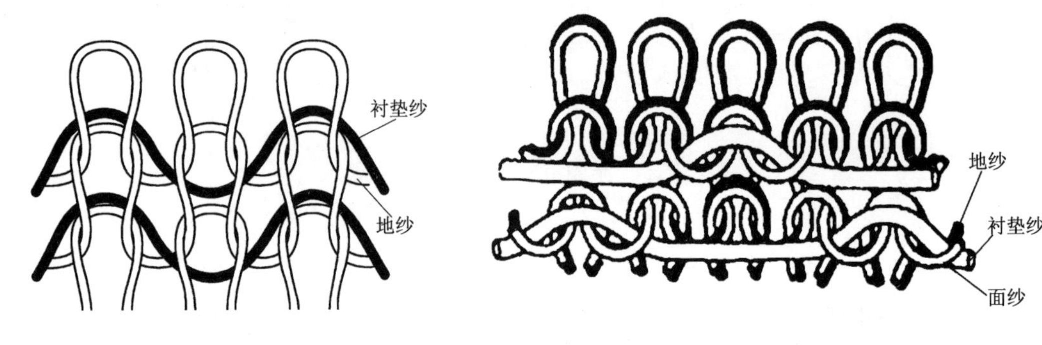

图3-45　平针衬垫组织

图3-46　添纱衬垫组织

（9）衬纬组织：在纬编基本、变化或花色组织的基础上，沿纬向衬入一根不成圈的辅助纱线而形成的，如图 3-47 所示。一般为双面结构，主要用于袜口、领口、袖口等。

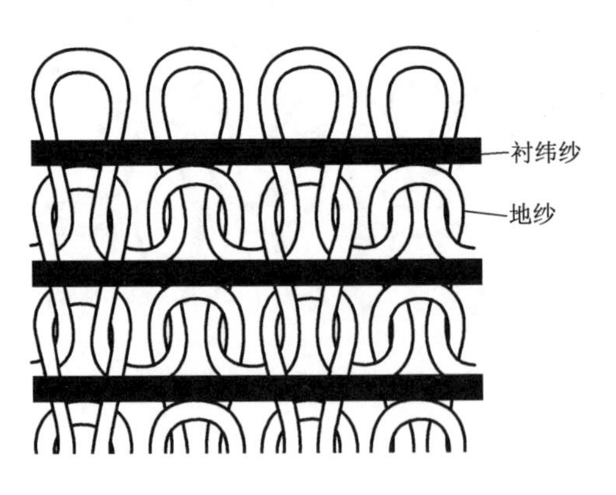

图3-47　衬纬组织结构

衬纬组织的特性取决于地组织及衬纬纱的性质。当衬纬纱采用弹性纱线时，可增加织物的横向弹性，织物用来制作无缝内衣、袜品、领口、袖口等，但裁剪时易回缩，不适合做裁剪缝制的衣服。当采用非弹性纬纱时，织物结构紧密，尺寸稳定，延伸性小，适宜做外衣；若纬纱处于正、反层夹层空隙中，织物的保暖性好。

（10）毛圈组织：由平针线圈和带有拉长沉降弧的毛圈线圈组合而成的一种花色组织，如图 3-48 所示。其主要用于毛巾、毛巾袜、毛巾毯、睡衣、浴衣、婴幼儿服装以及休闲服等，较薄的毛圈布还可制作夏季的毛巾衫、连衣裙等。

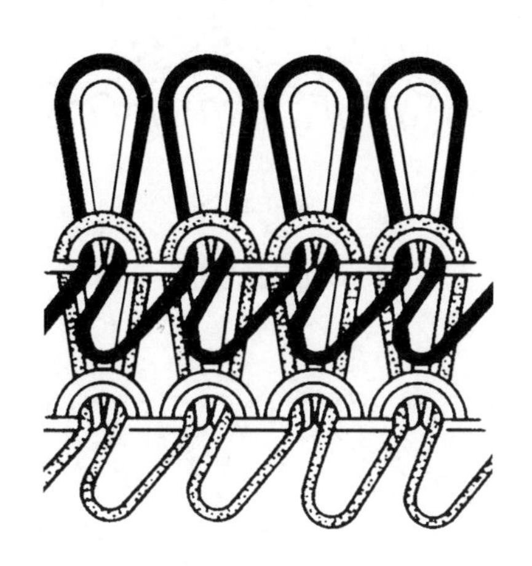

图3-48 毛圈组织

毛圈组织分普通毛圈和花式毛圈，可以整块织物全部形成毛圈，也可以局部呈毛圈。毛圈织物厚实、柔软，具有良好的保暖性与吸湿性。

（11）长毛绒组织：在编织过程中用纤维束与地纱一起喂入而编织成圈，同时纤维以绒毛状附在针织物表面的组织，又称为人造毛皮，如图 3-49 所示。其分为普通长毛绒和提花或结构花型的长毛绒。长毛绒织物手感柔软，保暖性和耐磨性好，不易被虫蛀，比天然毛皮轻。主要用于仿裘皮外衣、防寒服、夹克、童装、帽子、玩具、拖鞋、服饰品等。

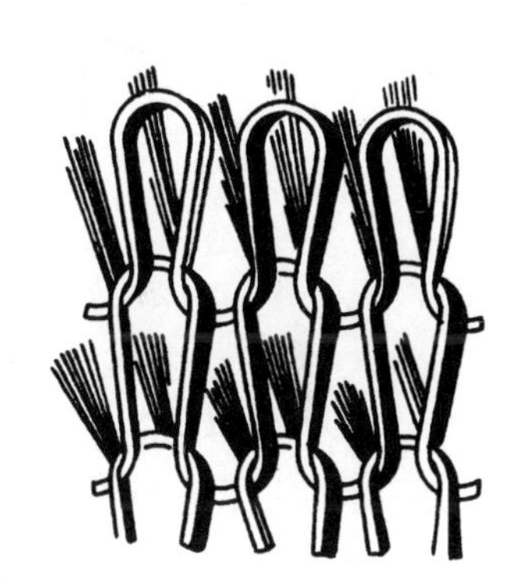

图3-49 长毛绒组织

（12）纱罗组织：在纬编基本组织的基础上，按照花纹要求将某些针上的针编弧进行转移，即从某一纵行转移到另一纵行形成的花色组织，形成孔眼、凹凸、纵行扭曲等花色效应，透气性较好，如图 3-50 所示。其有单面纱罗组织和双面纱罗组织之分。纱罗组织用途广泛，绞花组织常用于棒针产品中起到扭曲的花纹效果，网眼纱罗常用于夏季汗衫、披肩等产品中起到透气效果，也常用于毛衫中形成一定规律的花纹效应。

（13）波纹组织：由倾斜线圈形成波纹状的双面纬编组织，如图 3-51 所示。通过改变倾斜线圈的排列方式，可得到曲折、方格、条纹及其他各种花纹。有罗纹波纹组织和集圈波纹组织。主要用于T恤、毛衫类产品。

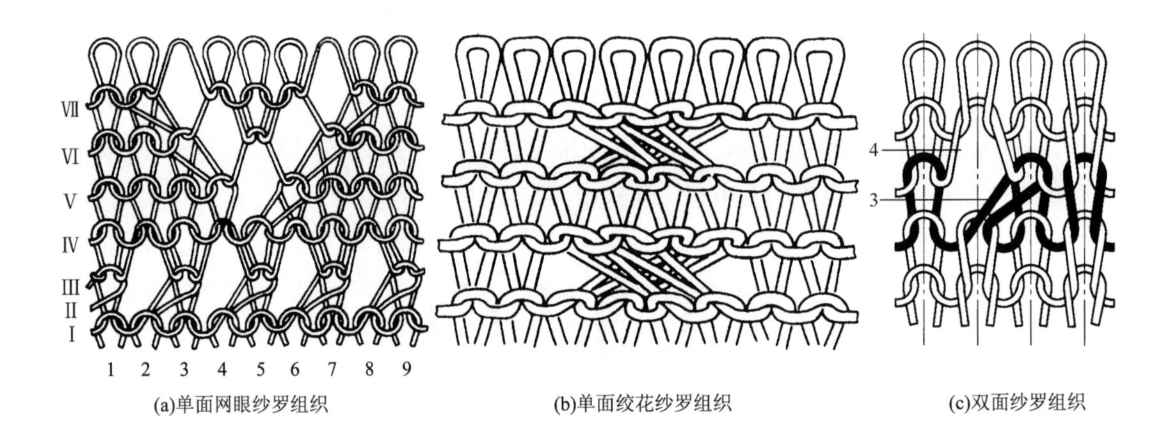

(a)单面网眼纱罗组织　(b)单面绞花纱罗组织　(c)双面纱罗组织

图3-50　纱罗组织

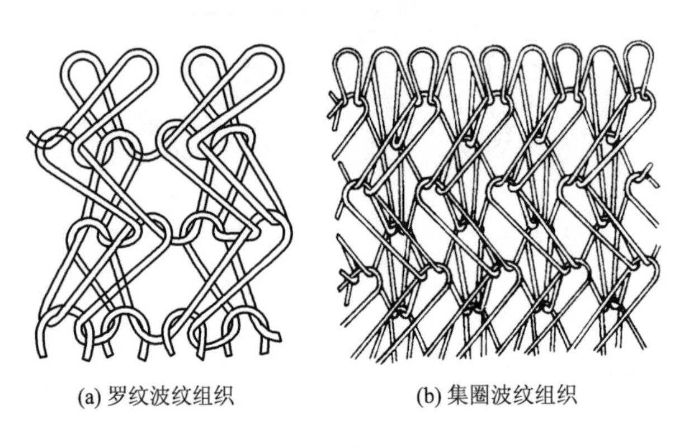

(a) 罗纹波纹组织　(b) 集圈波纹组织

图3-51　波纹组织

2. 常见经编组织及产品特征

经编的原组织包括编链、经平和经缎组织，构成了所有经编组织的基础。在原组织基础上衍生出各种变化组织和花色组织，如变化经平、经斜、重经、衬纬组织等。加装提花装置，还可以生产各类提花织物，如经编花边等。

（1）编链组织：在编织时，每根纱线始终在同一枚针上垫纱成圈形成的经编组织，如图3-52所示。根据垫纱方式可分闭口编链和开口编链两种形式。在编链组织中各纵行间互不联系，不能单独形成织物。纵向延伸性小，一般与其他组织复合织成针织物，可以减小纵向延伸性。编链组织常用作钩编织物和窗纱等装饰织物的地组织，衬纬组织的联结组织，还用作条形花边的分离纵行和加固边。

（2）经平和变化经平组织：每根纱线在两枚针上轮流垫纱成圈形成的经编组织，如图3-53所示。有开口经平与闭口经平之分。由于线圈圈干和延展线连接处纱线弯曲，在弹性回复力作用下圈干向延展线相反方向倾斜，致使线圈纵行在织物中呈曲折状态。

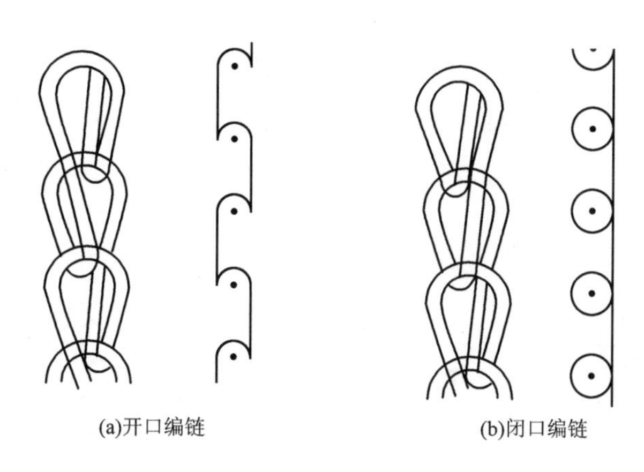

图3–52　编链组织

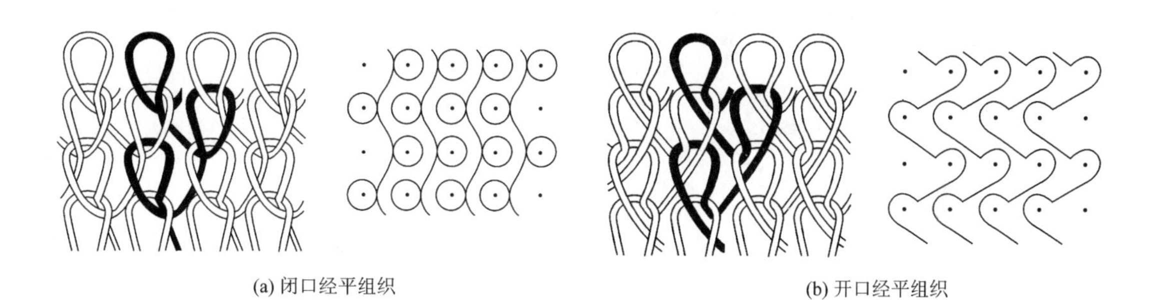

图3–53　经平组织

经平组织在纵向和横向有较大的延伸性。在受力情况下产生一定的卷边，横向拉伸时，织物的横列向正面卷曲，纵向拉伸时纵行的边缘向反面卷曲。线圈断裂时，如横向受力，线圈纵行会逆编织方向脱散，并能导致织物纵向分裂。

在经平组织的基础上稍加变化可得到变化经平组织。变化经平组织由几个经平组织组合而成，即在一个经平组织的线圈纵行间配置着另一个或几个经平组织的线圈纵行。由两个经平组织组合而成的是经绒组织，即三针经平组织，每根经纱隔一针轮流垫纱成圈，如图 3–54 所示。其中每根经纱依次隔一纵行形成线圈，一个经平组织的延展线与另一个经平组织的圈干相互交叉。变化经平组织由于延展线较长，其横向延伸性较经平组织小，纵向拉伸时，线圈各部段互相转移，延伸性大。反面看，延展线一横列左斜，一横列右斜，并有所浮起，通过光线反射，呈横向条纹。线圈向延展线的反向歪斜，延展线比经平组织的延展线长，覆盖性好，织物厚实，强度大。

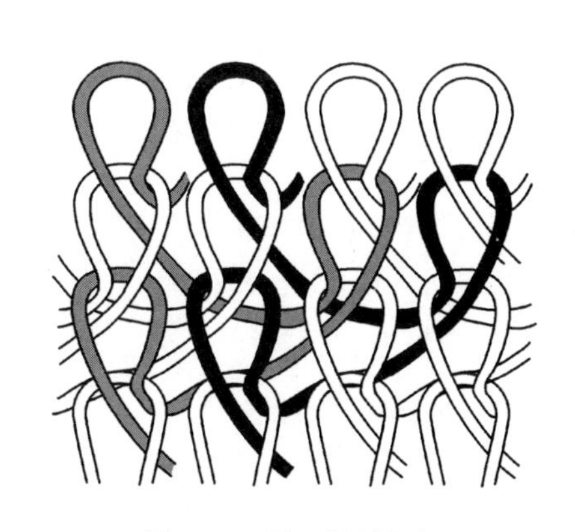

图3–54　开口经绒组织

（3）经缎和变化经缎组织：导纱针有顺序地在三枚或三枚以上的针上垫纱成圈形成的经编组织。编织时梳栉先沿一个方向在连续两个以上横列上垫纱成圈，再反向做相同的垫纱运动。图 3–55 所示为五针经锻组织。经锻组织由于连续的垫纱方向不同，可产生隐形的横条外观，用色纱按一定规律穿纱可形成锯齿型外观效应，有较强的反光效果。

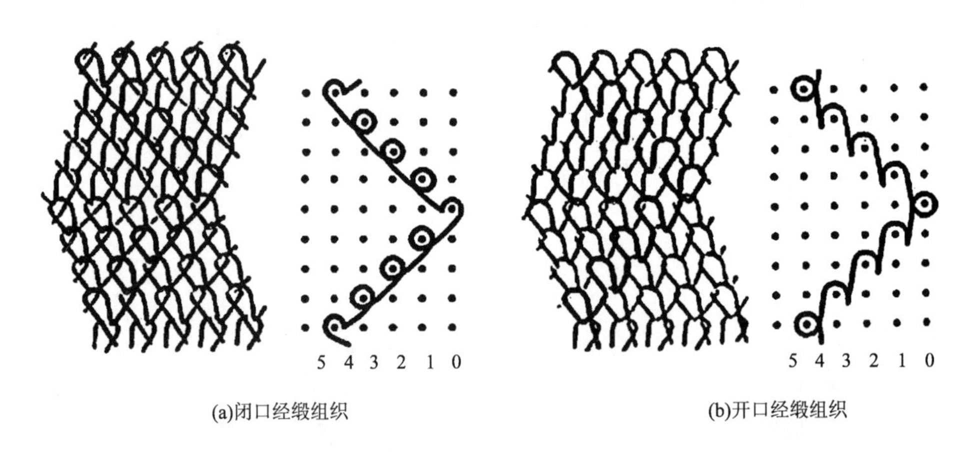

图3–55　五针经锻组织

隔针垫纱可形成变化经缎组织。图 3–56 所示的垫纱运动图为四针变化经缎组织。

根据使用梳栉数的不同，经编组织分为单梳、双梳和多梳组织，每把梳栉上的导纱针可以穿纱，也可以空穿。单梳经编针织物由一组纱线形成，每一只线圈基本上都由一根纱线形成。单梳织物薄，强度低，稳定性差，线圈歪斜，花纹变化有限，线圈覆盖性差。双梳经编针织物是由前后两把梳栉编织而成。如前梳按经绒组织垫纱，后梳以经平组织垫纱，这种双梳经编组织就称经平绒组织。双梳经编针织物的每一只线圈基本上都由两根纱线编织而成，线圈结构稳定，表面平整。多梳经编织物一般由两把梳栉织成地布，使织物具有所需要的性能，而其余梳栉穿入花纱，在地布上形成花纹。经编针织物品种繁多，常见的织物品种有经编网眼织物、经编起绒织物、经编毛圈织物、经编弹力织物、经编提花织物、经编花边等，广泛应用于内衣、外衣、花边以及窗帘等装饰织物。

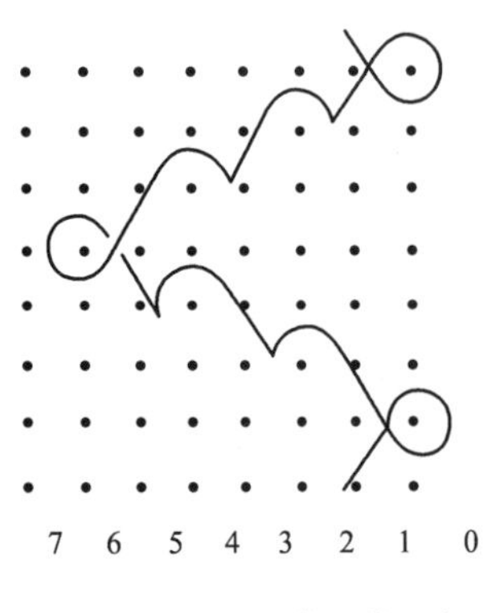

图3–56　四针变化经缎组织

第三节　非织造布的构成与种类

非织造布旧称无纺布或无纺织布，它不需要纺纱织布，而是由成网纤维直接成布。从1942年美国的非织造布开始工业化生产以来，非织造布已经在纺织工业的各个领域发挥了巨大的作用。非织造布的生产工艺技术已经突破了传统的纺织原理，综合应用了纺织、化纤、化工、造纸等的工业技术。它的加工方法是将纺织短纤维或者长丝进行随机或者定向排列，形成纤网结构，然后运用机械、热学或者化学等方法加固形成布状结构。非织造布最早以生产低档的鞋帽衬、絮垫、保温材料等产品为主，后来逐渐扩展到服装、家庭装饰用品、医疗卫生用品、工业用品等方面。

一、非织造布的定义

非织造布指定向或随机排列的纤维通过摩擦、抱合或黏合或这些方法的组合而制成的片状物、纤网或絮垫（不包括纸、机织物、针织物、簇绒织物、带有缝编纱线的缝编织物以及湿法缩绒的毡制品）。其纤维可以是天然纤维或化学纤维，可以是短纤、长丝或当场形成的纤维状物。非织造布的真正内涵是不织，也就是说它是不经传统的纺纱和织造工艺而制成的布状产品。从结构特点上讲，非织造布是以纤维的形式存在于布中的，而不同于纺织品是以纱线的形态存在于布中，这是非织造布区别于普通纺织品的主要特点。

二、非织造布生产的优势

与机织物和针织物相比，非织造布具有自己独特的结构特征和工艺特点，这使得世界非织造布工业得到了飞速的发展。非织造布的优势如下。

（一）原料使用范围广，产品品种多

除纺织工业所用的各类原料外，纺织工业不能使用的各种下脚原料、没有传统纺织工艺价值的原料、各种再生纤维都能用于非织造布工业中。一些在纺织设备上难以加工的无机纤维、金属纤维（如玻璃纤维、碳纤维、石墨纤维、镍纤维、不锈钢纤维等）也可通过非织造的方法加工成各种工业用产品。

一些新型的高性能、功能型化学纤维（如耐高温纤维、超细纤维、抗菌纤维、高强纤维、高模量纤维、高吸水纤维乃至极短的纤维素纤维、纸浆等）都可以用于非织造布工业。由于纤维使用的广泛性、使得非织造布产品具有多样性，而且可以加工成各种生活用品及具有一定功能性和附加值较高的产业用非织造布产品。

（二）生产工艺简单，劳动生产率高

传统纺织工业的工艺过程繁而长，而非织造布工艺过程却是简而短。如纺黏法非织造

布，其工艺流程比传统纺织品少几十倍。有的加工生产线从投料开始，几分钟就可以生产出产品来。与传统的纺织工艺相比，非织造布的产量成倍增长，劳动力少、占地少、建厂快，劳动生产率提高了 4~5 倍。由于非织造布工业加工流程短，所以产品变化快、周期短、质量易控制。

（三）生产速度快，产量高

非织造布与传统纺织品的生产速度之比是（100~2000）∶1。非织造布产品下机幅宽大，一般为 2~10m，甚至更宽，因此，单产量远远超过了传统纺织工业。速度、产量的提高使经济效益也明显提高，非织造布产品的利润率一般在 10%~40%。

（四）工艺变化多，产品用途广

非织造布的加工方法多且每种方法的工艺又可多变；各种加工方法还可以互相组合，组成新的加工工艺。从工艺变换上讲，设备工艺参数的变化，黏合剂种类、浓度的变化及加固工艺参数的变化都能引起产品的变化。产品结构、性能的变化，将导致产品品种的增多、功能及应用范围的扩大。

三、非织造布的分类

非织造布的类型很多，分类方法也有多种。一般可按厚薄分为厚型非织造布和薄型非织造布；按使用强度分为耐久型非织造布和用即弃非织造布（即使用一次或几次就抛弃）；还可按应用领域和加工方法分类。按加工方法分类首先按照纤维成网，将非织造布分为干法非织造布、湿法非织造布和聚合物直接成网法非织造布三大类。干法一般利用机械梳理成网，然后再加工成非织造布；湿法一般采用造纸法即利用水流成网，然后再把纤网加工成非织造布；聚合物直接成网法是将聚合物高分子切片通过熔融纺丝（长丝或短纤）直接成网，然后再把纤网加工成非织造布。按照纤网固结方法对其进一步细分，包含机械加固、化学黏合加固和热黏合加固等，具体分类如图 3–57 所示。

四、非织造布的加工工艺

（一）干法加工非织造布

一般干法加工非织造布的工艺过程为：

原料开松→除杂和混合→纤维网形成→纤维网加固→后整理。

其中，纤维网形成和纤维网加固是非织造布加工中的关键工序。

1. 纤维网形成

单纤维（短纤或长纤）按一定方式组成纤维网的过程称成网。在非织造布工业中，纤维网经加固就是产品，所以纤网的质量对最终产品的质量，如强度、均匀度、定量等有直

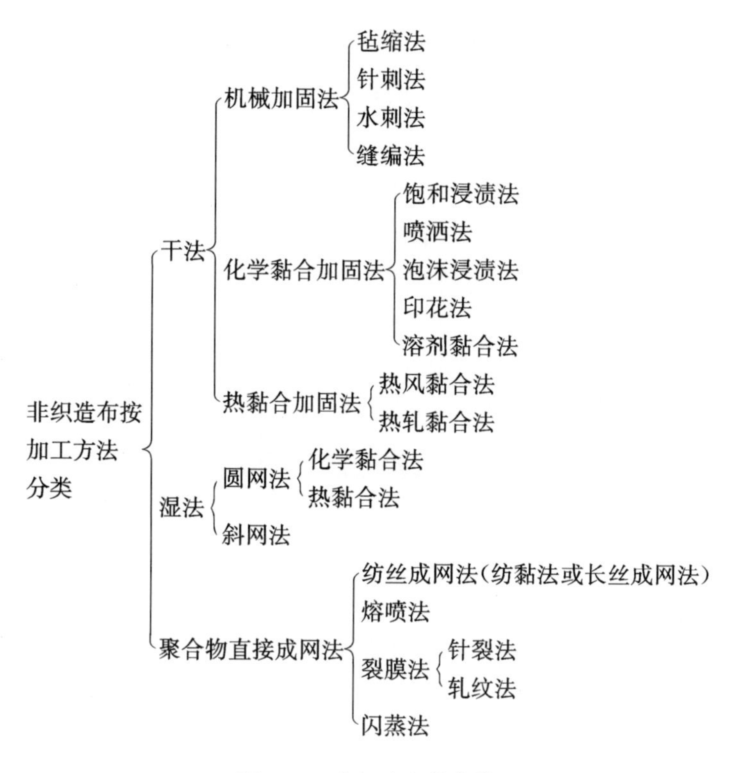

图3-57 非织造布的分类

接的影响，尤其是纤维在纤维网中的状态或排列形式更加重要。在干法非织造布加工中，成网是指短纤维成网。按大多数纤维在纤维网结构中取向的趋势，纤维网结构基本可分为纤维单向排列，纤维交叉排列和纤维多方向性随机排列。

纤维网形成方法一般可分为梳理成网和气流成网。梳理成网是利用传统的梳理机制得梳理网，同时将梳理网铺垫成所需要的纤维网，满足重量和强度要求；气流成网是利用高速回转的气流将道夫上的单纤维吹（或吸）到成网帘（或尘笼）上形成纤网，其中的纤维呈杂乱排列，纵、横向强力差异小，纤网的定量较大，一般在 20~1000g/m^2 范围内。

2. 纤维网加固

成网工艺中所形成的纤维网呈松散状态，需要对其进行加固，从中赋予纤维网以一定的物理力学性能和外观效果。常用加固方法有化学黏合法、机械加固法和热黏合法。

（1）化学黏合法加固：这是非织造布生产中应用历史最长、使用范围最广的一种纤网加固方法。它是将黏合剂通过浸渍、喷洒及印花等方法施加到纤网中去，经热处理使水分蒸发、黏合剂固化，从而制得非织造布的一种方法。根据加工工艺的不同，黏合剂附着于纤维网表面或内部，形成点状、片膜状、团块状和连续层状等结构，如图 3-58 所示。

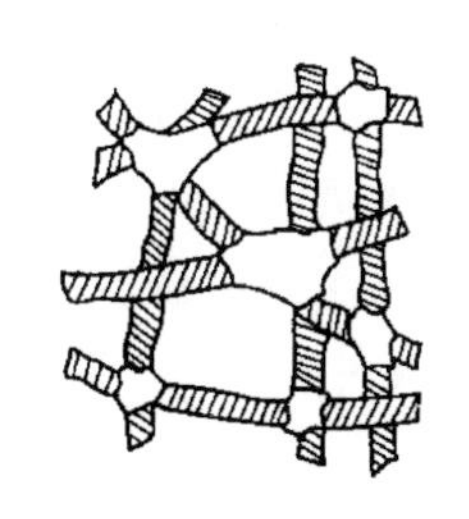

图3-58 黏合剂固结法

（2）机械加固法：采用单一的机械作用使纤维网中纤维缠结，或通过服装机械用线圈状纤维、纱线等使纤维网加固。典型的方法有针刺法加固、水刺法加固和缝编法加固。

① 针刺法加固：是用三角形横截面且棱上带针钩的针反复对纤维网穿刺，如图 3–59 所示。在针刺入纤维网时，针钩就带着一些纤维穿透纤维网，使网中纤维相互缠结而达到加固目的。此方法在服装材料中多用来生产人造革底布（基布）等厚型非织造布。

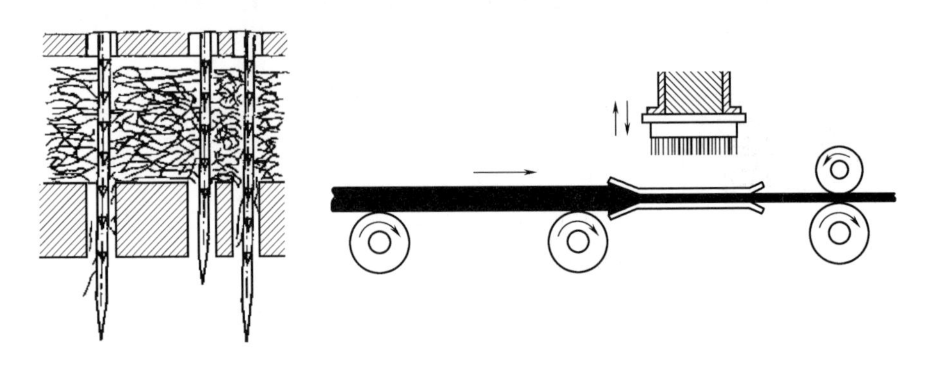

图3–59　针刺工艺加工示意图

② 水刺法加固：是利用多个极细的高压水流对纤维网进行喷射，水流类似于针刺穿过纤维网，使网中纤维相互缠结，获得加固作用。水射流束可按花纹排列，以使产品产生花纹效应。此法所得非织造布产品外观近似于传统纺织品，具有良好的悬垂性、柔软性、吸水性。但是，这种方法得到的非织造布强度较低，在相同情况下，能达到纺织品的70%~80%，多作为装饰材料或者医用卫生材料。若再浸以少量黏合剂而使纤维网加固成布，则将会有较高的强力、丰满的手感和良好的透通性，适用服装的衬里、垫肩等。

③ 缝编法加固：是采用经编线圈结构对纤维网进行加固。经编线圈既可来自于纤维网小纤维束，也可由外加纱线形成。

a. 利用缝编机上槽针的针钩直接从纤维网中钩取纤维束而编织成圈，正面类似针织物。此类非织造布一般采用毛型化纤及其混纺纱。为了提高强力，通常需经过涂层、叠层、热收缩、浸渍黏合、喷洒黏合等后整理工序。适用于人造革底布、垫衬料、童装面料以及人造毛皮的底基等。

b. 由外加纱线所形成的经编线圈结构，与纤维网自身结构有明显的分界，在外观和特性上接近传统的机织物或针织物。此法分纱线层—缝编纱型缝编结构和纱线型—毛圈型缝编结构两种。广泛用于服装面料和人造毛皮、衬绒等。

纱线层—缝编纱型缝编结构。纱线层可由纬纱层或经、纬纱层组成，如图 3–60 所示。缝编纱在缝编区按经平组织进行编织，将经纬纱层制成整体的非织造布。该织物有良好的尺寸稳定性和较高的强力。

纱线型—毛圈型缝编结构。如图 3–61 所示，纬纱由铺纬装置折叠成网，被缝编纱形成的编链组织所加固。毛圈纱在缝编区中进行分段衬纬，并不形成线圈，而在布面上呈隆起的毛圈状。

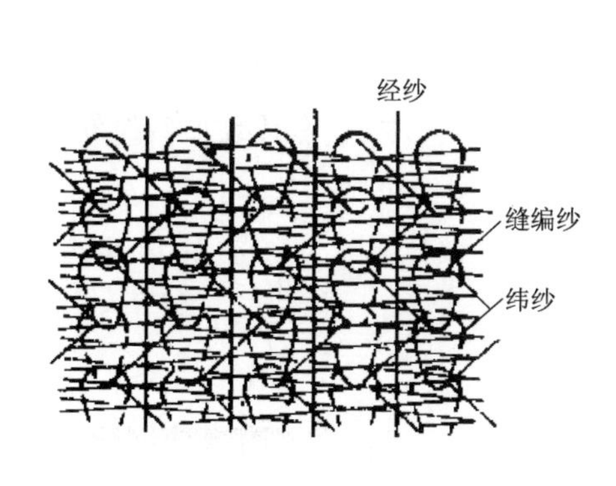

图3-60　纱线层缝编结构

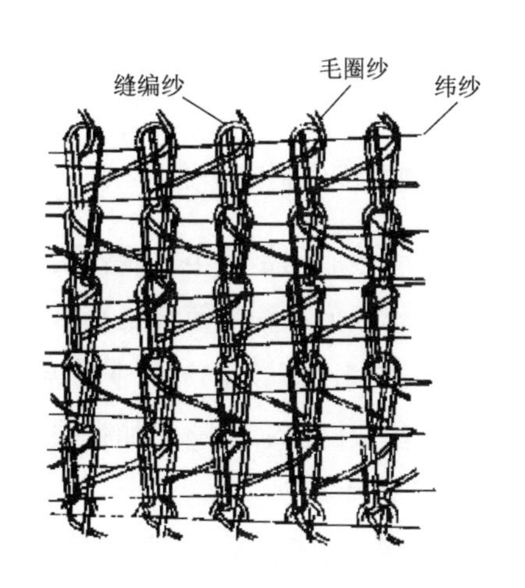

图3-61　纱线层毛圈缝编结构

（3）热黏合加固。热黏合技术是利用高分子材料具有热塑性的特点，在纤网受热后部分纤维软化熔融，使纤维间产生黏连，冷却后使纤维保持黏连状态，使纤网得以加固。根据加热纤网的方式不同，热黏合可分为热轧黏合、热风黏合及其他方式黏合。

热黏合加固一般生产速度高、能耗低，产品不含化学黏合剂，故卫生性好，非常适合用于医疗卫生用品。其产品还广泛用于服装用衬布、保暖材料等。热黏合既可作为主要的纤网加固手段，直接生产出非织造布，又可作为辅助加固，改善其他加固方法的不足。

3. 后整理

对非织造布进行类似传统织物的后整理工艺，可改变其结构特征，以增加花色品种，改善外观或提高质量与使用性能。常用的有收缩、柔软、轧光、开孔、开缝、剖层、磨光、磨绒、涂层、静电植绒、印花、染色以及其他特殊整理。

（二）湿法加工非织造布

湿法非织造布也称造纸法非织造布，但与传统造纸相比，从原料、加工技术及产品特性来说，都有明显的区别。

湿法非织造布的工艺过程基本上与干法相同，即：纤维准备→湿法成网→粘合加固→后处理。

纤维准备工序的主要任务是将置于水中的纤维原料开松成单纤维，使不同纤维原料充分混合，制成纤维悬浮浆，然后在不产生纤维团块的情况下，将悬浮浆输送至成网机构。

湿法成网是生产湿法非织造布的关键工序，与干法成网不同，纤维是在湿态下分布到成网帘上的。

黏合加固，在湿法纤网中加入黏合剂有两种方法，一种是在成网之前的纤维制浆阶段加入黏合剂，或者使用本身具有黏合性能的纤维；另一种是在湿法成网后，纤网已经烘燥或部分烘燥的情况下加入黏合剂。

湿法非织造布的后处理主要包括烘燥、焙烘，设备与干法黏合法非织造布的热处理类似。

（三）聚合物直接成网非织造布

聚合物直接成网是近年发展较快的一类非织造布成网技术。它利用化学纤维纺丝原理，在聚合物纺丝成形过程中使纤维直接铺置成网，然后纤网经机械、化学或热方法加固而成非织造布；或利用薄膜生产原理直接使薄膜分裂成纤维状制品（非织造布）。聚合物直接成网包括纺丝成网法、熔喷法和膜裂法等。

1. 纺丝成网法

纺丝成网法包括熔融纺丝直接成网法（又称纺黏法）、干法纺丝直接成网法（又称闪纺法）和湿法纺丝直接成网法。熔融纺丝直接成网法是在熔融纺丝的同时边抽丝边使连续的长丝铺网再经加固而形成非织造布的一种加工工艺方法。纺丝成网法主要以该法为主。干法纺丝直接成网法是美国杜邦公司专门为纺丝成网法非织造布发明的一种新工艺，也称闪纺法。它是将高聚物溶解在溶剂中，通过喷丝孔挤出，使溶剂迅速挥发而成为纤维，同时采用静电分丝法使纤维彼此分离后凝聚成网，经热轧加固形成闪纺非织造布。湿法纺丝直接成网非织造布是高聚物纺丝溶液通过喷丝孔挤出进入凝固浴中形成纤维后得到纤维网，然后让纤维网经加固制成非织造布。

2. 熔喷法

熔喷法是在抽丝的同时，采用高速热空气对挤出的细丝进行拉伸，使其成为超细的无规则短纤维，然后凝聚到多孔滚筒或网帘上形成纤网，再经自身黏合或热黏合加固而得非织造布产品的一种工艺。

3. 膜裂法

膜裂法是将聚合物吹塑成纤维片状膜，再经一定的方法如针割或刀切，让纤膜形成孔洞。在牵伸时，把膜变成纤维状而成膜裂纤网，又称原纤化技术成网法。

以上这些方法中，纺黏法非织造布生产技术是目前发展最快的一种生产方法。纺黏法非织造布的产量大、品种多。纺黏法非织造布工艺流程短，生产能力高，由于是长丝直接成网，在受到拉伸时，具有更高的断裂强度和断裂伸长，但其均匀度不及干法非织造布。熔喷法非织造布的纤网由极细的纤维组成，纤维网均匀度好，手感柔软，过滤性能优良，洗液性能良好，但纤维网的强度较低，生产的能耗大。

由于聚合物直接成网非织造布产品目前大部分采用自黏合或热熔黏合加固，没有其他化学黏合剂加入，产品手感好，因此广泛应用于医疗卫生领域，用来制作一次性手术衣、手术帽、病人服、病人用床单等。纺黏法非织造布产品具有良好的机械性能，又适合大批量生产，也被广泛应用于土木水利建筑领域。而熔喷非织造布主要应用于制作液体及气体的过滤材料、医疗卫生用材料、环境保护用吸油材料、保暖用服装材料及合成革基布等。聚合物成网非织造布复合材料可以大量应用于防护服、过滤材料等。

五、非织造布的应用

非织造布的应用范围如下。

（1）服装用衬垫材料，包括普通非织造衬、绣花衬、黏合衬、衬绒、衬里、领底衬、垫肩、絮棉等。

（2）保暖填絮，包括喷胶棉、定型棉、蓬松棉以及远红外纤维絮片、太阳棉（多层结构）、仿丝绵等。

（3）医疗卫生用品，包括手术衣、防护服、消毒包布、口罩、尿片、妇女卫生巾等。

（4）合成革基布，一般为针刺或水刺非织造布。在高档合成革基材中，还采用超细纤维，使产品柔滑细软。仿麂皮绒，是用海岛型超细纤维加工成合成革基材后，再进行 PU 湿法涂膜，并将微孔层磨去，略露纤维绒头，最后经柔软剂处理后得到的高档服装材料。

（5）防护织物，劳防服、口罩与面罩、手套、鞋罩等，经常采用涂层或复合闪蒸法非织造布，涂层经常采用的材料有聚乙烯（PE）涂层或聚四氟乙烯（特氟纶，Teflon）涂层。

第四节　织物的服用性能与风格评价

织物在使用过程中，必须适应不同服装类型的外观和舒适性要求，能够顺利完成加工，同时在穿着和洗涤过程中保持其良好的造型，并具有一定的耐用性。织物的服用性能很大程度上受纤维种类的影响，但纱线和织物的结构也是重要的因素，此外织物的后整理也会明显地影响织物的性能。织物性能作用于人的感觉器官所产生的综合效应被称为织物的风格，织物的风格评价和描述可以区分不同织物的综合特征。

一、影响服装外观的织物性能

影响服装外观的织物性能主要有悬垂性、刚柔性、抗皱性、免烫性、抗起毛起球性、抗勾丝性以及缩水性等。

（一）悬垂性

织物由于重力作用，在自然悬垂状态下呈波浪屈曲的特性称为织物的悬垂性。织物的悬垂性与形成服装时曲面轮廓和皱纹的美观性有关，包括静态悬垂和动态悬垂。影响悬垂性的主要因素有织物的单位面积质量、织物经纬向的抗弯刚度。一般抗弯刚度小（柔软度大）的织物悬垂性较好。

1. 静态悬垂性评价

评价静态悬垂性的方法有三类：折叠悬垂法、心形悬垂法和伞式悬垂法，其中最常用的是第三种方法，如图 3-62 所示。伞式悬垂法是将试样剪成圆形，置于水平的圆形托盘之上，测量相关的指标进行评价，常用悬垂系数来评价悬垂程度。

$$D_s = \frac{\frac{\pi}{4}D_o^2 - A}{\frac{\pi}{4}D_o^2 - \frac{\pi}{4}d^2} \times 100\%$$

式中：D_s——伞式静态悬垂系数；

D_o——织物试样直径，240mm 或 200mm；

d——托盘直径 120mm 或 80mm；

A——织物投影面积，mm^2。

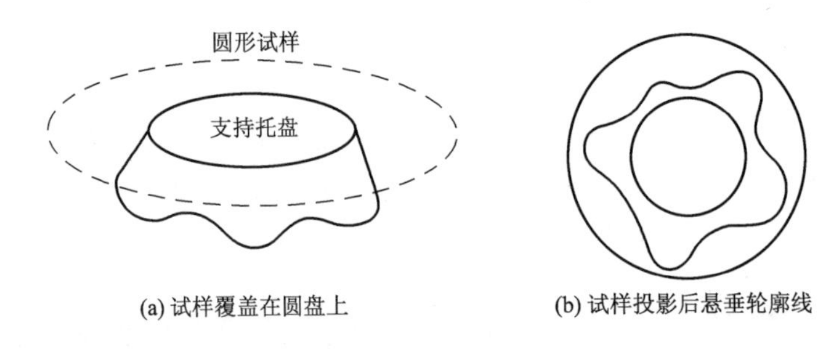

图3-62 伞式悬垂测试法

除此以外，也可以用褶棱数量、平面投影上褶棱的最大半径、最小半径、相邻褶棱的张角和悬垂织物的投影面积等指标来进一步评价织物的悬垂均匀度和悬垂曲线形态。

悬垂系数越小，织物悬垂感越好，织物较柔软；反之，织物较刚硬。

2. **动态悬垂性评价**

裙装、飘带等的美学外观效果靠静态悬垂是无法体现的，比较好的模拟测试方法是动态悬垂。现在较通用的是在伞式悬垂法基础上，让织物托盘柱绕其轴旋转，用高速摄像设备摄下的投影图形，分析在适当转速条件下伞式动态悬垂系数 D_d 及其与静态悬垂系数的差异率、褶棱某些部位大半径的差异率及其滞后角等。

（二）刚柔性

织物是柔软程度相当高的材料，因此可以充分保证服装的舒适性、适体性和活动性。织物的硬挺和柔软程度统称为刚柔性。评价织物刚柔性的基本指标是抗弯刚度，常用的测试方法是斜面法，如图 3-63（a）所示。其实原理是一定尺寸的织物狭长试条被从工作平台上推出，其因自重作用弯曲下垂，到接触斜面检测线时，测得其伸出长度 L，L 越大，说明织物越刚硬，由此计算得出抗弯长度和抗弯刚度两个力学指标。对于薄型或具有卷边特性的织物，可采用心形法进行测定，如图 3-64（b）所示。其基本原理是将织物狭长试条的一端持在一起，让另一端自由下垂至头端相遇，测试夹头到织物底端的垂直距离，作为衡量其刚柔度的指标。

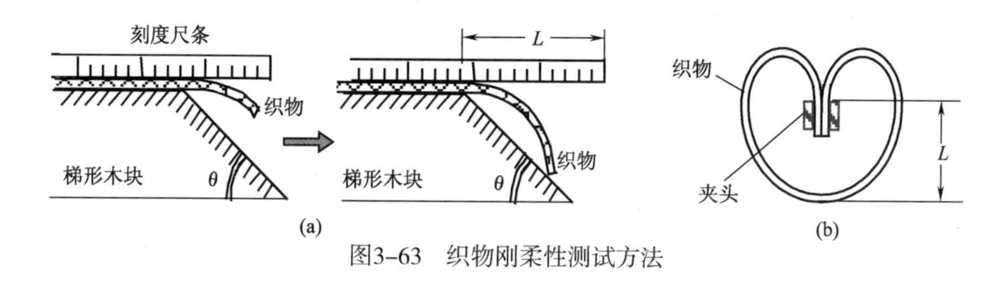

图3-63 织物刚柔性测试方法

织物的刚柔性与服装的制作、造型有密切关系。柔性面料可使衣纹细致、流畅，使造型适体、自然、富于动感；而刚性材料则使衣裙挺拔、饱满，在服装形态上突出了体积感和质量感。

（三）抗皱性

服装在穿着、储放、使用过程中所具有折皱回复的性能。提高织物在干态、湿态、凉态、热态环境下抗皱指标，对提高服装的"机可洗"（洗衣机水洗）、"洗可穿"（易洗、快干、免烫）等能力具有明显的影响。

评价织物抗皱能力的基本指标是弹性回复角，分为急弹性回复角和缓弹性回复角。测试方法是织物折叠加压（一定压力）一定时间后，释放外加压力，使之恢复一定时间，然后测试两折页间的夹角，夹角越大，表示织物的抗折皱性越好，如夹角为180°，表示折皱能完全回复，如图3-64所示。织物经纬向密度、纱线线密度、捻度不同，则其经纬向折皱回复性能也不同。在评价时，为简单方便，常将经向折皱回复角和纬向折皱回复角之和称为折皱回复角作为评价指标。

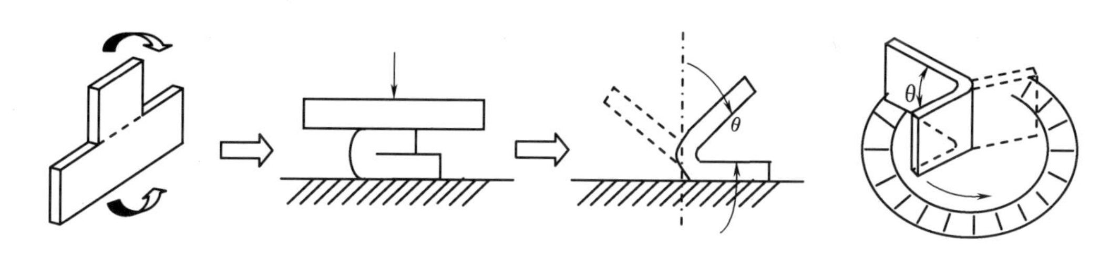

图3-64 织物的抗皱性测试

（四）免烫性

织物经过水洗，干燥后不留皱痕，因此无须熨烫整理而保持布面的平整，又称为"洗可穿性"。免烫性是抗皱性的又一表现形式。实验证明，免烫性基本上与纤维的吸湿性能成反比。这说明，吸湿性强的材料对水的作用敏感，表现为湿态弹性恢复率下降以及纤维遇水膨胀从而造成了织物的变形。目前，免烫整理的应用已经十分普遍，其原理便是阻止水对纤维的影响。

免烫性的测试可采用拧绞法、落水变形法、洗衣机洗涤法测量。将试样先按一定的洗涤方法处理，干燥后，根据试样表面皱痕状态，与标准样照对比，分级评定。指标为平挺度，共分为 5 级，5 级最好，1 级最差。

（五）抗起毛、起球性

织物在实际穿着和洗涤过程中，不断经受摩擦，使织物表面的纤维端露出于织物，形成毛茸即为“起毛”；若毛茸不能及时脱落，互相纠缠，形成球形小粒即为起球。织物抵抗起毛、起球的能力成为抗起毛、起球性。织物起毛起球后，会改变其表面的光泽、平整度、织纹和花纹，并浮起大量颗粒，严重影响织物的外观和手感。

测试时，在规定的仪器上，如起球箱、织物磨损仪、起毛起球仪等，将织物用各种摩擦方法作用一定次数的摩擦，使之起毛、起球。然后将其取下与起球标样照片比较，根据纤维球数量、大小、松紧程度进行评级，共分 5 级，5 级最优，1 级最差。

一般情况下，织物中纤维短、细、耐疲劳性好，则织物起毛起球比较严重。纱线捻度低、条干不均匀，花式线、膨体纱等织物容易起毛起球。织物结构疏松比较容易起毛起球。从原料角度看，除毛织物外的天然纤维织物和人造纤维织物极少发生起球问题；合成纤维及其混纺织物均有较明显的起球现象，其中，锦纶、涤纶和丙纶最为严重。烧毛、剪毛、定形和树脂整理可以降低起毛起球程度。

（六）抗勾丝性

纤维或纱线被勾出或勾断而露出织物表面形成毛茸或丝环的现象，称为勾丝，织物抵抗钩丝的性能成为抗勾丝性。勾丝一般发生在纱线比较光滑，编织紧度较低的机织物、长丝织物和针织物中。勾丝不仅使织物表面拱起纱线颗粒，并使其附近纱线抽直，改变周围织纹的均匀性，严重影响织物的外观。

织物抗勾丝性测试一般采用勾丝仪对织物表面处理后，将试样与标样照片比对评级，共分 5 级，5 级最优，1 级最差。

（七）缩水性

织物落水后在经纬方向的收缩现象是缩水性。缩水率大小是服装制作时考虑加放尺寸的依据之一。测试织物的缩水性可采用浸渍法、洗衣机法等，将织物洗涤晾干后，计算尺寸变化量与原长度之间的百分比，得到缩水率。吸湿性好的织物其缩水率比较大。此外，收缩程度还取决于纱线间的空隙，紧密织物的收缩变形不如结构松弛的织物明显。采用预缩或防缩整理可以有效地降低织物的缩水率，目前，常常配合抗皱、免烫整理同时进行。

二、影响服装舒适性的织物性能

保持体温的相对稳定和新陈代谢是维持人体正常功能和活动的基本保证，也是人体处于舒适状态的重要标准。服装与人体距离最近，接触时间最长，是影响人体舒适性的重要因素。服装材料又是构成服装的基本元素，其本身的舒适特性会显著影响到最终产品的舒适性。织物的舒适性能包含热湿舒适性、接触舒适性。其中热湿舒适性是最基本、最重要的。

（一）织物的热湿舒适性

织物的热湿舒适性是指通过织物（服装）的热—湿传递作用，使人体在变化的环境中能获得舒适满意的感觉。人体的热湿舒适性由人体表面与衣服最内层之间的微小气候（称为服装微气候）决定。研究表明当服装微气候达到温度为32℃ ±1℃，湿度为50%±10%，气流速度为25cm/s±15cm/s时，人体达到最佳的舒适状态，此时的服装微气候被称为国际标准气候。服装微气候达到国际标准，受到多方面的因素影响，其中织物的性能是根本性因素之一。

织物热湿舒适性的具体内容包括织物的热传递性能（隔热、保温、导热、散热）和湿传递性能（透湿、透水、透气等）。

1. 热传递性能

人体产生的热量需要很好地向外散发，但当外界环境温度低时，又需要避免环境从人体夺取过多的热量。

不同的服装材料，其保温性不同。表征织物热量传导难易程度的指标有以下几个。

（1）导热性：材料传导热量的能力，用导热系统（也称热导率）来表示，其定义同第二章第一节中纤维的导热系数。导热系数越大，材料越容易将热量传导出去，保暖性越差。

（2）热阻：纺织品对非蒸发热的阻力。在给定的温度场中，在材料两表面的温度梯度呈稳态的条件下，流经材料的热流量（包括传导、对流和辐射）。在服装上用克罗值来表示，其定义为：在室温21℃、相对湿度≤50%、风速≤0. 1m/s的环境下，安静坐着或从事轻度脑力劳动的人，主观感觉舒适时所穿衣服的隔热值，为1克罗（clo）。热阻越大，材料越能阻止热量的散失，则材料的保暖性越好。

实验室一般采用平板式织物保暖仪来测试织物的热传递性能。将织物试样覆盖在试验板上，使试验板的热量只能通过试样的方向散发。试验时，通过测定试验板在一定时间内保持恒温所需要的加热时间来计算织物的保温指标——保温率、导热系数和克罗值。在流经试样的热流呈稳态条件下，以散热过程中所消耗的功率来测得试样的热阻。

2. 湿传递性能

人体水分的显性蒸发（汗液）和不显性蒸发使服装微气候中的相对湿度增高，人体水分的不显性蒸发量约为1100mL/d。服装内气候带中的相对湿度超过60%时，会有闷热等不适感。织物吸放湿性能的好坏，对服装微气候中的相对湿度调节有决定性的作用。

（1）吸放湿性。织物吸收或放出气态水分的能力，一般由织物的回潮率指标来表征。织物的吸放湿性受到纤维回潮率、纱线结构、织物结构和后整理的影响。

（2）透湿性。气态水分透过织物的性能，一般用透湿率和透湿阻力指标来评价。

① 透湿率：在织物两面存在恒定的水蒸气压差的条件下，在规定时间内通过单位面积织物的水蒸气质量，单位 g/（m^2·d），即每天每平方米织物上的透湿量。

② 透湿阻力：简称湿阻，指织物对水蒸气透过的阻抗能力。在某一给定的湿度场中，在材料两面的水蒸气浓度梯度呈稳态的条件下，所流经材料的湿流量。

湿传递阻力的评价指标为透湿指数 im，透湿指数在 0~1 之间，为无量纲量，其值越大，则表示透湿性越好，im = 0，表示完全不透湿。

纤维的吸湿性能、织物的紧密度、厚度和后整理等，都会对材料的透湿性造成一定的影响。

3. 液态水传递性能

织物的液体水传递是通过毛细管作用实现的，是一种芯吸传递。纤维的润湿性能、纤维细度和截面形状、中纤维排列状态、织物结构和后整理等都会影响织物的液态水传递性能。如服装内层用吸湿性差而对液体水传递性能好的材料，可迅速将汗水传递到外层材料中，而保持皮肤干燥，目前一些吸湿快干材料经常采用这种材料与其他吸湿材料复合构成。

织物握持液体水的能力称为保水性能。水分可存在于纤维的内、外表面或纤维之间的孔隙中。保水能力好，使织物可吸收更多的汗水，则不易产生潮湿感和贴体感。

4. 透气性

透气性指气体透过织物的性能，也称为通气性，在织物两面形成规定的压力差条件下的透气率表示，单位 mm/s 或 m/s。织物的透气性受到材料中直通孔的大小和多少、纤维的横截面形态、纱线细度、纱线捻度、织物密度、厚度、组织等因素的影响。

织物透气性的作用是排出服装内积蓄的二氧化碳和水分，进行热交换和更新衣下空气。一般情况下，要求服装材料透气性大为好，但在外界温度较低时，外层服装材料最好选择难透气的即具有防风性能的组织致密的材料，以尽量减少热量的散失。

（二）织物的接触舒适性

服装在穿着时，与人体皮肤接触，织物作用于皮肤所产生的生理感觉称为接触舒适性。它是由机械性刺激或热量传递两种因素造成的，具有被动性和不可回避性。与织物接触不适感主要包括三个方面的内容：一是织物的刺痒感；二是织物与皮肤接触时的瞬间所产生的温、冷感；三是服装结构不合适，引起织物对皮肤的局部压迫不适。

1. 织物的刺痒感

织物的刺痒感主要是织物表面毛羽对皮肤的刺扎疼痛和轻扎、刮拉、摩擦所发痒的综合感觉，而且往往以“痒”为主。织物中的纤维端顶压皮肤造成刺痒或刺扎感，顶压力与纤维弯曲刚度及纤维直径平方成正比，故纤维越粗硬，顶压力越大，刺痒感或刺扎感越强。当纤维细软，特别是纤维尖端呈钝状时，顶压时纤维头端迅速折弯，不仅压力下降，而且接触面积增加、压强大幅下降，刺痒感减轻乃至消失，呈现柔软、轻抚的舒适感。

但当纤维粗硬、特别是遇到热湿条件（出汗）时，不仅纤维润湿膨胀、直径增大，而且皮肤上毛孔和汗腺口张开，一旦纤维端插入毛孔，呈现严重的戳扎感觉。这是湿热气候导致出汗条件下，织物引起严重戳扎感的主要原因。因此，作为内衣用的织物，一般选用细软纤维制造，如棉、丝绸等。

2. 接触冷暖感

织物与人体皮肤接触时，由于两者温度不同和热量传递，导致接触部位的皮肤温度下降或上升，从而与其他部位的皮肤温度呈现一定差异，这种差异由神经传导至大脑所形成的冷或暖的判断及知觉，称为织物的接触冷暖感。冷暖感的持续过程非常短暂，在接触的瞬间产生。接触冷暖感主要取决于服装与皮肤的表面接触状态，不仅与接触面积大小有关，还与接触形态特征等有关。通常织物表面较光滑、结构较紧密时，其与皮肤接触的表面积较大，热量传递容易，通常具有冷感；当织物表面绒毛较多、结构较疏松时，具有暖感。冷感性与纤维的导热性也直接有关，导热性高的纤维织物，有一定的冷感，如亚麻织物刚与皮肤接触时有明显的冷感，因而在夏令穿着时，人体会有凉爽感。润湿感主要取决于织物的含水量，因其容易产生冷感和黏附感而使穿着者感到不快。

三、织物的强度和耐用性能

服装在服用过程中，始终受到外力的作用，如随着人体的活动，织物会被拉伸、弯曲或压缩，织物接触到其他物体便会发生摩擦，这些成为织物服用性能的重要内容之一。这些作用力再加上水洗、日晒、烫整、汗渍以及接触化学物质和污染源，织物的各种性能指标都难免会发生一定程度的改变甚至破坏。织物抵抗这种破坏的能力，称为耐用性能。耐用性能关系到服装材料的使用性能和使用寿命。

（一）织物强度

织物强度是指织物抵抗外力破坏的能力。这是织物的基本属性和力学性能的基础，也是衡量织物的内在质量重要指标之一。织物的强度是通过标准化的强力实验进行测定的，主要包括拉伸强度、撕裂强度和顶裂强度。

1. 拉伸强度

织物在外力作用下破坏时，出现主要的和基本的方式是被拉断，因此拉伸强度是评价织物力学性能的最基本指标。利用织物拉伸强力仪分别对织物的经向和纬向施加拉伸负荷直至织物断裂，可以得到断裂强力、断裂伸长率、断裂功等指标来表示织物的拉伸性能。研究表明：断裂功与穿着耐用性有着较密切的关系。国际通用经纬向断裂功之和作为织物的坚韧性指标。

纤维的力学性能、纱线结构、织物组织以及后整理工艺等都会影响织物的拉伸性能。高强高伸纤维织成的织物耐用性好，如锦纶、涤纶；低强低伸纤维织成的织物耐用性差，如蚕丝、棉；低强高伸纤维比高强低伸纤维制成的织物耐穿，如涤纶优于维纶、羊毛优于

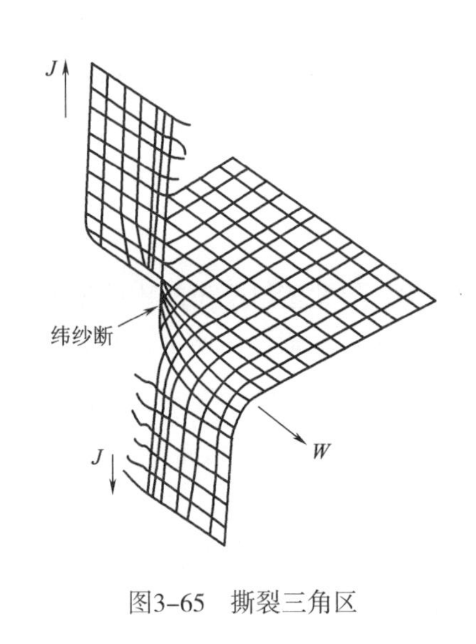

图3-65 撕裂三角区

苎麻。其他情况相同的前提下，平纹组织拉伸性优于斜纹和缎纹；非提花比提花组织织物耐用。

2. 撕裂强度

撕裂强度是指织物内局部纱线受到集中负荷时，在受力方向上，相继承受外力而逐根发生断裂的纱线强力的最大值。测试时可采用单缝法、梯形法和落锤法等方法进行，撕裂三角区如图 3-65 所示。该强度指标除取决于纱线的强度外，与受力纱线的伸长能力和织物结构的紧密程度有关。合成纤维织物的撕破强度大于天然纤维织物；平纹组织织物的撕破强度优于斜纹和缎纹组织织物。纱线强力越大，织物越耐撕裂。

3. 顶裂强度

织物在垂直于织物平面的负荷作用下受到破坏，称其为顶裂、顶破或胀破。例如，服装肘部、膝部的受力即为这种受力情况。顶裂过程中，织物是多向受力而不是单向受力，且在各处的受力并不是均匀的。织物受到由受力中心向四周放射的扩张外力的作用，织物中发生极限变形的纱线首先断裂，进而应力的集中使织物被撕开。通常，裂口为“L”形或直线形。对于针织物测试，许多标准都采用胀破强度代替拉伸强度。

（二）耐磨性

织物在穿着和使用过程中会受到各种磨损而引起织物损坏，如强度下降、厚度减少、外观起毛起球、失去光泽、褪色或者破损等，将织物抵抗磨损的特性称为耐磨性。测定织物耐磨性的方法，一种是实际穿着试验，根据事先设定的淘汰界限，计算试样的淘汰率，从而比较不同织物的耐磨程度。这种方法符合实际，但费工、费时、费用较高，因此实验室的相应实验方式是比较简单经济的方式。根据织物实际使用情况的不同，织物耐磨性实验分为平磨、曲磨、折边磨实验。

（1）平磨发生在较大面积的织物平面上，由于应力相对分散，故破坏轻微。

（2）曲磨模拟服装的膝部、肘部等弯曲部位的磨损，因织物处于绷紧和拉伸状态且应力相对集中，所以破坏性较大。

（3）折边磨模拟服装的领口、袖口、裤脚口等衣料折边处的磨损，属于应力最为集中的情况，因此破坏性也最大。

衡量织物耐磨性的基本标志是外观的变化。一般用织物出现一定物理破坏（出现一定大小的破洞或磨断一定根数纱线）时的摩擦次数；或者织物经过一定摩擦次数后，物理性质的改变来表征织物耐磨性的好坏。

结合织物的平磨、曲磨、折边磨，给出织物的综合耐磨值。

$$综合耐磨值=\frac{3}{\frac{1}{耐平磨值}+\frac{1}{耐曲磨值}+\frac{1}{耐折边磨值}}$$

纤维、纱线和织物结构属于织物耐磨性的内在因素。纤维强度大、伸长率高，则耐磨性较好；纱线捻度适当增大时有利于提高耐磨性；织物结构松紧适中时耐磨性好；手感光滑的织物耐磨性较好。

（三）耐疲劳性

耐疲劳性是耐用性的主要评定指标之一。指在微小外力反复作用于织物时，织物塑性变形逐步积累，弹性逐步丧失，最终导致织物的破坏。织物在服用过程中，经常受到这种外力所给予的疲劳作用，而不穿着时，这种疲劳能得到恢复，从而提高织物的耐用性。因此，几件衣服交替穿着比一件衣服连续穿着的服装疲劳恢复好，可以提高服装的耐用性。另外，服装在洗涤、熨烫时给予的温度和湿度作用也可以使疲劳得到显著的回复。

四、织物的风格评价

织物风格是人的感觉器官对织物所作的综合评价。这是织物所固有的物理机械性能作用于人的感觉器官所产生的综合效应，也是一种受物理、生理和心理因素共同作用而得到的评价结果。当依靠人的触觉、视觉、听觉以及嗅觉等方面对织物作风格评价时称为广义风格；仅以触觉，即以手感来评价织物风格时称为狭义风格，通常所说的织物风格一般是指织物的手感。

（一）织物手感的主观评定

由有经验的人群进行主观评定，一般方法为“一捏、二摸、三抓、四看”，形成了一套专用术语，如硬挺、挺括、软糯、软烂、蓬松、紧密、粗糙、活络、刺痒、戳扎、滑爽、滑糯、爽脆、活泼、糙、涩、燥、板等。主观评定的优点是简便快速；缺点是容易受评判人员主观因素的影响。常用方法为秩位法。

（二）织物手感的客观评定

通过仪器测定有关织物的物理力学性能来表示织物风格特征及其程度，评价内容是低负荷下，织物弯曲、剪切、拉伸、压缩以及复合变形等，得到基本手感和综合手感，以决定织物的穿着舒适性、成形性等。仪器测定可消除人为因素对织物手感评定结果的影响，并且能定量描述织物的手感特性。

评定织物风格的仪器，除了国产风格仪系统外，还有日本的 KES 风格仪系统、澳大利亚的 FAST 风格仪系统，也有一些单指标的测试方法。

KES 织物风格仪由拉伸—剪切试验仪、弯曲试验仪、压缩试验仪和表面性能试验仪组成，测量16个指标适用于各种面料的风格评价，应用方便，和主观评定结果的一致性较好。其测试指标见表3–6。

表3–6 KES测试织物物理性能的指标

序号	符号	名称	单位
1	L_T	拉伸线性度	—
2	W_T	拉伸功	cN·cm/cm^2
3	R_T	拉伸弹性	%
4	B	弯曲刚度	cN·cm^2/cm
5	$2HB$	弯曲滞后矩	cN·cm^2/cm
6	G	剪切刚度	cN/[cm·(°)]
7	$2HG$	剪切滞后矩	cN/cm
8	$2HG_5$	剪切滞后矩	cN/cm
9	L_C	压缩线性度	—
10	W_C	压缩功	cN·cm/cm^2
11	R_C	压缩弹性	%
12	T_0	表观厚度	mm
13	MIU	动摩擦因数	—
14	MMD	摩擦系数平均差	—
15	SMD	表面粗糙度	Um
16	W	重量	mg/cm^2

FAST织物风格仪包括三台仪器（FAST–1型压缩性能仪、FAST–2型弯曲性能仪、FAST–3型拉伸性能仪）和一种测量方法（FAST–4型尺寸稳定性装置及方法）。其测试指标参见表3–7。

表3–7 FAST测试织物物理性能的指标

序号	符号	名称	单位
1	$T2$、$T100$	厚度	mm
2	$ST=T2\sim T100$	表观厚度	mm
3	$T2R$、$T100R$	汽蒸后厚度	mm
4	$STR=T2R-T100R$	汽蒸后表观厚度	mm
5	C	弯曲长度	mm
6	$B=W\times C^3\times 9.81\times 10^6$	弯曲刚度	uN·m
7	$E5$	5cN/cm负荷下的伸长率	%
8	$E20$	20cN/cm负荷下的伸长率	%
9	$E100$	100cN/cm负荷下的伸长率	%

续表

序号	符号	名称	单位
10	*EB*5	5cN/cm 负荷下的斜向拉伸率	%
11	*G*=123/*EB*5	剪切刚度	N/m
12	*F*=（*E*20–*E*5）×*B*/14.7	成形性	mm^2
13	L_1	原始干燥长度	mm
14	L_2	湿长度	mm
15	L_3	最后干燥长度	mm
16	$RS=[(L_1-L_3)/L_1]\times 100$	松弛收缩率	%
17	$HE=[(L_2-L_3)/L_3]\times 100$	吸湿膨胀率	%

国产的 YG 821 织物风格仪包含测试织物的弯曲性能、压缩性能、表面摩擦性能、交织阻力和起拱变形等项目。

五、织物的风格类型

从织物的性能和产品开发角度看，织物的风格类型一般分为棉型、麻型、毛型和丝型风格。从服装设计的角度考虑，织物的风格以其光泽、廓型、悬垂感、厚薄、通透等外观特性来分类。

（一）厚重硬挺型面料

厚重硬挺型面料质地厚实挺括，有一定的体积感和扩张感，多用于秋冬季休闲装，如图 3–66 所示。这类面料包括粗花呢、大衣呢等厚重呢绒以及绗缝织物。

图3–66 厚重硬挺型面料的应用

（二）轻薄柔软型面料

轻薄柔软型面料包括棉、丝和化纤织物，如乔其纱、柔姿纱、雪纺纱、真丝缎以及锦纶、透明塑料材料等。轻薄型面料通常比较柔软，但采用一定的方法可使其柔中有刚，因此，此类面料又可细分为柔软飘逸型和轻薄爽挺型两种。柔软飘逸型面料一般悬垂性较好，用于服装造型则线条顺畅而贴体，能展现女性优美的体形，如丝绸面料、轻薄的针织面料等。轻薄爽挺型面料一般透明度较高，在服装造型上有一定立体感，适合设计制作凉爽、自然的夏装以及具有时尚感和张扬个性的服装。图 3-67 所示为轻薄柔软型面料制作的女裙装效果。

图3-67　轻薄柔软型面料的应用

（三）有光面料

表面有光泽的面料，能强化人体的体积感，给人以光泽流动变化的感觉。一般包括丝绸、锦缎、人造丝、皮革、涂层面料等。其中，丝绸光泽柔和，显得风韵动人；锦缎的光泽因材料和织物经纬密度的不同而有所区别，感觉高贵富丽；真丝缎则柔亮细腻，华丽高雅；皮革和涂层面料，反光能力较强，常显现金属般质感，有很强的视觉冲击感，适合前卫时尚的设计。图 3-68 所示为各类有光面料的应用实例。

图3-68　有光面料的应用

（四）无光面料

无光面料多为表面凹凸粗糙的吸光面料，范围非常广。其中，无光泽且质地较为柔软轻薄的面料，造型一般随意自然，使人感觉率性稳重；无光泽且质地蓬松柔软的面料，适合表现粗犷松垮的造型，使人感觉温暖适意；无光泽且有立体感、有特殊肌理效果的面料，则可根据面料的肌理特色应用于多种造型。一般来说，以厚重而表现量感的造型居多。

（五）透明面料

透明面料质感细腻柔软，一般具有光滑、透明、轻盈、流动的特点，在设计上巧妙地运用材料的重叠与造型上的层次等，都可以使服装呈现出不俗的效果，如图 3–69 所示。随着纺织技术的发展，几乎各种材质的织物都能营造透明、半透明的效果，如纤细的弹力纤维面料、质感细腻柔软挺滑的丝织物、轻而微透的涤纶莱卡混纺网面织物、布面效果平整爽洁的透明棉布、爽挺大气的轻薄麻织物、雪纺类透明织物、凉爽型羊毛织物等。

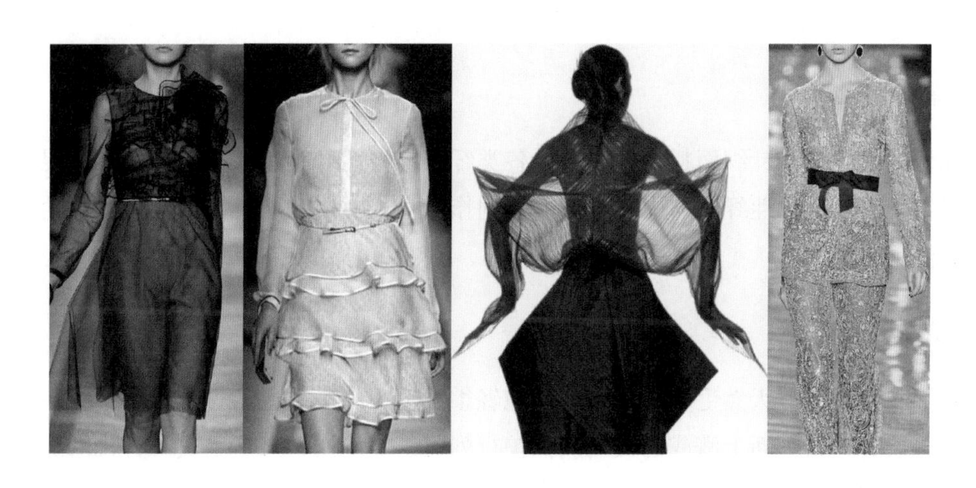

图3–69 透明面料的应用

（六）平滑面料

大多数常规织物基本上都属于平滑面料，表面很少有变化，对较柔软的材料可进行斜裁，使之更加柔顺、服帖和悬垂。若是相对轻、薄、透的面料，可堆积使用，通过压褶、悬垂等表现手法使之变化丰富；对于厚重的面料，则较多使用分割线或装饰线的变化来改变造型。正是由于这类面料的表面比较平整，特别适合简洁大方的造型设计，如职业装、制服等。

（七）立体感面料

表面具有明显肌理效果的面料，具有一定的体积感，因有突出在面料上的凸纹的特点，一般多采用简洁的造型设计，如图 3-70 所示。

图3-70 立体感面料的应用

（八）弹性面料

弹性面料主要指针织面料，还包括由各类纤维与弹性纤维（或氨纶包芯纱）混纺、交织的机织物。添加弹性纤维的面料特别适合制作紧身、贴体的服装，适合人体运动，如运动装、健美服等。

（九）绒面料

绒面料具有酷似天然毛皮的效果，质地轻柔、毛绒丰满、色彩鲜艳。由于野生动物毛皮货源匮乏、价格不断上涨或已被列入保护行列而禁止使用，人造毛皮有替代的趋向，如针织人造毛皮、超细复合纤维面料等已成为最新的流行时尚。

思考题

1. 看看自己衣橱内所有的衣服，有多少是针织服装？它们应用的是哪类面料？与机织面料服装相比有什么不同？

2. 市场调研，收集织物样品，并判断织物的种类、名称和用途。

3. 简述各种常用织物的特性。

4．分析棉、毛和涤纶织物的服用性能。如果制作冬季穿外衣，你将选用哪种织物，为什么？说出具体织物的名称，如平布、华达呢等。

5．请列举你平时见到的非织造织物与复合织物及其特点。

应用理论及专业技能——

服装用织物的染整

教学内容： 1. 概述。
2. 染色与印花。
3. 后整理。

上课时数： 3课时。

教学提示： 主要阐述服装材料染色和印花方法；服装材料后整理的目的，常用整理方法等。使学生了解服装材料在经过纺纱织布后，经过的染整工序可以获得的外观和性能提升。

教学要求： 1. 使学生掌握服装材料整理的目的，了解服装材料的常用整理方法。
2. 使学生能够分析常见的获得服装材料外观效果的染整方法。
3. 使学生能够根据设计目的提出染整建议。

课前准备： 教师准备各种服装用染整方法和获得服装外观效果的图片。

第四章　服装用织物的染整

染整按现代印染工程的概念，包括练漂、染色、印花和整理等过程。通过化学处理和物理处理，使机织或针织坯布外观和使用性能得到改善，赋予特殊服用功能，从而提高纺织品的附加值。我国从 20 世纪较长时期以来，对整个纺织品的加工是以印花和染色为主，而整理只是一个次要的环节，一般就简称“印染”。到了近代，各种抗皱、抗菌、抗静电、抗紫外线、防火、防水、透气、轧纹、轧光等整理新技术纷纷问世，更充实了染整加工的全部含义。

第一节　概述

染整包括预处理、染色、印花和整理。染整质量的优劣直接影响纺织品的使用价值和附加值。预处理亦称练漂，其主要目的在于去除纺织材料上的杂质，使后续的染色、印花、整理加工得以顺利进行，获得预期的加工效果。染色是通过染料和纤维发生物理的或化学的结合而使纺织材料具有一定的颜色。印花是用色浆在纺织物上获得彩色花纹图案。整理是通过物理作用或使用化学药剂改进织物的光泽、形态等外观，提高织物的服用性能或使织物具有特殊功能性。大多数整理加工是在织物染整的后阶段进行的。

染整加工最早使用的化学品和染料都是天然产品，加工手续烦琐费时。在酸、碱、漂白粉等大量化学产品出现以后，将它们应用在染整的预处理过程中，不仅改变了预处理的原始加工方式，而且加工效率大为提高。同样，合成染料的发展使人们摆脱了对天然染料的依赖，为染色和印花提供了为数众多、色泽鲜艳、不易褪色并适合于不同纤维染色的染料品种。合成化学整理剂的出现，使防皱、耐久性拒水等近代化学整理技术获得发展。自 20 世纪 40 年代以来，染整设备在连续化、减少织物张力、提高加工效率以及利用电子技术对温度、溶液浓度、设备运转速度等工艺条件进行自动控制等各方面的发展非常迅速，加工效率和产品质量不断提高。随着生产的发展和人们生活水平的提高，人们对服装用织物的要求，不仅在于花式品种的丰富多彩、穿着舒适，而且越来越看重服装的功能性与易护理性。对某些特殊用途的织物更提出了特定的要求，如阻燃、防紫外线等。因此，染整工艺技术也随之不断地提高和发展。

第二节　染色与印花

染色是利用染料与纤维发生物理、化学或物化结合，或在纤维上生成不溶性有色物质，从而使纺织品获得一定牢度的颜色的工艺过程。印花是指将各种染料或颜料调制成印花色浆，局部施加在纺织品上，使之获得各色花纹图案的加工过程。

染色与印花的相同之处在于染料在纤维上染着，有一定的牢度。不同之处在于印花比染色复杂，印花为局部着色，染液不能渗化到非着色处，因此印花必须用色浆。

一、染料与颜料

染料与颜料均为有色的物质，两者在印染工艺中扮演着重要的角色，但两者在上染的过程中具有本质的区别。

（一）染料

染料指能使纤维材料获得色泽的有色有机化合物，但并非所有的有色有机化合物都可以作为染料。作为染料一般要具备四个条件：色度，即必须有一定浓度的颜色；上色能力，即能够与纤维材料有一定的结合力，也称亲和力或直接性；溶解性，即可以直接溶解在水中或借化学作用等方法溶解在水中；染色牢度，即染上的颜色需有一定的耐久性，不容易褪色。

1. 染色过程

按照现代染色理论的观点，染料之所以能够上染纤维，并在纤维上具有一定的牢度，主要是因为染料分子与纤维分子之间存在着各种引力的缘故。染料和纤维不同，其染色原理和染色工艺则差别较大。但就染色过程而言，都可以分为既有联系又有区别并彼此相互制约的三个基本阶段：染料的吸附、染料的扩散、染料在纤维中的固着。

2. 染料的分类

染料的分类方法有两种，一种是根据染料的性能和应用方法进行分类，称为应用分类；另一种是根据染料的化学结构或其特性基团进行分类，称为化学分类。按应用分类主要有直接染料、活性染料、还原染料、可溶性还原染料、硫化染料、硫化还原染料、不溶性偶氮染料、酸性染料、酸性媒染染料、酸性含媒染料、碱性及阳离子染料、分散染料、酞菁染料、氧化染料、缩聚染料等；按化学分类主要有偶氮染料、蒽醌染料、靛类染料、三芳甲烷染料等四大类。

3. 染料的选择

各种纤维各有其特性，应选用相应的染料进行染色。纤维素纤维（棉、麻、黏胶纤维等）可用直接染料、活性染料、还原染料、可溶性还原染料、硫化染料、硫化还原染料、不溶性偶氮染料等进行染色；蛋白质纤维（羊毛、蚕丝）和锦纶可用酸性染料、酸性含媒染料等进行染色；腈纶可用阳离子染料染色；涤纶主要用分散染料染色。但一种染料除了主要用于一类纤维的染色外，有时也可用于其他纤维的染色，如直接染料也可用于蚕丝的染色，活性染料也可用于羊毛、蚕丝和锦纶的染色，分散染料也可用于锦纶、腈纶的染色。除此之外，还要根据被染物的用途、染料助剂的成本、染料拼色要求及染色机械性能来选择染料。

4. 常用染料

（1）直接染料。直接染料因分子结构中含有水溶性基团，故一般能溶解于水。但也有少数染料要加一些纯碱帮助溶解。它可以不依赖其他助剂而直接上染棉、麻、丝、毛和黏胶纤维等，所以称为直接染料。

直接染料色谱齐全，色泽鲜艳，价格低廉，染色方法简便，得色均匀，但其水洗牢度差，日晒牢度欠佳。因此，除浅色外，一般都要进行固色处理。

（2）活性染料。活性染料是水溶性染料，分子中含有一个或一个以上的活性基团（又称反应性基团），在一定的条件下，能与纤维素中的羟基、蛋白质纤维及锦纶中的氨基、酰胺基发生化学结合，所以活性染料又称反应性染料。

活性染料与纤维发生化学结合后，染料成为纤维分子中的一部分，因而大大提高了被染色物的水洗、皂洗牢度。除此之外，它还具有制造较简单、价格较低、色泽鲜艳、色谱齐全等优点，在印染加工中占有重要的地位，常被用来代替价格昂贵的还原染料。但活性染料也存在一定的缺点，如染料在与纤维反应的同时，也能与水发生水解反应，其水解产物一般不能再和纤维发生反应，结果造成染料的利用率降低。有些活性染料的耐日晒、耐气候牢度较差，大多数活性染料的耐氯漂牢度较差，有的还会发生风印及短键现象，使被染物发生褪色等质量问题，给应用带来一定的困难。

（3）还原染料。还原染料不溶于水，染色时需要保险粉等强还原剂的碱性溶液还原成隐色体后，才能溶解于水而上染于纤维，上染后经过氧化回复成原来不溶性染料而固着在纤维上。还原染料的颜色鲜艳，除大红较缺外，色谱齐全，染色牢度好，皂洗、日晒牢度优良，为其他各类染料所不及。其染色合成过程复杂，染料价格高，某些黄、橙、红色染料对纤维有光敏脆损作用，常用于涤/棉混纺织物。

（4）不溶性偶氮染料。不溶性偶氮染料又称冰染料，它的分子中含有偶氮基，但不含水溶性基团，所以不溶于水。冰染料不是现成的染料，而是用两种中间体在纺织物上合成后的染料色淀。一类中间体称耦合剂（色酚），又称打底剂，商品名称为“纳夫妥”，所以此类染料又称纳夫妥染料；另一类中间体是显色剂（色基），俗称培司。染色过程是先将被染物用色酚溶液处理（打底），然后再用色基的重氮盐溶液进行显色处理，被染物上的色酚和色基的重氮化合物发生偶合反应而生成色淀，并固着在纤维上。由于色基重氮化和显色时要用冰冷却，故又称冰染料。

不溶性偶氮染料的给色量高、色泽鲜艳、成本低廉、皂洗牢度较高，大都能耐氯漂，但耐晒牢度随织物上染料浓度的降低而下降较多，染浅色时色泽不够丰满，所以一般多用于染深色，主要用于纤维素纤维的染色。

（5）硫化及硫化还原染料。硫化染料中含有硫，它不能直接溶解在水中，但能溶解在硫化碱中，所以称为硫化染料。硫化染料制造简单，价格低廉，染色工艺简单，拼色方便，染色牢度较好，但色谱不全，主要以蓝色及黑色为主，色泽不鲜艳，对纤维有脆损作用。染色过程可分为染料还原成隐色体、染料隐色体上染、氧化处理及净洗、防脆或固色处理四个阶段。硫化还原染料（又名海昌染料），是较高级的硫化染料，染色方法与硫化染料和还原染料都有相同之处，主要有烧碱—保险粉法和硫化碱—保险粉法两种。

（6）酸性染料。酸性染料分子中含有磺酸基和羧基等酸性基团，易溶于水，在水溶液中电离成染料阴离子。酸性染料色泽鲜艳，色谱齐全，染色工艺简便、易于拼色，能在酸性、弱酸性或中性染液中直接上染蛋白质纤维和聚酰胺纤维。根据染料的化学结构、染色性能、染色工艺条件的不同，酸性染料可分为强酸性染料、弱酸性染料和中性浴染色的酸性染料。弱酸性染料可染羊毛、蚕丝；酸性染料染锦纶，着色鲜艳，上染百分率和染色牢度均较高，但匀染性、遮盖性较差，常用于染深色。

（7）酸性媒染染料。有许多染料对植物或动物纤维并不具有亲和力，就不能获得坚牢的颜色，但可用一定的方法使它与某些金属盐形成络合物而坚牢地固着在纤维上，这样的染料称媒染染料或媒介染料。使用的金属盐称媒染剂，随金属盐不同，所得的颜色也不同（称为染料的多色性）。酸性媒染染料含有磺酸基、羧基等水溶性基团，是能和某些金属离子生成稳定内络物的酸性染料。

酸性媒染染料色谱齐全，价格低廉，耐晒和湿处理牢度均好，耐缩绒和煮呢的性能也较好，匀染性好，是羊毛染色的重要染料，常用于羊毛的中深色染色。其染色工艺较复杂，染色时间较长，颜色不及酸性染料鲜艳，常排放出较多的含铬废水。

（8）酸性含媒染料。这种染料是从酸性媒介染料发展而来的。为应用上方便，在染料生产时，事先将某些金属离子以配位键的形式引入酸性染料母体中，成为金属络合染料，故称为酸性含媒染料。

酸性络合染料易溶于水，颜色较鲜艳，耐晒牢度较高，对羊毛的亲和力较大，上染速度快，但是移染性较低，匀染性较差，染物经煮呢、蒸呢后色光变化较大。

（9）分散染料。是一类分子较小，结构简单，不含水溶性基团的非离子型染料，所以难溶于水，染色时需借助分散剂的作用，使其以细小的颗粒状态均匀地分散在染液中，故名分散染料。

分散染料色谱齐全，品种繁多，遮盖性能好，用途广泛，特别适用于聚酯纤维、醋酯纤维、聚酰胺纤维等的染色。

（10）阳离子染料。这种染料是在原有碱性染料（即盐基性染料）基础上发展起来的，是一种色泽十分浓艳的水溶性染料，在溶液中能电离生成色素阳离子以及简单的阴离子，是含酸性基团腈纶的专用染料。阳离子染料腈纶染色，包括腈纶散纤维、长丝束、毛条、膨体针织绒、绒线、粗纺毛毯、腈纶织物等。

腈纶用阳离子染料染色，色谱齐全、色泽鲜艳、上染百分率高、给色量好，湿处理牢度和耐晒牢度比较高，但匀染性较差，特别是染浅色时。

5. 染色牢度

染色牢度是指染色产品在使用过程中或染色以后的加工过程中，在各种外界因素影响下，能保持原来颜色状态的能力（即不易褪色的能力）。染色牢度是衡量染色产品质量的重要指标之一，与纤维的种类、纱线结构、织物组织、印染方法、染料种类及外界作用力大小有关。色牢度的测试一般包括耐光、耐气候、耐洗、耐摩擦、耐汗渍、耐熨烫色牢度等，有时根据不同的纺织品或不同的使用环境又有一些特殊要求的色牢度，如耐升华、耐海水、耐烟熏色牢度等。通常进行色牢度试验时，通过观察染色物的变色程度和对贴衬物的沾色程度，进行色牢度评级，除耐光色牢度为八级外，其余均为五级，级数越高，表示色牢度越好。

（二）颜料

颜料是有色的不溶于水和一般有机溶剂的有机或无机有色化合物，但是，并非所有的有色物都可作为颜料使用，有色物质要成为颜料，必须具备以下性能。

（1）色彩鲜艳，能赋予被着色物（或底物）牢固的色泽。

（2）不溶于水、有机溶剂或应用介质。

（3）在应用中易于均匀分散，而且在整个分散过程中不受应用介质的物理和化学影响，保留它们自身固有的晶体构造。

（4）耐日晒、耐气候、耐热、耐酸碱和耐有机溶剂。

与染料相比，有机颜料在应用性能上存在一定的区别。染料的传统用途是对纺织品进行染色，而颜料的传统用途却是对非纺织品（如油墨、油漆、涂料、塑料、橡胶等）进行着色。

（三）禁用染料与环保染料

1. 禁用染料

近年来，国际上对环境质量的恶化与生态平衡的失调十分关切，人类正面临有史以来最严重的环境危机。在环境污染中，大部分直接与工业和工业产品的污染有关。作为染料中间体的芳香胺，已被一些国家的政府机构列为可疑致癌物，其中联苯胺的乙萘胺已被确认为是对人类最具烈性的致癌物。为此，在世界各国，关注染料生产、强调环境保护已成为当务之急，美国、欧洲各国以及日本已建立了研究染料生态安全和毒理的机构，专门了解和研究染料对人类健康与环境的影响，并制订了染料中重金属含量指标。美国染料制造商协会生态委员会独立地研究染料与助剂对于环境的影响，确定了各种类商品染料中金属杂质的浓度范围。

根据 2000 年发布的 Oeko-Tex Standard 100 新版测试纺织品中有毒物质的标准，涉及的禁用染料还包括过敏性染料、直接致癌染料和急性毒性染料，另外还包括含铅、锑、铬、钴、铜、镍、汞等重金属超过限量指标，甲醛含量超过限量指标，有机农药超过限量指标的染料，以及含有环境激素、含有产生环境污染的化学物质、含有变异性化学物质、含有持久性有机污染物的染料等。

从染料分子结构分析和染色织物实测说明，以致癌芳香胺作为中间体合成的染料，包括偶氮染料和其他染料，如未经充分提纯，即使有微量存在，该染料也属禁用之列。目前，市场上 70% 左右的合成染料是以偶氮结构为基础的，广泛应用的直接染料、酸性染料、活性染料、金属络合染料、分散染料、阳离子染料及缩聚染料等都含有偶氮结构。应该指出，一般情况下，偶氮染料本身不会对人体产生有害影响，但部分用致癌性的芳香胺类中间体合成的偶氮染料，当其与人体皮肤长期接触之后，会与人体正常新陈代谢过程中释放的物质结合，并发生还原反应使偶氮基断裂，重新生成致癌的芳香类化合物。这些化合物被人体再次吸收，经过活化作用，使人体细胞发生结构与功能的改变，从而转变成人体病变诱发因素，增加了致癌的可能性。同时，禁用染料也不局限于偶氮染料，在其他结构的染料中，如硫化染料、还原染料及一些助剂中也可能因隐含有这些有害的芳香胺而被禁用。

2. 环保染料

按照生态纺织品的要求以及禁用 118 种染料以来，环保染料已成为染料行业和印染行业发展的重点，使用环保染料是保证纺织品生态性极其重要的条件。环保染料除了要具备必要的染色性能以及使用工艺的适用性、应用性能和牢度性能外，还需要满足环保质量的要求。真正的环保染料应该在生产过程中对环境友好，不要产生“三废”，即使产生少量的“三废”，也可以通过常规的方法处理而达到国家和地方的环保和生态要求。

（四）特种染料与颜料

特种染料和颜料主要是指以染色或印花的方式用于服装上，并产生特殊色彩效果的染料和颜料。如光致变色效果和热致变色效果、荧光色彩效果、不同光反射效果（如夜光、钻石、珠光、金银等效果），对丰富舞台服装和晚礼服装饰效果以及工装的特殊要求提供了想象空间，可以激发服装设计师的灵感和创新能力。有些染料可以用染色的方式进行，有些颜料需要采用黏合剂、涂层剂等多种相应辅助手段来实施。

1. 感光变色染料

这是一类由光源转化而产生色相变化的染料，适用于各类纺织品的染色，有适用于腈纶染色的阳离子染料，也有适用于羊毛、蚕丝染色的弱酸性染料。染色品的色相可随光源的不同而变化，如在荧光灯、白炽灯下从蓝紫色转为红色。

2. 感温变色材料

目前较成功地将感温变色材料应用于纺织服装印花的品种是一种称作胆甾型液晶的物质。它在常温下为半固体半液体状态，在熔点以上，固液比例因温度变化产生可逆变化，对光线的折射、反射，亦随之变化，使得颜色也发生变化。用于纺织服装的较好的胆甾型液晶温度变化区间是 28~33℃，变色敏感温差在 1℃以下。一般情况下，温度在此区间上升，颜色沿红、黄、绿、蓝变化，温度下降颜色则沿反方向变化。在晴天白光下，这种液晶物质呈现出彩虹状色彩，并随温度变化呈多色交替。用其制作夏装可得到变幻的色彩，因体表温度不同或人处于动、静不同状态时，颜色将产生不同的变化。

3. 荧光染料和颜料

荧光物质的特点是吸收紫外光线后发出可见光，具有增加光强度的加色效应。荧光增白剂即为一例。荧光染料除了对紫外光线吸收后发出可见光，而且对可见光选择吸收后会产生颜色。其色彩晶莹、鲜艳、强烈。荧光染料可以强化服装的色彩效果，加大色彩对比力度。荧光颜料是将荧光染料溶解在无色透明的树脂溶液中，在树脂固化后，加入润湿剂、分散剂，经过研磨、分散后，制成具有荧光效果的粉体分散液。使用时，将其视同涂料色浆加入黏合剂，以涂料印花或涂料染色等方式应用于服装着色。

4. 特种效果着色颜料

这类颜料的特点不是以颜色取胜，而是在服装上展示出金、银、珠宝的色彩效果，赋予服装强烈的装饰效用，有钻石、珠光、反光、金银、消光等特种颜料。

钻石颜料在服装上印花可获得宝石般的光泽，但并不是使用人造钻石的颗粒，而是使用一种称为 M 型微型反射体的微米级的扁长颗粒沉浮在涂覆于织物上的黏合剂中。这种颜料对正面射入的光有强烈的正反射，而对侧面入射的光反射较弱。对正面的反射强度也随微粒所处深度不同，有强弱梯度，呈现出美丽的钻石光泽，如夜空繁星。

珠光颜料赋予服装的是模拟珍珠光泽。古代有人将真正的珍珠研成微粒涂于服装上，现代使用较多的是云母钛珠光粉，也称钛膜珠光粉，即用云母为载体，将二氧化钛微粒对云母包覆而制得。

反光颜料是玻璃微珠，以涂层的方式使用效果较好。好的反光织物有回归反射特性，如交通警服的背带。将其用于舞台服装，具有特殊反光效果，令人眩目。

金银粉颜料中的“金粉”是铜锌合金的粉体，铜占 60%~80%，锌占 20%~40%，为了防止这种合金粉末的氧化变色，目前是以这些粉体为核心，采用特殊材料对其进行沉淀和包覆，使得粉体的反光增强。“银粉”则使用铝粉为核，用珠光颜料的包覆材料在更高温度下进行包覆，折光率提高至 2~7，比铝粉的光泽强许多倍。金、银粉包覆后，不仅隔绝空气中氧气对它们氧化而造成的失色，而且具有增光和耐一般染整加工中化学品腐蚀的能力，使光泽持久如新。

消光颜料即二氧化钛微粒，在制造化学纤维中可用作消光剂。在印花图案中，将消光的浆料与各种反光材料合理搭配，将创造出各种强弱光线对比，个性突出的服装效果。

5. 服饰辅料着色用染料、颜料

服装上的纽扣、带扣、拉链、标志等辅料都是服装的有机组成部分，这些材料经常需要自己动手对其进行着色。这些材料常用的主要是各种塑料、金属。着色的方法一般在批量生产时，在熔融状态下加入各色颜料或矿物混合后注塑成型（即混炼）。这样可使材料颜色内外一致性好，使用寿命长。小批量生产时需要采购已成型的饰件，可以用染色的方法对其进行着色。染后的饰品色彩比混炼的浓艳，为表面得色，不耐磨。染色只能表现单一的色彩效果，而混炼色因所使用的颜料和矿物，色彩丰富，而且因混炼手法不同，可制作出不均一的色彩、纹路、图案等，表现力较强。

对于铝制金属的着色，是将成型铝件经过电氧化处理，在铝件的表面形成氧化铝吸色膜，然后将铝件浸没在染液中进行染色。染料进入吸色膜的微孔中，染后对吸色膜进行封闭，以防染料在水洗时褪色。

二、染色方法

纺织品的染色可在纤维、纱线、织物及成衣等不同阶段进行。根据染色加工对象的不同，染色方法可分为成衣染色、织物染色（主要分为机织物与针织物染色）、纱线染色（可分为绞纱染色与筒子纱染色）和散纤维染色四种。其中，织物染色应用最广。

根据染料施加于被染纺织物及其固着在纤维中的方式的不同，传统的染色方法可分为浸染、轧染、扎染、蜡染、泼染、手绘等。

（一）浸染

将纺织品浸渍在染液中，经过一定的时间使染料上染纤维并固着在纤维中的染色方法。染后要经过洗涤，将浮色去除。用浸染方法染得的纺织品通常是一种颜色。浸染能够满足小批量、多品种、快交货的生产需求。图 4–1 所示为经浸染工艺染色面料制成的服装。

（二）轧染

轧染是将纺织物在染液中浸渍后，用轧辊轧压，将染液挤入纺织品的组织空隙中，同时将织物上多余的染液挤除，使染液均匀地分布在织物上，再经过后处理而使染料上染纤维的过程。连续轧染具有大批量生产优势。轧染工艺的服装如图 4–2 所示。

图4–1　浸染效果图

图4–2　轧染效果图

以上染色方法均以大规模的机械加工方式对织物进行批量的染色。除此之外，还有纯手工艺操作的染色。

（三）扎染

利用缝扎、捆扎、包物扎、打结、叠夹等方法，使部分面料压紧，染料不易渗透进去，起到防染效果，而未被压紧部分可以染色，形成不同图案色彩。这种染法最适宜染制较简单或大块面的图案，如果扎结精细，也可染出较细腻的花纹图案。其工艺由手工针缝扎，传统染料以板蓝根、蓝靛为主，与化学染料相比，其色泽自然，褪变较慢，不伤布料，经久耐用，穿着比较舒适，不会对人体皮肤产生不良刺激。在回归自然、提倡保健的今天，扎染布被广泛用来制作衣裤、时装和装饰用品，深得人们青睐。扎染效果如图 4–3 所示。

（四）蜡染

利用蜡特有的防水性作为面料染色时的防染材料，染色前将蜡熔化，然后在面料上用蘸蜡笔或特殊器具描绘图案，待蜡冷却产生龟裂，再经过染色，结果有蜡处不上染，无蜡及龟裂处有颜色，形成一种既有规则的图案，又有不规则裂纹的特殊风格。这种方法具有其他印染方法所不能取代的独特的工艺效果，其冰纹有趣，自然各异。尤其是利用这一中国古老的印染技艺结合现代艺术，染制出现代机械化印染所不能代替的日用装饰艺术品和服装面料等。图 4–4 所示为蜡染效果图。

图4–3　扎染效果图

图4–4　蜡染效果图

（五）泼染

泼染是手工染色的一种，因染出的花纹似泼出的水珠而得名，是近几年世界上流行的现代手工染色的一种形式。泼染产品图案形象生动，色彩丰富，风格多样，且花形抽象随意，造型神奇，产生一般染色和印花所达不到的效果，因而极具吸引力。其原理为以手绘方式将染液绘制于织物面上，再用盐或其溶液汲取染液的水分，使上染部分的染料浓度增加，直至染液自然干燥。结果形成如烟花四射、奇葩怒放、流星飞泻的变化多端的花纹图案。泼染所用织物以双绉、素绉缎和真丝缎等厚重织物效果为佳。染料以弱酸性染料适宜。泼染效果如图 4–5 所示。

（六）手绘

手绘艺术是中华民族一朵古老而新颖的文明之花，体现了个性而随意的审美价值观。在印花工艺发明之前，古代人就采用手绘的方法装点服饰。手绘纺织品是使用专业的手绘颜料，在纺织品面料上作画的方式，无毒、不变色、不掉色。它既有绘画般的艺术效果，又是生活中的实用佳品。手绘促进了设计与制作的完美结合，也促进了设计师与消费者之间的密切联系。纺织品的手绘为设计者提供了突出个人风格、展示设计才华的场地。同时，手绘的纺织品又使那些追逐时代潮流的人在显示自己的独立个性和审美情趣上得到特殊的心理满足。如图 4–6 所示为手绘旗袍。

图4–5　泼染效果图

图4–6　手绘效果图

染色设备的种类很多，按照设备运转的性质可分为间歇式染色机和连续式染色机；按照染色方法可分为浸染机、卷染机和轧染机；按被染物状态可分为散纤维染色机、纱线染色机和织物染色机。

三、印花方法

印花过程包括图案设计、花筒雕刻或制版（网）、色浆调制、花纹印制、后处理（蒸化和水洗）等几个工序。纺织品印花主要是织物印花，也有纱线、毛条印花。印花方法可根据印花工艺和印花设备来分类。

（一）按印花工艺分

1. 直接印花

直接印花是指在白色或浅色织物上将印花色浆直接印制（色浆不与地色染料反应），从而获得花纹图案的印花方法。其特点是工艺简单、成本低廉，适用于各种染料，故广泛用于各种织物印花。

2. 拔染印花

拔染印花是指在织物上先染色后印花的加工方法。印花色浆中含有一种能破坏地色染料发色的化学物质（称拔染剂），经后处理，印花之处的地色染料被破坏，再经洗涤去除浆料和破坏了的染料，印花处呈白色，称为拔白印花；在含有拔染剂的印花色浆中，加入不被拔染剂破坏的染料，印花时在破坏地色染料的同时使色浆中染料上染，称为色拔印花。拔染印花能获得地色丰满、花纹细致、色彩鲜艳的效果，但地色染料需进行选择，印花工艺流程长、成本高。拔染印花效果如图 4–7 所示。

3. 防染印花

防染印花是先印花后染色的加工方法。印花色浆中含有能破坏或阻止地色染料上染的化学物质（称防染剂）。防染剂在花型部位阻止了地色染料的上染，织物经洗涤，印花处呈白色花纹的工艺称防白印花；若印花色浆还含有不能被防染剂破坏的染料，在地色染料上染的同时，色浆中染料上染印花之处，使印花处着色，称为色防印花。防染印花所得的花纹一般不及拔染印花精细，但适用的地色染料品种较前者多，印花工艺流程也较拔染印花短。防染印花效果如图 4–8 所示。

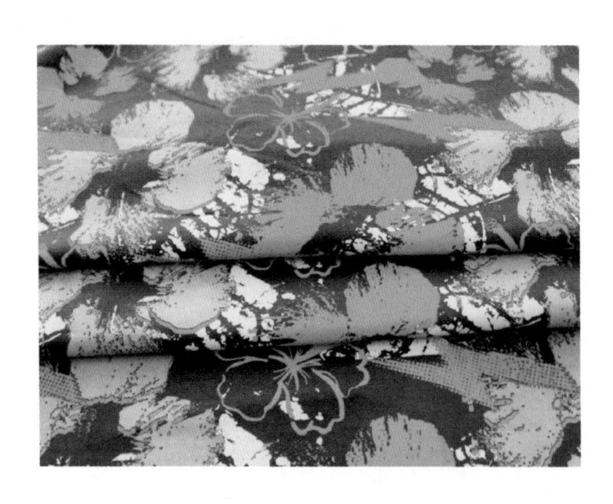

图4–7　拔染印花效果图

图4–8　防染印花效果图

除以上三种印花工艺之外，丝绸印花还有烂浆印花、微粒子印花、渗透印花等。

选择印花工艺应根据织物类型、染料性质、印花效果、生产成本、产品质量要求等多方面进行综合考虑。

（二）按印花设备分

根据所使用设备的不同，印花可分为以下几种。

1. 滚筒印花

将花纹图案雕刻在铜花筒上，花纹处腐蚀成凹陷的斜纹线或网纹，使印花时便于储糊，通过具有弹性的水压挤压，色糊便转移到织物上。它的优点是劳动生产率高，花纹形状不受限制；缺点是难以印出浓艳丰富的花纹，印花时张力较大，主要用于能承受较大张力且花纹变化较小的厚重织物。

2. 筛网印花

筛网印花是指将绢网或锦纶、涤纶筛网绷在金属或木制框架上，制成具有镂空花纹的筛网框，印花色糊透进筛网板印到织物上去。其特点是产品花纹精细活泼，色泽浓艳，层次分明，印花套数不受限制，织物承受的张力小，适合于受张力易变形的织物，如丝绸、锦纶等合纤织物。

3. 型版印花法

型版印花法是将纸版或金属板雕刻出镂空花型，印花时将花版覆于织物上，用小刮刀刮印花糊。其特点是应用灵活，刻花方便，深色花纹印得丰富活泼，但难以印出精细花纹，套色困难，适合于小批量生产。目前，其主要用于毛巾、被单等印花。

4. 数码印花

数码印花是 20 世纪 90 年代国际上出现的最新印花方法，是对传统印花技术的一次重大突破。数码印花是通过各种数字化输入手段如扫描仪、数码相机等，把所需图案输入计算机，经过计算机印花分色系统编辑处理后，再由专用软件驱动芯片控制喷印系统将染料直接喷印到各种织物或其他介质上，从而获得所需的印花产品。数码印花机省却了制胶片、制网、雕刻等一系列复杂工序及相应设备。通过计算机很方便地设计、核对花样和图案，并且不受图案颜色和套数的限制。但目前，数码印花机存在着印制速度慢、染料价格高等缺点。图 4–9 所示为数码印花产品的效果图。

图4–9 数码印花效果图

（三）特种工艺印花

随着技术的进一步开发与完善，不断出现了多种特种印花技术，如烂花印花、发泡立体印花、金银粉印花、涂料罩印花、静电植绒印花、转移印花、变色印花、金属箔印花、珠光印花、罩印花等。

1. 烂花印花

烂花印花是指利用各种纤维不同的耐酸性能，在混纺织物上印制含有酸性介质的色浆，使花型部位不耐酸的纤维发生水解，经水洗在织物上形成透空网眼花型效果。烂花织物常见的有烂花涤棉织物。涤棉混纺纱与包芯纱交织织物，包芯纱一般采用涤纶长丝为内芯，外面包覆棉纤维，通过印酸、烘干、焙烘或汽蒸，棉纤维被酸水解炭化，而涤纶不受损伤，再经过水洗，印花处便留下涤纶，形成半透明的花纹织物，如图 4-10 所示。

另一种是烂花丝绒。它的坯布底纹是真丝或锦纶，绒毛是黏胶长丝。当在这种织物上印酸，再经过干热处理，黏胶绒毛因水解或炭化被去除，而真丝因耐酸而不受破坏。经过充分洗涤，获得印花部位下凹，未印花处仍保持原来绒毛的烂花织物，如图 4-11 所示。

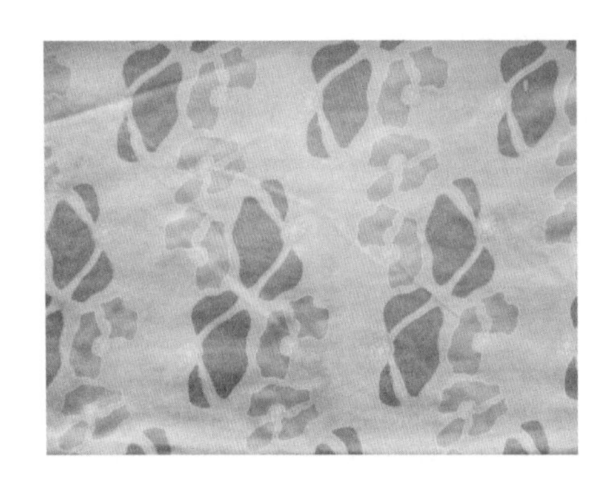

图4-10　烂花涤棉织物

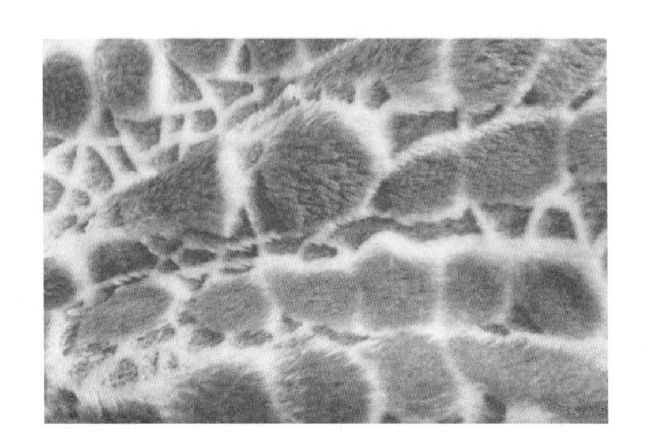

图4-11　烂花丝绒

烂花印花织物经水洗后便得到具有半透明视感、凹凸的花纹，可用作衣料以及窗帘、床罩、桌布等装饰性织物。

国外（日本、意大利、德国）开发的一种采用特殊涂料的印花浆，印制在织物上形成半透明效果的工艺，称为仿烂花印花。原理在于印花后，黏合剂填充于织物内部的空隙，使折射率降低，漫反射减少，在印花处得到透明效果，花纹具有深透感。

2. 发泡立体印花

将热塑性树脂和发泡剂混合，经印花后，采用高温处理，发泡剂分解，产生大量气体，使印浆膨胀，产生立体花纹效果，并借助树脂将涂料固着，获得各种色泽。发泡印花工艺最大的优点是立体感很强，印刷面突出、膨胀。广泛的运用在棉布、锦纶布等材料上。发泡印花效果如图 4-12 所示。

3. 金银粉印花

金粉印花是将铜锌合金与涂料印花黏合剂混合调制成色浆，印到织物上，产生闪亮的效果。为了降低金粉在空气中的氧化速度，应加入抗氧化剂，防止金粉表面生成氧化物而使色光暗淡或失去光泽。第三代金粉印花浆是由晶体包覆材料制成，即使长期暴露在空气中也不会发暗,其产品和手感也较铜锌合金粉好。银粉印花所用的银粉有两类:一类是铝粉,在色浆中也需加防氧化剂以防铝粉长期暴露在空气中失去“银光”；另一类为云钛银光粉,印制到织物上后非常稳定，各项牢度优良，并能保持长久的银色光芒。金银粉印花产品效果如图 4–13 所示。

图4–12　发泡印花效果图

图4–13　金银粉印花效果图

4. 涂料罩印花

涂料罩印花又称仿拔染印花，是以直接印花的方式将涂料在染色织物上获得酷似拔染印花效果的方法。涂料罩印分白罩印和彩色罩印，前者技术比较成熟，应用比较多；后者虽有产品应市，但往往对地色的遮盖性以及与色涂料拼混时的发色性或者手感等问题不能很好解决，尤其是大红色相经常出现失真现象，即黄光大红变成带粉色的红相。解决办法应采用优质黏合剂，配以颜色失真度最小的底粉制成印花浆，可在深地色织物上印制出手感柔软、牢度好的仿拔染印花织物。

5. 静电植绒印花

静电植绒印花是指在承印物表面上印涂黏合层，再把用作纤维短绒的纤维绒毛（大约 1/10~1/4 英寸）按照特定的图案粘着到织物表面的印花方式。静电植绒印花首先使用黏合剂（不像其他印花使用染料或涂料）在织物上印制图案，然后利用静电场作用，把纤维短绒结合到织物上，纤维短绒只会固定在曾施加过黏合剂的部位，从而获得类似平绒织物外观的印花效果。由于绒毛带相同负电荷，所以能彼此平行且与电力线也平行，而与织物表面垂直，被带正电荷的织物吸引，所以成直立状植到织物上，被黏合剂粘住。如果织物表面局部有黏合剂，则成局部植绒产品。静电植绒效果如图 4–14 所示。

6. 转移印花

转移印花先以印刷方法将染料制配成油墨印到纸上，然后将被加工织物和这种纸正面相贴，在一定的温度和压力下，把纸上染料转印到织物上去。转移印花除适用于合成纤维织物外,也可用于天然纤维纯纺及其混纺织物的印花。该方法具有较多的优点,包括不用水,无污水；工艺流程短，印后即是成品，不需要蒸化、水洗等后处理过程；花纹精细，层次丰富而清晰，艺术性高，立体感强，为一般方法印花所不及，并能印制摄影和绘画风格的图案；印花色彩鲜艳，在升华过程中，染料中的焦油被残留在转移纸上，不会污染织物；正品率高，转移时可以一次印制多套色花纹而无须对花；灵活性强，客户选中花型后可在较短的时间内印制出来。转移印花效果如图 4–15 所示。

图4–14 静电植绒印花效果图

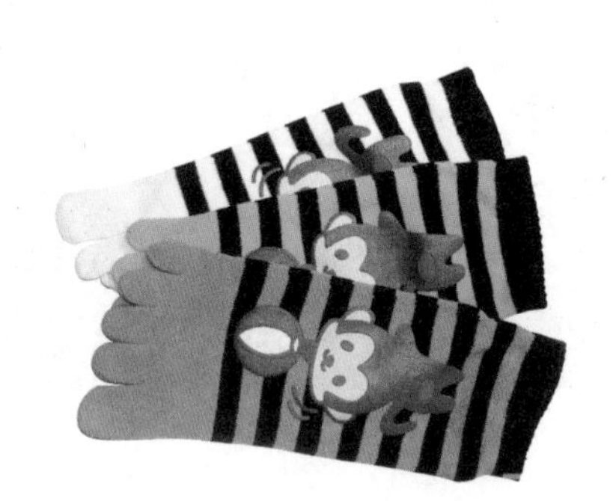

图4–15 转移印花效果图

7. 变色印花

变色印花具有动态效果，印花织物的色泽能随环境条件的变化而变色。变色体有光敏型、热敏型和湿敏型三种类型。变色印花效果如图 4–16 所示。

(a) 变色前

(b) 变色后

图4–16 变色印花效果图

8. 金属箔印花

近年来在国内外市场上十分流行，多用于制作妇女的上衣或裙子、阿拉伯妇女的头巾等，具有富丽华贵之感。其工艺不太复杂，只是一种特殊的黏合剂起到关键的作用。金属箔印花效果如图 4–17 所示。

9. 珠光印花

珠光有天然和人造之分，可从鱼鳞中提取人造珠光。珠光不需要光源激发、耐酸碱、耐高温。珠光印花显示珍珠般的柔和光彩、雍容华贵，具有优良的手感和牢度。珠光浆适用于各种纤维印花，既可单独使用，也可与涂料混用，产生彩色珠光。珠光印花效果如图 4–18 所示。

图4–17　金属箔印花效果图

图4–18　珠光印花效果图

除连续染色（轧染）和涂料浸染（匹染及成衣染色）方法的研究在现今应用比较活跃外，近年又发展了一些适合时尚、市场所需要的新工艺，如涂料染色印花一步固色法（即涂料染色→烘干→印花→焙烘）和涂料染色整理一步法（即染色烘干后的织物经树脂、防水、拒水、阻燃、涂层等加工后再焙烘的工艺），则可大大缩短工艺流程，节约能源，很有发展前途。

第三节　后整理

整理是织物在完成练漂、染色和印花以后，通过物理的、化学的或物理化学的加工过程，以改善织物的外观和内在品质，提高织物的服用性能或赋予织物某种特殊功能。由于整理工序常安排在整个染整加工的后道，故常称为后整理。后整理是赋予面料以色彩效果、形态效果（光洁、绒面、挺括等）和实有效果（不透水、不毡缩、免烫、不蛀、耐燃等）的技术处理方式，是纺织品“锦上添花”的加工过程。

后整理方法可分为机械物理整理和化学整理两大类，机械物理整理是利用水分、热量、压力或其他机械作用以达到织物整理的目的。其工艺特点是：组成织物的纤维在整理过程中不与任何化学药剂发生作用，如拉幅、轧光、起毛、机械预缩等。化学整理是采用一定的化学药剂以特定的方法施加在织物上，从而改变织物的物理或化学性能的整理。其特点是：组成织物的纤维在整理过程中与整理剂发生化学结合，如阻燃、拒水、防霉等。机械物理及化学联合整理即织物同时得到两种方法的整理效果，其工艺特点是：组成织物的纤维在整理过程中既受到机械物理作用，又受到化学作用，是两种作用的综合，如耐久性轧花、仿麂皮、耐久性硬挺等。

根据后整理的目的以及产生的效果的不同，又可分为一般整理、风格整理和功能整理。

一、后整理的目的

织物整理的目的大致可归纳为以下几个方面。

（1）使纺织品幅宽整齐均一，尺寸和形态稳定。如定（拉）幅、机械或化学防缩、防皱和热定型等。

（2）增进纺织品外观。包括提高纺织品光泽、白度，增强或减弱纺织品表面绒毛，如增白、轧光、电光、磨毛、剪毛和缩呢等。

（3）改善纺织品手感。主要采用化学或机械方法使纺织品获得诸如柔软、滑爽、丰满、硬挺、轻薄或厚实等综合性触摸感觉，如柔软、硬挺、增重等。

（4）提高纺织品耐用性能。主要采用化学方法，防止日光、大气或微生物等对纤维的损伤或侵蚀，延长纺织品使用寿命，如防蛀、防霉整理等。

（5）赋予纺织品特殊性能。包括使纺织具有某种防护性能或其他特种功能，如阻燃、抗菌、拒水、拒油、防紫外线和抗静电等。

面料后整理技术的发展朝着产品功能化、差别化、高档化、加工工艺多样化、深度化方向发展，并强调提高产品的服用性能，增加产品的附加值。近几年来，不断从其他技术领域引进借鉴各种新技术（如低温等离子体处理、生物工程、超声波技术、电子束辐射处理、喷墨印花技术、微胶囊技术、纳米技术等），以提高加工深度，获得良好的整理产品。随着人类对环境污染和破坏的关注，对健康越来越重视，提倡“低碳”经济，后整理技术要求进行环保“绿色”加工，生产“清洁”、“低碳”的纺织产品。

二、一般整理

面料的一般整理可以达到稳定尺寸、改善外观、改善手感、优化性能的效果，主要有以下几种。

1. 预缩

由于织物在纺织染整加工过程中，经纬纱受到不同的张力作用，积累了内应力。织物再度润湿时，随内应力的松弛，纤维或纱线的长度发生收缩，造成织物缩水。但造成织物缩水的另一主要原因在于纤维的异向溶胀，直径的增大比率比长度的增大比率大得多，所以，纱线必然随纤维溶胀而缩短，但直径增大的比率更多，迫使纱线以增加织缩来取得平衡，导致织物发生收缩。当织物自然干燥后，虽然纤维溶胀消失，但纱线之间由于摩擦牵制作用，仍使织物保持收缩状态。织物缩水还与其结构以及纤维的特性有关。

织物缩水导致服装变形走样，影响服用性能，给消费者带来损失，因此，需要对织物进行必要的防缩整理，一般包括机械预缩整理和化学防缩整理两种。机械预缩整理就是利用机械物理的方法调整织物的收缩，以消除或减少织物的潜在收缩，达到防缩的目的。化学防缩整理是采用某些化学物质对织物进行处理，降低纤维的亲水性，使纤维在润湿时不会产生较大的溶胀，从而使织物不会发生严重的缩水。

2. 拉幅

织物在印染加工过程中，经向受到的张力较大且较持久，而纬向受到的张力较少，这样就迫使织物的经向伸长，纬向收缩，产生如幅宽不匀、布边不齐、纬斜等问题。为了使织物具有整齐均一的稳定幅宽，并纠正上述缺点，在织物出厂前都需要进行拉幅整理。

拉幅是利用纤维素、蚕丝、羊毛等纤维在潮湿条件下所具有的可塑性，将面料幅宽逐渐拉宽至规定尺寸进行烘干，使面料形态得以稳定的工艺过程，也称为定幅整理。拉幅只能在一定的尺寸范围内进行，过分拉幅将导致织物破损，而且勉强拉幅后缩水率也达不到标准。

3. 上浆

上浆是利用具有一定黏度的高分子物质制成的浆液，将其浸轧在织物上形成薄膜，从而赋予织物平滑、厚实、丰满、硬挺的感觉。上浆整理也称硬挺整理。

上浆整理剂有天然浆料和合成浆料两大类。采用天然浆料上浆的织物，手感光滑、厚实、丰满，但硬挺效果不耐洗涤；采用合成浆料上浆的织物，可以获得较耐洗的硬挺效果。

4. 柔软

棉及其他天然纤维都含有脂蜡状物质，化学纤维上施加有一定量的油剂，因此都具有一定的柔软性。但织物在练漂、染色及印花加工过程中，纤维上的脂蜡质、油剂已去除，织物失去了柔软的手感，或因工艺控制不当，使染料等物质印染在织物上，造成手感粗糙发硬，故往往需对织物进行柔软整理。

织物柔软整理方法有机械整理法和化学整理法两种。目前多数采用化学方法进行整理。化学柔软整理主要是利用柔软剂来减少织物内纤维纱线之间的摩擦力和织物与人手之间的摩擦力，提高织物的柔软性。

5. 增白

利用光的补色原理增加纺织品的白度的工艺过程，又称加白。织物经过漂白后往往带有微量黄褐色色光，为了提高织物的白度，常使用两种增白方法：一种是上蓝增白法，另一种是荧光增白法。

6. 轧光、电光和轧纹

利用纤维在湿热条件下的可塑性将面料表面轧平或轧出平行的细密斜纹，以增进织物光泽的工艺过程。电光是使用通电加热的轧辊对面料轧光。轧纹是由刻有阳纹花纹的钢辊和软辊组成轧点。在热轧条件下，面料可获得呈现光泽的花纹。

7. 磨毛（磨绒）

用砂磨辊（或带）将织物表面磨出一层短而密的绒毛的工艺过程，称为磨毛或磨绒整理。磨毛（或磨绒）整理的作用与起毛（或拉绒）原理类似，都使织物表面产生绒毛。不同的是起毛一般用金属针布（毛纺还有用刺果的），主要是织物的纬纱起毛，且绒毛疏而长；磨绒能使经纬纱同时产生绒毛，且绒毛短而密。磨毛整理要控制织物强力下降幅度。磨毛织物具有柔软而温暖等特性。

8. 起毛

用密集的钉或刺将织物表层的纤维剔起，形成一层绒毛的工艺过程，称为起毛整理或拉绒整理，主要用于粗纺毛织物、腈纶织物和棉织物等。经起毛整理后的绒毛层可提高织物的保暖性，遮盖织纹，改善外观，并使手感丰满、柔软。将起毛和剪毛工艺配合，可提高织物的整理效果。

9. 剪毛

剪毛是指用剪毛机剪去织物表面不需要的绒毛的工艺过程。其目的是使织物织纹清晰、表面光洁，或使起毛、起绒织物的绒毛和绒面整齐。一般毛织物、丝绒、人造毛皮等产品，都需经剪毛工艺，但各自的要求有所不同。

10. 液氨整理

液氨整理是指用液态氨对棉织物进行处理，彻底消除纤维中的内应力，改善光泽和服用性能的工艺过程。同时，该整理可使织物减少缩水，增加回弹性、断裂强度和吸湿性，手感柔韧，弹性良好，抗皱性强，尺寸稳定，为洗可穿整理和防缩整理奠定了基础，是提高棉织物服用性能（特别是改善织物的缩水率）的一种重要方法。

11. 丝光整理

丝光整理是含棉织物在一定的张力作用下，经过浓烧碱处理，并在保持张力的情况下洗去烧碱的工艺过程。丝光使织物获得如丝一般的光泽，除此之外，织物的强力、延伸度和尺寸及形态稳定性也得到提高，纤维的化学反应能力和对染料的吸附能力也有了提高。所以，含棉织物的丝光是染整加工的重要工序之一。

12. 增重

在 18 世纪的欧洲，为了弥补真丝在精练后的重量损失，曾采用加重整理方法以维护商业利润和使用价值。用化学方法使丝织物增加重量的工艺过程称为增重整理。增重整理主要有锡加重法和单宁加重法。

13. 烧毛

烧毛是将织物迅速通过火焰或在炽热的金属表面擦过，烧去表面绒毛，使表面光洁平整、织纹清晰的工艺过程。烧毛的火焰温度通常在 900~1000℃，炽热金属板的表面温度也达 800℃，都高于各种纤维的分解温度或着火点。烧毛时，织物在一定的张紧状态下高速通过火焰，由于伸出表面的绒毛相对受热面积大，瞬时升温至着火点而燃烧，而织物本体升温速度并不如此迅速，所以很少受到影响。

14. 煮呢

煮呢是指羊毛织物在一定张力下用热水浴处理使之平整，且在后续湿处理中不易变形的工艺过程。其主要用于精纺毛织物整理，在烧毛和洗呢后进行。煮呢整理能使织物获得良好的尺寸稳定性，避免以后湿加工时发生变形、褶皱现象，手感也有改善。

15. 蒸呢

蒸呢是利用毛纤维在湿热条件下的定型性，通过汽蒸使毛织物形态稳定，手感、光泽改善的工艺过程。其主要用于毛织物及其混纺产品，也可用于蚕丝、黏胶纤维等毡织物。经蒸呢整理后的织物尺寸形态稳定，呢面平整，光泽自然，手感柔软而富有弹性。

16. 缩绒

羊毛纤维在湿热条件下，经机械外力的反复作用，纤维集合体逐渐收缩紧密，并相互穿插纠缠，交编毡化。因此，利用羊毛这种毡缩性使毛织物紧密厚实并在表面形成绒毛的工艺过程，称为缩绒整理或缩呢整理。缩绒可改善织物手感和外观，增加其保暖性。缩绒尤其适用于粗纺毛织物等产品。

17. 防毡缩

防毡缩是指防止或减少毛织物在洗涤和服用中收缩变形，使服装尺寸稳定的工艺过程。毛织物的毡缩是由于羊毛具有的鳞片在湿态时有较大的延伸性和回弹性，以致在洗涤搓挤后容易产生毡状收缩。防毡缩整理的原理是用化学方法局部侵蚀鳞片，改变其表面状态，或在其表面覆盖一层聚合物，致使纤维交织点粘着，从而去除了产生毡缩的基础。防毡缩整理织物能达到规定水平的，称为超级耐洗毛织物。

18. 热定型

热塑性纤维的织物在纺织过程中会产生内应力，在染整工艺的湿、热和外力作用下，容易出现折皱和变形。因此，在生产中（特别是湿热加工如染色或印花），一般都先在有张力的状态下用比后续工序微高的温度进行处理，即热定型，以防止织物收缩变形，以利于后道加工。

三、风格整理

在绝大多数情况下，服装的创新在于风格的创新。而风格又是决定审美和流行的要素，因此，风格设计历来为设计者所重视。随着新风格服装面料制造与整理方法的不断出现，新风格面料层出不穷，变化不胜枚举。下面介绍部分市场上流行的实现面料新风格的后整理方法。

1. 仿绸整理

丝绸具有轻、滑、透气性好和光泽强、得色浓艳等特点，历来被认为是一种高档织物；另一方面，却又存在其抗皱性能差、缩水较大、外形尺寸稳定性较差等缺点。因此，通过对合成纤维改性，使它们具有真丝外观风格和舒适性的同时，又具有合成纤维的保型性、免烫性与易保养的优点。

仿丝绸产品以涤纶为主。利用涤纶在较高温度和一定浓度氢氧化钠溶液中产生的水解作用，使纤维逐步溶蚀，织物重量减轻（一般控制为20%~25%），并在表面形成若干凹陷，使纤维的表面反射光呈现漫反射，形成柔和的光泽，同时纱线中纤维的间隙增大，从而形成丝绸风格的工艺过程，故也称为减重或减量、碱减量整理。

2. 仿鹿皮整理

鹿皮绒因其绒毛密集细腻，不损伤镜面，广泛用于光学等轻工业领域，后由于其手感丰满柔软，也大量用于猎装等外衣面料，其需求量日益增长。天然鹿皮来源有限，远远满足不了所需，仿鹿皮绒面料应运而生。

目前，仿鹿皮绒整理主要是采用超细涤纶变形丝做基布，经过浸轧聚氨酯乳液和磨毛，获得具有仿真效果的人造鹿皮。磨毛是直接关系到产品能否达到仿鹿皮效果的关键工序。

3. 人造毛皮

人造毛皮是属于针织范畴的一种新产品。它是由腈纶散纤维经染色后用作有色绒毛，并采用棉纱或腈纶纱作为底布，由针织大圆机织成。由于其酷似兽皮的外观而价格远低于真兽皮，并具有轻质、柔软、富弹性、耐磨耐洗、不蛀不霉、保暖性优良以及可根据产品用途要求任意裁取等许多优点，故广泛应用于衣料、鞋帽、手套，以及地毯、床罩、椅垫、玩具、靴衬和印刷等工业用品中。其工艺适应性广泛，可制成不同厚薄、不同毛长和不同花色，仿制成的老虎皮、骆驼毛、貂裘等皮毛几乎可达到以假乱真的地步。

4. 仿旧整理

20世纪80年代，随着“回归自然”思潮的兴起，人们开始追求服装的自然美，外观要不呆板，有一种自然泛旧的效果，穿着要舒适、随便、潇洒，不必精心维护，于是出现了各种仿旧整理的面料与服装。

水洗布是近年流行的一种服装面料，它来自石磨水洗牛仔服的启发。因为牛仔服最后要经洗衣机洗涤，并通过加浮石或化学试剂，在机械滚动下，达到局部磨白褪色的效果，产生一种自然旧的外观风格，所以，当今流行的牛仔服本质上也应属于仿旧整理的产品。水洗布最早是对棉布进行水洗加工，后来发展到加一些化学药品，如柔软剂或酶类，使棉织物具有自然旧的效果，而且不再缩水，手感柔软、穿着舒适。另外，加工对象也已从纯棉布发展到各类纤维。

砂洗织物最早是由意大利推出的，开始时采用细砂将丝绸磨洗而成砂洗绸。后来发展到利用化学药品进行洗涤，其原理是加膨化剂使纤维膨化，在洗衣机中经过机械摩擦使织物表面产生绒毛，同时加柔软剂，使手感柔软、弹性增加。另外，也可采用机械磨毛机进行加工，达到砂洗的效果。织物经砂洗后，外表有一层均匀细短的绒毛，绒毛细度小于其纤维的细度，使织物质地浑厚、柔软，且有腻和糯的手感，悬垂性好，弹性增加，洗可穿性改善。

四、功能性整理

纺织品除用于一般日常生活外，经过一些特殊的整理加工后，可以使其具有其他一些功能，提高其应用范围，如拒水、阻燃、防静电、防污等。这些功能一般纺织品并不具备，而是经过特殊整理方法获得的，这类整理方法称为功能整理。功能整理的内容较多，发展也较快，这里选择其中部分内容予以介绍。

1. 防皱整理

纯棉、黏胶纤维及其混纺织物具有许多优良特性，但织物弹性较差、易变形、易产生折皱等。织物产生折皱是由于在外力作用下，纤维弯曲变形，外力去除后未能完全复原造成的。为了克服上述缺点，常需要经过树脂整理。

所谓树脂整理是利用树脂来改变织物及纤维的物理和化学性能，提高织物防缩、防皱性能的整理工艺。树脂整理剂能够与纤维素分子中的羟基结合而形成共价键，或者沉积在纤维分子之间，和纤维素大分子建立氢键，限制了大分子链间的相对滑动，从而提高了织物的防缩、防皱性能。

2. 褶皱整理

褶皱整理是使织物形成各异且无规律的皱纹的工艺过程。其方法主要有：一是用机械加压的方法使织物产生不规则的凹凸折皱外观，如手工起皱、绳状轧皱、填塞等；二是运用搓揉起皱，如液流染色和转筒烘燥起皱等；三是采用特殊起皱设备，形成特殊形状的褶皱，如爪状和核桃状等。当今，褶皱整理的主要面料有纯棉布、涤棉混纺布和涤纶长丝织物等。

3. 拒水整理

拒水整理是运用化学拒水剂处理，改变纤维表面性能，使纤维的表面张力降低，致使水滴不能润湿表面的工艺过程。织物中纤维间和纱线间仍保留大量孔隙，使织物既能保持透气性，又不易被水润湿，适于制作风雨衣面料。

4. 拒油整理

拒油整理是用拒油剂处理织物，在纤维上形成拒油表面的工艺过程。经过拒油整理的织物，兼能拒水，并有良好的透气性。主要用于高级雨衣和特种服用材料。

5. 易去污整理

易去污整理是使织物表面的污垢容易用一般洗涤方法除去，并使洗下的污垢不至于在洗涤过程中回污的工艺过程。基本原理是用化学方法增加纤维表面的亲水性，降低纤维与水之间的表面张力，最好是表面的亲水层润湿时能膨胀，从而产生机械力，使污垢能自动离去。可以采用在织物表面浸轧一层亲水性高分子材料的方法。

6. 防霉防腐整理

防霉防腐整理是在纤维素纤维织物上施加化学防霉剂，以杀死或阻止微生物生长。为了防止纺织品在贮藏过程中霉腐，可用对产品色泽和染色牢度无显著影响、对人体健康也比较安全的水杨酸等防腐剂处理。

7. 防蛀整理

防蛀整理是针对毛织物易被虫蛀，而对毛织物进行化学处理，毒死蛀虫，或使羊毛结构产生变化，不再是蛀虫的“食粮”，从而达到防蛀的目的。

8. 抗菌防臭整理

抗菌防臭整理是采用对人体无害的抗菌物质，通过化学结合使它们能够保留在织物上，经过后来的缓慢释放达到抑菌的作用。最常用的方法是有机硅季铵盐法。

9. 抗紫外线整理

防紫外线整理可以通过增强织物对紫外线的吸收能力或增强织物对紫外线的反射能力，以减少紫外线的透过量。在对织物进行染整加工时，选用紫外线吸收剂和反光整理剂加工都是可行的，两者结合起来效果会更好，可根据产品要求而定。抗紫外线整理的方法主要有两种：浸轧法和涂层法。紫外线吸收剂也可以加入纺丝液制成防紫外线的功能性纤维。

10. 抗静电整理

合成纤维织物由于含湿量低、结晶度高等特性，容易产生和积累静电。抗静电整理是用化学药剂施于纤维表面，增加其表面亲水性，以消除或减轻纤维上的静电的工艺过程。其主要方法是在疏水性纤维表面形成导电层，使纤维表面亲水化，也可使纤维表面离子化。织物的抗静电整理的效果和持久性不如织造时用导电纤维、纱线来混纺或交织更有效。

11. 阻燃整理

某些特殊用途的织物，如冶金及消防工作服、军用纺织品、舞台幕布、地毯及儿童服装等，要求具有一定的阻燃功能，因此，需要对织物进行阻燃整理。纺织品经过阻燃剂处理后遇火不易燃烧，或离开火焰后即能自行熄灭，不发生阴燃，这种处理过程称为阻燃整理。

12. 涂层整理

涂层整理是在织物表面（或双面）均匀地涂上一层具有不同色彩或不同功能的涂层剂，从而得到丰富多彩的外观或特殊功能的产品。涂层剂的主要成分是一种高分子成膜材料，在其中增加一些添加剂，可使涂层织物具有各种各样的特殊性能。

13. 夜光整理

采用夜光涂层整理的织物可以制造一种特殊功能的服装，这种面料的制成品在无光或漆黑的夜晚能显现光亮标志。采用的光致发光固体，有无机和有机两种，主要是高纯度的硫化物。

14. 反光整理

采用玻璃微珠或彩色的透明塑料微球黏附在织物表面上的一种加工方法。通过反光整理后的织物在黑暗中遇到光束能产生定向反射。

15. **持久香味整理**

使织物能散发出特殊香味的整理，不仅使人在视觉和嗅觉上获得美的享受，还具有抑制衣物上的真菌、大肠杆菌等细菌功效。持久香味整理一般采用微胶囊法，即制作成香精微囊，在使用的过程中，香味会缓慢地从微囊中释放出来。

思考题

1. 结合实际阐述服装材料的整理对于服装及其材料的影响分析。
2. 请结合实际，阐述面料后整理的含义与意义。
3. 列举你生活中见到的仿旧服装及其有何特色。
4. 你能分辨树脂整理与涂层整理的面料吗？请举例说明。
5. 试述织物印花的分类。

应用理论及专业技能——

服装用毛皮与皮革

教学内容： 1. 毛皮。

2. 皮革。

上课时数： 3课时。

教学提示： 1. 主要阐述毛皮与皮革的主要种类和特性，真假毛皮和皮革的区分，以及毛皮和皮革在服装中的应用等内容。分析毛皮和皮革的质量评定方法。

2. 指导学生对织物收集和调研作业进行交流和讲评。

教学要求： 1. 使学生掌握服装中常用的毛皮和皮革材料以及它们的特性和应用。

2. 使学生掌握区分真假毛皮和皮革的方法。

课前准备： 教师准备天然和人造毛皮和皮革的图片和样品。

第五章　服装用毛皮与皮革

毛皮与皮革是珍贵的服装材料。一般将带毛鞣制后的动物天然毛皮称为毛皮，又称为裘皮，而把由动物毛皮经加工除去动物毛并鞣制而成的光面或绒面皮板称为皮革。裘皮是防寒服装的理想材料，取其保暖、轻便、耐用且华丽高贵的品质。皮革经过染色处理后可得到各种外观风格，深受人们的喜爱。近年来，毛皮与皮革服装成为秋冬高端服装的主流。

第一节　毛皮

一、天然毛皮

裘皮服饰在我国有很长的历史，商代甲骨文中已有表现“裘之制毛在外”的象形字。动物毛皮（俗称生皮）是裘皮的原料，原皮取自大动物的称为“hide”或“pelt”，取自小动物的称为“skin”。经过化学处理和技术加工，成为既柔软又御寒的熟皮。用于制作服装、披肩、帽子、衣领、手套以及靠垫、挂毯和玩具等制品。

（一）毛皮的结构与组成

天然毛皮主要来源于毛皮兽。一般兽毛皮由毛被和皮板组成。

1. 毛被的组成

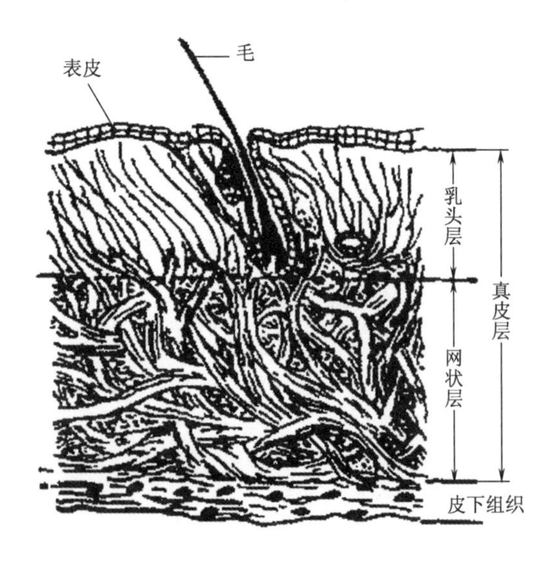

图5-1　皮板纵切面结构

毛被由针毛、绒毛和粗毛等三种体毛构成，它随着毛的生长过程而变换。针毛生长数量少，是长而伸出到最外部的毛，呈针状，具有一定的弹性和鲜丽的光泽，给毛皮以华丽的外观；绒毛生长数量多，是在针毛、粗毛下面密集生长着的纤细而柔软的毛，主要起保持调节体温的作用，绒毛的密度和厚度越大，毛皮的防寒性能就越好；粗毛的数量和长度介于针毛和绒毛之间，毛多呈弯曲状态，具有防水性和表现外观毛色和光泽的作用。鉴于动物种类不同，这几种毛组成比例不同，因而使毛皮的质量存在高低、好坏之差异。

2. 皮板的结构

皮板由表皮层、真皮层和皮下层组成（图 5–1）。表皮层很薄，主要起保护动物体免受外来伤害的作用，其牢度很低。真皮层一般由乳头层与网状层组成。不同的动物，这两层的相对厚度不一样，纤维的结构与紧密度也不同。皮下组织是动物体与动物皮之间相互联系的疏松组织，其中含有大量脂肪以及血管、淋巴管等。

（二）毛皮的加工

中国传统的制裘工艺早在距今 3000 多年前商朝末期就形成了，商朝丞相比干是中国历史上最早发明熟皮制裘工艺的人。人们通过硝熟动物的毛皮来制作裘皮服装，并且“集腋成裘”制作成一件华丽的狐裘大衣，所以北方一直习惯称作“裘皮”，比干也被后人奉为“中国裘皮的鼻祖”。

毛皮加工包括鞣制和染整。鞣制是带毛生皮转变成毛皮的过程。鞣制前通常需要浸水、洗涤、去肉、软化、浸酸，使生皮充水、回软，除去油膜和污物，分散皮内胶原纤维。染整是对毛皮进行整饰，包括染色、褪色、增白、剪绒和毛革加工等。

1. 准备工序

准备工序是指清除油污和脏物、乳肉、乳油，增加皮板水分含量。包括浸水、洗涤、削里、毛被脱脂（乳化法、吸附法、酶法、萃取法）、浸酸软化。

2. 鞣制工序

鞣制工序改善毛皮质量，提高皮板的稳定性和牢度。包括铬鞣法、铬—铝鞣法、醛鞣法、油鞣法、干鞣法。绵羊皮通常采用醛—铝鞣；细毛羊皮、狗皮、家兔皮采用铬—铝鞣；水貂皮、蓝狐皮、黄鼠狼皮一般采用铝—油鞣。为了使毛皮柔软、洁净，鞣后需水洗、加油、干燥、回潮、拉软、铲软、脱脂和整修。鞣制后，毛皮应软、轻、薄，耐热、抗水、无油腻感，毛被松散、光亮、无异味。

3. 染色与整理工序

染色后整理使皮板坚牢、轻柔，毛被光洁、艳丽。包括加油、干燥、洗毛、拉软、皮板磨里、毛被整理。

（三）毛皮的分类

1. 按季节分

分为春皮、夏皮、秋皮、冬皮。

2. 按毛的外形分

分为直毛皮和曲毛皮。

3. 按毛的长短分

分为长毛和短毛。

4. 按毛的粗细分

分为粗毛和细毛。

5. 按生活环境分

分为陆地动物皮毛和海产动物皮毛。

6. 按饲养方法分

分为家养动物皮毛和野生动物皮毛。

（1）家养动物皮：主要有羊皮类、家兔皮、狗皮、家猫皮、牛犊皮和马驹皮等。

（2）野生动物皮：主要有水貂皮、狐狸皮、紫貂皮、貉子皮、黄鼠狼皮和麝鼠皮等，此外，还有旱獭、猞猁、水獭、艾虎、灰鼠、银鼠、竹鼠、海狸、猸子、毛丝鼠、扫雪貂、獾、海豹、虎、豹等兽皮。

7. 按皮板厚薄、毛被的长短及外观质量分

分为小毛细皮、大毛细皮、粗毛皮和杂毛皮。

（1）小毛细皮：珍贵毛皮，毛短细密柔软，用于制毛皮帽、大衣等。主要有紫貂皮、水獭皮、扫雪皮、黄鼬皮、灰鼠皮、银鼠皮、麝鼠皮、香狸皮、海狸鼠皮、旱獭皮、水貂皮、猸子皮、小灵猫皮等。

（2）大毛细皮：较珍贵的长毛毛皮，用于制皮帽、大衣、斗篷等。主要有狐皮、貉子皮、猞猁皮、獾皮、狸子皮、青徭皮。

（3）粗毛皮：中档毛皮，用于制帽、大衣、马甲、衣里、褥垫等。主要有羊皮、狗皮、狼皮、豹皮等。

（4）杂毛皮：皮质稍差的低档毛皮，用于制衣、帽及童大衣等。主要有猫皮、兔皮等。

（四）毛皮的主要品种与特点

用作服装材料的毛皮，以具有密生的绒毛、厚度厚、重量轻、含气性好为上乘。就服装用毛皮来说，主要有以下种类。

1. 水貂皮

皮板紧密，强度高，针毛松散、光亮，绒毛细密，属小型珍贵细皮，有“裘皮之王”的美称。适宜制作翻毛大衣、皮帽、夹克、披肩、斗篷及围巾等，以美国标准黑褐色水貂皮和斯堪的纳维亚沙嘎水貂皮质量最佳。彩貂皮有白色、咖啡色、棕色、珍珠米色、蓝宝石色和灰色等，颜色纯正，针毛齐全，色泽美观者价值最高。水貂现已大量人工养殖。

2. 紫貂皮

又称黑貂皮，稀少而珍贵，毛细密、柔软，呈黑褐色或灰褐色。俄罗斯年产紫貂皮约14.5万张，以西伯利亚紫貂皮的质量最佳。中国、蒙古、朝鲜半岛均有分布。其针毛粗、长、亮，毛被绵软，绒毛稠密，质软坚韧，为高级毛皮。用于服装的外套、长袍、披肩等。

3. 狐狸皮

狐狸皮主要品种有北极狐、赤狐、银黑狐、银狐（玄狐）、十字狐和沙狐皮等。北极

狐又称蓝狐，有白色和浅蓝色两种色型。蓝狐皮毛被蓬松、稠密、柔软，底绒呈带蓝头的棕色，针毛呈蓝红到棕色，板质轻软，有韧性。蓝狐在欧洲、亚洲及北美接近北冰洋地带均有分布。赤狐即红狐，毛呈棕红色。美国产红狐狐毛稠密，有丝光感，在红狐皮中价值最高。亚洲北部的堪察加红狐皮最漂亮。银黑狐皮和蓝狐皮价值昂贵，银黑狐现已大量人工饲养。狐皮的毛色光亮艳丽，属高级毛皮。多用于女用披肩、围巾、外套、斗篷等。

4. 水獭皮

水獭皮的毛被密生着大量的绒毛，其中含有粗毛，属针毛劣而绒毛好的皮种，其皮板坚韧有力。多用于长、短大衣、毛皮帽等。

5. 貉子皮

貉子皮的毛被长而蓬松，针毛尖端呈黑色，底绒丰厚，呈灰褐色或驼色。保暖效果良好，手感亦柔滑，并带有自然光泽。是高档品牌中装饰棉袄帽檐运用最多的皮毛。中国有七个亚种，年产量超过 10 万张。北貉子皮的质量比南貉子皮好。乌苏里子皮质量最优。

6. 黄鼠狼皮

黄鼠狼皮板薄，毛绒短，呈均匀的黄色。中国东北、内蒙古东部所产黄鼠狼皮称元皮（圆筒式剥皮），年产量约 250 万张。西伯利亚元皮质量最优，毛柔软，有丝光感，适于仿染紫貂色、水貂色。其适合制作裘皮服装、皮领、服装镶边等。

7. 麝鼠皮

麝鼠皮又称水老鼠皮、青根貂皮，毛被呈深褐色，底绒细密，针毛稀疏而光亮，制品保暖耐用。可拔去针毛、剪毛、染色，生产仿海豹皮。其产于美国、加拿大、中国和俄罗斯。可制作裘皮大衣、皮帽、皮领及皮褥等。

8. 旱獭皮

旱獭皮毛呈棕黄色，不光滑，产于德国、中国（内蒙古、新疆、青海）、俄罗斯，以西伯利亚旱獭皮最著名，可制作长短大衣、皮帽等。

9. 猞猁皮

猞猁皮毛绒厚，呈棕灰色，皮板软而厚，保暖性强，坚实耐用，价值极高，以产于哈德逊湾和瑞典的猞猁皮最优。适宜制作各式皮衣、皮帽和皮领等。

10. 羊皮类

羊皮包括绵羊皮、小绵羊皮、山羊皮和小山羊皮。

（1）绵羊皮：分粗毛绵羊皮、半细毛绵羊皮和细毛绵羊皮。粗毛绵羊皮毛粗直，纤维结构紧密，如中国内蒙古绵羊皮、哈萨克绵羊皮和西藏绵羊皮等。巴尔干绵羊皮多为粗毛绵羊皮。中国的寒羊皮、月羊皮及阗羊皮为半细毛绵羊皮。细毛绵羊皮毛细密，纤维结构疏松，如美丽奴细毛绵羊皮和澳大利亚细毛绵羊皮。经杂交的改良种细毛绵羊皮以中国新疆细毛绵羊皮和东北细毛绵羊皮著名。绵羊皮属中档毛皮，其毛被毛多呈弯曲状，粗毛退化后成绒毛，光泽柔和，皮板厚薄均匀、不板结。主要用来做帽、坎肩、衣里、褥垫等。

（2）小绵羊皮：又称羔皮，主要产自俄罗斯、阿富汗等国。其毛被花弯绺絮多样，无针毛，整体为绒毛，色泽光润，皮板绵软耐用，为较珍贵的毛皮。一般用于外套、袖窿、衣领等。中国张家口羔皮、库车羔皮、贵德黑紫羔皮，毛被呈波浪花纹的浙江小湖羊皮，毛被呈 7~9 道弯的宁夏滩羔皮和滩毛皮，均在世界上享有盛誉。波斯羔皮又称卡拉库尔皮，中国称三北羔皮，毛呈黑色、琥珀色、白金色、棕色、灰色及粉红色等，以毛被呈卧蚕形花卷者价值最高。

（3）山羊皮：中国内蒙古山羊绒皮，皮板紧密，针毛粗长，绒毛稠密。

（4）小山羊皮：又称猾子皮，有黑猾皮、白猾皮和青猾皮之分。中国济宁青猾皮驰名中外。

11. 狗毛皮

狗毛皮特点是针毛峰尖长，毛厚板韧，颜色甚多，一般用在衣里、帽子以及被褥上。

12. 兔毛皮

兔毛皮有本种兔皮、大耳白兔皮、大耳黑油兔皮、獭兔皮、安哥拉兔皮等。皮板薄，绒毛稠密，针毛脆，耐用性差，毛色较杂，色泽光润，手感非常柔滑。属低档毛皮，可用于衣帽及童大衣等。

（五）毛皮的质量与性能

毛皮的质量与许多因素有关，同一种类的毛皮由于其产地、捕获季节、生活环境、性别与年龄的区别，其质量也有所不同。对毛皮的质量判定，要观察毛被的色彩、光泽、疏密、长短、粗细，皮板的大小、软硬、厚薄、损伤情况、物理力学性能等。

1. 毛被的疏密度

毛被的疏密度是指单位面积上毛的数目和毛的细度。其决定毛皮的御寒能力、毛被的耐磨性和外观质量。毛密绒足的毛皮价值高，其质量随动物品种、动物的部位以及取皮的季节有关。

2. 毛被的颜色和色调

毛被的颜色和色调取决于毛被的种类和毛皮的等级，决定毛皮的价值。通常，同一动物的毛被往往有不同的色调，毛皮的背脊部位色泽较深，花纹明显，由脊部向两肋，颜色逐渐变浅，腹部最浅。

3. 毛的长度

毛的平均伸直长度，决定毛被的高度和毛皮的御寒能力。

4. 毛被的光泽

毛被光泽取决于鳞片层的构造、针毛质量、生长环境及皮脂腺分泌物的油润程度。光泽以柔和、有油润感的为最好。一般，栖息在水中的毛皮兽的毛被较好。

5. 毛被的弹性

毛被的弹性取决于原料皮毛被的弹性和加工方法。以弹性好、柔软的毛被为好，弹性差的毛受压或折叠后长时间不能恢复，从而影响外观，也易成毡。

6. 毛被的柔软度

毛被的柔软度取决于毛的长度、细度、兽龄及有髓毛和无髓毛的数量之比。服装用的毛皮以毛被柔软为好。

7. 毛被的成毡性

由于毛干鳞片层的存在，使毛在外力作用下散乱纠缠。毛细而长，天然卷曲强的毛被成毡性强。

8. 皮板的厚度、弹性、强度

皮板的厚度、弹性、强度决定毛皮的强度、御寒能力和重量。以厚而弹性好、强度高的毛皮质量为好。

9. 毛与皮板结合的牢度

毛与皮板结合的牢度取决于动物种类、毛深入真皮中的程度、毛在皮板中被真皮纤维包围的紧密程度以及在取皮以后生皮的保存方法等。易掉毛的毛皮质量较差。

10. 毛皮的损伤情况

毛皮的损伤情况是指在动物生长和皮板加工过程中，造成毛皮的一定损伤，影响毛皮的质量，如光板、掉毛、虫害等。

11. 毛皮的物理力学性能

毛皮的物理力学性能主要有抗张强度、耐磨性、毛被坚牢度、弹性、延伸性、坚韧性等。

12. 毛皮的服用性能

优良皮毛的皮板有良好的吸湿性，毛被具有极好的保暖性和防风性能，并且质地轻、软、膨松、外观美丽豪华。

通常鉴定毛皮质量好坏，归纳起来可用四个字概括，即看、吹、摸、抓。看毛皮的花纹、光泽及色彩；吹毛的松软程度与绒毛的细密程度；摸毛皮光滑、细腻或粗糙情况；抓皮的柔软程度。优质毛皮的毛被松软、光洁，外表美丽，有良好的保暖性；皮板柔韧，有弹性、可塑性及吸湿透气性。一般冬季产的毛皮质量好，针毛的毛尖柔软，底绒密足，皮板厚壮。发育最好的是耐寒的背部和两肋的毛皮。一般细毛、长毛显得柔软，短绒柔软。一般成年兽毛绒最丰满，接近老年时，毛绒逐渐退化。栖息水中的毛皮兽的毛绒细密、柔软、光洁；栖息山中的野生动物毛皮色彩优美，毛厚板壮；而混养家畜的毛皮含杂质较多，毛显粗糙。

二、人造毛皮

做工精细的高档裘皮服装，是富有、高贵的身份象征。为了扩大毛皮资源，降低毛皮的成本，人造毛皮服装更多地占据了裘皮市场。使用人造毛皮可以简化服装制作工艺，增加花色品种，而且价格较低，易于保存。另外，由底布和绒毛组成的人造毛皮具有天然毛皮的外观，在服用性能上也与天然毛皮接近，是极好的裘皮代用品。

（一）人造毛皮的制造

1. 针织人造毛皮

针织人造毛皮是在针织毛皮机上采用长毛绒组织，由腈纶、氯纶或黏胶纤维做毛纱，用涤纶、锦纶或棉纱为地纱，在织物表面形成类似于针毛与绒毛的层结构。其外观类似于天然毛皮，且保暖性、透气性和弹性均较好。

2. 机织人造毛皮

机织人造毛皮是以毛纱或棉纱做经纬纱、羊毛或腈纶等低捻纱做毛绒在毛绒织机上采用双层结构织成的经起毛组织，经割绒后在织物表面形成毛绒。这种人造毛皮的绒毛固结牢固，毛绒整齐、弹性好，保暖与透气性可与天然毛皮相仿，但生产流程长。

3. 人造卷毛皮

人造卷毛皮是采用胶黏法，在各种机织、针织或无纺织物的底布上粘满仿羔皮的卷毛纱线，从而形成天然毛皮外观特征的毛被。其表面有类似天然的花绺花弯，毛绒柔软，质地轻，保暖性和排湿透气性良好，不易腐蚀，易洗易干，被广泛地用在各个方面。

（二）人造毛皮的分类

1. 按加工方式分

人造毛皮分为机织人造毛皮、针织人造毛皮、非织造人造毛皮。

2. 按绒面外观分

人造毛皮分为平剪绒、长毛绒、仿裘皮、仿羔皮、仿水獭皮等仿动物毛皮类。

3. 按服用档次分

人造毛皮分为高档流行色人造毛皮、高档仿天然裘皮、中档提花平剪绒毛皮、低档素色平剪绒毛皮。

（三）人造毛皮的特点

人造毛皮风格独特，毛绒整齐，毛色均匀，花纹连续，光泽和弹性良好，质轻保暖，排湿透气，抗霉防蛀，易于收藏，价低，可水洗。其缺点是防风性较差，易脱毛或打结。人造毛皮保暖性虽不及真毛皮，但轻柔、美观，可制成仿兽毛美观花纹，且可进行干洗和防燃处理。常用于大衣、服装衬里、帽子、衣领以及玩具、褥垫、室内装饰物和地毯等产品。

三、天然毛皮与人造毛皮的区别

1. 烧

揪一根毛用火点燃，若立即炭化为黑色灰烬，并伴随有烧毛发气味，是天然毛皮；如立即熔化，并有一股塑料味，则为人造毛皮。

2. 看

拨开毛被看毛与皮连接处，若每一个毛囊有三到四根毛均匀地分布在皮板上，是天然毛皮；如有明显的经纬线或布基形状，是人造毛皮。

3. 拉

用力提拉毛被，拉不动为天然毛皮；能拉起者为人造毛皮。

4. 验

对光验毛，天然毛皮毛被有较长且硬的针毛、较粗硬的刚毛和柔软的绒毛，各种毛的长度不等，整张毛皮不同部位的长度、密度、手感均有区别；而人造毛皮一般毛被齐整，且光泽较粗糙。

第二节 皮革

皮革自古以来就是人们非常熟悉、亲近的天然服用材料。由动物皮中的真皮组织的生皮制成皮革，具有其他天然服用材料所没有的组织结构和服用性能，作为服装材料使用已有着悠久的历史。一般经鞣制后的皮革也被称为“皮草”。

一、天然皮革

天然皮革是将动物的生皮经脱毛和鞣制等物理、化学加工处理后变性成为不易腐烂的动物皮。皮革是由天然蛋白质纤维呈网状交错而构成，其表面有一层特殊的粒面层，具有自然的粒纹和光泽，手感舒适。

（一）皮革的结构

1. 表皮

表皮位于毛发之下，紧贴在真皮的上面，由不同形状的表皮细胞排列组成。表皮的厚度随着动物的不同而异。例如，牛皮的表皮厚度为总厚度的 0. 5%~1. 5%，绵羊皮和山羊皮为 2%~3%，而猪皮则为 2%~5%。由蛋白质角质素所构成的表皮，由于新陈代谢的作用而经常脱落，无法成为革，在制革过程中必须将之去除。

2. 真皮

真皮位于表皮之下，介于表皮与皮下组织之间，是生皮的主要部分。其重量或厚度约占生皮的 90% 以上。真皮层是原料皮的基本组成部分，也是鞣制成皮革的部分，分上下两层。上层的乳头层具有粒状构造，形成皮革表面的“粒面效应”。下层的网状层主要由胶原纤维、弹性纤维和网状纤维呈网状交错而构成，有如铰链之功用，其厚度占整个皮革的 60%~90%，起使皮革结实、有弹性、能整体抗击外来冲击的作用。

3. 皮下层

皮下层的主要成分是脂肪，非常松软，制革工序中要除去。

（二）皮革的加工过程

皮革原是人类食用动物肉后所得的副产品，割除肌肉后剩下的皮，在经过鞣制处理（剔除脂肪、脏污等废物，使皮能防腐、耐热和具有柔软性的一连串作业）后，才能成为实用的皮革。

动物革制成成品皮革需经的工序有：生皮→浸水→去肉→脱脂→脱毛→浸碱→膨胀→脱灰→软化→浸酸→鞣制→剖层→削匀→复鞣→中和→染色加油→填充→干燥→整理→涂饰→成品皮革。成品皮革是一种固定、耐用的物质，具有柔软、坚韧、遇水不易变形、干燥不易收缩、耐湿热、耐化学药剂等性能，有透气性好和防老化等特殊优点。

（三）皮革的分类

1. 按来源分

可分为兽皮革（牛、羊、猪、马、鹿、麂、羚羊）、海兽皮革（海猪）、鱼皮革（鲨鱼、鲸、海豚、海豹、河马）、爬虫皮革（蛇、鳄鱼、蜥蜴）。

2. 按用途分

可分为服装用革（正面革和绒面革）和鞋用革（鞋面革、底革、鞋里革、内底革）、球革、箱包革、装具革、工业用革、国防用革等。

3. 按张幅和重量分

可分为轻革和重革。一般用于鞋面、服装、手套等用革，称为轻革，按面积计量；用较厚的动物皮经植物鞣剂或结合鞣制，用于皮鞋内、外底以及工业配件等用革称为重革，按重量计量。

4. 按鞣制方法分

可分为铝鞣革、油鞣革、铬鞣革、植鞣革、醛鞣革和结合鞣革等。

5. 按层次分

可分为头层革和二层革。

（1）头层革：由各种动物的原皮直接加工而成，或对较厚皮层的牛、猪、马等动物皮脱毛后横剖成上下两层，将纤维组织严密的上层部分加工成各种头层革。

（2）二层革：是纤维组织较疏松的下层部分，经过涂饰或贴膜等系列工序加工而成。这类皮革比较硬，容易折断，延伸度不够，牢度、耐磨性较差，是同类皮革中比较廉价的一种。

因此，区分头层皮和二层皮的有效方法，是观察皮的纵切面纤维密度。头层皮由又密又薄的纤维层及与其紧密连在一起的稍疏松的过度层共同组成，具有良好的强度、弹性和工艺可塑性等特点。二层皮则只有疏松的纤维组织层，只有在喷涂化工原料或抛光后才能用来制作皮具制品。它保持着一定的自然弹性和工艺可塑性的特点，但强度较差，其厚度要求同头层革一样。

6. 按性能分

皮革按性能可分为粒面革、绒面革、修面革、贴膜革、复合革、涂饰性剖层革等。

（1）粒面革：分为全粒面革和半粒面革。在诸多的皮革品种中，全粒面革居榜首，因为它是由伤残较少的上等原料皮加工而成，革面上保留完好的天然状态，涂层薄，能展现出动物皮自然的花纹美。

①全粒面皮革：分为软面革、皱纹革、正面革等。特性为完整保留粒面，毛孔清晰、细小、紧密、排列不规律，表面丰满细致，富有弹性，并有良好的耐磨、透气性，是一种高档皮革。因此，其制成的皮革产品，舒适、耐久且美观。

②半粒面革：在制作过程中经设备加工、修磨成只有一半的粒面。它保持了天然皮革的部分风格，毛孔平坦呈椭圆形，排列不规则，手感坚硬，一般选用等级较差的原料皮，属中档皮革。因工艺的特殊性使其表面无伤残及疤痕且利用率较高，其制成品不易变形，所以一般用于面积较大的公文箱类产品。

（2）绒面革：表面呈绒状的皮革。利用皮革正面（生长毛或鳞的一面）经磨制成的称为正绒，利用皮革反面（肉面）经磨成的称为反绒，利用二层皮革制成的称为二层绒，由于绒面革没有涂饰层，其透气性能较好，柔软性较为改观，但其防水性、防尘和保养性变差，没有粒面的正绒革坚牢性变低。绒面革制成品穿着舒适，卫生性能好，但除了油鞣法制成的绒面革外，绒面革易脏，不易清洗和保养，主要用于皮鞋、皮服装、皮包和手套制作。

（3）修面革：利用磨革机将粒面表面部分磨去，以减轻粒面瑕疵的影响，然后通过不同整饰方法造出一个假粒面，以模仿全粒面皮的皮革。世界皮革产量的18%属于这种皮革。这种皮革经过较多的加工，如磨砂、打磨、压花、涂颜料来掩饰原有的瑕疵，虫咬、铁丝网的擦伤、角伤等在涂饰前可用磨砂去掉。另外，修面革有头层修面革和二层修面革之分，其表面薄膜多数以各种化学材料配制成的涂饰液经多次涂饰及压制某些花纹而成。修面革主要是弥补材料表面不足，其透气性差，坚牢性低，耐折性抗老化性降低，穿用不如全粒面革舒适，但其抗水性好，易于清洁和保养。修面革特性为表面平坦光滑无毛孔及皮纹，在制作中表层粒面做轻微磨面修饰，在皮革上面喷涂一层有色树脂，掩盖皮革表面纹路，再喷涂水性光透树脂，所以也是一种高档皮革。特别是亮面牛皮，其光亮耀眼、高贵华丽的风格，是时装皮具的流行皮革。

（4）贴膜革：也称移膜革。将涂上有色聚氨酯薄膜及黏合剂的离型纸粘贴于剖层革表面，经熨烫、干燥、冷却后，剥去离型纸，即在革面留下一层类似天然粒面图纹的假粒面，用以改善剖层革的外观，提高使用价值和增加附加值，但穿用时卫生性能较差。主要用于制作皮鞋面、运动鞋面或皮包等。

（5）复合革：在剖层皮上复合一层橡胶膜，有很好的耐化学性、耐久性，适合于作靴类鞋。

（6）涂饰性剖层革：在剖层皮上加上着色树脂层。

（四）皮革的主要品种与特点

目前，主要用于服装革的原料皮多以牛、猪、羊、马、鹿皮等为主。

1. 牛皮革

牛皮革纹理细致、坚韧、耐磨、耐折，吸湿、透气性能良好，常用于皮衣、皮包、皮鞋等。最主要的牛皮原料是黄牛革。皮革表面毛孔呈圆形，毛孔密而均匀，排列不规则，粒面磨光后光亮度较好，而绒面革的绒细而密。皮革因牛身上的部位不同，质量差异较大。脊部中心皮皮质最好，真皮层厚而均匀、毛孔细密、分布均匀、坚实致密；头颈皮有明显的皱皮，皮层厚度不均，毛孔大小不一；腹部皮革的肌纤维较粗糙、柔软、容易延展；侧边皮真皮层薄，毛孔稀而大，结构松弛。牛皮革包括水牛皮和小牛皮。水牛皮革较黄牛革厚，毛孔粗大，毛孔的数量也比黄牛皮革少，粒面粗糙，组织结构较松散，不如黄牛革丰满细腻。小牛皮柔软、轻薄、粒面致密，是制作服装的好材料。

2. 猪皮革

猪皮革的真皮组织结构紧密，粒面层厚实，耐折耐磨，不易断裂。毛根深且穿过皮层到脂肪层，因而皮革毛孔有空隙，透气性优于牛皮；但皮质粗糙、弹性欠佳，粒面凹凸不平，毛孔粗大而深，明显地集三点成一小组则是猪皮革独有的风格。因档次不高，主要用于服装衬料、手套、制鞋业等。

3. 山羊皮革

山羊皮革皮身较薄，真皮层的纤维皮质较细、在表面上平行排列较多，组织较紧密，所以表面有较强的光泽，且透气、柔韧、坚牢。粒面毛孔呈扁圆形斜伸入革内，粗纹向上凸，几个毛孔为一组呈鱼鳞状排列。用于制作外套、运动上衣等。

4. 绵羊皮革

绵羊皮革表皮薄，粒面层较厚，甚至超过网状层。因网状层的胶原纤维束较细，排列疏松，其成品革手感滑润，透气性、延伸性和弹性较好，但强度稍差。广泛用于服装、鞋、帽、手套、背包等。

5. 马皮革

马皮革毛孔稍大，呈椭圆形，斜伸入革内，呈波浪形排列。前身皮较薄，结构松弛，手感柔软，吸湿透气性好，可用于服装和箱包。后背部分的皮质细密坚实，可用作鞋底革。

6. 鹿皮

鹿科动物的皮，具有柔软、结实、美观、耐水、重量轻、韧性足、延伸性大等特点，是制作高档真皮服饰以及高档装饰的优质材料。

7. 麂皮

野生动物麂的皮，皮质粗糙、毛孔粗大、粒面伤残较多，不适合做光面革。但皮质厚实，纤维组织也较紧密，是加工绒面革的上等皮料。经磨绒后，绒面细密，柔软光洁，吸湿透气性好，坚韧耐磨。用于高档服装、鞋帽等设计制作中，现因产量有限常用优质山羊皮、绵羊皮、鹿皮代替。

8. 鸵鸟皮革

鸵鸟皮革属世界名贵的优质皮革之一，其皮革制品历来被认为是品位、富有和地位的象征。皮革表面有突显的圆形颗粒毛孔，柔软、质轻、拉力大（是牛皮的3~5倍）、透气性好、耐磨、不易老化。可加工成高档皮鞋、皮带、皮包等。

此外，蛇皮革、鳄鱼皮革等也常用于服装以及装饰用具等的加工制作。

（五）皮革的质量评定

服装革的质量要求可用七个字概括："轻、松、软、挺、滑、香、牢"。即重量轻，纤维疏松，革身丰满柔软、平挺，有一定弹性，手感滑爽，具有悦人的质感及一定的牢度。

评价皮革质量好坏的标准包括外观质量和内在质量两个方面。外观质量从皮革的身骨、软硬度、弹性、色泽、粒面细度、皮面残疵及皮板缺陷等方面用眼看、手摸的方法凭经验进行感官评定。内在质量从皮革的化学、物理性能指标进行评定。其中，化学性能主要包括水分、油脂、灰分、氧化铬、皮质、结合鞣质、水溶物等的含量和酸碱值等。物理性能主要指革的抗张强度、伸长率、撕裂强度、崩裂强度、曲挠强度、透气性、吸水性、耐磨度、耐老化性、耐汗性、涂层耐干湿摩擦性能以及收缩温度等。

一般要求服装用皮革的厚薄均匀，颜色一致，色差小，具有较好的透气性、吸湿性、强度、湿摩擦牢度以及耐光性等。其中，绒面革则要求绒毛均匀、细致、长短一致，且必须有合理的厚度，以保证必要的强度。

二、人造皮革

天然皮革服装的天然优越性，加深了人们对它的偏爱，其价值也随之大幅度地上涨。为了降低天然皮革产品的成本，扩大其来源，近年来，人造皮革有了较大发展。

（一）人造皮革的种类和特点

1. 聚氯乙烯人造革（PVC革）

聚氯乙烯人造革主要是在棉布、化纤布等底布上，由各种不同配方的聚氯乙烯发泡或覆膜加工制成表面具有类似于天然皮革的结构。可以根据不同强度、耐磨度、耐寒度和色彩、光泽、花纹图案等要求加工制成，具有花色品种繁多、防水性能好、边幅整齐、利用率高和相对真皮价格便宜等特点。

聚氯乙烯涂制的人造革与天然皮革相比，有许多优点，如耐用性好、弹性好、不易变形、耐污易洗等；但缺少透气性和吸水性，影响穿着的舒适感。尼龙树脂制成的人造革比聚氯乙烯涂层人造革有所改观，增加了一定的透气和透湿效果。

聚氯乙烯人造革是早期一直到现在都极为流行的一类材料，被普遍用来制作各种皮革制品。它日益先进的制作工艺，正被二层皮的加工制作广泛采用。如今，极似真皮特性的人造革已生产面市，它的表面工艺及其基材的纤维组织，几乎达到真皮的效果，其价格与国产头层皮的价格不相上下。

2. 聚氨酯合成革（PU革）

聚氨酯合成革模拟天然革的组成和结构并可作为其代用材料。表面主要是聚氨酯，基材是涤纶、棉、丙纶等合成纤维制成的非织造布。其正反面都与皮革十分相似，并具有一定的透气性。特点是光泽漂亮，不易发霉和虫蛀，并且比普通人造革更接近天然革。

聚氨酯合成革是近年发展起来的一种人造皮革，目前使用较为普遍。原因是这种合成革采用了具有微孔结构的聚氨酯做面层，以聚酯纤维制成的非织造布做底布，既具有较好的耐水性和耐磨性，又提高了其透水汽性，仿真效果好，有类似于动物皮革的纤维结构，加之易洗、易缝、易修补、价格便宜，因此成为一种广泛、普遍使用的产品。与聚氯乙烯人造革相比，其强度和耐磨性高，服用舒适性优，不含增塑剂，表面光滑紧密，使用温度范围广（–40~+45℃），耐光老化性和耐水解稳定性好，柔韧耐磨。

聚氨酯合成革品种繁多，各种合成革除具有合成纤维非织造布底基和聚氨酯微孔面层等共同特点外，其非织造布纤维品种和加工工艺各不相同。合成革表面光滑，通张厚薄，色泽和强度等均一，在防水、耐酸碱、微生物方面优于天然皮革。

3. 人造麂皮

人造麂皮又称人造绒面革。模仿动物麂皮的织物，表面有密集的纤细而柔软的短绒毛。过去曾用牛皮和羊皮仿制。20 世纪 70 年代以来，采用涤纶、锦纶、腈纶、醋酸纤维等化学纤维为原料仿制，克服了动物麂皮着水收缩变硬、易被虫蛀、缝制困难的缺点，具有质地轻软、绒毛细密、透气保暖、耐穿耐用的优点，适宜制作春秋季大衣、外套、运动衫、鞋面、手套、帽子等服装和服饰用品。

人造麂皮的加工方法很多，通常是在塑料糊中加入大量的水溶性物质，当将塑料糊涂覆于纤维基材上并经加热塑化后，即将其浸入水中，此时包含于塑料中的可溶物即溶于水中，形成了无数的微孔，而没有可溶物的地方被保留下来，形成人造绒面革的绒头。也有用机械拉绒法：以超细旦化纤（0.4 旦以下）为原料的经编织物、机织物或无纺布为基布，经聚氨基甲酸酯溶液处理，再起毛磨绒，然后进行染色整理而成。另一种方法是：在涂过胶液的底布上，采用静电植绒工艺，使底布表面均匀地布满一层绒毛，从而产生麂皮般的绒状效果。

（二）人造革的选用

人造皮革面料的各向弹性差异取决于底布组织结构。在服装排料和裁剪过程中，需要按纸样所标注布纹方向操作；人造皮革面料以涂饰层为正面，光泽好，防水，易刷洗去污，不宜表面熨烫；人造皮革面料表面平整，形态稳定无皱折，悬垂性差，且弹性恢复率高，不宜作褶裥的定型处理，用分割裁片处理；人造皮革面料可缝性好，适合用涤纶或锦纶低弹缝纫线车缝，可省包缝工序；人造皮革面料接触机油等化学溶剂易变色或老化；人造皮革易清洗且不变形，里料适合用涤纶丝绸面料。

三、真假皮革的区分

与天然皮革服装比较，人造皮革服装存在着许多缺陷，不仅表现在内在的穿用性能上而且还体现在外观上。因此，如何准确地分辨出真假皮革服装十分重要，下面是几个要点。

（一）外观鉴别

天然皮革的外观有明显的分布不规则、深浅不均匀的毛孔；服装的不显露部位，如领子里、袋盖下、腋下等，多使用质量较差、与正身部位明显不同的皮革（高级皮衣除外）。而人造皮革的外观毛孔不明显，且排列规则整齐，表面均匀一致；服装不显露部位的材料与正面处无差别。对于绒面服装，其外表质地不均匀、绒毛长短有差别的多为天然皮革服装；反之则可能是人造皮革。

（二）反面、断面鉴别

天然皮革反面有动物纤维，层次明显可辨，用指甲刮拭会出现皮革纤维竖起，有起绒的感觉，少量纤维也可掉落下来。人造皮革反面为各种织物布基，质地均匀一致。天然皮革的断面呈无规则的纤维状，指甲刮拭其断面时，会出现蓬松变厚现象。人造皮革的断面是有规则的织物纤维，比较死板。

（三）手感鉴别

天然皮革手感舒适，有丰满、柔软和一定的温暖感；手感富有弹性，将皮革正面向下弯折 90°左右会出现自然皱褶，弯折不同部位，产生的褶皱纹路粗细、多少，有明显的不均匀。人造皮革手感近于塑料，丰满、柔软性差，无温暖感，而且回复性较差，不同部位弯折后的褶皱纹路粗细、多少基本相似。

（四）吸湿鉴别

天然皮革表面的吸湿性较好；而人造皮革与之相反，有较好的抗水性。可通过滴水试验来判断，天然皮革滴水后吸湿较多，且擦干后颜色变深；而人造皮革无以上现象。

（五）气味鉴别

天然皮革有较浓的动物皮味，即使经过处理，味道也较明显；而人造皮革则为塑料味，无皮革味。

（六）燃烧鉴别

主要是嗅焦臭味和看灰烬状态。天然皮革燃烧时会发出烧毛发的焦味，烧成的灰烬一般易碎成粉状；而人造皮革，燃烧时火焰较旺，收缩迅速，并有刺鼻的塑料味，烧后发黏，冷却后会发硬结块。对于服装成品的鉴别，可用打火机在离皮面2cm的地方烧一下，通常天然皮革烧后皮面只是发热，人造皮革烧后则会变色、变形甚至皱缩到一起。

以上鉴别方法仅作参考，因为现在有些仿皮革制作得非常精巧，从外观上，可以做到以假乱真，而且价格不菲。精确区分还需通过化学方法或仪器加以鉴定。

思考题

1. 试调查毛皮与皮革服装市场上常见的品种有哪些？价格如何？
2. 你曾接触过哪些裘皮与皮革制品？各有什么特点？
3. 什么样的毛皮属于上乘毛皮，如何鉴别？
4. 目前市场上仿裘皮、皮革服装很多，你有方法鉴别吗？
5. 在购买皮具（皮包、皮鞋等）时，如何判断皮革种类的不同，其价格差异如何？

应用理论及专业技能——

新型服装材料

教学内容： 1. 新型服装材料的发展概况。
2. 新型环保服装材料。
3. 新型功能服装材料。
4. 新型智能服装材料。
5. 高感性服装材料。

上课时数： 4课时。

教学提示： 阐述新型服装材料的发展趋势，各类新型材料的种类、特点和适用的服装类型等。要求学生在掌握理论知识的基础上，查阅相关资料，分析服装材料的发展和流行趋势。

教学要求： 1. 使学生了解目前市场上出现的新型服装材料品种。
2. 使学生掌握新型服装材料的特性和应用。
3. 要求学生能够拓展所学内容，进行新型服装材料的资料检索和市场调研

课前准备： 教师准备各类新型服装材料及其应用的图片。

第六章　新型服装材料

服装材料是产品设计和开发的重要因素，对产品的外观和性能起重要的作用。目前，各种时尚化、环保性、差别化、高性能、高功能的新型服装材料层出不穷，不仅用于特殊和功能服装，在日常服装中的应用比例也在不断提高，为服装向自然化、舒适化、休闲化、多样化发展奠定了基础。

第一节　新型服装材料的发展概况

新型服装材料种类繁多，既可以将它们看作是传统服装材料的补充，也可以将它们看作一个全新的体系。近年来从服装设计与应用的角度出发，新型服装材料的发展呈现出以下特征。

一、新型纤维被大量开发并应用

21 世纪的纤维产业，将更加注重环保、安全、健康和舒适性。新型纤维的开发和应用仍将是新型服装材料开发的重要手段，新型纤维的发展将呈现出明显的功能化、智能化特征，如抗菌防臭纤维、防紫外线纤维、远红外纤维、智能化调温纤维、超稳定形状记忆纤维、变色纤维、生物防御纤维等。高性能纤维的开发使得防护用服装具有更加广阔的材料选择范围，如芳香族聚酰胺纤维、碳纤维等。

二、环保材料的开发

纤维的生产过程向无害化和环保化发展，而纤维的最终产品也向减少固体污染物和可回收利用以及可降解性、燃烧不产生有毒气体的方向努力。环保的另一个领域就是天然纤维的无害化。比如天然彩色棉花、有机棉花、新型麻纤维等产品的出现。

三、织物形式多样化

通过多种不同纤维、不同纱线的混纺、交织，利用纤维的优势互补，达到改进织物服用性能的目的，使得最终产品不但在外观上新颖、美观，而且在手感、使用性能上不断改进。花式纱线的应用、薄型产品的开发是服用纺织品设计的常用手段，多层复合产品有许多性能优势，发展迅速。

四、染整工艺的改进

在印染后整理方面，新的技术及功能性整理成为研究和发展的重点，突出功能化和无害化特征。例如，各种生物酶的广泛应用、天然染料的开发、各类功能性整理技术、无水染整技术、数字喷墨印花技术等，在提高工作效率、增加产品功能性的同时，尽量减少对环境和产品本身的污染，使生产更加高效、清洁。

第二节　新型环保服装材料

环保型材料，或称为绿色材料，简单地说就是对环境不造成破坏和污染，对人体没有伤害的环保性材料。随着人们的环保意识不断增强以及科学技术的进步，各种环保型绿色材料不断被开发出来。

一、天然环保材料

1. 天然彩色棉花

天然彩色棉花简称“彩棉”，是利用现代生物工程技术选育出的一种吐絮时棉纤维就具有天然色彩的特殊类型棉花。与传统白棉相比，彩棉不需要染色，无化学染料毒素，对环境也不会造成污染，质地柔软，富有弹性，制成的服装经洗涤之后亮度有增无减，耐穿耐磨，穿着舒适，有利于人体健康，所以彩棉及其制品被称为是天然的绿色纺织品。

20世纪70年代，美国科学家运用转基因技术培育出彩色棉花。目前美国、秘鲁、墨西哥、澳大利亚、埃及、法国、巴基斯坦及欧盟等国家都在开发利用彩色棉花，栽培出的彩色棉花颜色有浅黄、紫粉、粉红、奶油白、咖啡、绿、灰、橙、黄、浅绿和铁红等。20世纪末，我国引进此项技术，目前我国四川、甘肃、湖南、新疆等地开始大批培育、种植彩色棉花，其品种只有深浅不同的棕色、绿色两大系列。

天然彩棉及其制品有着良好的穿着舒适性，常被用作内衣以及贴身衣物的首选。加工使用中经常与白棉混纺、与合成纤维混纺、与其他功能纤维混纺，或以合成纤维长丝为芯生产包芯纱。利用天然彩棉织制衣料，再配用玻璃扣或者木质、椰壳、贝壳等天然材料纽扣作装饰，完全体现出绿色环保的服装风格。

虽然彩棉具有许多天然优越性能，但也存在不足之处。

（1）目前市场上已开发的彩棉颜色种类有限。

（2）彩棉纤维色素不稳定，大多还未形成成品。

（3）纤维内在品质差，长度及强度方面与传统白棉相比存在着一定差距。

（4）衣分偏低，一般在26%~32%之间，容易通过昆虫传粉或是机械人为与白棉混杂。

2. 有机棉

有机棉是指在农业生产中，以有机肥、生物防治病虫害，不使用化学制品，从种子到农产品在全天然、无污染情况下生产的棉花，并以 WTO/FAO 颁布的《农产品安全质量标准》为衡量尺度，棉花中农药、重金属、硝酸盐、有害生物含量控制在标准规定的限量范围内，并获得认证的商品棉花。普通棉花在生长过程中会受到杀虫剂、除草剂以及化肥的严重污染。这些有害物质会残留在纤维中，成为潜在的健康危害，如引起过敏反应，甚至哮喘等疾病。有机棉纤维为纺织服装业提供了新原料，特别适合用于婴幼儿产品中。

3. 彩色蛋白质纤维

被誉为“纤维皇后”的蚕丝，绝大部分是洁白色。中国、日本、泰国、柬埔寨等国家利用家蚕自然基因突变个体定向选择培育出有色蚕茧，其中以金黄色居多，我国桑蚕品种资源中的彩色茧品种有巴陵黄、碧莲、绵阳红、大造、安康 4 号等。

与彩色棉花相似，天然彩丝纤维可以避免化学染料对人体的危害，也可避免印染等造成的环境污染，符合生态纺织品发展需要。目前，天然彩丝之所以未得到广泛应用是因为茧丝外面包覆有丝胶，织成织物后手感粗糙，必须除去丝胶后，才能显示出丝织物特有的光泽和触感，所以一般都要进行精炼处理。然而，有文献报道天然彩茧的色素只存在于丝胶中，在高温缫丝及炼染过程中，其色素几乎全部消失，这无疑严重影响了天然彩丝的发展。

如同彩色棉花、彩色蚕丝一样，羊毛和兔毛也有一些具有天然颜色的品种。比如俄罗斯畜牧专家研究发现，给绵羊饲喂不同的微量金属元素，能够改变绵羊毛的毛色，如铁元素可使绵羊毛变成浅红色，铜元素可使它变成浅蓝色等。据最近研究报道，现已有浅红色、浅蓝色、金黄色及浅灰色等奇异颜色的彩色绵羊毛。美国加州动物专家经 20 多年选育，利用 DNA 转基因法培育成的新长毛兔品种，毛色有黑、褐、黄、灰、棕等五种。

4. 新型麻纤维材料

大麻又称线麻、云麻、火麻、汉麻等，它是地球上韧度最高的纤维，其生长中只需少量的水和肥料，无须用任何农药，并可自然分解，所以大麻纤维是环保的纺织原料。大麻早期一直处于衰落地位，近期开发取得突破，针对其形态特殊性，开发长纺及短纺两种工艺路线。大麻具有优异的吸湿排汗性能，应用生物技术，对麻纤维进行处理，使大麻、黄麻等纤维柔软、织制的服装面料，穿着挺括、透气、舒适。且麻具有杀菌消炎等作用，是很好的保健织物。大麻布还能 100% 阻挡强紫外线的辐射。大麻产品多与棉混纺成纱线，编织各类布料，有纯大麻长纤布，大麻牛仔布，大麻与 Tencel 混纺布，大麻保健席等，大麻多与绿色环保纤维混纺及混织，如 Tencel 及 Recycle 纤维等。大麻织物广泛应用于服装、家纺、帽子、鞋材、袜子等方面。大麻纺织品特别适宜做防晒服装及各种有特殊需要的工作服，也可做太阳伞、露营帐篷、渔网、绳索、汽车坐垫、内衬材料等。

罗布麻是我国近年来新开发的天然纤维，它不仅具有优良的服用性能，而且还具有良好的医疗保健功能，对金黄葡萄球菌、绿脓杆菌、大肠杆菌等有不同程度的抑菌作用。它还具有防霉、防臭、活血降压等功能。罗布麻纤维是一种药用的天然野生植物，用其加工的织物具有穿着舒适、吸湿散热、改善人体微循环等保健功效，已有罗布麻保健背心、保健衬衫等系列产品问世。

二、再生环保材料

1. Tencel（天丝）纤维

Tencel是纤维的商品名，其学名叫Lyocell，最早是由美国Mobile公司开发研制的。它是一种新型的再生纤维素纤维，其原料为木浆纤维素，在生产过程中所使用的有机溶剂NMMO回收率可达到99%以上，毒性极低，对环境没有污染，对人体健康也无害，符合安全、卫生要求，被公认为21世纪的环保纤维。近年来，奥地利兰精公司开发出了非原纤化Lyocell纤维——Lyocell LF，英国Acordis公司开发出了新型非原纤化纤维Tencel A200，它们都具有Lyocell纤维的基本特征，但克服了Lyocell纤维在染整加工时易出现原纤化的问题，使Lyocell在质量上又上了一个台阶。

Tencel纤维性能优异，具有较高的干湿强度，其织物缩水率很低，由它制成的服装尺寸稳定性较好，具有洗可穿性；纤维表面光滑，织物具有丝绸般的光泽；Tencel纤维后处理方法比黏胶纤维更广，可以得到各种不同的风格和手感。Tencel被广泛地应用于牛仔服、衬衫、男女外套、运动服、休闲服、内衣裤等产品中。还利用特殊的后加工整理方法开发出了具有防水抗污功能的新型Tencel面料。

2. Modal（莫代尔）纤维

Modal纤维是奥地利兰精公司开发的高湿模量的纤维素再生纤维，原料为欧洲的榉木，是100%的绿色天然纤维，不会对人体健康和环境造成不良影响。

Modal纤维柔软、顺滑、有丝质感，穿着舒适，具有极好的吸湿性和透气性，色彩亮丽，不会产生原纤化现象。Modal现已经开发出以下几个产品系列：Lenzing Modal MICRO（超细纤维），Lenzing Modal COLOR（彩色纤维），Lenzing Modal SUM（抗紫外线纤维），Lenzing ProModal（机能性纤维）以及Modal FRESH（抗菌纤维）等。目前，Modal被众多厂家广泛地应用于贴身内衣、外套、休闲服等的制作中，并且经过轧花、烂花、涂层等特殊后处理技术，使织物具有很好的手感和视觉效果。

3. 竹纤维

竹纤维是一种新型生态环保再生纤维素纤维，以竹子为原料，经过催化处理，将纤维素含量在35%左右的竹纤维提炼到93%以上，采用水解——碱法以及多段漂白精制而成竹浆粕，然后由化纤厂加工制成。

竹纤维具有优良的硬挺性、悬垂性、耐磨性、抗菌性和染色性能，加工出的面料外观华丽、柔软、光泽好、凉爽舒适，满足了人们对面料的功能性、保健性、舒适性、美观性的追求。并且，产品使用之后可以生物降解，属于环保型绿色纤维。

与一般纤维相比，竹纤维最大的特点是其天然抗菌性和优异的吸湿性。在天然竹纤维的横截面上布满了空隙，呈高度天然中空，如图6-1所示。这就使得竹纤维及其制品的吸湿、放湿、导湿性能极佳，也被喻为是“会呼吸的纤维”。经实验表明，竹纤维在标准状态下的回潮率高达12%，与普通黏胶纤维相近，但是，在空气温度36℃、相对湿度100%的条件下，竹纤维的回潮率可高达45%，且吸湿速率特别快，回潮率从8.75%增加到45%仅需6个小时，这就说明竹纤维具有卓著的吸湿性能，因此，更适合制作夏装、运动装以及内衣、贴身T恤和袜子等制品。

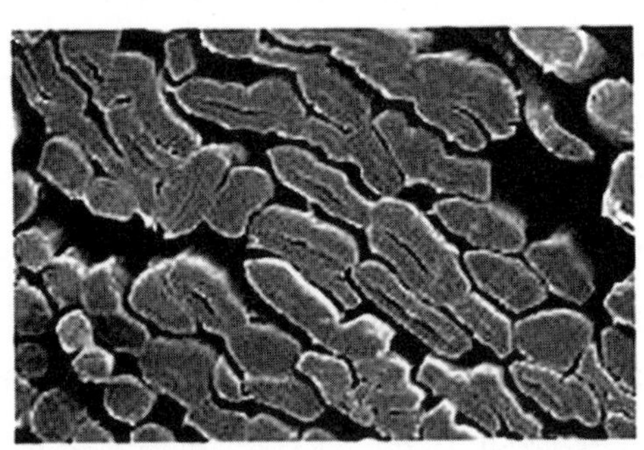

图6-1　竹纤维的截面图

目前，竹纤维已经被广泛应用于内衣裤、衬衫、运动装和婴儿服装，也是制作夏季各种时装的理想原料。

4. 大豆蛋白纤维

大豆蛋白纤维是一种再生植物蛋白纤维，以榨掉油脂的大豆豆渣为原料，再通过添加功能性助剂，经过湿法纺丝而制成，因其来源数量大且可再生，不会对资源造成掠夺性开发。其生产过程也符合环保要求，不会造成污染，使用的辅料和助剂均无毒，且大部分助剂和半成品可以回收重新使用。

大豆蛋白纤维作为比较理想的新型纤维，其导湿性、透气性和保暖性优越，可以与天然纤维相媲美；手感柔软滑爽，悬垂性好，穿着舒适；具有真丝光泽；强度高，面料尺寸稳定性好，抗皱性出色；与人体皮肤亲和性也好，并且具有生态纤维功能，因此有“人造羊绒”和“21世纪的健康舒适纤维”之称。

大豆纤维可以纯纺，也可以与蚕丝、羊绒、羊毛、化纤等产品混纺，开发中高档仿丝绸、仿毛型产品。也可将大豆纤维包覆氨纶，或者其他纤维包覆氨纶与大豆纤维交织，制成纬向弹力或双弹性织物。

5. 牛奶蛋白质纤维

牛奶蛋白质纤维是一种新型含蛋白质环保纤维，加工方法是将液态牛奶去水、脱脂，加上柔和剂制成牛奶浆，再经过湿纺新工艺及高科技手段处理而成。牛奶纤维集天然纤维和合成纤维的优点于一身：比棉、丝强度高；比羊毛防霉、防蛀性能好；容易染色，且能保持长期鲜艳的色彩；具有天然丝般的光泽和柔软的手感，有较好的吸湿性和导湿性能，以及极好的保温性，穿着舒适。但是，牛奶纤维本身呈淡黄色，耐热性差。牛奶纤维具有天然的抑菌功能，特别适合用于内衣、女性专用卫生品以及床上用品等，更是制作儿童服饰的理想面料。

6. 甲壳素纤维

甲壳素广泛存在于昆虫类、水生甲壳类的外壳和海藻的细胞壁中。将甲壳素或壳聚糖粉末在适当的溶剂中溶解，可制成甲壳素纤维。由于制造甲壳素纤维的原料一般为虾、蟹类水产品的废弃物，则既改善废弃物对环境的污染，又使甲壳素纤维的废弃物可生物降解，不污染环境。用甲壳素制成的纤维，属纯天然素材，具有抑菌、镇痛、吸湿、止痒等功能，可用它制成各种抑菌防臭纺织品。甲壳素纤维具有较好的生物相容性及生物降解性，对人体无毒，可被人体内的溶菌酶分解而吸收，因此可用于人造皮肤、缝合线及针织保健内衣。

在服用方面主要是采用甲壳素纤维与棉、毛、化纤混纺，织成高级面料，具有坚挺、不皱不缩、色泽鲜艳、吸汗性能好、不透色等特点。

7. 玉米纤维

玉米纤维又称为PLA纤维或聚乳酸纤维，是由美国卡吉尔道与日本钟纺纤维公司共同推出的一种新型环保型纤维，以玉米发酵形成的乳酸为原料，经脱水反应制成聚乳酸溶液进行纺丝。其属于完全自然循环型，具有生物降解性的纤维，不会对环境形成污染，即使废弃后也可作为土壤改良剂。

玉米纤维具有较好的光泽，丝绸般的手感；回潮率不高，但其芯吸效果明显，因而制成的产品在吸水、吸潮性能以及快干效应方面明显，与皮肤接触不发黏，穿着舒适。玉米纤维还具有良好的形态保持性，与棉和羊毛混纺，织物形态稳定，抗皱性、穿着性均良好，可制成各类服装。

第三节 新型功能服装材料

当前，在追求纺织品舒适性的同时，人们也越来越关注纺织产品的功能化，由此一系列高科技含量的功能性纤维开发问世，满足了人们对纺织品的特殊要求。功能性纤维是具有某种特别功能的纤维的总称，主要是指对能量、质量、信息具备储存、传递和转化能力，对生物、化学、声、光、电及磁具有特殊功能的纤维，包括高效过滤、选择性吸附和分离、吸油、水溶、导光、变色、发光和各种医学功能的纤维，还包括提供舒适性、保暖性、安全性等各方面的特殊功能和适合在特殊条件下应用的纤维。

一、高舒适性服装材料

高舒适性服装材料是指舒适性能明显高于普通服装材料，如具有独特的吸湿导湿性，同时自身吸水很少，能保持干爽、快干的材料，具有独特保暖性能的服装材料等。

1. 吸湿排汗纤维

疏水性合成纤维经物理变形和化学改性后，使水汽经芯吸、扩散、传输等作用，迅速迁移至织物的表面发散，从而达到导湿快干的目的，使制成的衣服兼具吸水、吸湿、透气、干爽的特性。

吸湿排汗纤维一般具有较高的比表面积，表面有众多的微孔或沟槽，其截面一般为特殊的异形状（Y字形、十字形、W形和骨头形等），使纤维表面形成凹槽，利用毛细管效应，使纤维能迅速吸收皮肤表面湿气与汗水，通过扩散、传递到外层蒸发，使不亲水的织物同时具有吸湿性和快干性，从而达到吸湿排汗、调节体温的目的，使肌肤保持干爽与凉快。

目前应用最广且效果最好的吸湿排汗纤维都是利用截面异形化生产的吸湿排汗纤维。例如，美国杜邦公司的Coolmax纤维、中国台湾远东纺织的Topcool纤维、中国台湾中兴纺织的Coolplus纤维等。图6-2所示为Coolmax和Topcool纤维的截面示意图。吸湿排汗纤维与棉、麻、天丝等原料的混纺纱也层出不穷。

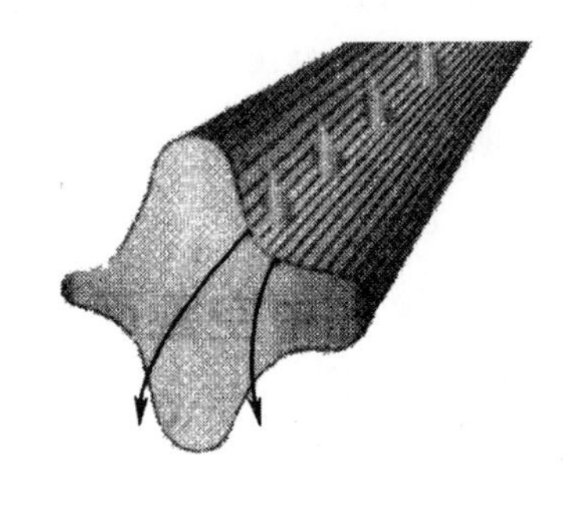

图6-2 典型吸湿排汗纤维示意图

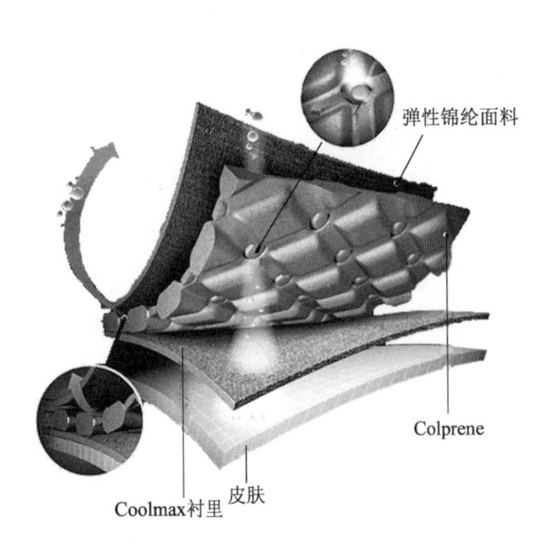

图6-3 多层复合吸湿排汗织物

吸湿排汗纤维织成的面料因具备质轻、导湿、快干、凉爽、舒适、易清洗、免熨烫等优良特性，被广泛应用于运动服、户外运动服、旅游休闲服、内衣、衬里等领域，深受消费者青睐。图6-3所示为多层复合吸湿排汗织物，将Coolmax纤维作为衬里，与弹性锦纶织物复合形成。此外，还有一些高性能的吸湿纤维，如细丙纶、HYGRA纤维、挥汗纤维等。由于其优越的吸湿性能均被广泛应用于户外服装制作中，为设计开发理想而舒适的运动服装提供了更多更好的选择。

2. 保暖纤维

保暖有两种，一种是尽量保持热量，另一种是用某种方法取得热量。与之对应的保暖纤维主要也有两大类。

（1）蓬松保暖纤维：如中空纤维（圆形和各种异形截面中空纤等）、三维卷曲纤维（中空、异形七孔、中空复合三维卷曲纤维等）、球形纤维等。此类纤维的主要性能包含质轻保暖、吸湿干爽、优良的抗起毛起球性、手感柔软蓬松、极好的染色性、功能永久性。

（2）蓄热保暖纤维：如远红外线纤维、太阳能放热纤维、太阳绒、吸湿放热纤维等。远红外线纤维是向纤维基材中掺入远红外微粉（如陶瓷粉末或钛元素、氧化锡、氧化锑等）而制成的保暖材料，纤维基材可以是聚酯纤维、聚酰胺纤维、聚丙烯纤维等常用合成纤维。日本多家公司开发的远红外线保暖纤维，与普通纤维相比，其具有明显的吸收红外线的功能，如图 6–4 所示。图 6–5 所示为阳光直射 15min 后，面料内侧温度变化情况（测试环境：气温 8~9℃，太阳发光强度 9 万 ~10 万 LUX），可以看出用红外发热纱制作的服装，其内部温度较普通服装可高出 2~10℃。远红外纤维除保温效果非常好外，还有促进人体微循环、消炎镇痛、活化机体、消除疲劳、调节神经等特殊功效。远红外保健织物可用来开发保健蓄热产品、医疗用品、内衣、贴身保暖服、抗菌防臭保健鞋袜和电热制品等。

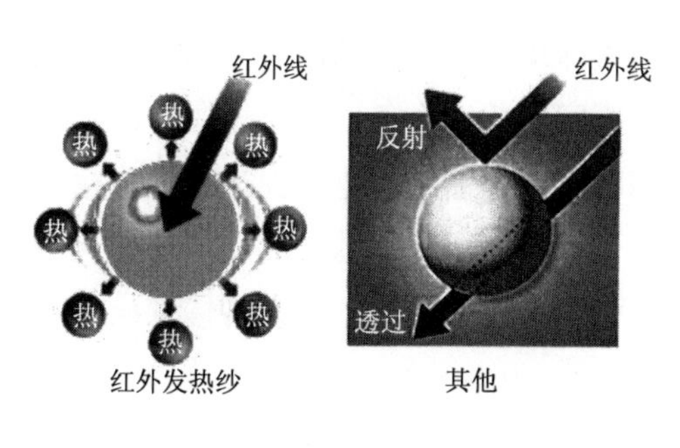

图6–4　红外发热纱的吸热原理

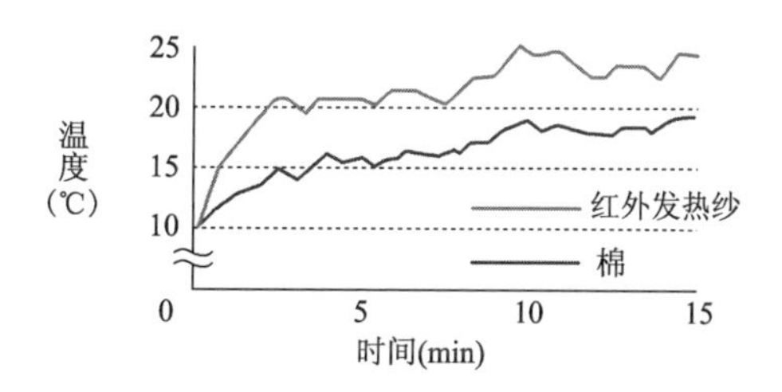

图6–5　红外发热纱服装的吸热实验

也有对织物进行远红外整理而得到的保暖材料，其加工方法是把远红外微粉和溶剂、黏合剂、助剂按一定比例配制成远红外整理剂，对织物进行浸轧、涂层和喷雾。

（3）太阳绒：是将传统的 100% 羊毛纤维充分绒化、蓬松后置于两层软镜面之间，使其形成薄厚可控的热对流阻挡层（气囊），其导热系数极低，同时可反射人体热射线，实现了双重保暖功效。两层镜面上有可开闭的微孔，如同皮肤的毛孔，热时可张开散热，冷时又可关闭保温，温度可调且具有透气性，是秋冬季的理想服装材料。

二、卫生保健服装材料

1. 抗菌纤维

在纤维生产的聚合阶段或纺丝原液中加入抗菌剂，通过熔融纺丝、干法纺丝或湿法纺丝来生产抗菌纤维。熔融法共混纺丝时，要求抗菌剂耐高温性能要好，由此生产的抗菌纤维包括涤纶、锦纶、丙纶等。抗菌剂粒径要足够小，一般要求抗菌剂的平均粒径小于2μm，最好达到纳米级。由抗菌纤维生产的具有抑菌和杀菌性能的功能纺织品，通过材料表面的抗菌成分及时通过杀菌和抑制在材料表面的微生物繁殖，达到长期卫生、安全的目的。

2. 防螨纺织品

螨虫对人体健康十分有害，能传播病毒、细菌，可引起出血热、皮炎、毛囊炎、疥癣等多种疾病。要使纺织品达到防螨效果，有两个途径：一是杀灭螨虫，二是驱避螨虫。防螨纺织品主要采用的是强调驱避性能的药剂。采用微胶囊技术、黏合技术、交联术等，使防螨整理剂在纤维表面形成一层弹性膜，从而具有较好的耐久性和耐洗性。也可将防螨整理剂添加到成纤聚合物中，经纺丝后制成防螨纤维。

3. 负离子纤维

在聚合和纺丝前，将能激发空气负离子的矿质组成负离子母粒加入到聚合物熔体或纺丝液中纺丝制得。负离子添加剂的主要成分负离子素，是一种典型的极性晶体，晶体结晶两端形成正极与负极，称为“永久电极”，在其周围形成电场，使晶体处于高度极化状态，正负极能积累电荷，产生负离子。品种有负离子黏胶纤维、负离子涤纶纤维、负离子丙纶纤维等。

负离子纤维纺织品直接穿在身上，大面积与人体皮肤接触，利用人体的热能和人体运动与皮肤的摩擦加速负离子的产生，在皮肤和衣服间形成一个负离子空气层，消除了氧自由基对人体健康的多种危害，又使人体体液呈弱碱性，可活化细胞，促进新陈代谢，起到净化血液、清除体内废物、抑制心血管疾病的作用。负离子材料的永久电极还能直接对皮肤产生微弱电刺激作用，调节神经系统，消炎镇痛，提高免疫力，对多种慢性疾病具有较好的辅助治疗效果。

4. 其他卫生保健材料

（1）消臭纤维。消臭织物可以高效、长期地消除人体产生的汗臭、尿臭等异味。通过混合法、原丝固着法、聚合物改性法等方式可以生产消臭纤维。常用消臭剂有活性炭微粒、铜、钛、二氧化硅、二氧化钛、三氧化锑及其组合物等。

（2）磁疗服装材料。将具有一定磁场强度的磁性纤维织入织物中，使之带有磁性，利用磁力线的磁场作用，达到治疗风湿病、高血压等疾病的目的。

（3）电疗织物。由变性氯纶纤维织成的弹性织物，紧贴人体皮肤时，能产生静电场，由此促进人体各部位的血液循环，疏通气血，活络关节，并可防治风湿性关节炎等病症。

（4）药物服装材料。设法使药物牢固地附着在织物或服装上。这种服装在人体上穿着后，药物在一定的温度下挥发其有效成分，通过人体穴位和皮肤吸收，起到防治疾病的作用。这种服装大部分在冬季使用，对冬季易发作的慢性疾病具有较好的疗效。此外，还可以利用药物功能整理和药物纤维纺丝的方法，织制消炎止痛织物、促进血液循环织物、皮肤止痒织物和止血织物等。

三、防护功能服装材料

防护功能服装材料主要适用于各种服用和特殊环境条件下，对人体安全、健康以及提高生活质量具有一定的保证作用的材料。

1. 防辐射纤维

在信息化日益发展的今天，各种辐射已对人们构成了一定程度的威胁，各类防辐射纤维相继问世，如防电磁辐射、防紫外线辐射、防 X 射线辐射、防微波辐射等，都是与人们的日常生活息息相关的。

（1）防 X 射线纤维。是指对 X 光射线具有防护功能的纤维。最早开发的防 X 射线纤维是铅纤维，即在特定设备上熔融金属铅进行熔喷纺丝而制成短纤维，一般直径为 150μm。这种铅纤维可通过树脂融合而构成面状非织造布，两面可以分别粘上织物或塑料薄膜。20 世纪 80 年代，俄罗斯开发腈纶防 X 射线纤维取得成功。新型防 X 射线纤维是以聚丙烯为基材掺入硫酸钡等可吸收 X 射线物质粉末的纤维，纤度为 2. 2dtex 以上。这种纤维也可制成非织造布使用，其屏蔽率随非织造布每平方米重量增加而上升，可以通过调节织物的厚度、层数来提高屏蔽率。目前，这类材料常被用于特殊场合工作人员的工作服中。

（2）防电磁辐射纺织品。现代生活中，电磁辐射无处不在，广播、电视、通信、医疗、计算机、家电等都存在电磁辐射。电磁辐射对人体的危害是潜在的，并通过累积效应显现。防电磁辐射纺织品，一类是功能整理织物，一类是功能纤维产品，其屏蔽机理不是以吸收为主，而是凭借低电阻导电材料对电磁辐射产生反射作用，在导体内产生与原电磁辐射相反的电流和磁极化，形成一个屏蔽空间，从而减弱外来电磁辐射的危害。一般讲，所用材料的导电性能越好，其屏蔽效果越好。

防电磁辐射纤维的主要材料早期是使用金属丝，将其与纱线包缠，织入织物。后来开发出采用金属化纤维与其他纤维混纺成纱，再织成防电磁辐射织物。所谓金属化纤维是用涂层或镀层的方法使纤维表面形成一种导电膜，但涂层使导电膜分布不匀易脱落，而镀层法导电膜几经改进，已达实用化程度。

把导电性物质粉末纺入纤维中，开发导电性的纤维是目前研究的热点。导电性物质粉料有很多种，如碳粉、石墨粉、铜粉、银粉、镀银粉体等，粒径可小到微米级乃至纳米级。用这些粉体与成纤聚合物共混纺丝，可纺出具有良好导电性的纤维，而又不失原有的强度、延伸性和耐洗性。

（3）防紫外线纤维。是指本身就具有防紫外线破坏能力的纤维或含有抗紫外线屏蔽剂的纤维。对于紫外线的屏蔽，一般可以通过吸收或物理反射、散射而得以实现，由此可将紫外屏蔽剂分为紫外吸收剂和紫外散射剂，前者一般为有机化合物，后者为无机氧化物等。

紫外线经过一种物质时会发生透射、反射和吸收三种情况，反射和吸收紫外线的功能就称为“屏蔽紫外线”。很多纤维材料本身就对紫外线具有一定的屏蔽作用，但因材料不同，屏蔽的效果差异很大。制备抗紫外线纤维需加入防紫外线屏蔽剂，其添加方法有涂层法、后整理法及纺丝添加法。常用的屏蔽剂包括有机添加剂和无机添加剂两种，有机添加剂虽然和纤维织物结合性好，但是接受了长期的紫外线辐射后就会分解，影响屏蔽性能，所以目前制备的抗紫外纤维基本都是采用无机屏蔽剂与聚合物共混纺丝得到的。与传统的后整理法或涂层法相比，它具有抗紫外作用持久、永不消退的特点。经多次的洗涤及烘干，对纤维及织物的抗紫外功能影响不大。

由东丽公司开发的“兰科狄尔”就是典型的抗紫外线纤维。它是中空三层构造：最内层为中空化，能使重量减轻，并且产生独特的挺括度；中层掺入具有阻断紫外线功能的高浓度陶瓷粉末；最外层形成离子化而产生自然的淡雅色调。这种新型材料已开始应用于男女外衣、运动衣、制服、内衣以及家用装饰纺织品等。

2. 抗静电织物

目前，合成纤维的使用相当普遍，而合成纤维易产生静电，给人们的生活及工作带来了不便。抗静电织物可用于人们日常穿着，也可制作成在条件要求较为严格的工作场合下使用的劳保防护服。

抗静电织物的抗静电特性通常由以下途径获得：第一，织物中含有抗静电纤维；第二，导电纤维与其他纤维进行混纺或交织；第三，普通织物的抗静电剂整理。近年来，采用复合纺丝技术制备的抗静电纤维品种逐渐增多。用复合纺丝法制备抗静电纤维，不仅可以减少抗静电剂的用量，还能保留纤维的固有性能和优良的耐洗涤性。报道较多的复合型抗静电纤维是皮芯型和多芯型复合纤维。

3. 阻燃纤维

近年来，纤维与纺织品的阻燃改性受到了广泛的关注，国家关于纺织品的阻燃标准和法规逐步建立和完善，促进了阻燃纤维与纺织品的研究、开发与应用。

纤维及织物的物理化学结构各不相同，不同用途阻燃材料对阻燃性能的要求也不尽相同，因此，纤维与纺织品可以采用不同的阻燃体系。阻燃改性的实施方法可分为共聚、共混、皮芯型复合纺丝、接枝共聚以及阻燃后整理等几类。

高性能的阻燃耐火纤维材料称为特种阻燃纤维材料。它们的阻燃功能大部分是由于纤维的耐热性好，能抑制热分解，使可燃性气体尽可能少地产生。据统计，这类阻燃纤维产量仅占合成纤维总量的1%~2%，但品种数量却比较多，详细品种及性能将在“高性能纤维”部分中详述。

4. 防污和易去污性

通过改变纤维的表面性能，大幅度提高了织物的表面张力，使油污和其他污渍难以渗透到织物内部去，如图6–6所示，轻微的污渍用湿布揩擦即可除去，较重的污渍也易于清洗。防污整理不仅能够防止油污的污染，同时具有防水透湿的性能，一般被称为“三防整理”（拒水、拒油、防污），属于比较实用有效的高级化学整理手段，常用在服装外层和背包、鞋子、帐篷等面料整理上。

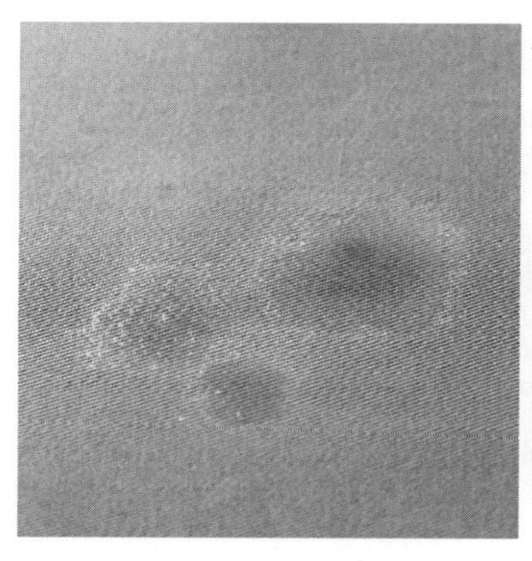

(a)水滴落在未经处理的布料上

(b)水滴落在经过高级双效Teflon处理的布料上

图6-6　杜邦Teflon布料防护示意图

四、高性能服装材料

具有高强度、高模量、耐高温、耐腐蚀、难燃性及突出的化学稳定性的纤维，国外称为超级纤维，我国过去称之为特种纤维。高性能纤维的最大特点是密度低，比强度和比模量高于钢纤维好几倍。此类纤维在航天航空、新型建材、生物医学、信息产业、高效能交通运输工具、海洋开发、环境保护等领域的应用潜力巨大。在服装领域主要用于各类防护服装中。

1. 碳纤维

碳纤维是含碳的质量分数占 90% 以上的纤维状碳素材料，是既具有碳素材料的结构特性，同时又有纤维形态特征的新材料。它具有优异的力学性能，其复合材料的比模量比钢和铝合金高 5 倍，比强度高 3 倍；具有良好的耐热性，在 2000℃以上的高温惰性气氛环境中，碳纤维是唯一强度不下降的材料，还有低密度、化学稳定性、电热传导性、低热膨胀性、耐摩擦、磨损性低、X 射线透射性、电磁波遮蔽性、生体亲和性等优良特性。

碳纤维可加工成织物、毡、席、带、纸及其他材料。传统使用中，碳纤维除了用作绝热保温材料外，一般不单独使用，多作为增强材料加入到树脂、金属、陶瓷、混凝土等材料中，构成复合材料。同时，碳纤维发热产品、碳纤维采暖产品、碳纤维远红外理疗产品等逐渐进入日常使用中。

2. Kevlar纤维

化学名称为聚对苯二甲酰对苯二胺纤维，美国杜邦公司商品名为 Kevlar（凯夫拉），在我国被称为芳纶 1414。Kevlar 纤维具有非常好的热稳定性、抗火性、抗侵蚀性、耐磨性、绝缘性以及高强度及高模量，同时具有低密度，在同等重量下，其强度可以达到钢纤维的 5 倍，断裂延伸度高。目前，Kevlar 纤维被广泛应用于航空航天事业、船舶制造业、摩擦材料以及防弹制品，如防弹背心、防弹坦克、防弹汽车等。

3. Nomex纤维

Nomex 纤维是美国杜邦公司 20 世纪 60 年代生产的阻燃纤维。Nomex 纤维本身具有永久阻燃性以及优良的耐热性和热稳定性。同时具有优异的耐化学性，即耐酸碱、氧化剂及有机溶剂等。其耐辐射性优良，在一定强度的紫外线和 γ 射线的照射下，其强力几乎没有损失。美军的防护服装便使用了这种纤维。随着该纤维的广泛应用，杜邦公司又相继开发了一系列改进的 Nomex 产品，其中以 NomexIIIA 的应用最为广泛，其组成为 93%Nomex、5%Kevlar 和 2% 抗静电纤维。NomexIIIA 有白丝和原液着色丝两种。其白丝染色已经过关。目前在工业阻燃服、防电弧服、消防服、赛车服以及电焊和炉前工作服中应用。

4. PBO纤维

PBO 纤维学名为聚对苯撑苯并二噁唑纤维，是 20 世纪 80 年代美国为发展航天航空事业而开发的复合材料用增强纤维，商品名为 Zylon（柴隆）。

PBO 纤维作为 21 世纪超性能纤维，具有优异的物理性能和化学性能，其强度、模量为 Kevlar 纤维的 2 倍，并兼有间位芳纶耐热阻燃的性能。一根直径为 1mm 的 PBO 细丝可吊起 450kg 的重物，其强度是钢丝纤维的 10 倍以上。PBO 纤维的耐冲击性、耐摩擦性和尺寸稳定性均很优异，并且质轻而柔软，是极其理想的纺织原料。

5. PBI纤维

PBI 纤维学名为聚苯并咪唑纤维，其突出性能是在火焰及高温下仍有良好的尺寸稳定性，在空气中不燃，在氧气中燃烧缓慢。可耐强酸、强碱、有机溶剂，是唯一兼有耐高温、耐化学品腐蚀及良好纺织性能的合成纤维。吸湿率 15%，手感好，织物穿着舒适。PBI 纤维可用于制作消防服、防高温工作服、飞行服和救生用品等，曾用其制作阿波罗号和空间实验室宇航员的航天服和内衣。在一般工业中可作石棉代用品，包括耐高温手套、高温防护服、传送带等，使用温度常为 250~300℃，能在 500℃下短时间使用。

6. 特氟纶

学名为聚四氟乙烯（PTFF）纤维，商品名为特氟纶（Teflon），我国称氟纶。特氟纶具有非常优异的化学稳定性和耐气候性，超过所有的天然纤维和化学纤维。特氟纶是阻燃性最好的有机合成纤维，在空气中不燃烧。特氟纶还具有良好的电绝缘性和抗辐射性能，是高温高湿条件下的良好绝缘材料，还是合成纤维中摩擦系数最小的纤维。特氟纶的性能决定了其主要应用在有特殊工作要求的工业和技术领域，如耐高温、腐蚀性气体和液体的过滤材料、密封材料等，也可用作太空衫及防火衣材料，据称人类第一次登月的太阳神 -11 号的宇宙航行服就是以特氟纶为主的织物制作的。

7. 高强高模聚乙烯纤维

高强高模聚乙烯纤维以超高分子量聚乙烯为原料经凝胶纺丝加工而成，是目前世界上比强度和比模量最高的纤维。据报道，美国超高分子量聚乙烯纤维 70% 用于防弹衣、防弹头盔、军用设施和设备的防弹装甲、航空航天等军事领域。

第四节 新型智能服装材料

智能服装材料是对环境具有感知、可响应，并具有功能的新材料。智能服装材料的发展为智能纺织品的开发奠定了基础，并促进了智能服装的发展。

一、智能调温纺织品

智能调温纺织品是将相变材料添加在纤维内部或吸附在纺织品表面，利用相变材料的吸热和放热效应而获得智能调温功能的新型纺织品。智能调温纺织品具有智能调温的效果，可根据环境温度的不同吸收或释放热量，具有双向温度调节功能，能够保证人体在低温或高温环境下均处于舒适的温度范围。

智能调温纺织品依赖于相变材料（Phase Chang Material，简称为 PCM）的研究和开发。相变材料是随温度变化而改变形态并能提供潜热的物质。所谓相变，是指物质的气、液、固三态间相互变化，在变化中相变材料将吸收或释放大量的潜热。

目前，智能调温纺织品有散纤维、机织物、针织物及非织造布等产品，其中调温纤维可以单独织成纺织品，也可与其他纤维混纺或交织而得到相应的纺织品。对于普通材料制成的纺织品，可以用织物整理的方法获得调温效果，如采用涂层加工或传统的整理加工方式，将含相变材料的整理剂施加在纺织品上，从而得到调温纺织品。美国 Outlast 公司是生产智能调温纺织品的主要公司之一，有纤维、面料和海绵状的弹力泡沫材料三种类型。目前，Outlast 公司采用纺丝和涂层的方法生产智能调温纺织品，其产品已用于衣服、背心、帽子、手套、雨衣、室外运动服、夹克及夹克衬里、袜子、围巾、滑雪服和滑冰服以及家用纺织品等。

在 1. 5℃的实验室内，将穿着 Outlast 素材外衣的人和穿着一般素材外衣的人的表面温度变化数据用图示对比，如图 6-7 所示。可以明显地看出 Outlast 素材外衣具有好的保温效果。

二、变色材料

变色材料是随着外界环境条件（如光、热、电、压力等）的变化而发生变色的物质。其变色原理是材料对可见光的吸收光谱随外界条件的变化而发生颜色的变化。广义而言，变色材料的概念还包括能够随外界环境条件的变化，在紫外区或红外区的吸收光谱发生变化的材料。根据促发变色因素的不同，变色材料的类型有光致（敏）变色、热致（敏）变色、电致变色、压敏变色、湿敏变色。近几年来，由于变色材料性能的优化和微胶囊技术的应用，使变色纺织品的发展很快，形成了从纤维、纱线到织物的各种变色纺织材料。变色纺织品的开发主要有采用变色纤维加工变色纺织品和采用印花、涂层或染色技术开发变色纺织品等两条途径。除了日常服装使用外，变色织物在防护服装方面具有独特的作用，如胆

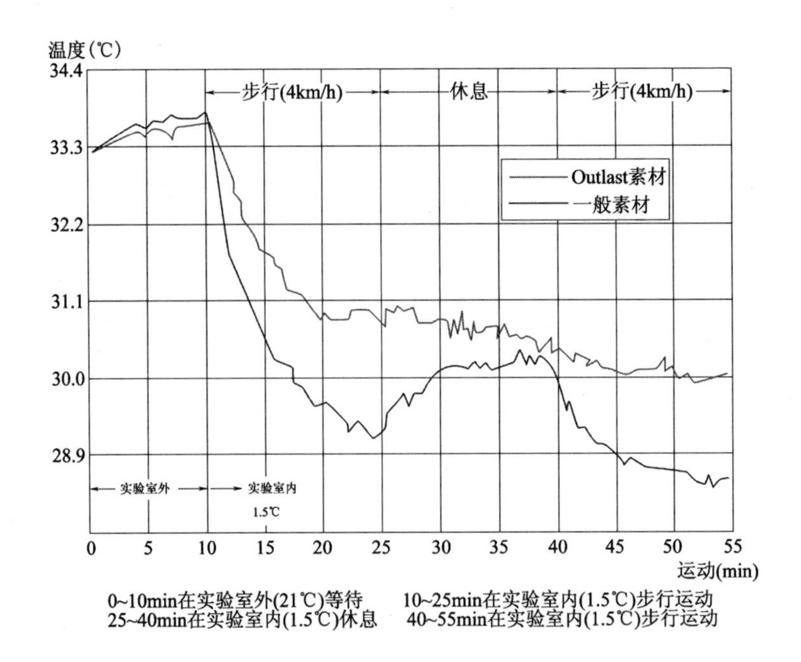

图6-7 Outlast素材服装的调温效果

甾型液晶能根据气体成分的不同及浓度的高低而改变颜色，可以从颜色的变化上判断作业环境中有害气体的成分及浓度，从而达到保证作业人员安全的目的。

三、形状记忆材料

某一原始形状的制品，经过形变并固定后，在特定的外界条件（加热、化学、机械、光、磁或电等外加刺激）下，能自动回复到初始形状的一类材料。通常可分为形状记忆金属合金、形状记忆陶瓷和形状记忆聚合物材料三大类。织物形式包括纯纺、交织、混纺，还包括非织造布。织物变形能力与形状记忆纤维混合比例成正比，纯纺织物的形状记忆能力明显高于混纺织物和交织物。

形状记忆织物可用来制作衬衣、内衣、外套、领带、手套、家用装饰等，尤其可满足衬衣的领口、袖口等较高的保形要求；上衣肘部和裤子膝部起拱后形状回复要求；内衣的贴身、弹性与舒适性要求；牛仔布的定形与弹性要求；裤腰或腹带长度稳定要求；针织物的形状稳定要求。形状记忆层压和涂层织物具有保暖透气、防水透气功能，可用于保暖衣、运动服、作战服、帐篷、雨衣等。形状记忆非织造布可用于服装内衬和工业用途。

形状记忆合金一般采用 Ni-Ti 记忆合金。织物在激发条件下，借助组织结构变化可获得三维结构，由此即可以获得特殊功能织物，也可以通过形状记忆合金的激发而在织物表面形成独特的设计特征。国外已经研究成功隔热织物，记忆合金纤维首先被加工成宝塔式螺旋弹簧状，再进一步加工成平面状，然后固定在服装面料内，如图 6–8 所示。当该服装表面接触高温时，纤维的形变被触发，纤维迅速由平面状变化成宝塔状，在两层织物内形成很大的空腔，使高温远离皮肤，防止烫伤发生。还有随温度变化袖子可以自动卷起和放下的“聪明衬衣”等。

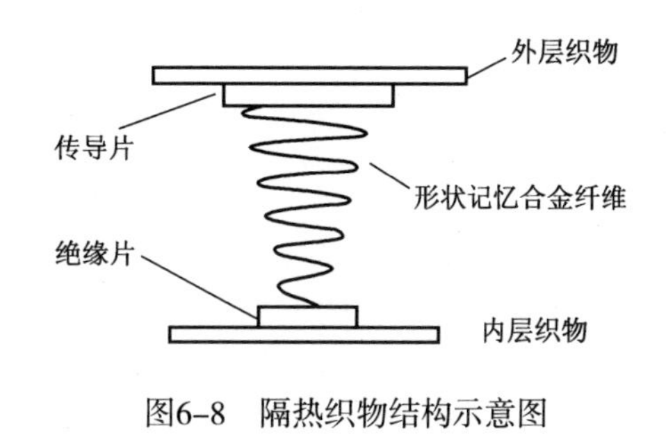

图6–8　隔热织物结构示意图

四、电子智能纺织品

电子智能纺织品属于非常智能型纺织品范畴。现阶段开发的电子信息智能纺织品一般由导电纤维、传感器和微型电子设备组成，可以感应、储存外界信息，并对外界作出反应。纺织品的智能化实现可以将具有感知和反应功能的智能纤维与普通纤维交织或将智能纤维编入普通纤维织物中，或将普通织物与集成电路相结合，然后将织物加工成最终产品。当前，国内外已经开发出各种功能的电子智能纺织品，典型产品有娱乐信息服、情绪感知服、医疗监护服、电子智能运动服、发光服装、安全警示纺织品等。

第五节　高感性服装材料

高感性服装材料是风格、质感、触感、外观等感观方面性能优良的服用纤维。近年日本有称为“五感”纤维的，其含义是相同的，常说的“新合纤”就是典型品种。

一、超细纤维

目前国际上尚未有超细纤维的统一定义，比较公认的说法是将纤度 0. 3 旦（0. 33dtex）以下的纤维称为超细纤维。现在多数合成纤维均可纺制成超细纤维，产量最大的是聚酯和聚酰胺超细纤维。

超细纤维的生产方法主要有直接纺丝法、复合纺丝法和共混纺丝法。用复合纺丝技术制造的超细纤维可分为剥离型和海岛型（溶解型），前者适合生产单丝线密度 0. 33~0. 55dtex 的长丝，后者则适合生产更细的纤维（0. 0001~0. 11dtex）。

超细纤维纤度极细，大大降低了丝的刚度，制成的织物手感极为柔软；超细纤维的比表面积很大，因此织物的覆盖性、蓬松性和保暖性有明显提高；比表面积大也使得纤维与灰尘或油污接触的次数更多，增加油污从纤维表面间缝隙渗透的机会，因此超细纤维织物具有极强的清洁功能；超细纤维在微纤维之间具有许多微细的孔隙，形成毛细管构造，具有高吸水性。将超细纤维制成超高密织物，纤维间的空隙介于水滴直径和水蒸气微滴直径之间，形成防水透气效应。

超细纤维可以做成仿真丝、仿桃皮绒、仿麂皮绒、仿毛和高密类产品，舒适、美观、保暖、透气，有较好的悬垂性和丰满度，在疏水和防污性方面也有明显提高。

用超细纤维制作的仿真丝织物，既具有真丝织物轻柔舒适、华贵典雅的优点，又克服了真丝织物易皱、粘身、牢度差等缺点，足以满足人们渴望衣料多样化及高档化的要求。

用超细纤维制作的超高密织物，密度虽然很高，但质地轻盈、悬垂性好、手感柔软而丰满、结构细密，即使不经涂层和防水处理，同样具有很高的耐水性，轻便、易折叠、易携带，是一种高附加值的新型服用纺织品。

用超细纤维做成针织布、机织布或非织造布后，经磨绒或拉毛，再浸渍聚氨溶液，并经染色和整理，可制作仿麂皮或人造皮革织物。制成织物的许多性能不亚于天然麂皮，轻薄柔软，表面纹理光滑，既防水又透气，强力好、不变形。此外，超细纤维还可用于高性能清洁布、过滤、医疗卫生、劳动保护等多种领域。

二、弹性纤维

弹性服装已成为当今服装品种的重要组成元素。当前使用的弹性纤维主要是聚氨基甲酸酯纤维，国际上通用的名称为"Spandex"，我国称为氨纶。美国杜邦公司开发的 Lycra 纤维是享誉全球的弹性纤维。目前国际上多个工业发达国家都有生产。除了氨纶外，锦纶丝、变形聚酯丝也有一定的弹性，新纤维 PBT、PTT 已在开发应用。

PBT 纤维学名为聚对苯二甲酸丁二酯纤维，是高弹聚酯纤维。PBT 纤维比氯纶抗老化性强，比锦纶、氯纶的耐化学稳定性更好，而弹性模量与锦纶相似。因此自开发以来需求量上升很快。氨纶价格高，但弹性很高（伸长率可达 500%~600%），一般需要包覆或包芯才能使用；但 PBI 纤维弹性低（伸长率为 25%~30%），价格低，可以直接使用。

弹力纤维可以用于各类服装，如弹力牛仔服 、针织运动服、休闲服装、连裤袜、泳衣、内衣等。

三、芳香纤维

通过服装材料中香味的缓释，营造温馨芳香的氛围，使人消除疲劳、愉悦身心、提高工作效率。目前，芳香纤维的加工工艺主要是以微胶囊法制备的芳香纤维，也可采用共混纺丝法和复合纺丝法制作芳香纤维，但受限较多。

微胶囊法制作的芳香纤维，是采用特殊的工艺将芳香剂包容在高分子膜内形成微胶囊，而后用适当的载体（黏合剂）通过浸渍或喷雾的方法将微胶囊附着到纤维上，然后经过热定型或焙烘使之固着在纤维表面。采用微胶囊技术，包覆在微胶囊内的芳香剂会缓慢地释放，从而大大延长了纤维的留香时间，通常可达 1~2 年。由于微胶囊只是机械地附着在纤维表面，其耐洗性还不够理想。

四、仿生纤维——仿蜘蛛丝纤维

仿蜘蛛丝的研发是受天然蜘蛛丝的启发而来的。蜘蛛丝是已知强度最高的天然纤维之一，是一种特殊的蛋白纤维，它的强度与钢丝相近。蜘蛛丝平均直径为 6μm。其力学性能优于任何一种天然纤维和目前生产的各种化学纤维。它的强度与 Kevlar 纤维相似，但断裂功是 Kevlar 的 1. 5 倍，具有强度好、弹性好、初始模量大、断裂功大等力学性能。伸长为 30%，与天然蚕丝相当，吸水性与羊毛相当，既耐高温又耐低温，在零下 60℃的低温下仍具有弹性。由于天然蜘蛛丝产量极有限，而且很难养殖，对仿蜘蛛丝的研究，已成为当今国际纤维界的热门课题。

仿蜘蛛丝有“生物蛋白钢”之称，目前获得仿蜘蛛丝的方法主要有三种：第一种是利用转基因技术，将能复制蜘蛛丝蛋白的合成基因移植到奶牛、山羊等动物中，从它们的奶中提炼蜘蛛丝蛋白，再纺丝获得。加拿大 Nexia 生物技术公司宣布已经获得成功，用这种蛋白质生产的纤维取名生物钢（Biosteel)，其强度比芳纶大 3. 5 倍。第二种方法是将能生产蜘蛛丝蛋白的基因移植给微生物，使该种微生物在繁殖过程中大量生产类似于蜘蛛丝蛋白的蛋白质。例如，美国杜邦公司正在开展这方面的研究。第三种方法是将能生产蜘蛛丝蛋白的合成基因移植给植物，如花生、烟草和土豆等作物，使这些植物能大量生产类似于蜘蛛丝蛋白的蛋白质，然后将蛋白质提取出来作为生产仿蜘蛛丝的原料。例如，德国植物遗传与栽培研究所正在开展这方面的研究。

我国科研人员用“电穿孔”的方法，在小小的蚕卵中“注射”不同基因，使家蚕分泌出含有蜘蛛牵引丝的蚕丝，已经取得了成功。2011 年复旦大学仿生制备项目组研究了蚕丝和蜘蛛丝的高分子结构，发现两者在成丝机理和丝的层次结构方面非常接近，因此只要通过一种特殊方法，利用相应的纺丝设备，在实验室就能纺制出仿蜘蛛丝——“超级蚕丝”。

仿蜘蛛丝可用于宇航服、防弹背心等，在医学上可用作高性能的生物材料，用于人体组织修复、伤口处理和手术缝合线等。

思考题

1. 通过资料检索五种新型服装材料，并说明它们与传统的材料有何不同？
2. 调查面料市场和服装市场，你发现了哪些新型的服装材料？它们有哪些特点？
3. 应该选择什么样的新型服装材料来制作环保型服装或生态服装？
4. 列举几种功能服装，叙述每种功能服装的材料选择，指出选择的材料存在哪些不足。

应用理论及专业技能——

服装辅料

教学内容： 1. 服装里料。
2. 服装用衬垫材料。
3. 服装用絮填材料。
4. 服装用固紧材料。
5. 其他服装辅料。

上课时数： 4课时。

教学提示： 主要阐述服装里料、衬料、固紧材料、缝纫线和其他辅料的种类、特征以及选用原则。本章节内容比较多且杂，因而在教学中主要注意各部分详略的安排，并结合实物图片，提高学生的兴趣，增加学生的直观认识。

教学要求： 1. 使学生掌握服装中常用辅料的特性。
2. 使学生掌握各种辅料在服装设计与生产中的选配。
3. 要求学生能够根据设计要求和目的，合理选配服装辅料。

课前准备： 教师准备各类服装辅料的图片和实物。

第七章　服装辅料

构成服装的材料，除面料外均为辅料。服装辅料对于服装起到辅助和衬托的作用，辅料的选择直接影响服装的外观效果和内在质量。因此，服装辅料与服装面料的配伍协调在设计和制作服装中显得越来越重要。

服装辅料种类繁多，如里料、衬垫料、絮填料、缝纫线、纽扣、拉链、绳带、花边、商标、吊牌以及烫钻、珠片等。构成服装辅料的基本材料包括纤维制品、皮革制品、泡沫制品、膜制品、金属制品及其他制品，其中，纤维制品是当前辅料的主要材料。

近年来，国内外的服装辅料发展很快，品种日益增多，性能各异。因此，正确地掌握和选用服装辅料，是服装设计和生产中不忽视的问题。

第一节　服装里料

服装里料是在服装反面层用来部分或全部覆盖服装里面的材料，俗称里子或夹里。里料一般用于秋冬季服装、中高档服装或者有絮填料的服装。服装里料使服装内部平整、光滑，保护服装缝制的工艺点、工艺线不变形、不开脱、不错位，从而也保护服装的整体造型。

一、服装里料的作用

服装里料的作用很多，主要有以下几项。

1. 使服装挺括美观，提高服装的档次

服装里料可以遮盖服装里面的缝份、衬料、接头等，使服装里面整齐光洁，更加美观，提高服装的档次。服装里料还可以提高服装的抗变形能力，使服装的褶皱、省道、袋布等不会因为内层的摩擦而变形、错位，从内部保证了服装的造型不被破坏，使服装外轮廓更加稳定、挺括。

2. 使服装穿脱更加方便

服装里料大多柔软光滑，可以减小服装与内层其他服装的摩擦，使人运动自如、穿着舒适，尤其在穿脱时会滑爽利落。

3. 保护面料、衬料

服装里料避免了服装使用过程中，人体或者内层衣物对面料反面及衬料的摩擦损伤，同时可以避免面料和衬料不受人体汗液和分泌物的沾污，从而对面料和衬料起到很强的保护作用。对于起绒类面料，服装里料可以防止面料因反面摩擦产生起毛、脱绒现象。

4. 增加保暖性

增加里料后，服装变得更加厚重，同时在面料和里料之间形成了一个空气夹层，可以增加服装的保暖性。

5. 装饰、标志

有些服装里料上织制企业或者品牌的商标图案或者文字，起到装饰和标志的作用。

二、服装里料的类型

服装里料大多采用纤维材料，市场上常用其原料来进行分类，一般分为天然纤维、化学纤维和混纺交织纤维等里料三大类。

(一) 按材料分类

1. 天然纤维里料

天然纤维里料主要品种有纯棉里料和真丝里料。纯棉里料结实耐磨，具有良好的保暖性和服用舒适性，洗涤方便，价格低，但是不够光滑，易皱。其代表品种有棉平布、棉绒布等。主要适用于婴幼、儿童服装及低档夹克便服等。

真丝里料色泽明亮、光滑质轻、美观，轻薄细致、透气性好，但是价格昂贵，裁口边易脱散，加工困难，易皱、耐机洗性差、耐用性差。其代表品种有真丝斜纹绸等，主要适用于全真丝高档服装、纯毛高档服装、夏季薄毛料服装。

2. 化纤里料

化纤里料包括合纤长丝、黏胶和醋酯长丝、黏胶和醋酯短纤维以及铜氨长丝里料。合纤长丝里料强度和弹性好、挺括、光滑、耐用、洗涤方便、价格低，但是吸湿透气性差、易产生静电、舒适性差。代表品种有涤纶绸、尼丝纺、涤纶塔夫绸、涤纶美丽绸、涤纶细纹绸、丙纶长丝绸、纯化纤长丝针织物。主要适用于休闲装、时装、风雨衣、运动服、登山服等；不宜用于夏季服装、部分针织服装和弹性服装。

黏胶和醋酯长丝里料光滑、柔软、服用舒适性好、价格较低、易于热定型，但是湿强低、缩水率大、易皱。其代表品种有美丽绸、人丝软缎等。主要适用于中高档服装。黏胶和醋酯短纤维里料舒适性好，呈现棉型风格。代表品种有人棉布、富纤布等。主要适用于中低档服装。两者都不宜用于经常水洗的服装，否则要充分考虑里子的预缩和裁剪余量。

铜氨长丝里料顺滑、结实耐用、吸湿放湿性能优良、抗静电、可生物降解，但是容易形成水渍。其代表品种有宾霸（BEMBERG）里料、铜氨纤维软缎、斜纹男装里料、塔夫绸女装里料等。主要适用于高档服装、需干洗服装。

3. 混纺与交织里料

混纺与交织里料包括涤棉混纺、醋酯纤维、黏胶纤维交织里料等。涤棉混纺里料兼有天然纤维和化纤的优点，服用舒适性好、坚牢耐用、价格适中、洗涤方便但是不够光滑。

其代表品种有涤棉平布等。适用于一般服装，如夹克和有防风要求的服装。

醋酯纤维、黏胶纤维交织里料光滑、质轻，裁口边易脱散，与真丝里料相似，但是湿强低，尺寸稳定性差，洗涤时不宜用力搓洗，代表品种如醋纤绸。一般适用于各种服装。较厚重的里料常用于外套、夹克、运动上装、毛皮大衣等。以黏胶或醋酯长丝为经纱，黏胶短纤维或棉纱为纬纱交织的里料，质轻、坚牢耐磨、柔软、较光滑，较美丽绸结实，但是湿强低、尺寸稳定性差、洗涤时不宜用力搓洗，没有美丽绸光滑，代表品种如羽纱。一般适用于西装、大衣及夹克等服装的里料，要充分考虑里料的预缩和裁剪余量。

（二）按加工工艺分类

1. 活里与死里

按照里料是否与面料缝合在一起或能够脱卸来分类，可分为活里与死里。

（1）活里：又称活络式里子，面料和里料不缝在一起，而是用纽扣、拉链或其他方法把面料和里料连在一起，根据需要可将里子脱卸下来。加工成活络式里料的目的：为了使服装具有多用途，根据不同的外界环境，可增、减服装的厚度；方便日常洗涤和维护，如棉衣、羽绒服等。

（2）死里：又称固定式里子。面料和里料缝合在一起，不能脱卸，这是一般的加工工艺，如中山装、西装、套装、夹克、风衣等。

2. 半里与全里

（1）全里：为整件衣服全部用里子，这是常用的加工工艺，一般冬季服装和比较高档的服装都用全里。

（2）半里：是整件衣服局部用里子，即在经常受到摩擦的服装部位用里子，如简做的服装、春夏秋季较薄的套装、制服等。

三、服装里料的选配

1. 里料的性能应满足服装造型的要求

里料的厚度、强力、缩水率、耐洗涤性等应与面料大体一致；否则，服装在服用及洗涤时，外形会受到影响。

2. 里料的颜色应与面料的颜色协调

里料的色调与面料的色调应一致，且色牢度要好，以免沾染面料及内衣。薄面料的里料颜色应浅于面料，否则会影响服装的外观色泽。

3. 里料的性能应满足服装舒适性的要求

注重吸湿性和透气性，尽可能选用比重小、轻柔光滑、易脱穿的织物。冬季服装的里料一定要关注保暖性，不宜有冷感。

4. 里料的性能应满足服装加工的要求

如耐热性、厚度等。

5. 里料应考虑服装经济性的要求

选择里料应根据用途讲究经济实用。

第二节　服装用衬垫材料

衬料，又称衣衬，是介于面料和里料之间的服装材料，可用一层或多层以保证服装造型要求并修饰人体体型。衬料作为服装的骨骼和支撑，保证服装的造型美，提升服装的舒适性、延长服装的使用寿命，并能改善服装材料的加工性能。

一、衬垫的作用

衬料主要用于服装的前身、挂面、领、肩、胸、袖窿与袖口、袋盖与袋口、下摆、裤腰和门襟等处，如图 7–1 所示。服装衬料的部位不同，所起的作用不同。衬料的作用如下。

图7–1　阴影部分为服装上的主要用衬部位

（一）对服装起到衬托、支撑、造型的作用

在不影响面料手感风格的前提下，应发挥衬料硬挺、富有弹性的特点，使服装平挺、宽厚或隆起，以获得设计的造型，如西装的胸衬、肩部用衬等。

（二）对服装起到定形和保形的作用

服装的某些部位，如服装的前门襟、袋口、领口等处，因穿着时易受拉而产生形变，用衬后面料不易被拉伸，保证了服装尺寸、形状的稳定。衣片的弧形边缘如袖窿、领窝等处（斜纱、横纱状态）使用牵条衬后，可保证服装结构的稳定、弧线的长度不变。

（三）改善服装加工性能

对某些面料，如真丝绸缎等既柔软又光滑，用衬后可改善缝纫过程的可握持性，提高缝纫加工的精度。服装的折边如袖口、下摆边及门襟止口、下摆衩口等处，用衬可使折边更加清晰、笔直，提高了熨烫加工的精确度，既增加了美观性，又提高了服装的档次。

（四）提高服装的耐用性

使用衬料后，增加了服装的挺括性和弹性，使服装不易出皱。用衬后的面料被加固了一层，衬料与面料共同承受外力，则可避免面料的过度拉伸，从而提高了服装的耐用性。

（五）增加服装的保暖性

服装用衬料后，实际是增加了面料的厚度（特别是前身衬、胸衬或全身衬），因而提高服装的保暖性。

二、衬料的种类及用途

（一）衬料的分类

衬料的分类方法很多，根据习惯称谓大体可以分为以下几种。

1. 按衬的原料分

可分为棉衬、麻衬、毛衬、化学衬、纸衬等。

2. 按使用的方式分

可分为热熔黏合衬和非热熔黏合衬两大类。

3. 按使用的部位分

可分为衣身衬、胸衬、领衬、腰衬、靴鞋衬等。

4. 按衬的重量、厚度分

可分为重型衬（160g/m^2 以上）、中型衬（80~160g/m^2）、轻薄型衬（80g/m^2 以下）。

5. 按衬的基布分

可分为机织衬、针织衬和非织造衬。

（二）衬料的主要品种

早期，人们使用的是以麻布和棉布为主体的第一代衬料。20 世纪 30~50 年代，由于西服的传入和中山装的提倡，我国开始生产和使用被称为第二代衬料的马尾衬、黑炭衬和赛珞璐。20 世纪 60~70 年代，第三代经树脂整理的衬料经历了从开始生产到逐步完善的过程。从 20 世纪 80 年代至今，第四代黏合衬的开发和利用可谓是服装工业的一次技术革命，以粘代缝的工艺手段简化了服装缝制加工工艺，并赋予服装更为优异的造型性能和保形性能。当今，数字化技术、等离子技术、微胶囊技术和纳米技术等已经在衬布行业得到应用，涌现出了功能性衬布、生态型衬布和可水洗透气毛衬等高性能衬布产品。

1. 棉衬

棉衬一般采用低支平纹棉布。根据加工工艺和用途的不同，有软、硬衬，本色和漂白衬，粗、细布衬之分。粗布衬外表比较粗糙，有棉花杂质存在，布身比较厚实，质量较差，一般用于大身衬、盖肩衬、胸衬等。细布衬外表比较细洁、紧密。细布衬又分本白衬和漂白衬两种。本白衬一般用作领衬、袖口衬、牵条衬等；漂白衬则用作驳头衬和下脚衬。软棉衬是不加浆料处理的棉衬，用浆料处理的为硬棉衬，俗称法西衬。

2. 麻衬

较常见的麻衬有麻布和麻布上胶衬两种

麻布衬属于平纹麻织物，具有比较好的硬挺度，可用作各类毛料服装及大衣的各种衬料。

麻布上胶衬属于麻 / 棉混纺平纹衬布。浸入适量的胶，表面呈淡黄色。产品挺括滑爽，弹性和柔韧性较好，柔软度适中，但缩水率较大，在 6%左右，故应在服装加工使用前进行缩水处理，否则影响成形。

3. 毛衬

马尾衬和黑炭衬统称为毛衬。

（1）马尾衬。是以羊毛或棉纱为经、马尾为纬交织而成的平纹织物。马尾衬的特点是布面疏松，弹力很好，手感硬挺，不易皱，挺括度好，尺寸稳定性好。主要用于高档中厚西装、呢绒大衣、礼服、套装等的胸衬。经过热定型的胸衬能使服装胸部丰满，造型美观。传统的马尾衬幅宽与马尾长度大致相当，产量亦小。为了克服普通马尾衬幅宽较窄的局限，开发了包芯马尾衬，是用纯棉纱包覆马尾做纬纱，用纯棉纱做经纱织制的平纹织物。

近年来，国外用刚度大、弹性好的粗旦（10 旦以上）长丝作芯，包缠以棉纱而纺制成的包芯纱，织成的织物，既耐高温熨烫，又有马尾鬃的弹性，再涂以热熔胶后，就成为工业化高档服装用的衬料。

（2）黑炭衬。是以棉或棉混纺纱线为经纱，犊牛毛或山羊毛（有时还有头发）与棉或人造棉混纺纱线为纬纱，而织成的平纹布。该种衬布多为黑褐色、深灰色或者什色，故有“黑炭”之称。一般黑炭衬的纬向弹性好，造型性好。多用于男女西装、套装、大衣、礼服、职业装及军官制服的前身、肩部、胸部和驳头的衬布，起造型和补强作用。用白色山羊毛制成的毛衬，适用于浅色服装。

4. 树脂衬

树脂衬是指在纯棉或涤棉混纺平纹布上浸轧以树脂液而制成的衬料。这种衬的硬挺度和弹性均好，但手感板硬。主要用于衬衫领衬或需要特殊隆起造型的部位。目前已有将树脂直接浸轧于衣领而成的硬领，或者被热熔黏合衬所代替。

5. 非织造衬

非织造衬又名无纺衬，因其价格低廉，得到了广泛的应用。目前市场上的非织造衬布主要包含一般非织造衬布、水溶性非织造衬布和黏合型非织造衬布。黏合型非织造衬布将在热熔黏合衬部分讲解。

（1）一般性非织造衬布。是使用最早的非织造衬布，就是将非织造布直接用来做衬布，现在大部分已被黏合非织造衬布所代替。但在针织服装、轻便服装、风雨衣、羽绒服、童装上仍有使用。这类衬通常使用化学黏合法制作，根据单位面积质量分薄、中、厚三种类型。

（2）水溶性非织造衬布。是由水溶性纤维和黏合剂制成的特种非织造布。它在一定温度的热水中迅速溶解而消失，主要用作绣花服装和水溶花边的底衬，故又名绣花衬。

6. 纸衬

麻纸衬的质感柔韧，起到防止面料磨损和使折边丰厚平直的作用，目前已逐步被非织造衬布所取代。在裘皮和皮革服装以及部分丝绸服装制作时，有时要用麻纸作衬。另外，在尺寸不稳定的针织面料的绣花部位上使用纸衬，以保证花型的准确。

7. 腰衬

腰衬是用于裤和裙腰部的条状衬布，主要起硬挺、防滑和保形作用。腰衬按其用途可分为中间型腰衬和腰头装饰衬（又称腰里）两大类。

（1）中间型腰衬。用于裤腰的中间层，主要起硬挺、补强和保形作用，分黏合型和非黏合型。一般是将树脂衬切割裁成条状，宽度为 2.6~4.0cm。

（2）腰头装饰衬。用于裤腰的内侧，起装饰、保形和防滑作用，分普通型、防滑型和涂层型三种。

① 普通型腰头装饰衬：由树脂衬和口袋布缝制而成，衬宽约 5cm，是目前应用最广的一类。

② 防滑型腰头装饰衬：由树脂衬、织带条和涤棉口袋布等材料缝制而成，其织带条约 3cm，由涤纶或涤棉混纺纱织成，凸起并起防滑作用。由于织带条较硬，穿着不舒适，现多改为商标织带，同时起装饰和宣传品牌作用。

③ 涂层型腰头装饰衬：由树脂衬和口袋布缝制而成，并在表面涂上聚氨酯。聚氨酯涂层凸起可起防滑作用，但穿着不够舒适。新型的腰头装饰衬是在织物表面进行静电植绒，既有防滑、装饰效果，又穿着舒适。

8. 牵条衬

牵条衬又称嵌条衬，是中高档毛料服装和裘皮服装必要的配套用衬。针对服装制作和使用过程中，往往因易变形部位的受力变形而影响服装质量的现象，在手工制作高档服装时，常在袖窿、领窝等弧线部位添缝一窄条嵌条衬加以牵制和固定。常用的宽度有 10mm、15mm、20mm 等。

9. 领带衬

领带衬是由羊毛、化纤、棉、黏胶纤维纯纺或混纺，交织或单织而成基布，再经煮练（棉类）、起绒和树脂整理而成。用于领带内层，起补强、造型、保形作用。领带衬布要求手感柔软，富有弹性，水洗后不变形等性能。我国长期以来领带衬布是用黑炭衬、树脂衬、毛麻衬代用，直至 20 世纪 90 年代才开发了领带衬产品。主要为纯棉和黏胶的中低档产品，高档的纯毛领带衬布主要还依靠进口。

（三）热熔黏合衬

黏合衬的布面上附有一层黏合剂，只需通过一定的温度和适当的压力，就可以使黏合衬与服装面料牢牢地黏合在一起，而被黏合的面料不起泡、无皱纹、平整挺括。黏合衬的特点是不缩水、不变色、不脱胶、不渗胶、黏合牢度高、耐洗涤、手感轻软、丰满、弹性好，而且使用方便。黏合衬是当今运用最多、最普及的新一代服装衬料，改变了传统的手工工艺，大大地提高了生产效率，被称为是服装工艺的一次革命，是服装工业现代化加工的重要标志。

1. 黏合衬的分类及用途

（1）按底布类别分。热熔胶涂敷的底布包括机织物、针织物和非织造织物。

① 机织黏合衬布：底布为纯棉或棉与化纤混纺的平纹机织物。其经纬密度接近，各方向受力稳定性和抗皱性能较好。因机织底布价格较针织底布和非织造底布高，故多用于中、高档服装。

② 针织黏合衬布：底布大多采用涤纶或锦纶长丝经编针织物和衬纬经编针织物，既保持了针织物的弹性，又具有较好的尺寸稳定性。广泛用于各类针织服装和面料弹性较大的服装中。特别是衬纬起毛针织底布，不仅改善了衬的手感，还可避免热熔胶的渗透。纬编衬由锦纶长丝编织而成，由于其弹性好，多用于女衬衫等薄型面料。

③ 非织造黏合衬：使用非织造布作为底布，生产简单，价格低廉，故发展很快，现已成为最为普及的服装衬料。原料主要有涤纶、锦纶、丙纶和黏胶纤维等，其中以涤纶和涤纶混合纤维最多。黏胶纤维非织造衬价格便宜，但强度较差。锦纶非织造衬手感柔软，涤纶非织造衬有较大的弹性。

（2）按热熔胶类别分。热熔胶类别不同，则其热性能（熔融的温度和黏度）、黏合强度、耐洗性能都不相同，导致衬布适用的面料和服装也不同。因常用的热熔胶的不同，有四类衬布。

① 聚酰胺（PA）黏合衬：有较好的手感，较高的黏合强力和较好的耐干洗性能。PA 热熔胶有低熔点和高熔点两种。低熔点 PA 黏合衬黏合温度为 80~95℃，只耐 40℃以下的水洗，适用于裘皮服装。而高熔点 PA 黏合衬黏合温度为 130~160℃，耐水洗性能良好，多数用在需要耐干洗和耐水洗的男、女外衣上，也用在女衬衫和时装上。

② 聚乙烯（PE）黏合衬布：分为高密度聚乙烯（HDPE）和低密度聚乙烯（LDPE）。高密度聚乙烯有很好的水洗性能，干洗性能略差，在 150~170℃的温度和较大的压力下才能获得较好的黏合效果，广泛应用于男衬衫中。

低密度聚乙烯的耐水洗和耐干洗性能均较差，但它可以在较低温度下黏合并且有较好的黏合强度，故广泛用于暂时性黏合衬布。

③ 聚酯（PET 和 PES）黏合衬布：有较好的耐水洗和耐干洗性能，对涤纶纤维面料黏合强力较高。随着涤纶仿真面料的广泛应用，聚酯类黏合衬的应用也越来越广泛，特别是薄型的仿真丝面料及厚型的仿毛面料上。

④ 乙烯醋酸乙烯（EVA）及其改性（EVAL）黏合衬布：EVA 是由乙烯相醋酸乙烯共聚而成。由于两个组分含量不同可制得一系列产品，调整共聚物组分，可以获得低熔点热熔胶，只需用熨斗就可完成黏合加工，特别适合裘皮服装使用。由于其水洗和干洗性能都很差，只能用作暂时性黏合。

（3）按涂层形状分。有规则点状、无规则撒粉状、计算机点状、有规则断线状、裂纹复合膜状、网状涂层等方式。不同涂层方法获得热熔黏合衬，其性能有所差异，适用的服装种类和部位也不同。

（4）按黏合衬的用途分。

① 主衬：又称大身衬，用于服装的前片、内贴边、领、驳头、后片、覆肩等处，对整个服装起造型和保形作用，对服装的轮廓起决定的作用。

② 补强衬：补强衬用于服装的袋口、袋盖、腰带、领头、门襟、袖口、贴边等较小面积的用衬，对服装起局部造型、加固补强和保形的作用。根据服装要求可选择永久性黏合衬，也可选用暂时性黏合衬。

③ 嵌条衬：用于服装的袖窿、止口、下摆开衩口、袖衩、滚边等部位，可起到加固补强的作用，对防止脱散、缝皱有良好功效。

④ 双面衬：双面衬的两面都可以黏合，可以在面料与面料之间或面料和里料之间起加固作用，还可以起到包边和连接作用，通常是制成条状使用。

2. 黏合衬的质量要求

黏合衬的质量直接影响到服装的质量，因此，对黏合衬不但有外观的质量要求，更注重其内在的质量和服用性能的要求，以保证制成服装的使用价值。其重要的质量指标有以下几个。

（1）剥离强度。是指与黏合在一起的材料，从接触面进行单位宽度剥离时所需要的最大力。黏合衬和衣料的黏合要坚牢，必须达到一定的剥离强度，单位为牛顿 / 米（N/m）。不同材料、不同用途的黏合衬其剥离强度要求有所差异。

（2）洗涤性能。黏合衬需要有较好的耐洗涤性能。主要是要求多次洗涤后不起泡变形。

（3）收缩性能。黏合衬经水洗和热压黏合尺寸变化应该很小，如果黏合衬的水洗缩率和热收缩率较大，必然会影响服装的外观，产生皱痕和不平整。因此，黏合衬的缩率要小，并要和面料的缩率相一致。

（4）黏合温度。衬布要能在较低的温度下与面料压烫黏合，以保证压烫时不损伤面料和影响织物的手感。

3. 黏合衬的选用

（1）服装用途与黏合衬品种搭配。黏合衬种类很多，性能、特点各不相同，在服装中的用途也不同，因此要根据服装款式、用衬部位、服装的服用性能及洗涤条件恰当地选用黏合衬。

（2）面料与黏合衬的配伍。面料的纤维成分、厚薄、稀密、弹性、立体花纹等都会对黏合衬的选用产生影响。天然纤维吸湿好，含水率高，容易在黏合时形成气泡，因此在黏合前要控制面料的含水率；丝绸面料应选择熔点低、胶粒细微的黏合衬，以防止对表面结构和风格的破坏；合纤织物一般选用黏合性较好的PET或PA衬。稀薄的面料容易产生渗胶，应选择纤维细的底布和细微的胶粒，如是深色面料，需选择有色胶；弹性面料应选择相同弹性的衬料。

（3）考虑服装穿着年限和维护方式。在选用衬布时必须考虑服装的穿着年限和洗涤方式（水洗还是干洗），有的需做耐洗试验，使消费者在穿着期限内能保持服装优美的外形。对于新的面料和黏合衬，一般需要先做小样实验，观察面料压烫后的硬度、黏合牢度、耐洗性能等，再确定合理的搭配。

（四）服装衬布的选用

服装生产过程中，在选择与使用服装衬料时，应注意生产条件、所对应的服装种类等。

1. 衬料的性能与服装面料的性能相配伍

主要指衬料的颜色、厚度、弹性、悬垂性等服用性能。

2. 符合服装造型或服装设计要求

硬挺的材料一般用于领部与腰部等部位，外衣的胸衬则使用较厚的衬料。

3. 考虑服装的用途和保养

需要水洗的服装则应选择耐水洗的衬料，并考虑衬料的洗涤与熨烫尺寸的稳定性。阻燃的服装则要求其衬料具有耐高温的特性。

4. 考虑生产设备条件

选用的衬料应能在已有的生产设备条件上加工，保证工艺参数指标和加工性能要求。

5. 衬料的价格成本与服装的档次与质量相匹配

不同种类的服装对服装衬料的要求不同，两者价格和档次应该相匹配。

（五）服装用垫料

服装用垫料指为了保证服装的造型要求并修饰人体体型的垫物。垫料用在服装的特定部位，可以起到修饰、弥补人体缺陷、形成特定造型等作用，从而使服装穿着合体、挺括、美观并被加固，强调服装的线条和立体效果。

1. 服装用垫料的种类

（1）肩垫。也称为垫肩，是一种缝合在服装肩部的衬垫物，可以改变服装的肩部造型与袖山的造型，使服装轮廓更加挺括。早期的垫肩是棉花外包织物形成，现在的垫肩材料与工艺发生了很大的变化，主要有以下三种：定形垫肩、针刺垫肩、海绵垫肩。垫肩的外形有半球形垫肩、三角形垫肩、风帆形垫肩、龟形垫肩、半圆形垫肩等。厚度分为薄型（0.3~1cm）、标准型（1cm）、厚型（1~2cm）和特厚型（2~3cm）。

（2）胸垫。又称胸绒、胸衬，使服装挺括、丰满、造型美观、保形性好。主要应用于西装、大衣等服装的前胸部位。

（3）领垫。又称领底呢，使服装衣领平展、服帖、定形、保形性好。主要应用于西服、大衣、军警服装及其他行业制服。

2. 服装用垫料的选配

服装用垫料的选择应根据服装的部位来选择，垫料硬挺而有弹性，垫料的种类、外形、规格要与服装款式和穿着者身材尺寸相配合，同时还要考虑垫料性能与服装面料的质地、厚薄、颜色相匹配。

第三节　服装用絮填材料

服装用絮填材料是使用于服装面料与里料之间，增强服装的保暖性能或立体感的材料，包含絮类填料和线材类填料等种类。传统用于服装的絮填材料主要作用是保暖御寒，其基本性能是柔软、质轻。新发明的絮填料有更多、更广的功能，如利用特殊功能的絮料以达到降温、保健、防热辐射等目的。

一、絮类填料的主要品种及用途

絮类填料是未经纺织加工的天然纤维或化学纤维。它们没有固定的形状，处于松散状态，填充后要用手绗或绗缝机加工固定。

1. 棉纤维

棉纤维即棉絮，加工成絮片状使用。其优点是吸湿性好，新的棉絮松软，保暖性强。但是，棉纤维的弹性差，旧了易板结，保暖性下降。

2. 丝绵

丝绵是由茧丝或剥取蚕茧表面的乱丝整理而成的。纤维长度、牢度、弹性或保暖性都优于棉花，而且密度小、柔滑。也需要经常翻拆，水洗不方便，容易滑落，造成厚度不均匀。

3. 羽绒

鸭、鹅、鸡或鸟类身上的羽绒，具有质轻、柔软、保暖性强的特点，是很好的冬季保暖材料。经常翻晒，可保持蓬松柔软和持久的保暖性能。

4. 动物绒

羊毛和骆驼绒是高档的保暖填充料。其保暖性好，既轻又软；但易毡结，如能混以部分化学纤维则更好，制成的防寒服装挺括而不臃肿。动物绒服装经常翻晒，可保持蓬松柔软，不用经常翻拆。

5. 化纤絮填料

化纤用作服装絮填材料的品种日益增多。例如“腈纶棉”轻而保暖；“中空棉”（中空涤纶）的手感、弹性和保暖性均佳。随着差别化纤维越来越多地进入我们的生活，絮片的质量也在不断提高。人们运用中空纤维、细旦纤维、变形纤维、复合纤维等制作絮片，纤维屈曲蓬松，比表面积增大，使纤维间空气的含量增多，保暖性能大大增强，而且蓬松柔软，轻巧舒适。

蓬松棉是将纤维层直接絮入织物袋内而成。例如，仿羽绒踏花被、睡袋等，成品直接体现出纤维柔滑、蓬松、保暖性能好的特点。

二、线材类填料的主要品种及用途

线材类填料与絮类填料的不同之处是，线材类填料具有松软、均匀、固定的片状形态，可与面料一并裁剪与缝制，工艺简单，维护方便。

1. 泡沫塑料

用聚氨酯制成的软泡沫塑料，外观很像海绵，疏松多孔，柔软似棉。其优点是质轻而富有弹性，保暖又不感觉太气闷，易洗快干；缺点是时间长了或久经日晒，强力和韧性会降低。

2. 保暖絮片

（1）喷胶棉。是在蓬松的纤维层上喷洒上黏合剂后，经烘燥固化而成。该产品由于使用部分三维卷曲中空纤维，因此，产品蓬松，保暖性与弹性良好。

（2）定型棉。在骨架纤维中混入一定比例的低熔点的熔结纤维，在纤网进入烘房后，使烘房温度略高于纤维的熔点（10~20℃，或对双组分纤维以外层组分的熔点），遂由主体纤维黏结而成。这种热熔方法随着纤维原料性能的改善（如部分骨架纤维可采用三维卷曲纤维）以及设备制造技术的提高，在一定程度上仍有它的生命力。以丙纶与中空涤纶或腈纶混合做成的絮片，经加热后丙纶会熔融并黏结周围的涤纶或腈纶，从而做成厚薄均匀、不用绗缝亦不会松散的絮片。这种絮片能水洗且易干，并可根据服装尺寸任意裁剪，加工方便，是冬装物美价廉的絮填材料。

（3）太空棉。又叫金属棉。由支撑金属层的化纤絮棉，经真空蒸喷技术、针刺技术制作而成。其保暖原理是利用金属层的反射作用，将人体散发的热量辐射返回人体，使人感觉暖和，而汗气则可以通过金属层的微孔及化纤絮棉的空隙排泄出去，有一定的透气性能。产品柔软而具有弹性。

（4）其他絮片。有中厚型无胶棉（全部 PE/PP 双组分 ES 纤维）、硬质棉（部分 PET/PET 组分 ES 纤维）以及远红外纤维絮片、太阳棉（多层结构）、仿丝绵等。保暖絮片大多采用热熔法加工，只是在使用原料、絮片结构上加以变化。

以细旦涤纶和羽绒混合使用，如同在羽绒中加入“骨架”，可使其更加蓬松，提高保暖性。混合絮片有利于材料特性的充分利用、降低成本和提高保暖性。亦有采用驼绒和腈纶混合的絮片等。

3. 特殊功能絮填料

特殊功能絮填料是指使服装达到某种特殊功能而采用的絮填料。例如，在宇航服中为了达到防辐射的目的，使用消耗性散热材料作为服装的填充材料，在受到辐射热时，可使这些特殊材料升华，而进行吸热反应；在劳保服装中利用金属镀膜做絮料，可以起到热防护作用；还可以在服装中添加保健絮料，如香味剂、中药等，起到保健理疗作用。

第四节　服装用固紧材料

固紧材料在服装中主要起连接、组合和装饰的作用，包括纽扣、拉链、钩、环与尼龙子母搭扣等种类。

一、纽扣

（一）纽扣的分类及特点

1. 按照结构分

（1）有眼纽扣：在扣子的中央表面上有两个或四个等距离的眼孔，以便于手缝或用钉扣机缝在服装上。通常男装多用四眼纽扣，女装多用两眼纽扣。

（2）有脚纽扣：在扣子的背面有一凸出扣脚，脚上有孔，以便将扣子缝在服装上。有脚扣有金属、塑料和用面料包覆的，一般用于厚重和起毛面料的服装，以保证服装的平整。

（3）揿纽（或称按扣）：有缝合揿纽与非缝合揿纽之分。非缝合揿纽是用压扣机固定在服装上的，即铆扣。揿纽一般由金属（铜、镍、钢等）制成，亦有少量由合成材料（聚酯、塑料等）制成。适用于工作服、童装、运动服以及不宜锁扣眼的皮革服装，或在需要光滑、平整而隐蔽的扣紧处。

（4）编结盘花扣：用各类材料的绳、饰带或面料制带缠绕打结，做成扣与扣眼，除有扣紧的作用外，主要为了增强服装的装饰效果。

2. 按照材料分

（1）树脂扣：以聚酯为原料（不饱和聚酯）加颜料制成板材或棒材，经切削加工及磨光而成。颜色五彩缤纷，光泽自然，耐洗涤，耐高温，是近年来高档服装用扣，但价格较高。

（2）塑料扣：用聚苯乙烯过塑而成，可制成各种形状和颜色。耐腐蚀，但耐热性差，表面易擦伤而影响外观。因其价格便宜，又有多种颜色，故多用于低档女装和童装。

（3）ABS 注塑及电镀纽扣：ABS 是一种热塑性塑料，它的注塑成型性很好，具有良好的电镀性能。生产中常将 ABS 注塑成各种形状，然后用塑料电镀的方法在其表面镀上各种金属色泽，高雅大方，其中最常见的颜色是金色。

（4）电玉扣：又称脲醛树脂扣，用脲醛树脂加纤维素冲压而成，可制成多种色泽。强度和耐热性较好，且不易变形，价格便宜，多用于中低档女装和童装。

（5）胶木扣：用酚醛树脂加木粉冲压制成。价格低廉而耐热性较好，但光泽差，是目前低档服装的主要用扣。

（6）金属扣：由黄铜、镍、钢与铝等材料制成。常用的是电化铝扣，铝的表面经电氧化处理，类似黄铜扣。质轻而不易变色，并可冲压花纹和制衣厂家名称标志，因此，常用于牛仔服及有专门标志的职业装。不宜用于轻薄并常洗的服装，以防服装受损。

（7）有机玻璃扣：用聚甲基丙烯酸甲酯并加入珠光颜料，制成棒材或板材，经切削加工而成。色泽美丽鲜艳，极富装饰性，曾是受欢迎的高档扣，目前已逐渐被树脂纽扣所取代。

（8）木扣和竹扣：植物类茎秆加工而成的纽扣，以木材纽扣为主，体现环保、自然风格，近几年用量有所增加。但是耐水洗性能较差，水洗后可能变形开裂。

（9）贝壳扣：由天然贝壳切削而成，来源于自然，质感高雅，光泽诱人，并且人们总是将贝壳与珠宝联系在一起的，所以服装用上真贝纽扣，就显示出品质高贵。

（10）织物包覆扣：现在的织物包覆扣都用机械加工而成，挺括美观。织物包覆扣的特点是与衣料图案花纹一致，浑然一体，非常协调。但牢度稍差，易磨损。多用于女装及便装。

（11）编结纽扣：又称盘花扣，用服装的同料或丝绒材料制作，有组攫和纽头两部分组成，可编成各种图案造型，如琵琶扣、菊花扣、葡萄扣等。这种纽扣是传统中式服装的纽扣，有浓郁的民族风格。

（12）其他纽扣：如宝石纽扣（低档的宝石和人造水晶）、动物骨角纽扣、蜜蜡纽扣、皮纽扣等。这些纽扣产量不大，在服装中用途不广。

（二）纽扣的大小

树脂纽扣在国际上有统一的型号（俗称莱尼，英文 LINE），1 莱尼＝ 1/40 英寸（1 英寸 =25. 4mm），同一型号有固定的尺寸、在各国之间是通用的。纽扣型号与纽扣外径尺寸之间的关系是：纽扣外径（mm）＝纽扣型号 ×0. 635mm。常见纽扣的大小为 14~54 莱尼。如果是非圆形纽扣，则其大小按照纽扣的最大直径处计算。

金属扣（按扣、四合扣、大白扣等）目前尚无统一的型号标准，但在行业中有一致的基本尺寸。

（三）纽扣的选用

纽扣在服装中主要起辅助的作用，所以选择搭配上要以服装的风格特征为依据，要符合形式美法则，强调对比与统一。同时，还可以利用纽扣不同的材质、风格，在服装中起画龙点睛的作用。

（1）纽扣与服装的搭配，整体的统一协调很重要。首先是色彩、图案的整体性、协调性。其次是纽扣的材质风格与服装风格相协调。

（2）纽扣的搭配还要根据穿着对象的不同，进行不同的选择。如男装以协调、庄重为搭配原则；女装则风格各异，强调个性与特色。不同职业、不同性格的对象，搭配纽扣的方法也各不相同。

（3）纽扣的搭配要与面料的档次、服装的档次、纽扣使用的部位结合考虑。例如，低档、随意的日常服装、工作服装，不必搭配精致昂贵的纽扣；裤门襟扣或各种暗扣，用同色胶木扣或塑料扣即可；而高档的礼服、正规服装，对纽扣的搭配绝不可马虎草率。

二、拉链

拉链是一种可以重复拉合、拉开，由两条柔性的可互相啮合的单侧牙链所组成的连接件。在服装中，拉链主要用于上衣的门襟、袋口，裤、裙的门襟或袋口等部位。拉链的构成主要是链牙、拉头、布带三部分，拉链的结构如图 7–2 所示。其中，链牙是形成拉链的关键部件，其材质决定拉链的形状和性能。上止和下止用来防止拉链头和链牙从布带头尾端脱落。布带则是链牙的依托，同时也是与服装缝合的必要部件。

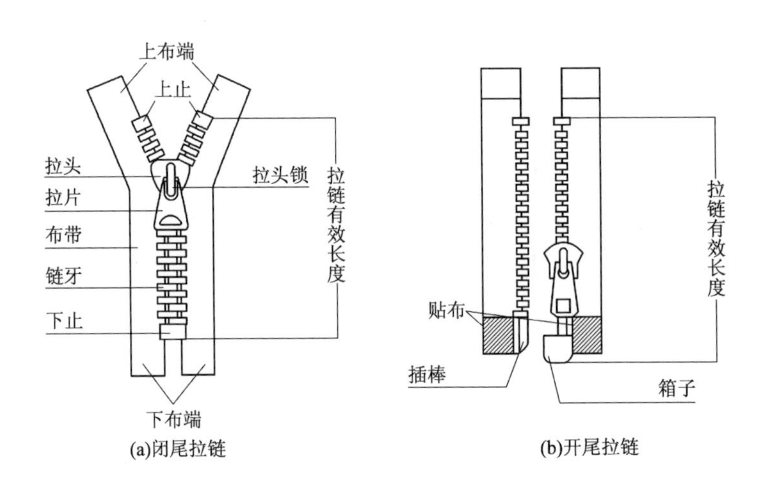

图7–2　拉链结构示意图

（一）拉链的分类

1. 按照材料分

一般以啮合齿的材料对拉链进行分类。

（1）金属拉链：拉链的链牙材质为金属材料，包括铝质、铜质（黄铜、白铜、古铜、红铜等）等，有相当的硬度和韧度，能防止氧化变色，适合强度要求高的拉合部位。铝合金链牙拉链属金属拉链中的轻质品种，开闭光滑，但是耐磨性不强。金属拉链的拉合力强，适用于需要较强拉紧力或者较厚重的服装，如牛仔裤前门襟等。

（2）注塑拉链：链牙由聚甲醛或尼龙材料通过挤压、成型、缝合固定在布带边上的拉链。注塑拉链比金属拉链手感柔软，耐水洗且链牙不易脱落，可以制成颜色与布带同色的拉链以适应不同颜色的服装。运动服、羽绒服、夹克和针织外衣等普遍采用。

（3）尼龙拉链：链牙由尼龙单丝形成螺旋状，通过成型工艺固定在布带边上的拉链。分有芯、无芯、双骨等不同加工工艺。隐形拉链是一种特殊的尼龙拉链。尼龙拉链的拉合力相对较弱，但是，这种拉链轻巧、耐磨而富有弹性，也可染色，可以制成小号细拉链，普遍用于各类服装中。

2. 按照结构分

（1）开尾拉链：拉链在拉开时，可将两边牙链带完全分离，如图 7–2（b）所示。开尾拉链又分为单头开尾和双头开尾拉链。单头开尾拉链穿有一个拉头，当拉头体拉至插座时，插管可从拉头体和插座中拔出，从而两链牙带脱开；当插管通过拉头体进入插座即可拉合。双头开尾拉链穿有两个拉头，两个拉头拉至尾端，插管可从两个拉头体中拔出，从而链牙带脱开；当两个拉头在牙链带尾端，另一边的插管插入两个拉头体即可拉合。主要用于前襟全开的服装，如外套、夹克、滑雪衫，以及可装卸衣里的服装。

（2）闭尾拉链：拉链在拉开时，两边链牙带不能完全分离，如图 7-2（a）所示。其又分为单头闭尾和双头闭尾拉链。单头闭尾拉链指穿有一个拉头的闭尾拉链；双头闭尾拉链指穿有两个拉头的闭尾拉链，两个拉头可背向或相向开合。其主要用于裤子、裙子、领口和口袋等处。

（3）隐形拉链：即拉合后不露拉链齿带，仅露出拉头的拉链，如图 7-3 所示。其主要用于夏季女裙、裤子等服装。

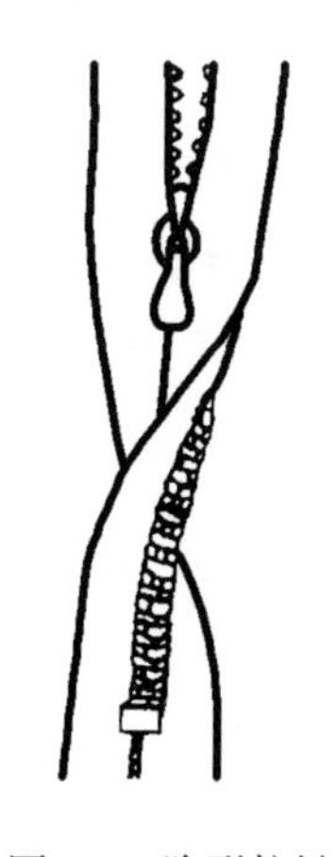

图7-3　隐形拉链

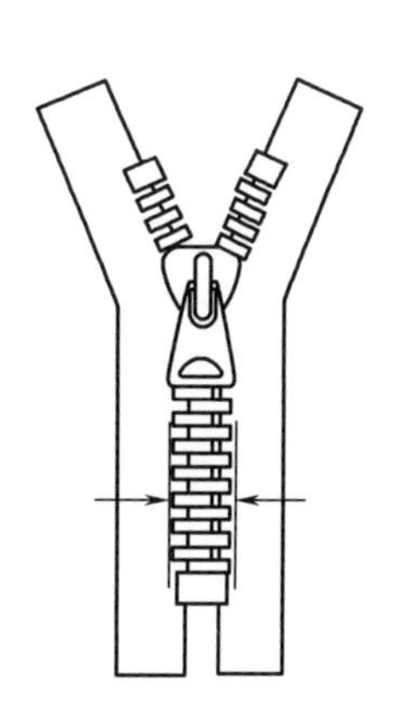

图7-4　拉链号数

（二）拉链的尺寸

拉链的尺寸用“号数”表示，即拉链拉合后，以链牙的宽度的毫米数来表示，如图 7-4 所示。型号的大小和拉链牙齿的大小成正比，拉链的号数越大，其固紧力越大。其中 3~7 号是最为常用的拉链。

（三）拉链的选用

（1）应根据服装的用途、使用保养方式、服装面料的厚薄、性能和颜色以及使用拉链的部位来选择拉链。一般来说，轻薄的服装宜选小号拉链。

（2）应考虑拉链基布（底带）的缩水率、柔软度、颜色与面料相协调。底带有全棉、涤棉及纯涤纶带，有机织和针织底带，其宽度、厚度和拉伸强度都随拉链的号数增大而增大。如纯涤纶纤维底带的拉链不适于纯棉服装，因其缩水率与柔软度差异较大。

（3）兼顾实用性与装饰性。拉链在服装上的使用有的已超出了实用的范围，或者要兼顾两项功能，故在选用时要综合考虑。

三、其他固紧材料

1. 绳

服装中的绳主要有两个作用，一是紧固，二是装饰。绳的原料主要有棉纱、人造丝和各种合成纤维等。用于裤腰、服装内部牵带等不显露于服装外面的绳，一般选用本色全棉的圆形或扁形绳；其他具有装饰作用的绳，在选用时要与服装的风格和色彩相协调，可选用人造丝或锦纶丝为原料的圆形编织绳、涤纶缎带绳、人造丝缎带绳等。

2. 松紧带

松紧带在服装中的应用具有紧固和方便两个特点，因此，特别适合童装、运动服装、孕妇服装和一些方便服装使用。在服装的裤腰、袖口、下摆、裤口等处采用松紧带，既方便又有较好的紧固作用。松紧带的主要原料是棉纱、黏胶丝和橡胶丝等，有各种不同宽窄可供选择。宽的松紧带可直接用于裤腰、袖口等；窄的松紧带用于内裤、睡裤裤腰较多。用氨纶纤维与棉、丝、锦纶丝、涤纶丝等不同纤维包芯制得的弹力带，也有各种不同松紧、不同宽度可供选择。现已广泛用于内衣等不同的服装中。

3. 罗纹带

罗纹带属于罗纹组织的针织品，由橡皮筋与棉线、化纤、绒线等原料织成的弹力带状针织物。其主要用于服装的领口、袖口、裤口等处。

4. 搭扣

搭扣主要指锦纶搭扣，是用尼龙为原料的粘扣带，由两条不同结构的锦纶带组成，一条表面带圈，一条表面带钩；两条锦纶带相接触并压紧时，圈钩黏合扣紧。锦纶搭扣多用于需要方便而能快速扣紧或开启的服装部位，如消防员服装的门襟扣、作战服装的搭扣、婴儿服装的搭扣和活动垫肩的黏合、袋口的黏合等。

四、固紧材料的选用

1. 应考虑服装的种类

例如，婴幼儿及童装固紧材料宜简单、安全，一般采用锦纶拉链或搭扣；男装注重厚重和宽大，女装注重装饰性。

2. 应考虑服装的设计和款式

固紧材料应讲究流行性，达到装饰与功能的统一。

3. 应考虑服装的用途和功能

例如，风雨衣、游泳装的固紧材料要能防水，并且耐用，宜选用塑胶制品；女内衣的固紧件要小而薄，重量轻而牢固；裤子门襟和裙装后背的拉链一定要自锁。

4. 应考虑服装的保养方式

例如，常洗服装应少用或不用金属材料。

5. 考虑服装材料

例如，粗重、起毛的面料应用大号的固紧材料，松结构的面料不宜用钩、襻和环。

6. 应考虑安放的位置和服装的开启形式

例如，服装固紧处无搭门，不宜用纽扣。

第五节 其他服装辅料

一、缝纫线

缝纫线是缝合衣片、连接各部件的材料，除缝合功能外，还可以起装饰作用。

(一) 缝纫线的种类

通常按照原料对缝纫线进行分类，包括天然纤维缝纫线、合成纤维缝纫线及混合缝纫线三大类。

1. 棉缝纫线

棉缝纫线以棉纤维为原料制成，俗称棉线。棉线是较早用于缝合织物的缝纫线。棉线强度较好，耐热性比化学纤维线好，在缝纫时能经受较高的针温，故可用于高速缝纫。但是棉线弹性较差，缩水率较大。

棉缝纫线主要分成三种：无光线、蜡光线和丝光线。

（1）无光线：是经过烧毛、丝光、上浆等处理的棉缝纫线，基本上保持原棉纤维的特性，表面较毛，光泽暗淡，线质柔软，延伸性较好，对缝纫过程中的反复拉伸适应性较好。无光线表面粗糙，与其他线比较，在通过织物时的摩擦阻力较大，适用于手工缝纫与低速缝纫。缝制对象主要是低档棉织品，或用于对缝线外观质量要求不高的场合。

（2）蜡光线：是经过上浆、上蜡和刷光处理的棉缝纫线。表面光滑、硬、挺、摩擦力小，适用于缝纫机使用。

（3）丝光线：用氢氧化钠（烧碱）溶液进行丝光处理的棉缝纫线。经过丝光处理的棉线，不仅表面光滑，还能提高强力与对染料的吸附能力。丝光线线质柔软、美观，适用于缝制中、高档棉制品。

2. 蚕丝线

蚕丝线是由天然蚕丝制成的长丝线或绢丝线，有极好的光泽，其强度、弹性和耐磨性能均优于棉线，适于缝制各类丝绸服装、高档呢绒服装、毛皮与皮革服装等。

3. 涤纶缝纫线

涤纶缝纫线是以涤纶纤维为原料制作的缝纫线。涤纶缝线强力高，而且湿态时不会降低强度。缩水率很小，经过适当定型后收缩率小于1%，线迹无皱缩。涤纶线广泛用于高速工业缝纫中，在不少场合，取代了棉缝纫线。可用于棉织物、化纤织物与混纺织物的服装缝制，也可用于缝针织外衣。特制的涤纶线还是鞋帽皮革行业的优良用线。

按原料形态的不同，涤纶线可分为涤纶短纤维缝纫线、涤纶长丝（束丝）缝纫线和涤纶低弹丝缝纫线。

（1）涤纶短纤维缝纫线：外形与棉线相似，故又称仿棉型涤纶线。线质柔软，强力高，耐磨性好，是目前使用最广的一种缝纫线。涤纶短纤维线采用高温高压染色，有机硅后处理。

（2）涤纶长丝（束丝）缝纫线：用涤纶长丝为原料制成的缝纫线，是一种仿蚕丝型的缝线。束丝直接纺制，不需切断，其强度较短纤维为高。对以缝线强度为主的产品，如缝制皮鞋等，可用涤纶长丝线。

（3）涤纶低弹丝缝纫线：用有光涤纶变形长丝制作的缝线，经硅油处理，适应于工业缝纫。主要用于缝制弹性织物，如针织涤纶外衣、腈纶运动服、尼龙滑雪衫等。

4. 锦纶缝纫线

锦纶缝纫线是由锦纶丝制作的缝纫线。锦纶线质地光滑，有丝质光泽，弹性较好，耐磨性与干态强度均居化纤线之首。最常用的有锦纶长丝缝纫线、锦纶透明缝纫线、锦纶弹力缝纫线。锦纶长丝缝纫线的使用类似于涤纶长丝缝纫线。锦纶透明缝纫线一般有无色、浅烟色与深烟色三种色泽，呈透明状，可适用于任何色泽的缝制物。从理论上讲，透明线可取代各种色泽的缝线，可大大降低用户的色线备货。但透明线的线质较硬，用于服装缝制还不适应，故使用范围不广。锦纶弹力缝纫线采用锦纶6或锦纶66的变形弹力长丝制得，用于缝制使用中伸缩性较大的弹性织物，如针织物、胸罩、内衣裤、游泳衣、长筒袜、紧身衣裤等。

5. 维纶缝纫线

维纶缝纫线吸湿性高，耐磨性好，耐酸碱性好，不霉不蛀，是一种价格较低的化纤线。维纶线的缺点是在湿态下的耐热性较差，容易发生软化与皱缩现象，且染色性能较差。其主要用于缝纫厚实的帆布包、袋、劳保用品，还可用于民用锁边、钉扣与缝被褥等。

6. 腈纶缝纫线

腈纶缝纫线的纱线捻度较低，染色鲜艳，主要用于装饰线和绣花线。

7. 涤棉缝纫线

涤棉缝纫线一般为涤棉65/35混纺制成的缝纫线。其综合了涤纶强度高，耐磨性好，棉耐热好的优点，断裂强度比同规格的棉线高，耐磨性好，一般可适合速度达4000r/m的工业缝纫机，针脚平挺，缩水率仅1%左右。

8. 包芯缝纫线

包芯缝纫线一般采用长丝（复丝）为芯纱外包短纤维。用这种特殊结构的包芯纱制得的缝纫线可以兼备芯纱与包纱两者优点，从而形成一种品质极为优良的缝线，能适应工业高速缝纫使用。据测定，包芯线的强度主要取决于芯纱性能，而摩擦与耐热性能取决于包纱，条干均匀，耐磨，线质柔软，可缝性好。

常见的包芯缝纫线是以涤纶复丝为芯纱，外包棉纱、涤纶短纤纱或人造丝，可形成涤棉包芯线、涤涤包芯线或涤人造丝包芯线。以锦纶束丝为芯纱，包以棉纱或人造丝，可形成锦棉包芯线与锦人造丝包芯线、其中以涤棉包芯线最为常用。涤棉包芯线强力高，几乎接近涤纶线。在缝纫中与针眼接触的是棉纱，故耐热性同棉线，线质柔软，缩水率在0.5%以下，可适应5000~7000r/m的高速缝纫。

缝纫线的另外一种分类方法为按照卷装类型分，有绞装、木纱团、纸芯线、纸板线、宝塔线等。常用卷绕长度为50~11000m，也有数万米的。

缝纫线的合股数有2股、3股、4股、6股、9股，最高为12股。从经济性和合理性考虑，常用缝线多取3股结构。为适应工业用缝纫机的高速，缝纫线生产中要注意减少结头，采用大卷装生产工艺，注意提高润滑性，对缝纫线进行润滑后处理——上蜡，对于涤纶线、锦纶线则是上硅油乳液。

（二）缝纫线的质量要求

国家标准对缝纫线的技术指标有严格的规定与要求。优质缝纫线应具有足够的拉伸强度和光滑无疵的表面，条干均匀，弹性好，缩率小，染色牢度好，耐化学品性能好，以及具有优良的可缝性。

缝纫线可缝性是缝纫线质量的综合评价指标。定义为在规定条件下，缝纫线能顺利缝纫和形成良好的线迹，并在线迹中保持一定的机械性能。缝纫线可缝性的优劣，对服装生产效率、缝制质量及服装的服用性能将会产生直接的影响。对缝纫线可缝性的计量方法有：定长制、定时制、层数制和张力法。实验表明，缝纫张力（面线张力与底线张力）对缝纫线可缝性有着显著的影响。不同品种的缝纫线，所能施加的缝纫张力也不同。

（三）缝纫线的商标符号

在缝纫线包装的商标上，标志着线的原料、特数、股数及长度。也有在包装上用符号来表示的，如棉缝纫线602、803等，其中前两位数表示单纱英支数，第三位数表示股数。

对于合成纤维缝纫线来说，国际商标符号有不同的编号系列，一般为10~180号。数字越大，表示线越细。

（四）缝纫线的选用

（1）色泽与面料要一致，除装饰线外，应尽量选用相近色，且宜深不宜浅。

（2）缝线缩率应与面料一致，以免缝纫物经过洗涤后出现织物起皱；高弹性及针织类面料，应使用弹力线。

（3）缝纫线粗细应与面料厚薄、风格相适宜。

（4）缝纫线的色牢度、弹性、耐热性要与面料相适宜，尤其是成衣染色产品，缝纫线必须与面料纤维成分相同（特殊要求例外）。

（5）缝纫线的价格和质量应该与服装的种类、档次相一致。

二、花边

花边具有极强的装饰性，在女时装、裙装、女衬衫、内衣、童装和羊毛衫等中广泛应用，可以提高服装的美感和档次。花边种类繁多，除了纤维制品外，目前还有各种珠片、亮片等特殊外观风格的花边出现，多用于女时装、晚礼服、婚礼服和舞台服装。

花边分为机织花边、针织花边、刺绣花边、编织花边等四类。

（一）针织花边

针织花边又称为经编花边，在贾卡经编机上织制，大多以锦纶丝、涤纶丝、黏胶丝为原料。经编花边组织稀松，有明显的孔眼，外观轻盈、优雅，分为有牙口边和无牙口边两大类。广泛应用于各类服装及装饰用品中。目前也有用类似花边产品的针织装饰织物加工成整件衣服，作为装饰服装。

（二）刺绣花边

刺绣花边通过计算机平板刺绣机在底布上绣花，若底布为水溶性材料，刺绣完成后经过热水洗涤，去除底布，可形成镂空花边。刺绣花边做工精细，花形凸出，立体感强，广泛应用于各类服装及装饰用品。

（三）编织花边

编织花边又称线边花边、棉线花边等，主要以全棉漂白、色纱为经纱原料，纬纱以棉纱、黏胶丝、金银线为主要原料，用钩编机编织。花边的造型一般以牙口为主，牙口边的大小、弯曲程度和间隔变化可改变花边的造型。编织花边是目前花边品种中档次较高的一类，可用于礼服、时装、羊毛衫、衬衫、内衣、家居服、童装、披肩等各类服装的装饰性辅料。

（四）机织花边

机织花边由提花机控制经线与纬线交织而成。常用原料有棉线、金银线、人造丝线、涤纶丝、桑柞蚕丝线等。织机可以同时织成多条花边，或者织成独幅后再分条。花边宽度为3~170mm。机织花边质地紧密，花形有立体感，色彩丰富。在中国少数民族中使用较多。

三、商标和标志

服装商标和标志关系到产品的整体形象和企业的形象，为了引起客户或消费者的注意和认同，同时明示服装的尺寸、保管性能等，包含商标、规格标、洗涤标、吊牌等，种类很多。从材料上分，有胶纸、塑料、棉布、绸缎、皮革和金属等。标志的印制方法有提花、印花和植绒等。形式上，包括商标、胶章（滴塑章）、PVC 章、吊粒、织带、吊牌等。

思考题

1. 你认为哪些服装应配里子，并说明原因?
2. 解剖一件服装，分析各部位用衬情况及所起作用。
3. 当你准备设计一套服装时，面料选定后，如何考虑辅料的匹配问题?
4. 调查目前市场上出售的缝纫线的规格和特性。
5. 列举一套西服所选配的各种辅料，并说明它们的特性和所起的作用。

应用理论及专业技能——

服装材料的选择和应用

教学内容： 1. 服装材料的设计应用。

2. 服装材料的工程应用。

3. 特种防护服装的材料应用。

上课时数： 5课时。

教学提示： 主要阐述服装设计中材料选择和应用的原则和依据；服装工程生产中，服装材料的配置、管理、检测及保管知识；特种防护服装的材料选用。通过实例分析，加深学生对所学知识的理解和灵活应用。

教学要求： 1. 使学生掌握服装材料选择的原则和依据，针对各种不同服装分析其材料的选择。

2. 使学生能够通过查阅资料和调研，分析实际服装设计和生产中涉及的服装材料选择和应用问题。

课前准备： 教师准备服装材料设计应用的实例、工程配置和管理的相关标准。

第八章　服装材料的选择和应用

现代服装的使用价值包括三个方面：首先是保护身体，满足人们的工作和生活需要以适应季节与礼仪之需；其次是实现某种特定款式所要求的美感，以达到装饰的目的；第三是满足某些特殊场合的防护需要，达到保护人体的目的。根据各种衣料的物理、化学性能合理选用服装材料，是服装形成的前提条件，也是决定服装产品的服用功能、档次高低、品质优劣、使用周期长短的重要因素，因此，服装材料的选用是一个值得关注和必须完善的问题。

第一节　服装材料的设计应用

服装材料的性能是服装设计的表征语言，是体现服装整体效果的关键因素。如塑性好的面料通常用于制作造型稳重、端庄、挺括的服装，如西服、套装、大衣等；而柔软蓬松的面料则适用于制作柔软飘逸的服装，如裙装、晚礼服等。同样的款式和色彩的服装，因面料构成不同，最终的穿着效果将会截然不同。

一、服装材料的选用原则

选择服装材料，应依据着装者的条件（如年龄，性别，职业，体形及肤色，收入，个性等），以及着装的目的、着衣环境和时尚潮流等来确定。目前市场上用以选择服装材料的原则是“5W1H 原则”，就是根据服装是什么人穿（Who），穿着目的（Why），什么时候穿（When），在什么场合穿（Where），以及服装的成本和价格将会怎样（How many），来确定选择什么样的材料（What）。5W1H 原则，还常被用于服装设计，服装质量管理以及服装行为分析中的要素。另外，我们通常也会根据消费者对服装品质和性能的要求，以及参照流行趋势来选择服装材料。因此，根据上述的 5W1H 原则，由于穿着对象，穿着环境和穿着目的的不同，对服装的种类和选择的要求亦不相同。

选择服装材料时还要注重其文化性，只考虑材料的实用性而忽视其文化属性将使服装材料失去一半的价值。如今，品牌消费、绿色消费、体验消费的理念已被越来越多的人所推崇，因此展示服装材料的文化属性已成为了现代服装设计的重要手段。

二、服装材料的选用依据

(一)服装类别与材料选择

服装材料是设计创意和产品规划的要素，选用时务必要机动灵活，又要符合生活习俗规律。长期以来什么服装选用什么服装材料已成为一种约定俗成的习惯，如果在服装材料的使用上不考虑基本的常识，那么再好的创意也可能会无法实现。表 8-1 给出了各大类别服装及其最常用面料的选用原则。

表 8-1 不同服装类别的面料选择

服装类别		选料原则	面料品种
礼服	男	潇洒庄重、质地考究、黑白两色为主	纯毛礼服呢、毛华达呢、涤棉高支府绸等
	女	华丽高雅、光洁柔软、醒目亮丽	以白、黑、粉、蓝为格调的素软缎、丝绒、织锦缎、乔其纱等
正装		质地高档、弹性毛感、色彩高雅、庄重深沉	高档精纺或粗纺呢绒、丝绒、锦缎、涤棉细特细纺府绸等
休闲装		轻便、舒适、耐磨、朴实美观	纯棉或涤棉卡其、花呢、仿麂皮、防雨绸
职业套装		职业标志明显、耐用、易洗、价廉	涤棉、涤毛、人造丝、中长纤维花呢、化纤丝绸类等
时装		材质新颖、色彩流行、具有艺术美感	各类面料及高弹莱卡、反光面料、PVC 涂层等新型面料
衬衫		柔软吸湿、厚实细密、轻薄光洁、耐洗经穿	棉或涤棉平布、府绸、塔夫绸等薄型织物和中长纤维织物
内衣		吸湿透气、舒适柔软、坚牢易洗、色泽淡雅	纯棉针织汗布、黏胶纤维及其混纺、氨棉弹力、氨绢弹力府绸等
T恤		舒适透气、布面平整光洁、质地柔软、细密	以棉、棉麻、涤、涤棉、涤黏、超细涤纶、丙纶、羊毛、真丝为原料的纬平针、双罗纹、提花针织物、复合组织等
毛衫		手感柔软、富有弹性、穿着舒适、轻便、保暖	精纺选用绵羊毛、羊绒纱、马海毛纱、兔毛纱、羊仔毛纱、驼毛纱、牦牛绒纱、雪兰毛纱等
大衣		质地丰满、厚密柔软、保暖防风	华达呢、哔叽、麦尔登、海军呢等全毛及羊绒织物及各种毛混纺织物
风雨衣		挺括抗皱、防水、挡风、防污、轻便、易穿着	经防水整理的涤棉卡其、锦纶涂层塔夫绸、树脂整理织物等
家居便服		舒适方便、吸湿、透气、经济实惠	全棉、涤棉、涤粘、毛黏混纺织物或人造线布、真丝绸、麻及混纺织物等

续表

服装类别		选料原则	面料品种
工作服		适应劳动条件、坚牢耐用、易洗快干	纯涤、涤毛、涤棉、维棉、丙棉等混纺斜纹、平布面料
防护服		以各种防护条件为原则	阻燃、防污整理或耐辐射、耐高温等新型材料组成的面料
舞台服装		以适应角色及舞台效果为原则	涤纶仿丝、仿麻织物、丝绸、锦缎、绫罗、纱、绡、全棉花布、杂色布类等
防寒服		轻便、保暖性好、光洁高密、抗皱防污	高支涤棉防雨布、防水真丝塔夫绸等
运动装	泳装	柔软、贴身、高弹、布面光滑	锦纶、氨纶针织弹性织物
	滑雪装	保暖、透气、挡风、防水、结实耐磨	羊毛针织物、防水涂层织物、涤盖棉针织物
	跑步装	轻便、吸湿、透气、高弹	棉、棉氨针织物

在现代服装设计中，经常采用多种服装材料相结合的方法来实现服装风格的丰富多样，用不同服装材料的有机组合，有助于形成独特的视觉效果和丰富的层次，例如可将皮革和丝绸面料结合使用，注意主次有序，搭配恰当，就可以形成和谐统一又富于变化的美感。

（二）季节与材料选择

除了按照服装的类别选择材料外，还应该按照季节的变化来选择合适的服装材料。

（1）春秋季一般以中等厚薄的面料为主，如各类全毛精纺毛料、混纺或化纤仿毛花呢、哔叽、花式纱线面料等，都是非常适合的。棉织物中的水洗卡其、灯芯绒、彩格斜纹布、蓝印花粗布等也是理想的选择；丝织物中的各种锦缎、呢类织物、绒类织物也可供选择；中等厚度的针织面料有很大的适应性。

（2）人们对于夏季服装材料的性能要求较高，一般天然纤维织物吸湿透气，穿着舒适，比较适合夏令服装。麻织物吸湿散热快，高档的亚麻和苎麻织物是夏季服装最理想的选择；丝织物柔软、光滑、吸湿、隔热，如真丝双绉、乔其纱、印度绸、纺类面料、绢类面料等，轻柔飘逸，滑爽舒适，也很适宜于夏装。棉织物有吸湿柔软的优点，特别是密度小的棉织物，如麻纱、泡泡纱、烂花布、细特府绸等，都是夏季服装材料的首选。人造丝产品柔软、光滑、吸湿性能好，也是适合的面料。此外，各种合纤仿真丝绸面料，产品的手感和质地越来越好，易洗快干，也是非常受欢迎的品种。而选用针织面料可以很好地满足人体散热、透湿的需要，适用于不同的夏季便装和时装。

（3）冬季服装的材料应具有保暖、挡风及防止体内热量散失的作用，因此冬季外层的服装应选用织底厚实、透气性小的材料，如毛哔叽、大衣呢和裘皮制品等，其中以羊毛材料为最佳，因为羊毛材料的吸湿性是所有纤维中最强的，而且散湿速度慢，这样可以有效地保持人体热量。冬季服装应选择蓬松、柔软、保暖性能好的面料，如裘皮、皮革、长毛绒、粗纺呢绒、较厚的精纺毛织物、宽条灯芯绒等。棉衣的面料有各种选择，如毛华达呢、哔叽、各种花呢、天然裘皮和皮革等。如对面料要求质地丰厚一些的，可选择粗纺呢绒中的麦尔登、海军呢、法兰绒、粗花呢等中厚型毛料，也可选用价廉的化纤呢绒，如三合一花呢、纯涤纶华达呢和哔叽、纯涤纶花呢、经编针织面料等。

（三）服装的目的要求与材料选择

服装的主要功能就是掩护人体部位，以表现穿着姿态美为目的，同时还要保证服用舒适性、运动适体性以及特殊功能或防护性能等。因此，应根据各种不同的服用要求，选用合适的材料。

（1）生活活动目的的服装：应保证人体生活及活动功能的要求，以达到提高生活效率的目的，包括工作服，家用便服、睡衣和运动服等。

（2）保健卫生目的的服装：要求以服装辅助人体功能，达到保护人体健康为目的，包括冬装、夏装、内衣、风衣、雨衣及防护服等。

（3）道德礼仪目的的服装：要求端正风仪，保持礼节，显示品格，有社交亲善之感，受伦理及社会风俗习惯之约束，以达到社交往来、参加仪式典礼的目的。

（4）标志类别目的的服装：要求外观统一，具有多功能性的类型服装，以达到显示职业类别、职务行为的目的，包括有各类职业服、制服等。

（5）装饰目的的服装：要求个性化、多样化的兴趣爱好，高级化的衣料和审美观，以达到惹人注意，显示优越新奇的悠闲心理变化的目的，包括休假服、外出旅游服、装饰欣赏服等。

（6）扮装拟态目的的服装：具有变貌、装扮、模拟的功能，以达到性格风度、地位转变的目的，包括舞台服、戏装等。

（四）服饰心理与材料选择

不同地区、不同的社会地位、年龄、职业、性别、风俗习惯、宗教信仰等对服装的心理要求是有区别的，应根据不同情况去选择不同的材料。例如，青年服装富有朝气，色泽明快、艳丽时尚，对新花色、新款式接受快，对质地要求不高，但价格适中，不宜太贵；成年男女对表现自己稍逊于年轻人，以表现成熟的心理、社会地位、经济地位为主要特点，应选用高标准、优质、典雅、色泽款式协调的服装材料，价格中高档；儿童应体现出天真、好奇、活泼等特点，以面料舒适、款式自如为主，色泽鲜艳，图案新颖大方，以满足儿童的心理，而面料以天然纤维为佳，化纤混纺为辅，价格不宜太贵。

（五）流行趋势与材料选择

服装是流行性很强的商品，是否符合时尚潮流也是选择服装材料时必须考虑的重要因素之一。要做到这一点，需及时获得并处理好服装流行信息。国际上有影响的服装流行趋势发布会一般均在服装上市前 6~18 个月进行。法兰克福衣料博览会（Interstoff）、亚洲面料博览会、国家羊毛局信息发布以及各种服装博览会是获取服装材料流行信息的主要渠道。虽然服装的潮流已经趋向国际化，但是对于获取的流行信息应该有选择的加工应用，以应对本地区的实际需求。

（六）服装消费等级与材料选择

17 世纪西方国家是以人们的服装款式、衣料的质地和色彩判断其在社会上的等级地位。20 世纪以来人们仍是以服装的价格和各人的经济地位来衡量自身消费的等级为原则，并以此原则合理地选用服装材料。

（1）高档服装：以高层次消费者为对象，多选用纯毛精纺或粗纺呢，如华达呢、条花呢、拷花大衣呢、银枪大衣呢等衣料，各类纱、绉、绸、缎、丝绒、纯棉或涤棉，高支府绸、细纺及麻细纺等高档衣料。

（2）中档服装：以一般消费者为对象，选用毛涤混纺华达呢、哔叽、条花呢或花呢、毛黏、毛腈混纺等精纺毛呢，粗纺混纺拷花大衣呢、制服呢、花呢等各种人造纤维及真丝交织物、全棉或涤棉普梳织物等中档或中低档混纺面料。价格不高，服用性良好。

（3）低档服装：主要选用价格低廉、坚牢耐穿的中长纤维、人造棉、维棉、涤棉、涤麻等化纤混纺或纯纺布、涤长丝经编布、人造丝绸、涤纶纺丝绸等衣料。

三、品牌服装材料应用实例分析

（一）品牌女装的选材

1. 宽松的外衣

主要面料：亚麻，真丝绸，涤棉。

图 8-1 所示为 Dries Van 运用亚麻织物制成的外衣。亚麻布面细洁平整、手感柔软有弹性，穿着凉爽舒适、出汗不贴身，是各式夏令服装的理想面料。

Dres Van Noten

Miu Miu

Marni

Marni

图8-1 女式外衣

Miu Miu 品牌则选用了真丝绸作为夏季外衣的面料，其具有质地柔软、手感滑爽、穿着舒适等特点，不失为夏季服装的高档服装材料。

Marni 采用了 35% 棉与 65% 涤混纺面料，既保持了涤纶强度高、弹性恢复性好的特性，又具备棉纤维的吸湿性强的特征，洗后免烫快干，是最常选用的服装材料。

2. 错配的做旧风格的短上衣

主要面料：花呢，绸缎，提花毛织品。

图 8-2 所示为以复古与做旧风格的设计，此亦流行所在。对于做旧风格的短上衣，各大品牌多采用了毛型织物，而毛型织物正是众所周知的高档服装面料。例如 Marni 便选用了单面花呢，手感厚实，富有弹性，而 Behnaz 则采用了大衣呢，质地厚实，保暖性强，呢面平整匀净、不起球、不露底、手感厚实。

图8-2 女式短上衣

3. 柔软的外套

主要面料：府绸，麻纱，棉麻交织织物。

如图 8-3 所示，棉织物具有良好的舒适感，常用作外套的服装材料。Gardem 和

Gardem

Donna Karan
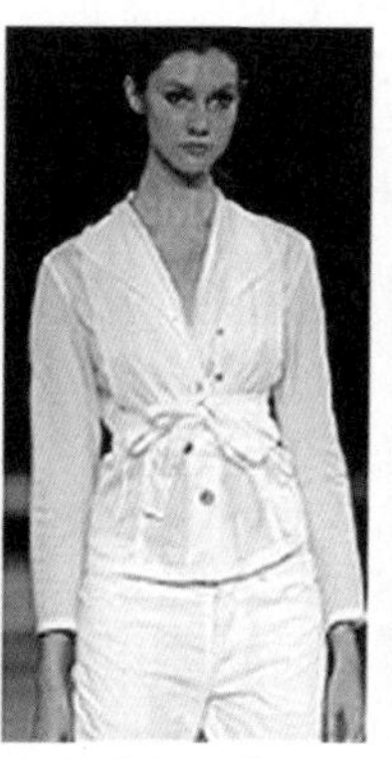
Sinda-Stanic

Thankoon

图8-3 柔软的女式外套

Thakoon便是用的纯棉府绸，质地细而富有光泽，布身柔软爽滑，穿着挺括舒适。Sinha-Stanic运用的是麻纱。该织物不是由麻纤维织成，而是棉纤维通过纺织工艺处理织成的具有麻织品风格的织物，不仅具有麻织物的外观风格，且具有麻织物的滑爽手感和轻薄透凉的服用性，是制作披风的合适材料之一。Donna Karan采用麻棉混纺交织织物，采用55%麻与45%棉混纺。外观上保持了麻织物独特的粗犷挺括风格，又具有棉织物柔软的特性，改善了麻织物不够细洁、易起毛的缺点。

4. 柔美的裙子套装

主要面料：亚麻，涂层亚麻，锦缎呢，夏日斜纹软呢。

如图8-4所示，由于麻织物的流行，各大品牌如Prada、Betty Jackson等均采用了亚麻织物来制作裙子套装。亚麻织物有着布面细洁平整、手感柔软有弹性，穿着凉爽舒适、出汗不贴身等优点，因此成为各式夏令服装的常用面料，同时也可以在亚麻织物的基础上加上金属涂层，使整套服装显得更加时尚大方。

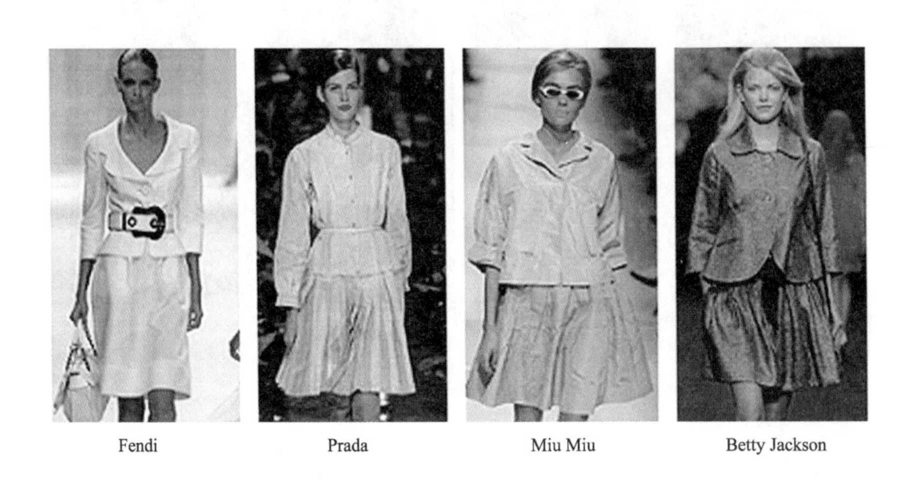

Fendi　Prada　Miu Miu　Betty Jackson

图8-4　女式裙子套装

5. 军式风格上衣

主要面料：亚麻，棉，细密条纹棉布。

军式风格是流行的服装风格之一，各大品牌均推出了各自的军式风格的服装，如图8-5所示，采用的也是较常用的棉、麻等天然纤维。

（二）男装品牌的选材

1. 西装

主要面料：马海毛，涤棉细特细纺府绸，华达呢。

如图8-6所示，Armani的西装所用的服装材料为华达呢。华达呢为精纺呢绒的主要产品，呢面光洁平整，纹路清晰，呢身厚实紧密，有身骨和弹性，强度很高，是制作西服的常用面料。Versace则采用了马海毛作为服装材料。马海毛是一种高档的毛制品原料，强度高，耐磨性好，富有弹性，光泽强，不易毡缩，洗涤容易，且它的毛质轻而有蓬松特性。VALENTINO 则采用的是毛织物，面料为 96. 7% 羊毛和 3. 3% 的涤纶，吸湿性及保温性能很好，光泽柔和，手感润滑，有弹性 。

图8-5 军式风格上衣

图8-6 男式西装

2. T恤

主要面料：棉麻，全棉，棉涤，亮丝。

如图 8-7 所示，棉织物依旧为制作各类 T 恤最常用的面料之一。Burberry 和 Polo 等品牌采用了全棉 T 恤，吸湿性好，穿着舒适。Armani 采用的是 55% 亚麻和 45% 棉混纺，具有手感滑爽、挺括、舒适性好的特点。亮丝面料是一种新制成的聚酰胺（polyamide），外形与感觉上与真丝十分相似，但韧度高，比真丝更具有挺括耐洗、不变形、不折皱、不粘身的特性。Montagut 正是这种高级面料的独有者，其系列产品穿着舒适、容易打理，而且坚韧、耐磨、耐穿，故价格比较高昂。

图8-7　男式T恤

3. 休闲衬衫

主要面料：棉麻，全棉，真丝。

如图 8-8 所示，Armani 的衬衫采用的是涤纶仿麻织物，具有麻织物的干爽手感和外观风格。该织物是目前国际服装市场受欢迎的衣料之一，不仅手感干爽，且穿着舒适、凉爽，因此，很适宜夏季衬衫。Burberry 则采用了全棉织物。Gucci 利用真丝作为衬衫的面料，具有光泽柔和、质地柔软、手感滑爽、穿着舒适有弹性等特点，是理想的夏季高档服装面料。

4. 休闲外套

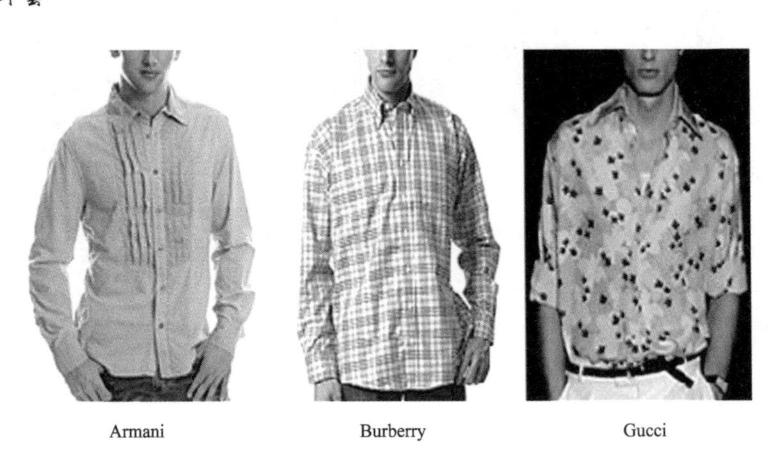

图8-8　休闲衬衫

主要面料：棉，卡其，毛涤，皮，呢绒。

如图 8-9 所示，对于休闲外套，Armani 用的是牛仔布，具有挺括、粗厚、耐磨、耐脏的特点。Valentino 采用的是纯棉的卡其，舒适大方。Givenchy 的皮制夹克，性能优良，结实耐用，是服装中的高档产品。Gucci 的外套采用的是麦尔登呢，具有呢面细洁平整，呢身紧密挺实，手感丰满，有弹性，不露底，不起球等特点，是粗纺织物中的最高级品种。

图8-9 男式外套

消费者对服装所用的衣料、款式、色彩的选用与搭配，不仅要体现服装外在美的形象，而且还应反映人们的穿着目的、素养、气质及其审美能力。通过服装的穿着亦可反映一个人的生活习惯与爱好，可以显示其社会经济地位及其职业类别。因此，各种服装衣料的合理选用必须在人们掌握了服装的目的要求、社会的消费关系及消费者生理和心理需求之后才能达到着装后的预期效果。

第二节 服装材料的工程应用

现代社会的发展，人口不断增长，生活节奏加快，穿衣问题越来越依赖批量化加工生产方式，大批服装加工生产型企业便应运而生，服装材料工程应用的指导作用就越发显得重要。所谓服装材料的工程应用是指采用系统、规范和可重复操作的方式，对批量性加工生产服装所使用的各类面辅材料进行专业化管理，它的适用对象主要是各类服装加工生产企业。通过服装材料的工程应用，可以优化企业生产运营管理手段，提高对服装材料使用技术、质量管理的有效性和精准度。

一、服装材料工程配置的内容与管理

从一个服装加工生产企业的角度出发，服装材料工程配置的内容通常包括以下几个方面。

（一）确定服装材料的使用种类

根据不同的加工生产对象，确定服装材料的使用种类。大类服装产品材料加工生产的

选择与匹配详见表8–2。

表8–2 大类服装产品加工生产材料的选择与匹配

服装名称	面料	里料	衬料	填充物	配件	饰物	缝纫线	备注
衬衫	√		√		纽扣		√	棉胆衬衫除外
旗袍	√	√	√		揿纽、盘花纽	嵌线、滚边	√	单旗袍不用里料
连衣裙	√		√		纽扣、腰带	饰带	√	
风衣	√	√	√		纽扣		√	
羽绒服	√	√	√	羽绒、羽毛	拷纽、拉链	裘毛皮边	√	
棉大衣	√	√	√	棉絮或定型棉	纽扣	毛皮领面	√	
西服	√	√	√		纽扣		√	
西裤	√	√	√		纽扣、拉链		√	
夹克	√	√	√		纽扣、拉链		√	棉夹克除外
时装、礼服	√	√	√		纽扣	各类镶拼材料	√	
制服	√	√	√		纽扣、拉链		√	
牛仔服	√		√		纽扣、拉链	铜钉、皮或仿皮铭牌	√	
单穿类童装	√		√		纽扣	花边、饰带	√	冬装类除外

商标、号型（规格）、面料成分及使用维护标等耐久性标签，也是服装成品的重要组成部分，批量加工生产时应根据数量需要定制，缝制匹配到位。

（二）确定服装材料的使用数量

在服装加工生产企业里，某一款式的服装产品在进入批量流水生产之前，为了核定生产成本，确保其能够达到和符合客户（使用方）质量需要，避免出现持续性、大范围违反工艺要求的工艺问题或质量问题，均应先进行制样，并落实确认工作。所谓制样就是制作样品，通常由企业技术部门完成。相关技术人员依照合同和工艺要求，从分析、选用材料入手，明确服用材料使用的种类，再通过制订规格、打板、计算单件用料、确定加工生产流程、明确工艺和质量要求等环节，并采取小流水的方式，生产出一件或几件成品，供企业销售、质量控制部门或客户检视查验，看其是否符合或达到合同所确定的技术、工艺和质量规定。

制样完成后，经权威部门或客户鉴定认可后形成确认样（也称之为铅封样），作为指导批量生产的实物。依据这一实物和衍生的生产工艺单，生产部门方能开始批量流水生产。通常在一个新品种投产之前，制样要经过多次反复修改的过程，最终才能通过企业权威部门或客户的认可。技术部门得到确认样样衣和生产工艺单之后，会和质量控制部门一起，召开全体生产人员参加的技术辅导课，对制样做出详细分析，并进一步强调批量生产时必须注意的技术、工艺、质量要求事项，以确保流水生产时不走样。可以说，企业通过制样，形成了服装材料使用种类和数量的基础性数据。

算料就是企业技术部门依据制样形成的服装材料使用的种类和数量等基础性数据，按照加工生产服装规格的不同档次和数量的多少，通过样板排列的方法，初步计算出服装材料的使用数量，包括面、里、衬料及填充物的用料数量；计算缝纫线及其各类配件、饰物的使用数量；确定商标、号型（规格）、成分和使用维护标签的匹配数量等。算料结果要经过企业销售部门、质量控制部门的审核以及分管厂长的批准。

目前在批量性服装加工生产企业中，计算机技术在服装用料计算方面的应用已经十分成熟，一般在电脑屏幕上能通过排料图形式快速地显现，且易于及时调整裁片的位置，直观性比较强，调整方式十分便捷。现在还在开发和完善对单件（套）服装的用料计算程序，可通过设置布料幅宽，输入衣长、袖长、裤（裙）长、胸围、臀围等关键部位数据，由程序内置计算公式进行运算，得出用料数据和排料图，实现服装生产用料计算应用面广、更加快捷、便利的目的。

（三）服装材料的性能检验

对于服装加工生产企业而言，服装材料一般是通过自行采购或客户提供两种方式获得的。不论通过哪一种方式获取服装材料，都应当落实对服装材料的性能检验。服装加工生产企业对所采用的面、里、衬料及相关的其他辅料进行性能检验，主要是依据有关产品标准、检验方法标准或技术合同进行，在进货时通过随机抽取一定数量的样品加以实施。按照检测项目的不同性质，服装材料性能检验可分为外观检验、物理性能检验、化学性能检验和功能性检验四大类。

外观检验就是对服装材料的一些表象指标进行的检测。如纱线的粗细、条干均匀性、毛羽量的多少；坯布的光洁度与平整性、纬斜、色差、织疵、污渍存在的状况以及异常气味等。此外，还要对服装材料的织造结构、色泽或图案花纹、幅宽、重量（g/m^2）及数量的准确率等进行鉴定。

物理性能检验就是对一些涉及服装材料质地、尺寸变化和牢度指标进行的检测。如纱线强力、加捻、牵伸及卷绕程度；染色纱线、坯布及服装面料的各项色牢度指标，如耐水浸、耐水洗、耐干湿摩擦、耐酸碱汗渍、耐唾液（只针对婴幼儿用品）、耐光照、耐光与耐汗渍混合色牢度等；坯布的成分含量、密度与克重、缩率、顶破与撕破强力、悬垂性；服装面辅材料的成分含量、重量、水洗或干洗后尺寸变化、起毛起球、羽绒制品填充物的绒朵含量、清洁度、蓬松度等。

化学检验就是对一些涉及服装材料化学性能变化方面指标进行的检测。例如织物及服用面料的 pH 值、甲醛、禁用偶氮染料、游离重金属、有机挥发物、异味；羽绒制品填充物的耗氧量及有害微生物细菌存活；纽扣及拉链重金属离子情况等。

功能性检验就是针对服用材料所具有的一些特殊功能所进行的检测。例如织物的抗静电、防紫外线、防电磁辐射、阻燃等性能；服用面料的柔顺舒适性、透气性、保暖性以及拒水、防污、防霉防蛀等特性；一些保健内衣的杀菌、护肤健体功效等。

服装材料性能检验的主要内容可以归纳为可靠性、完整性和安全性等三大类别。中小型服装加工生产企业因受客观条件制约，自身无法对服装材料性能的物理化学项目或安全性能进行检测，可以委托第三方权威的专业质检机构实施。

（四）服装材料的流转管理

服装材料进入加工生产企业后，除了要进行性能检验之外，一般还要经过清点登记、入库领用、退回盘点、库存处置等流转环节。

某些服装材料并不是从仓库领出后，马上就可以投入生产的。一些服用面料还需经过一些特殊流转环节进行处理，如透料、验料、预缩、除皱与归整布匹的经纬丝绺、划样、铺料等。

二、服装材料质量检验的标准、项目与基本方法

（一）服装材料质量检验的重要性

在批量性纺织品生产不断扩大，市场消费需求日益多样化、纺织品国际贸易活动日益频繁以及服装材料质量检验更加专业化的背景下，服装材料质量检验工作已经成为纺织行业管理的重要手段之一。因为它的推广应用不但是企业生产确保产品质量的自身需要，是市场和商业交易活动正常进行的可靠保证，同时还是维护消费者、使用者利益的必要前提。当前，国内外许多第三方纺织品专业检验机构纷纷组建，立足于市场开展工作，这一点也足以证明服装材料质量检验技术已成为纺织行业的重要组成部分，专项检验工作的重要性毋庸置疑。

服装材料质量检验是一门通过各种仪器设备、手段，在一定的环境条件下实施，并最终依赖于检验人员专业判断力鉴定服装产品质量水平的技术。进入20世纪以来，随着科技水平的进步、纺织新材料的不断涌现、人们生活水平提高和环境保护、自我安全健康保护意识不断增强，服装材料质量检验的内涵正在进一步扩大，一些涉及产品诚信度、可靠性、安全性、环保性的检测项目，已经成为和正在成为国内外消费市场的主流质量要求。所以，面对当前和未来发展趋势，有必要关注国际上的新变化，顺应生态纺织品服装发展新潮流，对国内外相关的服装材料质量检验要求进行梳理分析，并探究其发展趋势，以便能够比较全面地掌握要领，不断提高国内服装材料质量检验能力与水平，更好地适应纺织行业科技创新发展与进步需要。

（二）标准、技术法规、合格判定程序

标准、技术法规、合格判定程序是服装材料质量检验的实施依据，对此国内外有严格的规定。

1. 国内的质检标准

就国内而言，服装材料质量检验的实施依据主要是国家标准和行业标准。

所谓标准是指对重复性、类同性事物和概念所做出的统一规定，它以科学、技术和实践经验的综合成果为基础，经过各有关方面协商确定，由主管机构批准，以特定形式发布实施，成为行业共同遵守的准则和依据。标准的制定与实施有利于企业在材料使用、产品试制定型和整个生产过程中做到规范化，通过落实生产要求和质量控制措施，确保产品质量；确保批量化生产的产品在材料选用、工艺制定、产品定位等方面做到有序、统一，有利于生产企业优化生产组合，降低次品和废品率，节约原材料，提高生产效益；还能够成为工贸（产需）双方确定产品技术指标和质量等级的依据。

按性质划分，目前国内纺织品服装标准分为强制性和推荐性两种，强制性标准均为国家级别的标准，必须严格执行，而推荐性标准则分为国家和行业两个级别，成为业内控制产品质量的有效依据。同时也是服装材料质量检验工作实施的重要依据。

目前国内的国家和行业标准按类别大致可划分为基础标准、方法标准和产品标准三种。基础性标准是指在一定范围内作为其他标准的基础并普遍使用，具有广泛指导意义的标准，往往涉及统一管理、概念和符号、量和单位的精度与互换性、结构要素、实现系列化和保证配套关系、产品质量保证、安全、卫生和环境保护等领域，如《纺织品的调湿和试验用标准大气》、《国家纺织品基本安全技术规范》、《纺织名词术语》、《纺织品　纤维含量的标识》、《纺织品和服装使用说明》、《纺织品　维护标签规范符号法》、《服装术语》、《服装号型》等国家行业标准等。方法性标准是指为实施某些检测项目所必须明确使用何种测试工具（仪器），采取何种测试工作流程（步骤）以及如何计算或判定试验结果的相关标准，如《纺织品 纺织纤维鉴别试验方法》、《二组分纤维混纺产品定量化学分析方法》、《纺织品　甲醛的测定》、《纺织品　色牢度试验》、《纺织品保温性能试验方法》、《水洗羽毛羽绒试验方法》、《服装理化性能的检验方法》等纺织服装行业专用标准。产品标准是指那些专门针对某些工业批量性生产的产品，在材料使用、规格设定、加工方式、储存运输及交货依据等方面确立质量要求，并明确检验规则和合格判定内容的标准，如《棉花　细绒棉》、《生丝》、《绵羊毛》、《阻燃机织物》、《毛针织品》、《仿毛针织品》、《羊毛衫》、《棉毛衫裤》、《男西服、大衣》、《女西服、大衣》、《男、女西裤》、《衬衫》、《羽绒服》、《丝绸服装》等国家和行业标准。

在纺织行业的 60 项标准中，共涉及 7 个专业领域，其中棉纺织印染 9 项、毛纺织 15 项、麻纺织 7 项、丝绸 4 项、针织 11 项、线带 4 项、纺织机械与附件 10 项。

标准体系的完善是服装材料质量检验工作适应技术进步顺利开展的重要前提。

2. 国外的质检标准

国际上服装材料质量检验的实施依据可以分别为标准、技术法规和合格判定程序三大类。

（1）标准就是由国际标准化组织、各个国家、地区行业或企业制定的针对某一领域或某类产品性能和质量的技术性管理文件，起到指示、引导和统一执行的效用。标准的实施以自愿为前提，但一旦成为行业性共同遵守的技术准则，便自然具备了强制性特征。如欧洲的生态纺织品标准（Oeko-Tex Standard 100）、ISO 系列标准、英、德、法及瑞士、丹麦等各个国家制定的标准；美国的纺织品染化师协会（AATCC）标准、美国材料实验协会（ASTM）标准；日本的 JIS L 标准等。

（2）技术法规就是通过一定立法程序通过，并由政府明令或行业主管部门公布执行，具有强制性效用的条文，涉及者必须无条件服从，违反者要承担法律责任。如欧洲的有关纺织品限制使用有毒有害化学物质的 EN 系列指令、REACH 法规；美国的《有害物质法案》、《成分标签法规》、《洗涤标签法规》、《织物燃烧法规》；日本的《家用产品中有害物质控制法》、《制造物责任法》、《阻燃法》、《家用产品品质标签法》。

（3）合格判定程序通常是指海关、贸易委员会、知名大企业和品牌商对某类产品（重点是进口产品）质量指标内容确定及合格判定要求的文件，一般以生产工艺单或技术贸易合同的形式出现，对相关纺织产品的生产加工以及出口有直接、具体的指导作用。合格判定程序的内容还与信用证发放有密切的联系。

三者相比，标准指向性强，内容比较详细，既包括一些成品质量要求，也针对一些试验方法，会提出应达到的技术质量要求以及实施检验的具体操作要领；技术法规的要求通常比较单一、明了，目标明确；而合格判定程序一般是以符合本国所制定的技术法规和标准为前提的，同时它会更详细地列出所有与产品使用性能质量相关的指标以及加工技术工艺要求，甚至连针距密度、商标装订位置等细节也不会遗漏。

（三）国内外服装材料常规性质量检验的项目

国内外服装材料常规性质量检验的项目分为外观、物理、化学性能和功能性四大类，功能性质量检验主要有防紫外线、防静电和抗菌等项，且方法标准居多，合格判定要求尚未形成系列化。

1. 服装材料外观检验项目与合格判定要求

服装材料外观检验项目与合格判定要求参见表 8-3。

表 8-3　服装材料外观检验项目与合格判定要求

具体检测项目	欧盟要求	美国要求	日本要求	国内要求
产品标签的完整性和正确性	符合技术法规	符合技术法规	符合技术法规	符合 GB 5296.4 国家标准
织物或成品色差允许程度	符合标准、合乎判定程序	符合标准、合格判定程序	符合标准、合格判定程序	符合相关国家或行业产品标准
织物织疵	符合标准、合格判定程序	符合标准、合格判定程序	符合标准、合格判定程序	符合相关国家或行业产品标准
织物纬斜	符合标准、合格判定程序	符合标准、合格判定程序	符合标准、合格判定程序	符合相关国家或行业产品标准
整洁度	符合标准、合格判定程序	符合标准、合格判定程序	符合标准、合格判定程序	符合相关国家或行业产品标准
加工状况（纱线条干均匀性、织物光洁匀称度、成品缝制平整性等）	符合标准、合格判定程序	符合标准、合格判定程序	符合标准、合格判定程序	符合相关国家或行业产品标准

2. 服装材料物理性能检验项目与合格判定要求

服装材料物理性能检验项目与合格判定要求参见表 8-4。

表 8-4　服装材料外观性检验项目与合格判定要求

具体检测项目		欧盟要求	美国要求	日本要求	国内要求
纤维含量允差（%）	单组分	0	0	0	0（山羊绒≥95）
	多组分	机织 ±3 针织 ±5	机织 ±3 针织 ±5	±5(包括羽毛羽绒)	5（填充物 10）
织物缩率（%）	水洗	机织 ~4~+3	机织 ~3.5~+3	机织 ±3 针织 ±5	符合相关织物或成品国家、行业标准
		针织 ±5	针织 ±5		
	干洗	机织 ±2.5 针织 ±3	机织 ±2.5 针织 ±3	机织 ±2 针织 ±3	
色牢度（级）	耐水洗	变色 4 沾色 3~4	变色 4 沾色 3	变色 4 沾色 3~4	变色沾色：A 类 3~4； B、C 类浅色 3~4，深色 3
	耐水	变色 4 沾色 3~4	变色 4 沾色 3	变色 4 沾色 3~4	变色沾色：A 类 3~4； B、C 类 3
	耐干洗	变色沾色：4	变色沾色：4	变色沾色：4	A 类不允许、变色 3~4
	耐汗渍	变色 4 沾色 3~4	变色 4 沾色 3	变色 4 沾色 3~4	变色沾色：A 类 3~4； B、C 类 3

续表

具体检测项目		欧盟要求	美国要求	日本要求	国内要求
	耐光	变色：内衣 3 、外衣 4、泳衣 5	变色：内衣、外衣、泳衣 4	变色：内衣 3 、外衣 4、泳衣 5	变色：A 类 3~4；B、C 类 3
	耐湿摩擦	沾色 2~3	沾色 2~3	沾色 2~3	浅色 3 深色 2~3
	耐干摩擦	沾色 4	沾色 4	沾色 4	A 类 3~4 B、C 类 3
	耐氯漂	变色 4	变色 4	变色 4	—
	耐唾液	坚牢	—	—	变色沾色： A 类 4
	耐光汗复合	—	—	—	变色：A 类 3~4；B、C 类 3
洗涤后外观评定（级）:		3.5	3.5	3.5	3
断裂强力		12~23 kg	22~50 磅	12~23 kg	127~196N
撕破强力		700~1200g	1.6~2.5 磅	700~1200g	7~10N
顶破强力		接缝 2.5kg 非接缝 2.8kg	接缝 35 磅 非接缝 40 磅	接缝 2.5kg 非接缝 2.8kg	196~332kpa（毛针织品）
接缝滑移		3mm5kg 6mm12kg	3mm16~22 磅 6mm22~25 磅	3mm5kg 6mm12kg	0.6~0.8cm（纰裂）
接缝强力		10~17kg	22~37 磅	10~17kg	里料 80 N、面料 140N
起毛起球（级）:		3~4	3~4	3~4	精、粗梳毛 3； 光面精梳毛及其他 3.5

注　以 GB 18401 为据，表内 A 类对应婴幼儿纺织用品；B 类对应直接接触皮肤的纺织用品；C 类对应非直接接触皮肤的纺织用品。

3. 服装材料化学性能检验项目与合格判定要求

服装材料化学性能检验项目与合格判定要求参见表 8-5。

表 8-5　服装材料化学性能检验项目与合格判定要求

具体检测项目	欧盟要求	美国要求	日本要求	国内要求
pH 值	婴幼儿及直接接触皮肤 4.0~7.5 非直接接触皮肤 4.0~9.0	与欧洲基本相同	与欧洲基本相同	婴幼儿用品 4.0~7.5 直接接触皮肤 4.0~8.5 非直接接触皮肤 4.0~9.0

续表

具体检测项目		欧盟要求	美国要求	日本要求	国内要求
甲醛含量（mg/kg）	婴幼儿	<16mg/kg	<100mg/kg	不允许	≤ 20mg/kg
	内衣	<75mg/kg	<300 mg/kg	<75mg/kg	≤ 75mg/kg
	外衣	<300mg/kg	<300mg/kg	<75mg/kg	≤ 300mg/kg
禁用偶氮染料		不得使用（共 24 种）	不得使用	不得使用	禁止使用（共 24 种）
异味		无	无	无	无
羽绒有害微生物	嗜温性需氧菌	$<10^6$cfu/g	不详	基本与欧洲要求相同	$<10^6$cfu/g
	粪链球菌数	$<10^2$cfu/g	—	—	$<10^2$cfu/g
	梭状芽孢杆菌数	$<10^2$cfu/g	—	—	$<10^2$cfu/g
	沙门氏菌	在 20g 中不存在	—	—	在 20g 中无
重金属离子		偏重于对镍、铬（包括六价铬）等的检测	偏重于对铅的检测	偏重于对砷、汞的检测	婴幼儿服装标准已设置，检测尚未全面展开
含铅量		≤ 90 ppm（适用于四个类别的产品）	≤ 100 ppm（适用于婴幼儿用品）	≤ 90 ppm（适用于婴幼儿用品）	≤ 0.2 毫克 / 千克(适用于婴幼儿服装）
PVC 增塑剂（邻苯二甲酸盐酯）(%)		≤ 0.1	不详	不详	未明确
杀虫剂（ppm）		婴儿≤ 0.5；其他≤ 1.0	不详	不详	检测未全面展开
五氯苯酚（ppm）		婴儿≤ 0.05；其他≤ 0.5	不详	不详	未明确
含氯有机载体（ppm）		1.0	不详	不详	检测未全面展开
APEO 系列有害生物活性物质		不得检出	不详	不详	未明确
有害抗菌、防腐剂		不得使用	不得使用	不得使用	未明确
有害阻燃剂		不得使用	不得使用	不得使用	检测未全面展开
致敏染料		不得使用	不得使用	不得使用	检测未全面展开

注　数据来源为 2010 版欧洲的生态纺织品标准（Oeko — Tex Standard 100）、国家纺织品基本安全技术规范（GB 18401）、服装理化性能的技术要求（GB/T 21295）、商务部《羽绒服装出口技术指南》及《儿童服装出口技术指南》、毛针织品（FZT 73018）、婴幼儿服装（FZ 81014）、上海出入境检验检疫局梁国斌《出口纺织产品质量的规定与要求》等。

4. 服装材料功能性检验项目与合格判定要求

服装材料功能性检验项目与合格判定要求参见表 8–6。

表 8-6　服装材料功能性检验项目与合格判定要求

具体检测项目	欧盟要求	美国要求	日本要求	国内要求
拒水性能	4 级	90	90	4 级
燃烧性能	损毁长度 <150mm 续燃和阴燃 >5s。	损毁长度 7~10 英寸；平纹布≥ 3.5s；起毛布≥ 7s（正常 1 级）	损毁长度 $45cm^2$；续燃< 10s；续燃加阴燃< 15s	A 类损毁长度 > 17.8cm；其他：平面料≥ 3.5s、起绒面料≥ 7s
保暖率（通风蒸发热板法）	根据不同材料获取比率	根据不同材料获取比率	根据不同材料获取比率	≥ 30%（针织保暖内衣）
透气透湿性能（蒸发法和吸湿法）透气率：1/（m^2s）；透湿量：g（/m^2·24h）	视不同材料进行测定	视不同材料进行测定	视不同材料进行测定	视不同材料进行测定
抗菌性能（奎因法和改良奎因法）（%）	测定布面有害细菌数量变化（分灭菌、抑菌两类）	测定布面有害细菌数量变化（分灭菌、抑菌两类）	测定布面有害细菌数量变化（分灭菌、抑菌两类）	测定布面有害细菌数量变化（分灭菌、抑菌两类）
防紫外线性能（直接测试法和仪器测试法）UPF	UPF > 40，且波长在 316~400nm 范围紫外线透过率小于 5%	UPF < 15：不具有 UPF 15~24：一般 UPF 25~39：良好 UPF ≥ 40：优良	前提：紫外线透过减少率达到 50% 遮蔽率：>90% 为 A 级、90%~80% 为 B 级、<80% 为 C 级	UPF > 30，且波长在 315~400nm 范围紫外线透过率小于 5%
电磁辐射屏蔽率（屏蔽室法、法兰同轴法和平面材料法）SE（dB）	不详	不详	SE（dB）：达到 20~30 为良好；达到 40~60 为优异	参照美国测试标准
抗静电（半衰期法、电荷面密度法、摩擦带电电压法）	不详	用于专业防护材料或服装的评价	不详	毛针织防护服：整件服装带电电荷 <0.6μC 单面覆金属膜材料：覆膜面电压、半衰期均为零，且反面≤ 2kV、半衰期≤ 60s

（四）服装材料质量检验的基本方法和内容

1. 服装材料质量检验的方法

按照检测手段的不同，服装材料质量检验方法可分为感官检测、仪器检测、感官和仪器配合检测三大类。

（1）感官检测主要依赖检验人员本身视觉、嗅觉和触觉等功能所进行的检测。服装材料外观质量检测大都属于此类检测，而此类检测需要检验人员积累一定的经验作保证。

（2）仪器检测主要依靠仪器设备所进行的检测，此类检测对仪器的完好率及精确度要求比较高。

（3）感官与仪器配合检测是由检验人员与检验设备相互匹配、相互依赖所进行的试验。此类检测在服装材料质量检验中占了大多数，且对检验人员的要求更高，实施者既要熟悉仪器的操作、助剂的配置，又要具备较强的分析判断能力。

2. 服装材料质量检验的主要内容

（1）识别纤维种类：FZ/T 01157. 1~9—2007《纺织纤维鉴别试验方法》列举了通用说明和燃烧法、显微镜法、溶解法、含氯含氮呈色反应法、熔点法、密度梯度法、红外吸收光谱法、双折射率法等试验方法。

根据各种纤维特有的物理化学性能，应采用不同的分析方法对样品进行测试，通过对照标准照片、标准图谱及标准资料来鉴别未知纤维的类别。

① 所取试样应具有充分的代表性。如果发现样品存在不均匀性，则试样应按每个不同部分逐一取样。

② 试样上附着的物质可能掩盖纤维的特性，应选择适当的溶剂和方法将其去除。但要求去除方法对纤维本身没有影响。

③ 先采用燃烧法将试样的纤维分出天然纤维、化学纤维大类，然后采用显微镜法分出何种天然纤维，何种化学纤维，再采用溶解法等一种或几种方法确认。

（2）对纱线质量及织物经纬密度的检测。各类纱线质量检测的内容主要有纤度（纤维的粗细程度）、条干的均匀度、毛羽的多少、强力、回潮率等。

分析织物的经纬密度，是织物定量分析的重要内容之一。密度的大小，直接影响织物的外观，包括手感、厚度、强力、透气性、耐磨性和保暖性能等物理机械性指标，同时也关系到产品的成本高低和生产效率的大小。经、纬密度的测定方法有以下两种。

① 直接测数法：凭借照布镜或织物密度分析镜来完成。

② 间接测试法：这种方法适用于密度大、纱线特数（纤度）小、且组织规则的织物。首先要分析织物组织结构及其组织循环经纱数（组织循环纬纱数），然后乘以 10cm 中组织循环个数，所得的乘积即为经（纬）纱密度。

（3）区分织物的经纬向。分清织物的经纬向，有助于报出比较正确、合理的织物规格，避免排料时经纬向出现不一致的现象。区别织物的经纬方向，可以从以下几方面着手。

① 观察密度特点：经密一般都高于纬密。

② 观察纤度特点：如果经纬所用的原料不同，一般经向原料的纤度较细，纬向较粗。

③ 检查纱线类型特点：如果织物的经纬向中的一向为股线（2 根或以上合股），另一向为单纱，一般股线向为经向，单纱为纬向。

（4）织物成分的定量分析方法。组成纺织品和服用织物的纤维多种多样，通过交织或混纺形式集合一起形成织物，有二组分、三组分、四组分，甚至更多，因此必须对织物成分做定量分析。定量分析前，必须对试样进行预处理，即用合适的方法将试样上的非纤维物质除去。

定量分析可以通过物理拆分法、化学溶解法、物理拆分结合化学溶解法和显微投影法进行。在可能的情况下，优先选用物理拆分法。

三、服装材料的加工、维护与保管

（一）服装材料的加工环节

服装面料、里料、衬料的形成，一般要经过纺纱、织布、印染、整理、涂布、复合等前道加工环节，而这些都属于纺织产业领域。此外，对于纽扣、拉链、襻扣之类的服装配件，还必须经过开模、注塑、电镀、抛光、咬合固定等加工环节，而这些则属于轻工产业领域。至于服装材料转变为服装成品，其实是一个选择、分解、聚合的过程，需要集成不同材料和多种零配件，经过设计选择、剪切、拼合、整理等环节，最终实现组合。它的加工环节可以分为以下几个。

1. 设计

服装设计是以人体为对象的一项创造性工作。它的构思既要体现包装人体的实用性要求，又必须含有美化修饰人体的文化要素。服装设计是服装生产中一项技术性较强的重要环节，新款服装制作之前，必须先完成服装设计。服装设计分为造型设计和结构设计两个方面，前者属于款式设计，即根据服装穿着对象特点和穿着要求，用素描、水粉、油画等绘画手段，采用写实的方法在二维空间里勾画出服装的款式和总体穿着效果，通常以单独款式或上、下装配套作为主要表现形式；而后者则是结合具体规格要求，通过制作样板的形式，把平面的总体造型设计分解为局部的、通过拼接可转化成立体形状的零部件结构。因此可以说，服装的结构设计既是造型设计的一种延伸，同时又是一种再创造。它开始了服装款式由平面向立体的过渡。服装材料的运用是服装设计的重要元素，它既是其首选的对象，也贯穿于设计的整个过程。

2. 裁剪

在此加工环节中，服用面料、里料和衬料均由一整块布料，转化为适合人体各部位需要的零部件，这些零部件在业内通常被称之为“裁片”。裁片是指裁剪完毕而尚未缝制的服装产品片料。从形态上分，裁片可以分为部件和零件。上装的前、后衣片和大小袖片，下装的前、后裤片及裙片，通常称为主要部件或部件。而像衣领、挂面、肩襻、口袋和袋盖、袖克夫、腰头、腰攀、门襟、里襟、袋垫、袋布等形态较小的片料，则称为零件或配件。从材质种类上分，裁片可以分为面子、夹里和衬布。

3. 缝制

通过拼装与缝合，服装材料才能变成服装半成品。在缝制加工环节，流水操作的缝制工序可以分为：基础工序（拼缝、钉商标尺码、小烫等）；零部件制作工序（做领、做袖、做袋、做门里襟、做腰头等）；装配工序（开袋、装袋、装领、装袖、装腰、装拉链、装夹里等）等。

4. 锁钉、整烫

锁钉即是锁缝纽眼和钉纽扣工序。这一工序实施对象均为服装半成品，但视产品不同，有的是通过机械加工方式完成，有的则需要通过工人手工操作完成。锁钉工序完成后，服装便由半成品转为成品，随后进入整烫工序。整烫的作用是让服装成品定型，通过专用设备，它主要依靠实施于服装成品表面的温度、压力和压烫时间这三种因素，来实现的定形目的与效果。其中温度控制最为重要，因为它会影响产品质量。不同服装材料的耐热温度范围见表 8-7。

表 8-7 不同服装材料的耐热温度范围

材料类别	黏胶纤维织物	真丝织物	合成纤维及其混纺织物	毛呢类织物	棉织物
温度控制范围	80 ~ 100℃	110 ~ 130℃	150 ~ 170℃	150 ~ 170℃	190 ~ 200℃

上述温度数据仅是织物耐热性试验的结果，供服装成品整烫调节设备温度时参考。在实际整烫过程中，若加盖垫布，温度可维持表中水平；若不加盖垫布，温度应适当调低。

（二）服装材料的维护

服装材料的维护一般分为原料、裁片缝制及成品整理、特殊加工三个环节。

1. 原料环节

服装材料维护的重点是保证其完好性和安全性。对各类服装原材料的维护要求是必须加强对其内含或外在的有毒有害物质的监控。如各种原辅材料是否含有禁用偶氮染料及各种致癌致敏物质，是否有异常气味，是否有危害人体健康的细菌与病毒存活。另外，还要注意甲醛含量、游离重金属、农药（杀虫剂）残留量、有机氯载体、含氯苯酚、PVC 增塑剂、有害挥发性物质释放等是否超出标准规定的限定值。pH 值、染色牢度、织物燃烧性能、静电干扰等是否在标准或合同规定的范围内。

2. 裁片缝制及成品整理环节

在裁片缝制及成品整理环节，服装材料维护的重点是保证其准确性和洁净度。其维护要求是各生产及转运环节无遗漏、无污染。裁剪与缝纫部门对于裁片的交接要做到数量清点明确，签收手续齐全。维护首先做到设备清洁，其次是操作人员要做到清洁上岗，再次是生产场地应保持清洁。在成品整理阶段，维护要求是继续保持产品的清洁度，同时也要注意不让服装成品在锁钉、整烫工序出现次品与废品。

3. 特殊加工环节

所谓特殊加工环节，是指一些服装加工生产企业所特有的加工环节。比如羽绒服装生产的充绒工序，牛仔服装生产的水洗工序，各类砂洗石磨工序等，如不加以控制，可能会加大服装材料的损耗，并给生产环境造成污染。这一方面的维护要求是：区别对待，有的放矢地加以控制。通过严格把关，采取相应措施，达到维护效果。

（三）服装材料的保管

服装材料的保管通常是通过仓储来实现的。根据批量性服装产品生产的程序和环节要求，其服装加工生产企业的仓储一般可以分为以下几个类别。

1. 原、辅料仓储

凡与批量性服装产品生产有直接关系的面、里、衬料和填充物进厂后都应经过验收，及时办理入库手续，运至原料仓库分类存放；凡属于产品生产配套使用有关的缝纫线、锁边线、纽扣、拉链、搭扣搭钩、牵条牵带、垫肩、松紧带等辅料也应通过验收及时办理入库手续，存入辅料仓库。生产部门在生产之前应凭生产任务书或生产计划单到原、辅料仓库办理出库手续，领取规定数量的原、辅材料投入生产。不少企业把各类包装材料也归入辅料仓库管理的范围，入库和出库都应办理相应手续。

2. 机物料仓储

凡与批量性服装产品生产有关的设备、工具、备件（如裁剪、缝纫、整烫设备及零部件）、材料、耗材、机油、螺丝刀、手工针、剪刀、镊子、钻子、尺、划粉、铅笔、除污材料、黏合材料及照明用品、登记和记录用纸本等，都应归入机物料仓库。入库和出库都应办理相应手续。

3. 服装半成品仓储

服装半成品仓储属于生产过渡性的仓储环节，主要是将结束缝纫流水操作而未经特殊工艺处理（成衣水洗或砂洗）、整烫（有的产品还可能是尚未经过锁钉工序）的服装半成品收入，在进行清点登记、整理和检验等环节处理后放置，等待进入下一道特殊工艺处理、锁钉或整烫工序。服装半成品仓储的办理手续相对比较简单，通常只需要做好每一批产品的收、发记录即可。

4. 服装成品仓储

服装成品库储是服装成品装箱出运之前的最后一道仓储环节。其对仓储环境的清洁卫生及通风透气等条件要求比较高。经过整烫工序的服装产品入库后要保持完整、清洁、平挺的良好外形，并可按规格、颜色适当分类置放，以便顺利通过成品检验，及时包装、装箱出运，按期交货。高档服装成品入库时以立体吊挂储藏方式为最佳，可以防止产品因叠加放置导致起皱、变形的情况发生。服装成品仓储时还应避免阳光直晒，防止褪色现象发生。刚刚整烫定型完毕的服装成品不宜马上套上塑料包装袋，以防水气无法发散而导致产品霉变现象发生。

服装材料的保管对仓储场地也有相应的要求。与批量性服装生产对应的各类仓储形式的基本要求是：通风透气、防湿防潮、防出现异味、防霉变虫蛀、防鼠患、防火防盗。各类仓储场地都应备置货架、垫仓板以及灭火器，产品均应离地架高放置，相互之间及与周围墙壁还应保持一定的空间。同时，相关照明设备必须具备防爆、自动切断电源的安全防护功能。

第三节　特种防护服装的材料应用

一、服装的防护功能

当环境气候条件发生变化，超出了人体生理调节范围时，就必须寻求和依靠其他的调节方式来维持人体的舒适。服装气候调节就是指通过着装使衣下微气候区别于环境气候，从而缓解外界环境条件变化对人体造成的伤害。尤其对特殊灼热环境和冬季寒冷环境更为重要，因为服装一般都能起到防止辐射、传导、对流等热量交换以保护人体正常生理活动的作用。

服装的防护功能主要指防止外部环境对人体造成危害的功能，如机械危害、化学品的危害、辐射及虫咬等。服装如要使身体不受上述各项的危害，其材料应有坚韧性、耐药性、防辐射性、绝缘性以及可洗涤性等。这些性能在防护功能服装中特别重要。

二、特种防护服装的材料选择

防护服是保护人们在生产、工作中避免或减少职业伤害的服装。按照使用性能可以分为普通防护服和特种防护服，其中特种防护服又称高性能防护服。高性能防护服具有高强度、高模量、耐高温、阻燃、防紫外线、防辐射、耐腐蚀等性能，可以较好地为在特种环境下作业的人员提供防弹、防辐射、防恶劣天气、防化学腐蚀、防感染等特殊保护。按照使用场所和防护性能，高性能防护服可以分为热防护服、极冷防护服、静电防护服、辐射防护服、医用防护服等。

（一）热防护服的材料选择

热防护服是在高温环境中穿用的、能促使人体热量散发、防止热中暑、烧伤和灼伤等危害的防护服装。因此，其必须具备阻燃性、拒液性、燃烧时无熔滴产生且遇热时能够保持服装的完整性和穿着舒适性等性能。热防护服的防护原理是降低热转移速度，使外界的高热缓慢而少量的转移至皮肤。目前世界上消防服的国际标准主要有两种，一种是注重高防护性的北美标准，一种是重视舒适性的欧洲标准。防护服一般采用分层结构，各层的性能要求不同，因此选择的材料也有所差异。

1. 防火服外层

（1）阻燃剂或阻燃处理面料。这类材料是在纤维中加化学阻燃添加剂或对织物进行阻燃处理的材料，如阻燃棉或阻燃混纺材料，其优点是价格低廉。不足之处是反复洗涤后或洗涤不当，如氯处理剂会使阻燃效果消失，同时当材料中的阻燃气体、阻燃剂及自由基猝灭剂耗尽以后会出现大量的热气体、热焦油和烟雾。

（2）阻燃纤维材料。这类材料（如芳香族聚酰胺类及其中的NOMEX纤维等）具有抗热、抗高温和长久的阻燃性能，极限氧指数高，有良好的耐熔能力和屏障效果，不会发生熔融滴落现象；具有较高的热稳定性，在较高温度下还有良好的物理力学性能和不变形的特点；具有良好的抗化学药品性能；回潮性高。

2. 防水层

透气防水膜薄层一般附着在耐火（FR）纤维制成的非纺织耐火织物上。防水层可以阻挡液体化学物质进入最里层，可以让80%的液体能从这种分层服上自行脱离。这层材料的纤维和纱一般由耐火（FR）织物构成。目前常用的有Gore2Tex公司生产的“Firebock”、“Airlock”和“Crosstech”，这些织物与ePTFE膜一同轧成薄层，具有隔热、防水和隔绝空气的作用。

3. 隔热层

火场的温度一般为600~1000℃，而其辐射热为11~5200kW/moz. s，因此隔热层材料应有效隔离热环境中空气的热传导，防止消防队员被灼伤。同时为保证汗液及时地散发到体外，防止热蓄积的产生，隔热层材料也要有良好的透湿性。目前，国内常用的纤维有太空棉、远红外涤纶、三聚酯酰胺纤维、普通涤纶和羊毛纤维等。

4. 内里层材料及其选择

内里层材料要求柔软舒适，有良好的吸湿透气性能，与隔热层缝合在一起。常用的材料有黏胶纤维、纯棉（经过阻燃处理）等。图8-10所示为消防个体防护装备。

（二）辐射防护服的材料选择

图8-10 消防服

服装及其材料保护人体免受辐射危害的性能，称为防辐射性。通常情况下，可在织物表面涂层或镀铝、铬等金属，制成防高温或防紫外线等服装，以保护人体。

辐射可以分为粒子辐射和电磁波辐射，其中粒子辐射包括中子辐射、质子辐射和电子辐射等，电磁波辐射分为X射线、紫外线和微波辐射等。这些辐射对人体的危害较大。其中，电磁波辐射和中子辐射比较难防护。辐射防护服应该具有良好的导电性能，还要有很好的加工性能。

目前防辐射服装主要由两大类织物制成：掺有防微波辐射纤维的织物和涂层织物。前者是制作微波防护服装的主要面料，采用金属纤维与普通纤维按一定比例混纺，经特殊工艺使之充分均匀混合而制成的金属纤维混纺纱织物。按生产方法的不同可分为金属纤维（如不锈钢纤维）、金属镀层纤维（在金属纤维表面涂一层塑料后制成的纤维）、涂覆金属纤维（如镀铝、镀锌、镀铜、镀镍、镀银的聚酯纤维）、玻璃纤维等。此种织物具有防微波辐射性能好、质轻、柔韧性好、耐环境性能好、耐洗涤等优点，是一种比较理想的微波防护面料，具有一定衰减值。以这类织物作为屏蔽层，衣服外层为具有一定介电绝缘性能的涤棉布，内层为真丝薄绸衬里而制成的微波防护服，具有镀层不易脱落、比较柔软舒适、重量轻等特点，是目前较新、效果较好的一种微波防护服。

（三）极冷防护服的材料选择

防寒服在国外称为冷气候服，通常是指在气温 -10~40℃，且有大风的环境下，能够维持人体正常生理指标，防止人体冻伤等危害的防护服装。极冷防护服的防护原理主要是在人体皮肤和外界冷源之间形成一层静止空气，降低皮肤与外界的热量交换，从而产生隔热防护装备，因此，增加静止空气的量将是提高极冷防护服性能的一个重要途径。寒区军队的气候条件艰苦，有时长年气温低达零下 60℃，因此地处寒区的国家都非常重视军队防寒服的研究。

防寒服装的构成一般采用多层次配套设计，每层的材料起到不同的作用，保暖材料、防水材料、吸湿透气材料等都应用在防寒服各层中（表 8-8）。

表8-8 美国极寒气候服装系统组成

层次	名 称	材料及特点
第一层	聚丙烯内衣和内裤	聚丙烯拉绒针织绒衣：涤丝纤维绒线
第二层	涤纶绒衬衣、裤衬里与长毛绒背带工装裤	背带裤：聚酯长毛绒面料
第三层	野战棉衣衬里	涤纶絮片和防撕裂的锦纶布
第四层	野战衣裤	四色迷彩锦纶—棉防风布
第五层	GORE-TEX 伪装风衣和伪装裤	三层 GORE-TEX 层压织物
第六层	白色雪地伪装风衣与裤子	棉锦纶混纺布

科学的多层次配套结构设计，可以根据气候的变化和活动量的不同，用加减的办法调节穿衣量，以满足不同驻训人员的防寒需要。

大量采用最新型的保暖材料以减轻防寒服装的整体重量。提高防风透湿性能，有效解决湿冷效应，也就是外衣的防风透湿性能和内衣的干爽性能。美军的防寒服面料多采用聚氨酯涂层或高尔泰克斯织物，也称“人造皮肤”，既防风防雨又透气，有效提高了防寒能力。

注重雪地伪装功能，均装备雪服，也就是白色的具有雪地伪装功能的罩衣。

（四）医用防护服

医用防护服是指用于医学防护，为医护人员提供保护，使他们在为病人从事诊疗、护理的过程中免受病菌、病毒侵害的防护服。要求医用防护服具有很高的过滤病毒颗粒的性能和抗血液、体液渗透的性能。另外，医用防护服还要满足正常的使用功能要求。有较好的穿着舒适性和安全性，例如具有较好的透湿性、阻燃性能和耐酒精腐蚀性能等。

20 世纪 90 年代初期，随着肝炎和艾滋病感染病例的增加，人们注意到血液传染物会感染医护人员，开始注重防护服隔绝微生物和血液的性能，采用纺织品做防护层，这促进了阻隔织物、层压织物和涂层织物等防护材料的发展。欧美国家医用防护服多以涤纶、黏胶纤维等为原料，采用浸渍黏合法、泡沫浸渍法、热轧法或水刺法等工艺生产，特点是手感柔软，抗拉力高，透气性好，属“用即弃”型，克服了传统防护服多次使用后灭菌不彻底而易引起交叉感染的缺陷。

一般的医用防护服有防护衣、手套、面部防护装具和鞋套四个部分组成。

现代医疗系统对医用防护服的性能研究着重于提高防护服的屏蔽性、舒适性和生物性能等方面内容。我国在 2003 年 4 月 29 日颁布 GB 19082—2003《医用一次性防护服技术要求》，规定医用防护服必须具有多功能性，即具有液体阻隔性能，包括防水性、透湿量、合成血液穿透和沾水等级；断裂强力和断裂伸长率；过滤效率；阻燃性能、抗静电性等。

（五）防弹服

防弹织物所使用的纤维均属于高性能纤维，主要品种为有机纤维的对位芳纶（聚对苯二甲酰对苯二胺）、全芳香族聚酯、超高分子量聚乙烯纤维和聚对苯撑苯并二噁唑纤维（PBO）等，无机纤维主要为碳纤维。

1. 防电子防弹衣

防电子防弹衣不仅能防弹，而且还能捕捉到来袭炮弹所发出的信号以后，立即进行处理，并在几微秒之内对信号进行修改，并发送出去，使来袭炮弹引信受骗上当，在距离几百米的地方就误认为已到达了应该引爆的高度，从而提前爆炸。它不仅能对付单发炮弹，而且可对付多发弹来袭。

2. 蜘蛛丝防弹衣

1997 年初，美国生物学家发现，一种名称为“黑寡妇”的蜘蛛，可吐出两种很高强度的丝，一种丝的断裂伸长率为 27%；另一种丝，具有很高的防断裂强度，比制造防弹背心的“KEVLAR（凯夫拉）”纤维的强度还高得多。

蜘蛛丝是制作防弹衣的优良材料，只是目前由于大规模养殖蜘蛛的一系列问题尚未解决，还不具备实用价值。但科学家们已经开始运用仿生学理论研制人工蜘蛛丝，如第六章第五节所述仿蜘蛛丝的研究，为丝质防弹衣的早日诞生提供了技术支持。

3. 仿生防弹衣

仿生防弹衣采取具有松塔和鹿角等的生物属性制作。穿上这种防弹衣的士兵，将可以抗风雨、防子弹。这是因为，松塔能有效地对付潮湿，当大气湿度下降，松塔的鳞状叶子便会自动张开进行“呼吸”。基于此，利用类似松塔结构的人造纤维系统，组成新的纤维结构，能适应外界自然条件的变化。如英国已着手研制这种仿生防弹衣，并将装备部队。

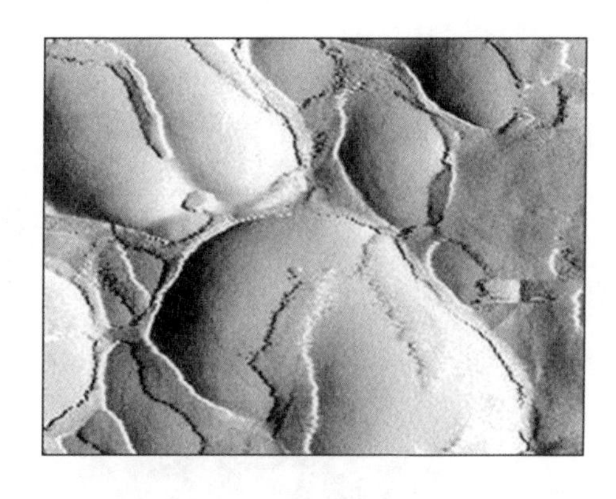

图8-11　显微镜下大马蹄螺壳内层崎岖不平的表面

而美国麻省理工学院正致力于研究新一代护甲装备，目前他们的工作重点放在了一种软体动物——大马蹄螺（Trochus niloticus）与其外壳的内层物质上，如图 8-11 所示，大马蹄螺坚硬的外壳的内层是由珠母层构成的。珠母层有 95% 的成分是较易碎的陶瓷碳酸钙，另外 5% 的成分是一种柔软的，柔韧性很好的生物高聚物。在显微镜下，构成珠母层的这两种物质看起来就像是以“砖泥”结构形式结合在一起的，无数微小的“陶瓷盘”像硬币一样叠在一起，并由生物高聚物将它们黏合起来。这种结构柔韧而轻便。研究者希望在未来几年能成功复制出珠母层的纳米结构，以用来制造更加安全可靠，同时也更加轻便的军用头盔、防弹衣以及汽车车身等。

4. 多功能防弹衣

多功能防弹衣使用最新材料制成，全重 7. 6kg，包括战斗服、防弹衣、手套、新型战斗靴、制冷圆领衫、承载元件等，具有防弹、防化学战剂、防火、防热核、防红外监视、防激光、抗御风雨等多种功能。

美国的“未来部队勇士”系统实际上就包含着这种多功能防弹衣。新型制服系统包括武器、从头到脚的单兵防护装备、便携式计算机网络、单兵电源，士兵能力增强装备。新型作战服系统从头到脚重 22. 7kg。新型作战服系统的防弹衣能够抵御的子弹动能较现役防弹衣高。

第二种作战服系统 2020“未来勇士”概念发展更加先进的纳米技术（图 8-12）。纳米技术将应用于微型材料、设备或系统。陆军希望项目研制出的防弹衣穿起来像装有大量与便携式计算机相连的毫微级计算机的传统服装。因此，当遭受攻击时，作战服开始非常柔软，直到感觉到子弹攻击时立即变硬，反击之后再次变软，可以抵御机枪子弹的无数次攻击。

图8-12 美国陆军展示“未来部队勇士”作战服系统

思考题

1. 调查并评论当前职业装、学生装、童装等对服装材料的选用。

2. 调查、分析、评价五种休闲品牌的材料应用。你认为哪个服装品牌的材料应用最好？为什么？

3. 某公司拟开发高级秋冬运动便装，请选择纤维原料（包括面料、辅料），并简要说明原因。要求符合秋冬运动特点。

4. 试述西服服装企业加工生产中，如何选配和管理服装材料。

应用理论及专业技能——

服装面料的二次设计

教学内容： 1. 服装面料二次设计的概念。
2. 服装面料二次设计的原则与方法。
3. 服装面料二次设计的实现方法。

上课时数： 3课时。

教学提示： 主要阐述面料的二次设计概念，通过面料二次设计可以获得的性能和设计效果，面料二次设计的原则，以及常用构成方法等。使学生在掌握服装面料传统加工方法和特点的基础上，运用新的设计思路和工艺以改变现有面料的外观风格，以发挥面料本身的潜在美感。

教学要求： 1. 使学生掌握服装面料二次设计的概念、原则和方法。
2. 使学生能够分析流行设计作品的面料设计。
3. 使学生能够根据不同的设计风格和面料特性，对面料二次设计和应用提出合理建议。

课前准备： 教师准备各类服装面料二次设计的实例。

第九章　服装面料的二次设计

在对服装纤维材料、组织结构与性能、服装面料基本品种、辅料、染整技术以及服装面料的选择与应用等有了较全面了解的基础上，再结合服装设计要求，对面料进行产品分析，进一步进行面料的再造设计，即所谓的二次开发设计。服装面料的二次设计是结合服装风格和款式特点，将现有的服装面料作为面料“半成品”，运用新的设计思路和工艺以改变现有面料的外观风格，以提高面料品质性能和艺术效果，又使面料本身具有的潜在美感得到最大限度发挥的一种设计。

第一节　服装面料二次设计的概念

服装本身的设计需要通过面料来实现。服装面料是架构人体与服装的桥梁，是服装设计师设计思想物化的主要载体，可左右服装的外观和品质。因此，服装面料的选择、处理和设计决定了整个服装的设计效果。

在服装市场上见到的面料已经历了服装面料的“一次设计”，是借助纺织、印染以及后整理加工过程实现的。面料设计师在设计面料时，首先要对构成织物的纱线进行选用和设计，包括纤维原料、纱线结构设计。其次要对织物结构、织造工艺以及织物的印染、后整理加工等内容进行设计。设计师要不断地采用新原料、新工艺和新技术以变化织物的品种，改善面料的内在性能和外观风格。面料的二次设计是对面料的再开发和再设计，使面料获得预期的性能和设计效果，其实现方法随着技术的发展不断改进变化。

一、服装面料二次设计概述

服装面料的二次设计是相对服装面料的一次设计而言，在其基础上为提升面料的艺术效果、功能特性，结合服装风格和款式特点，将现有的服装面料作为面料半成品，运用新的设计思路和工艺改变现有面料的外观风格，以提高面料品质性能和艺术效果，使面料本身具有的潜在美感得到最大限度发挥的一种设计。

作为服装设计的重要组成部分，服装面料二次设计不同于一次设计，其主要特点就是服装面料二次设计需要结合服装设计来进行。如果脱离了服装设计，只是单纯的面料艺术。因此，服装面料二次设计是在了解了面料的性能和特点，保证其具有舒适性、功能性、安全性等特征的基础上，结合服装设计的基本要素和多种工艺手段，强调个体的艺术性、美感和装饰性内涵的一种设计。服装面料的二次设计改变了服装面料本身的形态，增强了其在艺术创造中的空间地位，这不仅仅是服装设计师设计理念在面料上的具体体现，更是面料形态通过服装表现出巨大的冲击力。服装面料二次设计产生的艺术设计效果通常包括视觉效果、触觉效果和听觉效果。

（一）视觉效果

视觉效果是人用眼就可以感觉到的面料艺术效果，如图 9-1（a）所示。视觉效果的作用在于丰富服装面料的装饰效果，强调图案、纹样、色彩在面料设计上的新表现，如利用面料的线形走势在面料上造成平面分割，或利用印刷、摄影、计算机等技术手段，对原有形态进行新的排列和构成，得到新颖的视觉效果，以此满足人们对面料的要求。

(a)

(b)

(c)

图9-1　服装面料二次设计的艺术效果

（二）触觉效果

触觉效果是指人通过手或肌肤感觉到面料的艺术设计效果，特别强调面料的立体效果，如图 9-1（b）所示。得到触觉效果的方法很多，如使面料表面形成抽缩、褶皱、重叠等；也可以在服装面料上添加细小物质，如珠子、亮片、绳带等，形成新的触觉效果；或者采用不同手法的刺绣等工艺来制造触觉效果。不同的面料肌理营造出的触觉生理感受是不同的，如粗糙的、温暖的、丰满的等。

（三）听觉效果

听觉效果是通过人的听觉系统感觉到的面料设计艺术效果，如图 9-1（c）所示。不同面料与不同物质摩擦会发出不同的声响。例如，真丝面料随人体运动会发出悦耳的丝鸣声。我国少数民族服饰将大量的银饰或金饰装饰在面料上，给面料增添了有声的节奏和韵律，在人体行走过程中形成美妙的声响。

这三种效果之间是互相联系、互相作用、共同存在的，常常表现为一个整体，使人对服装审美的感受不再局限于平面的、触觉的方式，而更满足了人的多方面感受。

二、影响服装面料二次设计的因素

（一）纤维材料性能特点

纤维材料是影响服装面料二次设计的最重要也是最基本的因素。作为服装面料二次设计的物质基础，纤维材料的特征直接影响着服装面料二次设计的艺术效果。纤维材料本身的特点对实现服装面料二次设计有重要的导向作用。不同的工艺设计手段产生不同的视觉效果，但是同样的工艺设计方法在不同材料上有不同的适用性，并产生不同的效果。例如，造型褶皱在硬挺类材料上可以产生立体效果，图 9-2 所示为 Fendi 秋冬产品的袖子造型和腰部褶裥设计。而在丝绸或雪纺等轻薄柔软类材料中，褶皱的效果完全不同。图 9-3 所示为 Elie saab 春夏发布会上作品，其前胸部和腰部褶裥造型设计的立体效果不明显，但是有一种层叠的蓬松美，同时通过褶裥获得色彩上的重叠效果。

图9-2　Fendi秋冬产品

图9-3　Elie saab春夏作品

（二）设计师对面料的认知程度和运用能力

设计师对面料的认知程度和运用能力是影响服装面料二次设计的重要主观因素，在很大程度上决定了服装面料二次设计的艺术效果表现。优秀的服装设计师对面料往往有敏锐的洞察力和非凡的想象力，他们在设计中不断地挖掘面料新的表现特征。被称为“面料魔术师”的日本服装设计师三宅一生，对于各种面料的设计与运用具有独到之处，如图 9-4 所示。三宅一生改变了高级时装及成衣一向平整光洁的定式，以各种各样的材料，如日本宣纸、白棉布、针织棉布、亚麻等，创造出各种肌理效果。“我要褶皱”的设计系列是其典型之作。时装设计师克里斯汀·迪奥（Christian Dior）是一位非常善于运用面料设计的设计师。他经常巧妙地应用丝绸、锦缎、人造丝以及金银片织物或饰有珠片和串珠等光泽闪亮的面料，利用抽褶、褶裥等技术，增强面料受光面和阴影部分之间的对比度，使服装更具有立体感和光影效果，如图 9-5 所示。

图9-4　三宅一生作品

图9-5　Dior 作品

（三）服装信息表达

服装所要表达的信息决定了服装面料二次设计的艺术风格和手段。设计师在进行服装二次开发设计时，要考虑服装的功能性、审美性和社会性，这些都是服装所要表达的信息。由于服装创作的目的、消费对象和穿着场合等因素的区别，设计师在进行服装面料二次设计时，一定要考虑服装信息表达的正确性，运用适合的工艺表现和实现方法。比如职业装和礼服面料在进行面料二次开发设计时，通常采用不同的艺术表现方法。前者力求简洁、严谨，如图 9-6 所示是 Channel 高级职业女装，在面料上做了简单的纽扣状装饰，打破了黑色面料的沉闷而又不失庄重。而后者则可以运用大量的更为丰富和华美的艺术和装饰效果，如图 9-7 所示，Dior 女装采用了面料层叠立体造型，同时将面料抽纱形成毛边起绒加强视觉效果，整体蜿蜒曲折而下，追求变化。

（四）生活方式和观念

生活方式和观念的更新影响着人们对服装面料二次设计的接受程度。随着生活水平的提高和生活方式的改变，人们的审美情趣的提高给服装面料二次设计提供了更广阔的发展空间，同时人们的审美习惯深深地影响着服装二次开发设计的应用。如服装二次开发设计中的刺绣手法，在中国主要应用在前胸、门襟、袖口、底摆等位置，色彩或淡雅，或雍容大气，纹样具有中国古典传统特色，如图 9-8 所示。而俄罗斯及东欧国家的刺绣则以几何图案为多，使用挑纱和钉线为主要手法，如图 9-9 所示。

图9-6 Channel女装

图9-7 Dior女装

图9-8 中国刺绣风格应用

图9-9 俄罗斯及东欧国家的刺绣风格应用

（五）流行因素、社会思潮和文化艺术

流行因素、社会思潮和文化艺术影响着服装面料二次设计的风格和方法。如20世纪60年代，服装面料二次设计出现了很多“颓废式，破烂式”设计；到了90年代，运用了很多具有原始风格和后现代气息的抽纱处理手法，以营造天然手工的趣味。服装面料二次设计的发展一直与各个时期的文化艺术息息相关。在服装面料二次设计发展史上，可以看

到立体主义、野兽派、抽象主义、超现实主义等绘画作品的色彩、构图、造型对服装面料二次设计产生的重大影响。同样，雕塑、建筑的风格及流行特点也常常会影响服装面料的二次设计。流行因素、社会思潮和文化艺术即是服装面料二次设计的灵感来源，也是其发展的重要影响因素之一。图 9–10 所示为立体主义在服装设计中的应用，该款服装的肩部和后背设计采用面料本身的质感和褶裥设计，获得夸张的立体造型设计，视觉效果突出，双层不同色的面料搭配以及面料上的黑色如写意般的装饰设计丰富了色彩视觉效果。图 9–11 所示为抽象主义绘画风格在服装设计上的应用，采用行云流水般的色彩变幻和绘画构图方式来达到独一无二的视觉效果，鲜亮灵动，肆意挥洒而又充满时尚感觉。

图9–10 立体主义在服装设计中的应用

图9–11 抽象主义绘画风格在服装设计上的应用

（六）科技发展

科学技术发展影响着服装面料二次设计的发展，为面料的二次开发设计提供了必要的实现手段。历史上每一次的材料革命和技术革新都会促进服装面料二次设计的发展和实现。机器压褶、烂花、抽纱、花边刺绣、染色方法等技术的发展直接决定了服装面料二次设计的可行性。

以上的众多因素或多或少都影响着服装面料二次设计的变化和发展，使得服装面料二次设计不断呈现出丰富多彩的姿态。

第二节 服装面料二次设计的原则与方法

一、服装面料二次设计的原则

服装面料二次设计是一个充满综合思考的艺术创造过程。追求艺术效果的体现是其宗旨，但因其设计主体是人，载体是服装面料，因此在服装面料二次设计中应把握以下几条原则。

（一）体现服装的功能性

体现服装的功能性是进行服装面料二次设计的最重要的设计原则。由于服装面料二次设计从属于服装，因此，无论进行怎样的服装面料二次设计，都要将服装本身的实用功能、穿着对象、适用环境、款式风格等因素考虑在内。可穿性是检验服装面料二次设计的根本原则之一。服装面料不同于一般的材料创意组合，在整个设计过程中都应体现和满足服装的功能性为设计原则。

（二）体现面料性能和工艺特点

服装面料二次设计必须根据面料本身的特点及工艺特点，考虑艺术效果实现的可行性。各种面料及其工艺制作都有特定的属性和特点。在进行服装面料二次设计时，应尽量发挥面料及其工艺手法的特长，展示出其最适合的艺术效果。

（三）丰富面料表面艺术效果

服装面料二次设计更多的是在形式单一的现有面料上进行设计。对于如细麻纱、纺绸、巴厘纱、缎、绸等本身表面效果变化不大的面料，适合运用折皱、剪切等方法获得立体效果。而对于本身已经有丰富效果的面料，不一定要进行服装面料二次设计，以免画蛇添足，影响其原有的风格。

（四）实现服装的经济效益

服装面料二次设计对提高服装附加值起着至关重要的作用，但也必须清晰地认识到市场的存在和服装的商品属性、经济成本和价格竞争对服装成品的影响。服装设计包括创意类设计和实用类设计两大类。创意类设计重在体现设计师的设计理念和设计效果，因而将服装面料二次设计的最佳表现效果放在首位。而对于实用类设计来说，价格成本不得不作为最重要的因素来考虑。进行面料二次设计时，不仅要考虑面料选择及面料二次开发设计的工业化实现手段，这些在很大程度上决定了服装的成本价格和服装经济效益的实现，因此，二次设计的经济实用性也是设计师在设计创造过程中必须考虑的，应适度借用服装面料二次设计来提高服装产品的附加值。

二、服装面料二次设计的构成方法

服装面料二次设计的构成形式，既包括服装面料二次设计本身的构成形式，也包括服装面料二次设计在服装上的构成形式。按照不同的布局类型，并根据服装二次设计在服装上形成的块面大小，将其分成四种：点状构成、线状构成、面状构成和综合构成。

（一）点状构成

点状构成是以局部块面的图案呈现于服装上的设计方法，具有集中、醒目的特点。点状构成图案大多属于单独纹样点状构成在服装中，其应用最为广泛，应用的形式也十分灵活多样。点状构成设计方法主要有四种方式，分别为单一式、重复式、演绎式、多元式构成，构成不同的视觉冲击和艺术效果，如图 9–12 所示。

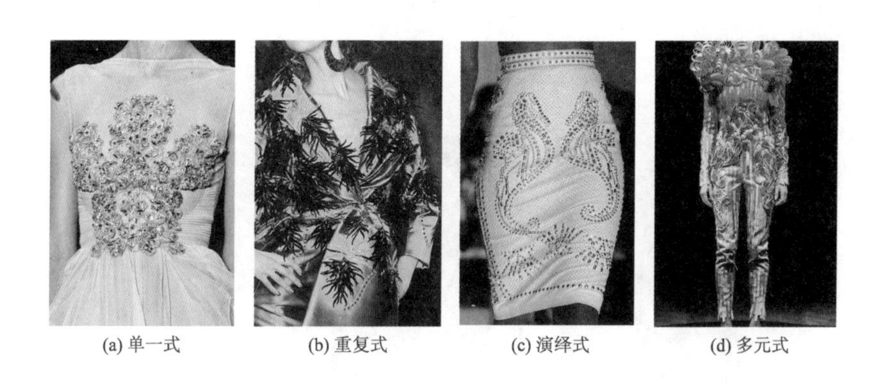

(a) 单一式　(b) 重复式　(c) 演绎式　(d) 多元式

图9–12 点状构成的设计效果

（二）线状构成

线状构成是以边缘或某一局部的细长形图案呈现于服装上面。线状构成在服装中的应用也很广泛，是通过勾勒边缘、分割块面等形式使服装产生一种独特的美感，显得更加典雅、精致。用线状图案对相同款式的服装进行分割，会产生不同的效果。线状构成以二方连续纹样或边缘纹样为主。构成方式有勾勒边缘、分割块面、加宽重复等，其设计如图 9–13 所示。

(a)勾勒边缘

(b)分割块面

(b)加宽重复

图9–13 线状构成的设计效果

（三）面状构成

面状构成就是常说的“满花装饰”，是以纹样铺满整体的形式呈现于服装上的。当面状图案铺满整个服装时，再与人体的高低起伏结合在一起，就开始从面向体转移。面状构成是直接融入服装整体的，所以，面状构成的图案一般都是面料本身的图案，即通过设计师将面料图案转化为服装图案。面状图案或以独幅面料的扩展为构成形式，或以四方连续图案或面状群合图案为构成形式。其主要构成形式有均匀分布、不均匀分布、组合拼接，设计效果如图 9–14 所示。

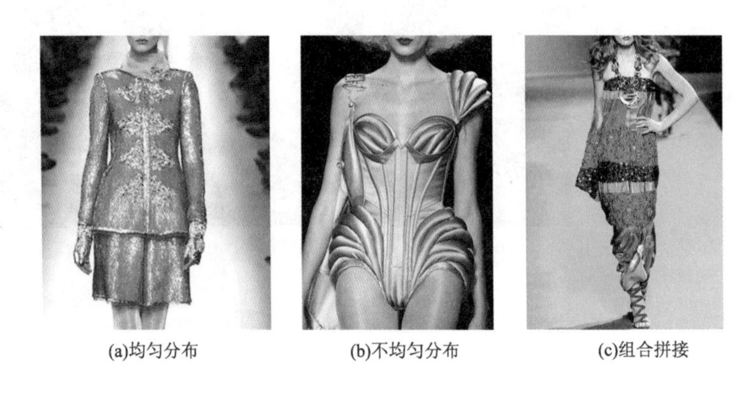

(a)均匀分布　(b)不均匀分布　(c)组合拼接

图9–14　面状构成的设计效果

（四）综合构成

所谓综合构成，就是将点状、线状或面状构成综合运用在服装上的一种形式，如图 9–15 所示。综合构成的多方面结合以及图案分布所形成的中心与边缘、主体与衬托的关系，使服装更加具有层次感和丰厚感，但一定注意要主次分明，不要只是简单的堆砌，从而造成烦琐、拖沓的感觉。

图9–15　综合构成的设计效果

第三节 服装面料二次设计的实现方法

服装面料二次设计的实现方法很多，本章是以二次设计的加工方法和最终得到效果为划分依据，将服装面料二次设计的实现方法分为服装面料结构的再造设计、服装面料添加装饰性设计以及服装面料的多元组合设计。

一、服装面料结构的整体再造——变形设计

服装面料表面结构的整体再造也称为面料的变形设计，是通过改变面料原来的形态特征，但不破坏面料的基本内在结构而获得，在外观上给人以有别于“原型”的艺术感受。常用的方法有打褶、折叠、抽纵、扎结、扎皱、堆饰（浮雕）、轧花、表面加皱、烫压、加皱再染、印皱加皱再印等。打褶是将面料进行无序或有序的折叠形成的褶皱效果；抽纵是用线或松紧带将面料进行抽缩；扎结使平整的面料表面产生放射状的褶皱或圆形的突起感；堆饰是将棉花或类似棉花的泡沫塑料垫在柔软且有一定弹性的衣料下，在衣料表面施以装饰性的缉线所形成的浮雕感觉。值得一提，经过加皱再染、印染加皱再印面料的方法所形成的服装面料在人体运动过程中会展现出褶皱不断拉开又皱起的效果。如果得到色彩的呼应，则很容易造就变幻不定、层次更迭的艺术效果。

(a)

(b)

(c)

(d)

(e)

图9–16 服装面料结构的整体再造

图 9–16（a）所示为采用褶裥以及立体折叠褶皱的设计，整件服装具有立体感，具有一种雕塑的立体感，视觉效果别致，面料的堆叠缤纷而轻快，使整件服装洋溢着春的活泼。图 9–16（b）所示为也采用了面料的堆叠、褶裥以及立体花型的设计手法，立体花型采用螺旋型的缠绕聚集在右肩处形成醒目的视觉焦点。图 9–16（c）所示为采用扭曲编结等手法将丝绒条绳进行一定规律的排列设计和钩花设计，形成特定的图案效果，使肌肤若隐若现，同时与透明蕾丝或其他面料的透明效果不同，丝绒绳线条的硬朗结合古典的编织图案，使这款服装典雅而不失野性，独具风格。图 9–16（d）所示为采用褶裥压烫工艺，上身采用横向压烫并在压烫的褶裥上缀以亮片，下身采用竖向褶裥压烫，腰部采用斜向褶裥突出

腰部的曲线美，整件服装构成柔美，线条流畅，具有流动感和立体肌理。图 9–16（e）所示为将面料进行不规则压褶，形成立体空间造型，利用面料本身的闪光效果，形成光影浮动的浮雕效果，裙装款式底摆采用层叠鱼尾设计获得立体花苞效果，整件服装充满金属质感和立体光影效果是面料二次设计的典型之作。

二、服装面料结构的局部再造——破坏性设计

面料结构的局部再造又称面料的破坏性设计，主要是通过剪切、撕扯、磨刮、镂空、抽纱、烧花、烂花、褪色、磨毛、水洗等加工方法，改变面料的结构特征，使原来的面料产生不完整性和不同程度的立体感。如图 9–17（a）所示为采用抽纱设计，在前门襟两侧设计两条垂直镂空效果，将黑色面料块进行比例分割，获得修身效果，使视觉以抽纱处的镂空为中心向下延伸，从而感觉人体变得修长而性感。如图 9–17（b）上装面料全部采用破坏性设计，将面料印花后进行破坏性处理获得流苏的效果，自然下垂，随人体走动时会产生波动效果。如图 9–17（c）所示为采用烂花设计，面料底色若隐若现，花卉图案精致，色彩典雅，应用丝绒本身的光泽特点获得高贵典雅、莹润的光感效果。图 9–17（d）所示为一款具有古典艺术美感的服装，采用抽纱、立体花型造型设计等手法，将面料的二次设计应用得非常充分，后背处延续的立体补花结合人字形纹抽纱与蕾丝交错的效果仿佛如画般的优雅。

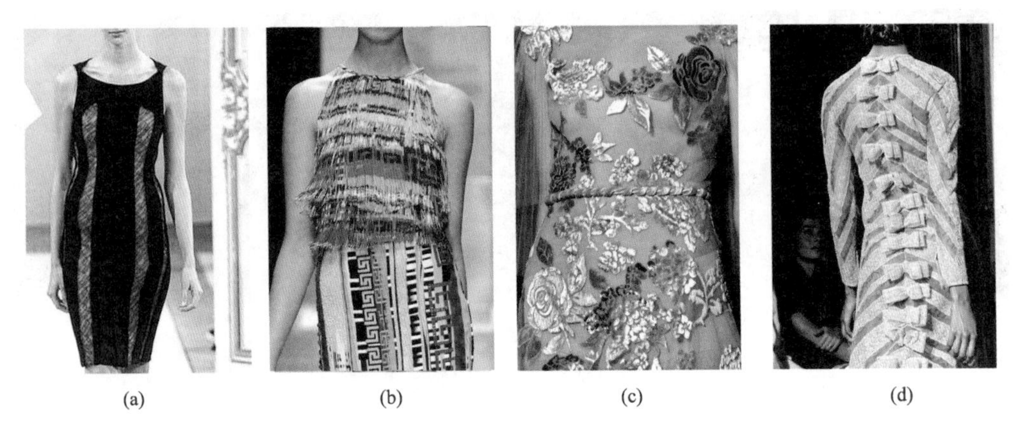

(a) (b) (c) (d)

图9–17　服装面料结构的局部再造

三、服装面料添加装饰性附着物设计

（一）补花和贴花

在现有面料的表面可添加相同或不同的质料，从而改变面料原有的外观。常见的附加装饰的手法有贴、绣、粘、挂、吊等。例如，采用亮片、珠饰、烫钻、花边、丝带等的附加手法以及别致的刺绣、嵌花、补花、贴花、造花、立体花边、缉明线等装饰手法。补花、

贴花是将一定面积的材料剪成形象图案附着在衣物上。补花是用缝缀来固定，贴花则是以特殊的黏合剂粘贴固定。补花、贴花适合表现面积较大、较为整体的简洁形象，而且应尽量在用料的色彩、质感肌理、装饰纹样上与衣物形成对比，在其边缘还可作切齐或拉毛处理。补花还可以在针脚的变化、线的颜色和粗细选择上变化，以达到面料艺术效果二次设计的最佳效果。造花是将面料制成立体花的形式装饰在服装面料上。造花面料以薄型的布、绸、纱、绡及仿真丝类面料为多，有时也用薄型毛料，也可以通过在面料夹层中加闪光饰片、在轻薄面料上添缀亮片或装饰点花式纱，或装饰不同金属丝和金属片，产生各种闪亮色彩的艺术效果。

图 9–18（a）所示为补花设计在服装设计上的应用，将本色的面料设计成菊花造型，将其按照一定的规律补缀在服装上，在浅蓝色和浅棕色的面料上点缀以盛开的花朵，使服装更为活泼、充满生气。图 9–18（b）所示为将立体的花卉随意地补缀在纯色纱质面料上，获得一种春意盎然的甜美感，充满灵动和美好，是许多甜美型礼服设计的常用手法，可以让服装更加生动而立体表现力更丰富。

(a)　　(b)

图9–18　补花和贴花设计

（二）刺绣

刺绣是针线在织物上绣制的各种装饰图案的总称。就是用针将丝线或其他纤维、纱线以一定图案和色彩在绣料上穿刺，以缝迹构成花纹的装饰织物。它是用针和线将设计和制作添加在任何存在的织物上的一种艺术。刺绣是中国民间传统手工艺之一，在中国至少有两三千年历史。中国刺绣主要有苏绣、湘绣、蜀绣和粤绣四大门类。刺绣的技法有错针绣、乱针绣、网绣、满地绣、锁丝、纳丝、纳锦、平金、影金、盘金、铺绒、刮绒、戳纱、洒线、挑花等。刺绣的用途主要包括生活装饰和艺术装饰，也是服装、服饰设计中常用的手法。

图 9–19（a）所示为采用珠片绣，也称珠绣，是以空心珠子、珠管、人造宝石、闪光

珠片等为材料，绣缀于服饰上的刺绣工艺。整件服装缀以金属光泽的金属亮片和金属珠子，耀眼而充满时尚气息。图 9–19（b）所示为中国风格的刺绣作品，以高贵的牡丹花和云纹图案结合，充满东方元素的皇者之气。刺绣疏密有致，图案分布凌乱中而有规律。图 9–18（c）所示为成衣刺绣，整款服装气韵芬芳，粉色的薄纱立体造型娇俏甜美，配以金色和粉色系的花卉图案，刺绣起到画龙点睛的作用，刺绣图案的分布呈现不对称造型，使服装产生变化。

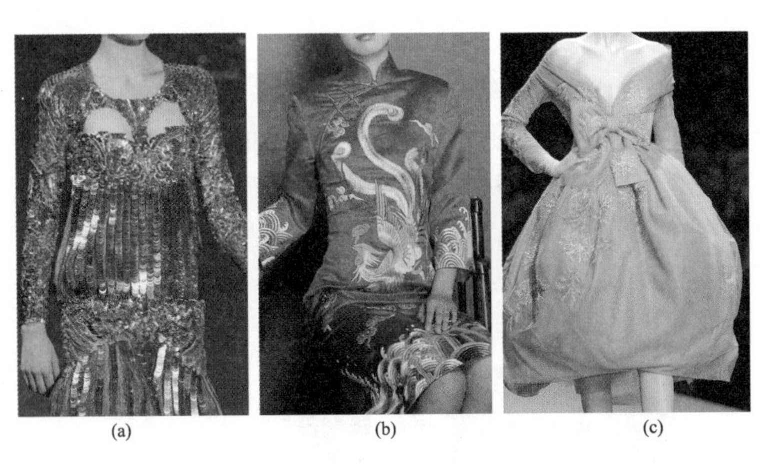

(a) (b) (c)

图9–19　刺绣的运用

四、服装面料的多元组合设计

（一）拼接

服装面料的多元组合是将两种或两种以上的面料相组合进行面料二次开发设计。此方法能最大限度地利用面料，最能发挥设计师的创造力，因为不同质感、色彩和光泽的面料组合会产生单一面料无法达到的效果，如皮革与毛皮、缎面与纱等。这种方法没有固定的规律，但十分强调色彩及不同品种面料的协调性。如图 9–20（a）所示为透明和不透明两种面料的拼接，此款上下装采用同色系透明与不同透明面料的对比，上衣在透明底布上刺绣出不透明蝴蝶花纹，领子和门襟采用不透明面料搭配，整体协调中富有变化。图 9–20（b）所示为皮革、雪纺和呢绒的拼接，所有面料均采用黑色，在整体协调中，加入了虚实和明暗的对比。图 9–20（c）所示为蕾丝面料和雪纺面料的拼接，蕾丝形成的花型立体感明显，搭配雪纺，而这均有半透明感，整体效果协调。

（二）叠加

在多元组合设计中，除了拼接方法外，面料与面料之间的叠加方法也能实现服装面料二次设计。进行面料叠加组合时应考虑面料的关系，是主从关系还是并列关系。这影响服装最后的整体感受和效果。如在处理透明与不透明面料、有光泽和无光泽面料的叠加组合时，也需要将这些因素考虑在其中。多种不同面料搭配要强调主次，而主面料旨在体现设计主题。

图 9–21（a）所示为缎面和纱的叠加，整件服装为双层面料，同色系的透明薄纱覆盖在缎面面料上形成不一样的质感，这款服装同时进行了珠片绣和印染的二次设计方法。图 9–21（b）所示采用面料层层叠加的方式，金属片和面料片状叠加，不同色彩的面料层层叠加，形成特殊的纹理和立体效果。

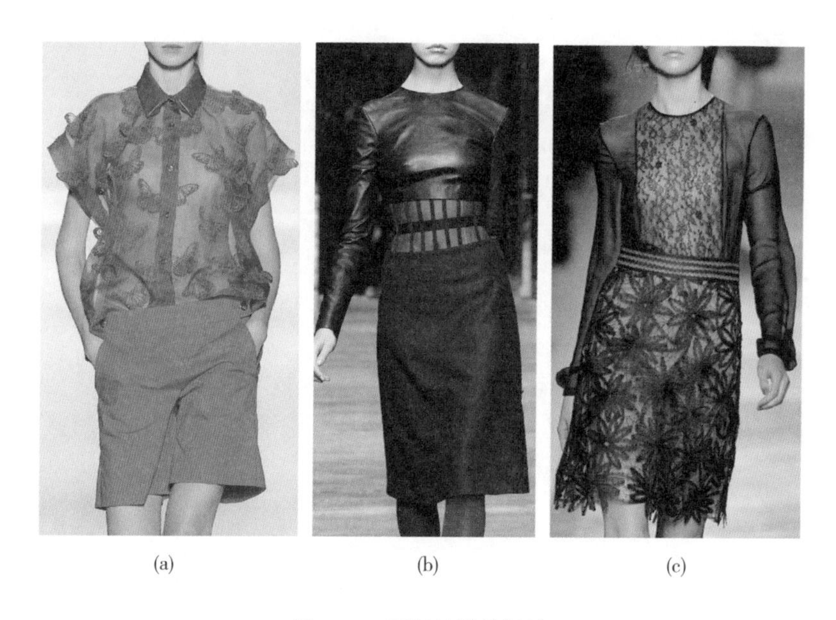

(a)　(b)　(c)

图9–20　面料的拼接设计

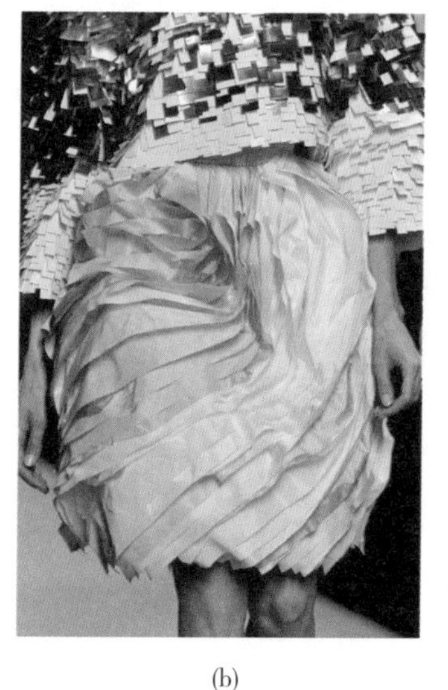

(a)　(b)

图9–21　面料的叠加设计

思考题

1．收集五个品牌服装近两年时尚发布会中面料二次设计的实例，并分析其设计方法。

2. 调研市场，是否有应用面料二次设计的服装，其特点是什么？

3. 根据不同的设计要求和目的，思考面料二次设计的特点。

4. 请叙述不同性能的面料适合进行的二次设计。

应用理论及专业技能——

服装材料的洗涤、保养与标志

教学内容： 1. 服装材料的洗涤。

2. 服装材料的熨烫。

3. 服装材料的保养。

4. 服装的标志。

上课时数： 3课时。

教学提示： 主要阐述服装材料的洗涤、熨烫的原理和要求，各类服装材料洗涤、保养的要求，以及在实际应用中的标志符号。启发学生联系实际生活中的服装保养经验，了解和掌握服装材料的洗涤、熨烫和保养性能。

教学要求： 1. 使学生掌握不同衣料在洗涤、熨烫和保养中应该注意的问题。

2. 使学生掌握服装中的号型、洗涤、熨烫和保养等相关标志。

课前准备： 教师准备各类服装的洗涤标等保养标志。

第十章　服装材料的洗涤、保养与标志

各种新型服装材料及整理方法日益增多，对服装材料的识别、选用及保养提出了新的要求。只有科学地使用及保养服装，才能有效保持其外观、性能及使用寿命。

第一节　服装材料的洗涤

由于面料的更新速度加快，很多人对服装面料的洗涤护理不甚了解，仍按照传统的洗涤方式进行。加之现代化洗涤剂按功能分类较多，人们没有严格按服装洗涤标上标志的洗涤要求和洗涤剂的说明进行护理，以致造成服装脱色、串色、变形、破损等现象，从而降低服装的服用性能和外观保持性。服装材料的洗涤根据用具的不同分为手洗和机洗；根据洗涤介质的不同又分为湿洗和干洗。

一、湿洗

湿洗是指用水作为洗涤溶剂，借助肥皂或洗涤剂，在适当的温度条件下进行洗涤的方法。湿洗对水溶性污垢尤为合适，对油性污垢，通过洗涤剂的作用也可以达到洗净目的。

（一）洗前准备和洗后处理

1. 了解本地水质的硬度

洗衣要用淡水，我国规定1L水中含有相当于10mg的氧化钙称为1°，8°以上称为硬水，8°以下称为软水。洗衣理想用水为软水，水质较硬地区不宜用肥皂洗衣。

2. 衣物要放进冷水中浸泡一段时间

一是使附着衣物表面的尘垢和汗液脱离衣物进入水中，提高衣物洗涤质量并节约洗涤剂；二是利用水的渗透，使纤维充分膨胀，污垢受挤而浮于表面，易于去除；三是水洗牢度可以预先发现并采取措施；四是对污染严重的部位可以进行预洗处理。

3. 控制好水温

水温在洗涤过程中对洗涤效果影响很大，温度高可以提高洗涤剂的溶解度，提高洗涤剂的乳化能力和渗透力。但是，由于各种纤维的耐热程度不同，色牢度不同，因此要根据衣物的品种、色泽、脏污程度、洗涤剂性质等情况来控制好水温。

4. 洗后处理

洗净后的服装有的手感粗糙，有的残留碱性成分致使服装失去光泽，手感受到影响，因此，洗涤后晾晒前要进行一定的后处理。

棉麻织物水洗后手感粗糙，合成纤维服装由于绝缘性好、摩擦系数大，穿脱时会产生静电，这类织物最好进行柔软处理。真丝、毛料服装耐酸不耐碱，水洗后一定要“过酸”处理，即将洗好的真丝、毛料再放入含有 0. 2%~0. 3% 冰醋酸（或食用白醋）的冷水内浸泡 2~3min，这样可以除去残留在衣料中的碱液，改善衣料的光泽。晾晒时要按照服装的标签要求进行，由于日光中的紫外线和大气中某些化学成分对衣料的颜色有一定的破坏作用，所以晾衣时，一般反面朝外，不要在阳光下曝晒。

（二）常见服装材料的洗涤

1. 棉类服装的洗涤

棉织物的耐碱性强，不耐酸，抗高温性好，可用各种肥皂或洗涤剂洗涤，可手洗可机洗，但不宜氯漂。洗涤前，可放在水中浸泡几分钟，但不宜过久，以免颜色受到破坏。贴身内衣不可用热水浸泡，以免使汗渍中的蛋白质凝固而黏附在衣服上，从而出现黄色斑。采用洗涤剂时，最佳水温为 40~50℃。漂洗时，可掌握“少量多次”的办法，即每次清水冲洗不一定用许多水；但要多洗几次。每次冲洗完后应拧干，再进行第二次冲洗，以提高洗涤效率。应在通风阴凉处晾晒衣服，避免在强烈日光下曝晒，使有色织物褪色。

2. 麻类服装的洗涤

麻类服装的洗涤与晾晒方法与棉类服装大致相同。但麻纤维刚硬，抱合力差，洗涤时，用力要比棉织物轻些，切忌使用硬毛刷刷洗及用力揉搓，以免起毛和面料损伤，苎麻服装尤需注意，否则起毛后再穿时会感觉刺痒不适。洗后不能用力拧挤或脱水，以防麻纤维滑移，影响外观和耐穿程度。有色织物不要用热水泡，不宜在强烈阳光下曝晒，以免褪色。

3. 丝绸类服装的洗涤

洗涤前，将衣物在水中浸泡 10min 左右，浸泡时间不宜过长。忌碱性洗涤剂，应选用中性或丝绸专用洗涤剂。浴液以微温或室温为好，以防褪色。轻柔洗涤，忌硬板刷刷洗。洗涤完毕，用手轻轻挤掉水分或是用毛巾包卷起来挤水，用力要适度，绝对不允许拧绞，以免纱线变形、断裂等严重现象。应在阴凉通风处晾干，不宜在强烈阳光下曝晒，更不宜烘干，以免降低色牢度及引起褪色泛黄。对薄型高档服装和起绒类服装以干洗为宜。

4. 羊毛类服装的洗涤

羊毛不耐碱，要用中性洗涤剂进行洗涤。羊毛织物在 30℃以上的水溶液中要收缩变形，故洗涤水温不宜超过 40℃。通常用室温水（25℃）配制洗涤溶液。洗涤时切忌用搓板搓洗，即使用洗衣机洗涤，应该轻洗，洗涤时间不宜过长，以防止缩绒。洗涤后不要拧绞，用手轻轻挤压除去水分或是用毛巾包卷起来挤水，然后沥干。用洗衣机脱水时以半分钟为宜。应在阴凉通风处晾晒，不要在强烈日光下曝晒，以防止织物失去光泽和弹性以及引起织物强度的下降。高档全毛料或毛与其他纤维混纺的衣物建议干洗（服装洗涤方式要求干洗的必须干洗）。

5. 黏胶纤维类服装的洗涤

黏胶纤维缩水率大，湿强度低，水洗时要随浸随洗，浸泡时间不可超过15min，否则洗液中的污物又会浸入纤维。黏胶纤维织物遇水会发硬，等晾干后会回复其柔软度，洗涤时要“轻洗”，不可用搓衣板和板刷，以免起毛或裂口。用中性洗涤剂或低碱性洗涤剂。洗涤液的温度不能超过45℃。除水时，应将衣服叠起，用手轻轻挤掉水分，或是用毛巾包卷起来挤水，切忌拧绞，以免走形。洗后忌曝晒，应在阴凉通风处晾干，以避免造成褪色和面料寿命缩短。

6. 涤纶服装的洗涤

先用冷水浸泡15min，然后用一般合成洗涤剂洗涤。洗涤液的温度不宜超过45℃。可机洗，可手洗，可干洗。较厚衣物的领口、袖口等较脏部位可用软毛刷刷洗。洗后，漂洗净，可轻拧绞，置阴凉通风处晾干，不可曝晒，不宜烘干，以免受热后起皱。

7. 腈纶服装的洗涤

腈纶服装基本与涤纶服装洗涤相似。先在温水中浸泡15min，然后用低碱性洗涤剂洗涤，要轻揉、轻搓。厚织物用软毛刷洗刷，最后脱水或轻轻拧干水分。纯腈纶织物可晾晒，但混纺织物应放在阴凉处晾干。腈纶针织服装宜用手洗。

8. 锦纶服装的洗涤

锦纶服装对洗涤剂要求不高，水温不宜超过40℃，以免温度太高导致衣物变形。洗涤时要力度适中，不可用力过猛，以免出现小毛球。浅色衣物在洗涤后，应用清水多漂洗几次，避免洗涤剂残留。若有洗涤剂残留在纤维里，容易使衣物发黄或变色。轻薄类服装和针织服装宜用手洗，但切忌重擦硬刷，应轻压去水，勿拧绞，以免留皱。忌暴晒和烘干，应通风阴干。

9. 维纶服装的洗涤

维纶服装的洗涤方法与棉类服装大致相同。先用室温水浸泡一下，然后在室温下进行洗涤，但洗涤剂避免用碱性过强的肥皂。洗涤切忌用热开水，以免使维纶膨胀和变硬，甚至变形。洗后阴干为好，避免日晒。

10. 氯纶、丙纶服装的洗涤

这两种服装洗涤时应在微温或冷水中进行。可用中性洗涤剂大把轻揉，切忌用搓板或硬板刷，以防服装起毛起球。洗后出水不加拧绞，压水或甩水阴干。

二、干洗

干洗又称化学清洗，就是用有机溶剂洗涤衣物上的油腻、树脂或油漆等污渍的方法。

(一)干洗剂

干洗用的洗涤剂称为干洗剂，干洗剂是以有机溶剂为主要成分的液体洗涤剂。作为干洗剂的基本要求是:挥发性好,使用安全,无异味,服装洗后不变形、不掉色、不影响结实度，不腐蚀衣服和设备价格低。常用的干洗剂有:高标号的汽油、三氯乙烯、三氯乙烷、丙酮、苯、四氯乙烯、酒精、松节油等。干洗剂中也要加一些辅助用剂，如表面活性剂、漂白剂、抗再沉积剂、稳定剂、柔软剂和抗静电剂等。

(二)干洗工艺

1. 手工干洗

手工干洗适合污染程度较轻的小件衣物的洗涤，由于四氯乙烯有毒，直接接触会对人体有害，所以大多采用高标号的汽油作为干洗剂。洗涤时首先除去衣物表面的灰尘，然后进行预除渍处理，再进行干洗。干洗可采用刷洗法、擦洗法和浸洗法。手工干洗由于干洗剂不能回收造成的浪费很大，又因干洗剂具有强挥发性是很强的脱脂剂，更要注意尽量减少与皮肤的接触。

2. 机器干洗

目前干洗机所用的干洗剂以四氯乙烯为主，采用全封闭回收式设计。机洗以前要对衣物进行检查与分类，除需考虑面料的原料、颜色的深浅、脏污程度外，还要注意衣物上面有无与干洗剂发生化学变化的饰件，然后进行预除渍，再进行机洗。洗后将衣物挂于通风处，使残留在衣物上的干洗剂充分挥发，最后检查所洗衣物的洁净程度，判断是否需再洗一次或将不洁净处做重点处理。

干洗的主要优点是对油溶性污垢有特殊的去除效果，衣物洗后不变形、不走样、不损伤衣料，对面料的颜色影响小，洗后服装整形容易。不足之处就是洗净力较差，油脂性污垢可以全部洗掉，而水溶性污垢却不易全部洗去；脱脂时并不脱色，因而白色服装难以获得纯白效果；溶剂有毒性，价格较贵，易燃，需防火。

(三)常见服装材料的干洗方法

1. 毛料西服的干洗

干洗前，先晾晒，用毛刷先把毛料西装上的灰尘轻轻刷掉，然后再用毛刷自上而下轻轻地刷一遍。接着，将西服的领子、袖口等处局部用汽油除去油污。干洗操作时，先用3份汽油、7份清水混匀配制成干洗剂，倒入盆中，接着将毛巾放入盆里浸润湿透后，取出拧干，将西服的一面铺在桌面或熨烫架上，再把湿毛巾铺在西服上，用电熨斗均匀推压，湿毛巾因含有汽油，电熨斗一烫，西服上的污物就会迅速蒸发掉。如此干洗一面后，再将西服翻面后干洗另一面，连续烫洗两三次，把西服吸进去的水分完全烫干，这样西服既干净又平整。

2. 毛皮服装的干洗

首先认真检查皮板，如有破损先用棉线缝好。干洗前应用竹竿或藤条轻轻敲打服装，除去毛被上的灰尘。有油污处，用氨水、酒精和水混合溶液擦洗干净，氨水、酒精和水的比例为 1：2：50，擦洗时注意毛绒的顺势。然后挂晾于阴凉通风处，待充分干燥。

3. 皮革服装的干洗

先用一块干净的、不掉色的布蘸湿，擦去皮革表面的污物，在油污处滴几滴 1:1:1. 5 的氨水、酒精、水共混配置的去油污剂，再用湿布擦洗。切忌用汽油、苯类和脂类有机溶剂，因为有机溶剂会吸去皮革表面的油脂而降低皮革柔韧性，而有损皮革面的滋润感，变得粗糙、硬化。如发现皮面有小裂纹，可涂上少量鸡蛋清予以弥合；如发现皮面脱色，可刷上服装或衣料染色用的直接染料。

4. 丝绒服装的干洗

先晾干，并用软毛刷刷去灰尘，然后放入汽油内大把轻轻揉捏，脏处多重复几遍。洗净后，挤去汽油，用干净的浴巾包好，挤几下，打开后抖动几次，再晾干。

三、特殊污渍的去除

日常生活穿着过程中，服装难免会沾染上各种污渍，有些污渍难以用一般的洗涤剂去除，需用一些特殊的清洗剂或清洗方法。下面主要介绍一些常见污渍的去除方法。

（一）霉斑

1. 棉质

棉质服装出现霉斑，可用几根绿豆芽，在有霉斑的地方反复揉搓，然后用清水漂洗干净，霉点就会除掉了。

2. 呢绒

呢绒服装出现霉点，先把衣服放在阳光下晒几个小时，干燥后将霉点用刷子 轻轻刷掉就可以了。如果是由于油渍、汗渍而引起的发霉，可以用软毛刷蘸些汽油在有霉点的地方反复刷洗，然后用干净的毛巾反复擦几遍，放在通风处晾干即可。

3. 丝绸

丝绸服装上有了霉点，先将衣服泡在水中用刷子刷洗。如果霉点较多、很重，可以在霉点处，涂 5%的酒精溶液，反复擦洗几遍，便能很快除去霉斑。

4. 皮革

皮革服装上生了霉斑，可先用毛巾蘸些肥皂水反复擦拭，去掉污垢后，立即 用清水漂洗，晾干后，再涂上一些夹克油。

5. 化纤

化纤服装上生了霉斑，先用刷子蘸一些浓肥皂水刷洗，再用温水冲洗一遍，就可除掉。

（二）汗渍

服装上沾上了汗水，时间一长容易出现黄斑，有了汗渍可把衣服放在5%食盐水中浸泡1h，再慢慢搓干净；也可用25%浓度的氨水溶液洗涤，用清水漂洗，再用洗涤剂洗涤。丝、毛及其混纺织物上的汗渍，可用柠檬酸洗除。最后都用清水洗净。

（三）油渍

（1）衣服上的油渍可用松香水、香蕉水、汽油等来擦洗，然后放入3%的盐水里浸几分钟，再用清水漂洗。或用少许牙膏拌上洗衣粉混合搓洗衣服上的油污，油渍即可去除。或取少许面粉，调成糊状，涂在衣服的油渍正反面，在太阳下晒干，揭去面壳，即可清除油渍。

（2）深色衣服上的油渍，用残茶叶搓洗能去污。

（3）丝绸和毛料织物，如沾上油渍，可用丙酮溶液轻轻搓洗即可。

（4）如是猪油污迹，可用栗子煎水搓洗。

（5）如是牛、羊油迹，可用石灰搓洗。

（6）如是酱油渍可用冷水搓洗，再用洗涤剂洗涤。被酱油污染时间较长的衣物，要在洗涤液中加入适量的氨水（4份洗涤液中加入1份氨水）进行洗涤。丝、毛织物染上酱油可用10%的柠檬酸水溶液进行洗涤，后用清水漂净。

（四）其他油渍

1. 桐油渍

先用汽油浸软，再用豆腐渣擦洗，即可除净。

2. 机械油渍

可用汽油刷洗，同时在衣服里外分别垫上吸墨纸（过滤毛巾也可），再用熨斗熨烫，直到油迹吸尽为止。最后用洗涤剂洗涤，清水漂净。

3. 圆珠笔油渍

先用40℃温水浸透后，再用苯液揉搓或用棉花蘸苯液擦洗，再用洗涤剂洗净，清水漂净。污迹较深时，可先用汽油擦拭，再用95%的酒精搓刷，若尚存遗迹，还需用漂白粉清洗。最后用牙膏加肥皂轻轻揉搓，再用清水冲净。但严禁用开水泡。

4. 鞋油渍

用汽油、松节油或酒精反复溶解擦洗，最后用肥皂洗涤再漂洗。

5. 油漆、喷漆污渍

可在刚沾上漆渍的衣服正反面涂上清凉油少许，隔几分钟，用棉花球顺衣料的经纬纹路擦几下，漆渍便消除。或用松节油或香蕉水揩拭污渍处，然后用汽油擦洗即可。陈渍可将污渍处浸在10%~20%的氨水或硼砂溶液中，使凝固物溶解并刷擦干净。

（五）水果汁、菜汁渍

（1）新渍可用浓盐水揩拭污处，或立即把食盐撒在污处，用手轻搓，用水润湿后浸入洗涤剂溶液中洗净，也可用温水搓肥皂强力洗除。白色衣服的果汁渍，先用氨水涂擦，随后用肥皂或洗涤剂搓洗。

（2）重迹及陈迹，可先用5%的氨水中和果汁中的有机酸，再用洗涤剂清洗。

（3）丝绸衣服沾上水果汁用柠檬酸溶液清洗；呢绒衣服沾有水果汁，用酒石酸溶液清洗。

（4）衣服上沾有桃汁，因其中含有高价铁，则可用草酸溶液除之。沾有柿子渍，立即用葡萄酒加浓盐水揉搓，再用温洗涤剂溶液清洗，清水漂净。沾有番茄酱可先刮去干迹，用温洗涤剂清洗。沾有果酱可用水润湿后拿洗发香波刷洗，再用肥皂酒精液洗，清水冲净。

（5）衣服沾上菜汤、乳汁，先用汽油揉搓去油脂，再用1份氨水、5份水配成的溶液搓洗，待污迹去除后再用肥皂和洗涤剂洗净。

（六）墨汁、墨水渍

（1）衣服被墨汁沾污，可有许多方法去除。先用冷水冲洗去浮墨，再用米饭粒和洗涤剂溶液调匀，涂在墨迹上反复搓洗。也可用1份酒精、2份肥皂制的溶液反复搓洗；或牙膏在污迹处反复搓洗；或用4%硫化硫酸钠（大苏打）液刷洗，均有良好效果。

（2）沾上红墨水，新迹可用温水洗涤剂溶液浸泡片刻后搓洗；陈迹先用洗涤剂洗，然后用10%的酒精搓洗。

（3）沾上蓝墨水，新迹可用一般洗涤剂搓洗；陈迹可先用2%的草酸溶液浸泡，然后再用洗涤剂洗净。

（七）酒渍

（1）新染上的污迹，放清水中立即搓洗即掉。也可以用煮沸的牛奶擦拭，非常有效，其中对白棉麻质衣物最有效。

（2）陈迹可先用清水洗涤后，再用2%氨水和硼砂混合液揉洗，最后用洗水漂洗干净。

（3）黄酒渍：在用清水洗后，再用5%的硼砂溶液及3%过氧化氢（双氧水）揩拭污处，最后用清水漂净。

（4）红酒渍：可试着用盐撒在污渍上，再浸泡在冷水中。如果污渍仍在，可用更多的盐搓揉来清洗。用苏打和水浸泡也是常用的清洗方式。

（八）锈渍

1. 铁锈渍

可用1%温热的草酸水溶液浸泡后，再用清水漂洗干净。也可用15%的醋酸水溶液擦拭污渍，或者将沾污部分浸泡在该溶液里，次日再用清水漂洗干净。或用 10% 的柠檬酸水溶液或 10% 的草酸水溶液将污处润湿，然后浸泡在浓盐水中，次日再用清水洗涤漂净。

2. 铜绿锈

铜绿有毒，衣物被污染上时要小心处理。其渍可用 20%~30% 的碘化钾水溶液或 10% 的醋酸水溶液热焖，并要立刻用温热的食盐水擦拭，最后用清水洗净。

（九）红、紫药水渍

1. 红药水渍

可先用白醋洗，再用清水漂净。也可先用温洗涤剂溶液洗，再分别用草酸、高锰酸钾处理，最后用草酸脱色，再进行水洗。

2. 紫药水渍

可将少量保险粉用开水稀释后，用小毛刷蘸该溶液擦拭。反复用保险粉及清水擦洗，直至除净（毛粘料、改染衣物、丝绸及直接染料色物禁用此法）。

（十）其他污渍

1. 血渍

刚染上的血渍可先用冷清水或淡盐水浸泡几分钟，切忌用热水洗，然后用肥皂或酒精洗涤。如是陈迹则可用清水将血渍洗至浅棕色后，再用甘油皂洗涤，最后在温水中漂洗干净。也可用 10% 的氨水或 3% 的过氧化氢揩拭污处，过一会儿，再用冷水冲洗。如仍不干净，再用 10%~15% 的草酸溶液洗涤，最后用清水漂洗干净。无论是新迹，陈迹，均可用硫黄皂揉搓清洗。

2. 咖啡迹

不太浓的咖啡污迹可用肥皂或洗衣粉浸入热水中清洗干净；较浓的咖啡迹则需在鸡蛋黄内洒入少许甘油，混合后涂抹在污迹处，待稍干后再用肥皂及热水清洗，咖啡污迹可清除干净。亦可用稀释的氨水、硼砂加温水擦拭。

3. 茶水渍

衣物沾上了茶水渍，刚染上的可用 70~80℃的热水揉洗去除。若是旧渍，用浓盐水浸洗，或用 1∶10 的氨水和甘油混合液搓洗去除。如果被污染茶渍的衣物是毛料的，应采用 10% 的甘油溶液揉搓，再用洗涤剂搓洗后，用清水漂洗干净。

4. 蟹黄渍

可用煮熟的蟹上的白腮搓拭，再置于冷水中用肥皂清洗即除。

5. 冰淇淋渍

新渍可用加酶洗衣粉温水溶液洗涤，30min 后用清水漂净。陈渍可先用汽油涂于污处，擦去油脂，再用 1∶5 的氨水和水溶液搓洗，待污渍去除，再用肥皂或洗涤剂洗一遍，用清水漂净即可。

6. 口红迹

染在浅色服饰上的口红，可先浸透汽油，再用肥皂水擦洗便可洗净。

7. 口香糖迹

沾在衣物、墙壁或其他物品上的口香糖污迹，可先用棉花或布巾浸上白醋，再用其擦洗污迹处，可擦洗干净。

8. 蜡烛油

先用小刀轻轻刮去表面蜡质，再用草纸两张分别托在污渍的上下，用熨斗熨两三次，待纤维内的蜡质熔化，熔化的蜡油被草纸吸收掉。反复数次，蜡烛油印即可除净。

9. 尿渍

儿童尿巾上的新尿渍可用清水洗净。干透的旧尿渍需用洗涤剂清洗。如有痕迹，可用氨水和醋酸 1∶1 的混合液洗涤，最后用清水漂净。

10. 黄泥渍

衣物染上了黄泥渍，待黄泥渍晾干后，用手搓或用刷子刷去浮土，再用生姜涂擦污渍处，最后用清水漂洗，黄泥渍即可去除。

第二节　服装材料的熨烫

服装材料在加工、穿着和洗涤过程中会产生变形，若不经熨烫，将影响服装的穿着效果。因此，需要根据服装造型的要求，对服装进行热定型，即熨烫。熨烫的作用是使服装平整、挺括、折线分明，合身而富有立体感。这是在不损伤服装及其材料的服用性能及风格特征的前提下进行的。

一、熨烫的作用

要达到平面衣片向立体的完美转化，除运用缝纫工艺中的收省和打褶以外，熨烫加工对服装立体造型的塑造非常重要，其主要作用表现在以下四方面。

（一）原料预缩和整理

服装面、辅料在裁剪以前，尤其是棉、毛、丝、麻等天然纤维织物，要通过喷雾、喷水熨烫等不同方法，对面、辅料进行预缩处理，并去除衣料折皱，为排料、画样、裁剪和缝制创造条件。

（二）热塑变形

利用衣料的热塑变形原理，采用推、归、拔等熨烫技术和技巧，适当改变衣料纤维的伸缩度及衣料经纬组织的密度和方向，塑造服装的立体造型，弥补结构设计中没有省道、撇门及分割设置等造型技术的不足，而使服装符合人体美观和舒适的要求。

（三）定形、整形

为了提高服装的缝制质量，降低缝制时的难度，在半成品的缝制过程中，衣片的很多部位要按照工艺要求进行平分、折扣、压实等熨烫操作，如折边、扣缝、分缝烫平、烫实等，以达到衣缝、褶裥平直，贴边平薄贴实等持久定形。对成品服装的整形熨烫，可使服装达到外形平整、挺括、美观、适体等立体外观形态。

（四）修正弊病

利用织物中纤维的膨胀、伸长、收缩等性能，通过喷雾、喷水熨烫，以修正服装在缝制中产生的缺陷。如对缉线不直、弧线不顺、缝线过紧所造成的起皱，小部位松弛形成的“酒窝”，部件长短不齐，止口、领面、驳头、袋盖外翻等缺陷，都可以通过熨烫技巧给予修正，以提高服装质量。

二、熨烫的基本原理

熨烫是一种热定型加工，即利用服装材料中热或湿热条件下拆散分子内部旧的结合，使可塑性增加，具有较大的变形能力。在一定外力作用下强迫其变形，使纤维内部的分子链在新的位置上重新得到建立。冷却和解除外力后，纤维及织物的形状会在新的分子排列状态下稳定下来，便在新的位置建立平衡，并产生新的结合，从而将形状固定下来。因此，热定型主要包括三个基本过程：服装材料通过加热而柔软；柔性材料在外力作用下变形；变形后冷却使新形态得以稳定。在这三个基本过程中，纤维的柔性化是织物改变形态的首要条件，对织物所施加的外力则是产生变形的主要手段，它加速了变形过程，并能按要求进行塑形。在纺织品达到了预定要求的变形后给予冷却是关键。不论柔软、变形和冷却，这三个过程都需要一定的时间来完成。为了达到完美的熨烫效果，必须正确控制好温度、湿度、压力、时间和冷却等因素。

（一）温度

熨烫温度是影响熨烫效果的主要因素。纤维的状态随温度变化而变化，在低温状态下，纤维分子结构比较稳定，分子链间处于相对稳定的状态，但随着温度的升高，分子链间的相对运动开始变得容易。因此，织物也较易于在外力作用下按外力作用的方向产生变形。这种按工艺要求产生的变形通过冷却固定下来，就达到了熨烫定型的目的。由于各种面料的热学性能差异很大，耐热性不同，它们的最佳熨烫温度也不一样。因此，掌握好各类面料的熨烫温度是整理服装的关键。如果熨烫温度过高，超过面料允许受热温度，面料易烫黄、烫焦、变形，甚至熔化掉；熨烫温度过低，虽不损伤面料，但达不到熨烫效果。

（二）湿度

熨烫过程中的润湿作用十分重要，其主要作用就是使水分子进入纤维内部分子之间，增大分子间距离并对分子链之间的运动起润滑作用，使纤维膨胀伸展，变得柔软且易于变形，从而进一步改变纤维特征，给熨烫加工提供变形或定型的条件。但湿度应控制在一定范围内，过湿或过干都不利于服装定形。由于不同面料的吸湿效果不同，因此，要根据面料的特征合理掌握。

（三）压力

在熨烫定形中，压力也是必不可少的条件。压力可以改变物体的形状和大小，面料也是如此。但纯粹依靠压力想使服装达到定形的效果，就面料性质来说，也是非常困难的，因为较大的压力和较长的作用时间对于服装工业化生产是不合适的。由此，只有在一定的压力作用下，同时施以一定的温度和适当的湿度，才能发挥其应有的作用，才能使织物按要求来定形。熨烫压力的大小要根据材料、款式、部位而定。如真丝、人造棉、人造毛、灯芯绒、平绒、丝绒等材料，用力不能太重，否则会使纤维倒伏而产生极光；而像毛料西裤的烫迹线、西服的止口等处，则应用力重压，以利于折痕持久，止口变薄。

（四）时间

熨烫操作的时间长短，取决于以上三个基本条件的综合作用。一般情况下，整烫的温度高，熨烫的时间就相对较短，反之，时间相对较长；面料的湿度越大，熨烫的时间就越长；压力大一些，熨烫的时间就会短一些。只有在温度、湿度、压力等三个基本条件运用适当的情况下，适当延长熨烫时间，才能使服装达到较好的定形效果。

（五）冷却

服装在熨烫过程中经受了热能、水分和压力的作用后，还必须经过冷却。只有在冷却干燥后，所建立的分子间的结合或微结构才能稳定，并在新的平衡位置固定下来。

三、熨烫的要求

（1）熨烫时熨斗不能在同一部位时间过长，注意移动应有规律，不得盲目乱烫，以免使面料丝缕受损或烫坏衣料。

（2）熨烫时应尽量在衣料的反面进行熨烫，如必须在衣料正面熨烫时，应盖上水布，以免表面烫出极光。

（3）成品服装应符合人体体型的立体造型，因此塑型时应严格以人体体型为依据，科学地在衣片与人体凸凹部位相对应的位置施以“推”、“归”、“拔”，切不可盲目使用。对于立体部位还可借助某些辅助工具，塑造立体造型。

（4）熨烫时，应根据黏合衬种类、性能的不同而采取适当的温度、压力和时间，保证黏合衬与面料之间黏合牢固、平挺。

（5）熨烫时温度、湿度、压力和时间，应与衣料的性能相配合，并根据需要和所烫部位选择适当的熨烫方式。

四、常见织物的熨烫要点

一般对亲水性纤维来说，热定型持久性差，往往水洗后便消失，如棉、毛、黏胶织物等。对疏水性纤维来说，经热定型后，形状稳定性较好，表现良好的洗可穿性，如涤纶织物。不同织物的熨烫方法和温度有较大不同。

（一）棉织物

棉织物经洗、染后易折皱，一经熨烫便挺括平伏。一般根据织物的颜色，分为白色布、花色布和深色布三类进行熨烫，直接熨烫温度不宜高于200℃。

白色布熨烫前在衣料上喷水或洒水润湿，并让水分均匀吸收。然后将温度为165~185℃的熨斗放在织物正面熨烫，熨烫时动作要敏捷，速度不要太快，往返不宜过多，以免衣料发黄。

花色布用湿烫法，即在织物正面加盖湿布垫烫，采用200~230℃的熨烫温度进行。待湿布含水量剩为10%~20%时，将湿布揭去，绒布可在此时刷顺毛绒。然后在衣料反面进行直接熨烫，直至熨干，此时温度为185~200℃。在熨烫时熨斗走向要均匀，用力不宜过重，以免产生极光和烫坏花纹、绒面等。

深色布烫前须喷水或洒水润湿片刻，使水分均匀吸收。将温度180~200℃的熨斗放在织物反面进行熨烫，如烫不平，还需正面加盖微湿布才能烫平。

（二）麻织物

麻织物衣料主要是苎麻布和亚麻布，其熨烫温度应控制在200℃以下。一般熨烫前要均匀地喷水或洒水，熨烫时可采用直接正面熨烫或反面熨烫，反面熨烫温度稍高些。

（三）毛织物

毛织物的熨烫方法比较复杂，需要运用蒸汽、压力和热能等条件，才能达到平挺的效果。其熨烫温度应控制在180℃以下，对精纺织物和粗纺织物需分别进行。

精纺薄型面料采用湿布垫烫，熨烫温度为200~220℃，先用较低的温度150~170℃在织物反面直接熨烫平整，然后在织物正面盖干布烫平。中厚型面料的熨烫温度要略高些，有时在熨烫过程中还需在湿布下垫一块干布进行熨烫，以免产生极光。

粗纺毛织物采用湿烫法，将含水量很大的湿布盖在衣料上，用温度为220~250℃的熨斗进行熨烫，直至湿布接近干爽。然后采用较低的熨烫温度160~180℃在反面熨干织物。

熨烫时，注意将熨斗平稳地在衣服上移动，不宜推动过快。

（四）丝织物

丝织物料子一般收缩性比较大，经过洗涤后容易缩拢，使衣服变形，故在熨烫时应顾全衣服的尺寸稳定性，轻轻拉直摊平，保持原状。熨烫温度应比棉织物低，一般控制在150℃以下。

（五）黏胶织物

黏胶织物的化学成分与棉相似，熨烫温度在150~160℃之间。但黏胶纤维在湿态会膨化、缩短、变硬，纤维强度也要大大下降，故要避免给湿。另外，因织物易变形，熨烫时，不宜用力拉扯服装。

（六）合成纤维织物

1. 涤纶

涤纶织物耐热，但吸湿性差，熨烫温度在150~170℃之间，加湿熨烫，避免出现“镜面”，深色衣料宜熨反面，薄织物尤需轻烫。

2. 锦纶

锦纶织物应用垫布湿烫，因收缩大，熨烫温度在120~150℃之间。

3. 腈纶

腈纶织物与毛织物的熨烫类似，熨烫温度在130~150℃之间，而腈纶绒、膨体纱、腈纶毛皮不需熨烫。

4. 维纶

维纶织物在湿热作用下会急剧收缩以致熔融，熨烫温度在120℃左右，故不宜湿烫，应垫干布熨烫。

第三节　服装材料的保养

随着社会经济的飞速发展，人们的生活水平不断改善，服装的档次水平也有很大提高。对高档次、高品位的现代服装如何保养，对换季后的服装将如何收藏，都显得格外重要了。只有采用科学的、合理的保养及收藏方法，才能防止服装发霉变质、虫蛀破损、褶皱变形，保持面料的服用性能（包括外观、手感、舒适性等）并延长服装的使用寿命。

一、服装材料的保养要点

（一）保持清洁

服装在收藏存放之前要清洗干净。经穿用后的服装都会受到外界及人体分泌物的污染。对这些污染物如不及时清洗，长时间黏附在服装上，随着时间的推移就会慢慢地渗透到织物纤维的内部，最终难以清除。另外，这些服装上的污染物也会污染其他的服装。

服装上的污垢成分是极其复杂的。其中，有一些化学活动性较强的物质，在适当的温湿度下，缓慢地与织物纤维及染料进行化学反应，会使服装污染处变质发硬或改变颜色，这不仅影响其外观，同时也降低了织物牢度，从而丧失了服装的穿用价值。皮革服装上的污垢如不及时清洗，时间久了会使皮革板结发硬失去弹性，而不能穿用。总之，为了避免上述各种不良后果的产生，务必将服装清洗干净之后再收藏存放。

（二）保持干燥度

保持干燥度就是要提高服装要收藏存放当中的相对干度。污垢中的有机物质，在适当的温度和湿度下会发生酸败和霉变。而服装的自身就是有机物质，除化纤是由高分子化合物组成外，棉、毛、丝、麻的化学成分是由葡萄糖聚合物和蛋白质所组成。如服装带有真菌，则天然纤维织物在长期受潮下，也会发生酸败和霉变现象，而使织物发霉、发味、变色或出现色斑。在有污垢存在的情况下，这种现象会表现得更突出。为防止上述现象的发生，在收藏存放服装时要保持一定的相对干燥度。

在湿度较大的收藏间存放高档服装时，为确保服装不受潮发霉，宜用防潮剂，如氯化钙（$CaCl_2$）干燥剂。将制成的氯化钙防潮袋放在衣柜里（勿与服装接触），这样既可降低衣柜中的湿度，又达到保干的目的。当防潮袋中的氯化钙由块状变成粉末时，则该氯化钙已失效，要及时更换。

（三）防止虫蛀

在各类纤维织物服装中，化纤服装不易招虫蛀，天然纤维织物服装易招虫蛀，而丝、毛纤维织物服装更甚。棉、毛、丝、麻服装的织物纤维是由葡萄糖的聚合物或蛋白质所构成，具有一定的营养性。天然纤维都具有亲水性的特点，有着很强的吸湿回潮性能，能保持一定的湿度，则给蛀虫创造了较好的滋生条件，因此易招虫蛀，而丝、毛织物服装更易招虫蛀。

服装上的一些有机污垢也是招蛀虫的一个方面。为了防止服装虫蛀，除了要保持清洁和干燥外，还可用防蛀剂来防范，一般常用樟脑丸做防蛀剂。樟脑丸是由樟树的根、干、枝、叶、叶蒸馏产物中分离制成的，具有很强的挥发性，挥发出的气味可有效驱虫。樟脑丸之类的防蛀剂有一定的增塑性，用量过多、集中或直接与织物接触，时间久了，会渐渐地加快织物的老化程度，影响服装的使用寿命。另外，樟脑丸含有一定数量的杂质，如直接与织物接触，会造成污斑。尤其对于白色、浅色丝绸织物，会发生泛黄，影响外观。故在使用时，应把樟脑丸用白纸或浅色纱布包好，散放在箱柜四角，或装入小布袋中悬挂在衣柜内。

（四）保护衣形

直观上平整、挺括的服装能给人以很强的立体感、舒适感。它可以体现出服装的风格和韵律，是现代服装的风韵。因此，在收藏存放服装时，一定要将衣形保护好，不能使其变形走样或出现褶皱。

对于衬衣衬裤及针织服装，可以平整叠起来存放，而对于外衣外裤要用大小合适的衣架、裤架将其挂起。悬挂时要把服装摆正，防止变形。衣架之间应保持一定的距离，切忌乱堆乱放。

二、不同服装材料的保养方法

不同材料的服装因其原料性能不同，其保养要求也不尽相同，下面介绍一些常见服装材料的熨烫及收藏方法。

（一）棉类服装

1. 熨烫

要熨烫的衣物必须先洗干净，否则衣物上的污点经熨烫后会更加明显。未洗净或未熨烫干的衣服，贮藏久了会有霉点，用醋水洗净后再熨烫，霉点即可消除。熨烫温度一般为150~180℃，最好应参照洗涤标上标注的温度操作，不应将熨斗停放某一部位，以防面料变色、褪色。深色面料最好加盖棉质类烫布再熨烫。针织衣物、起绒织物（如平绒、灯芯绒、金丝绒等）、起泡类、起绉类织物，不宜重压熨烫，以免绒毛倒伏或泡绉消失，只要轻压便可，甚至不用力。无论是何种衣物，整烫完毕后不宜马上打包或收进衣橱，需吊在通风处或冷气室内（烫衣蒸汽）蒸发，必要时可用吹风机吹干，才不致发霉。

2. 收藏

服装在存放入衣柜或聚乙烯袋之前应晒干，深浅颜色分开存放。衣柜和聚乙烯袋应保持清洁、干爽，以防霉变。如果使用防虫剂，则应挂于衣柜上方，让气味向下散发。樟脑丸应用白纸包好，刺些小孔，不要与衣物直接接触。如有霉点，要及时揩霉，并放在早晨八九点钟的阳光下晒上约1h后方可收藏，不可曝晒。对于棉绒布系列织物，应谨防粘上胶性物质。用硫化染料染色的纯棉外衣，尤其是黑色的，不宜过久存放，应及时穿用，放置久了布质容易脆化，降低织物坚牢度，影响使用寿命。在收藏的过程中要经常检查、通风和晾晒。

（二）麻类服装

1. 熨烫

麻类织物是极易起皱的织物，因此对熨烫显得尤为重要。熨烫温度较高，一般在180~200℃，熨烫的效果最理想。亚麻织物宜在半干时，双面沿纬向横烫，以保持织物原有的光泽。亚麻织物在熨烫之后，其清雅飘逸的织物风格就突出地表现出来。如不熨烫时，不宜上全浆，否则易使纤维断裂。

2. 收藏

麻类服装收藏时可以折叠存放，但一定要折叠平整，不宜重压，久压易产生死折痕，最好是按商品包装时原有的折痕折叠。如果是亚麻西装等外衣，应该用衣架吊挂在衣柜里，以保持服装的挺括。若长期存放麻类服装，服装和衣柜一定都要干燥、清洁，防止极易吸湿的麻类服装受潮霉变。樟脑丸应用白纸包好，刺些小孔，不要与衣物直接接触。如有霉点，要及时揩霉，并放在早晨八九点钟的阳光下晒上约1h后晾干方可收藏，不可曝晒。

（三）真丝类服装

1. 熨烫

真丝服饰的抗皱性能较化纤物稍差，故有“不皱不是真丝绸”之说。衣物洗涤后如起皱，需要熨烫才挺括、飘逸、美观。熨烫时将衣物晾至七成干后再均匀地雾喷清水，待3~5min再烫，熨烫温度应控制在150℃以下，以免织物泛黄、发硬。熨斗不宜直接接触绸面，应垫布蒸汽熨烫，以免产生极光。如不整烫，可待服装七成干时用手抚平即可。

2. 收藏

收藏真丝服饰，对薄型的内衣、衬衣、裤子、裙子、睡衣等，先要洗涤干净，熨烫干后再收藏。对不便拆洗的秋冬季服装、袄面、旗袍，要用干洗法洗刷干净，熨烫平整，以防止发生霉变、虫蛀。经过熨烫，还可以起到杀菌灭虫的作用。同时，存放衣物的箱、柜要保持清洁，尽量密封好，防止灰尘污染。真丝服装吸湿性强，不穿时最好用衣架将衣服挂好并保持通风，收藏时尽量避免受压。如衣服不十分脏可不洗，将穿过的衣服挂在通风处待汗汽挥发后再穿。真丝服装最好挂装存放，保持干燥，防虫剂必须用布包好，不要直接接触衣物。当受潮发霉时，可用细绒布或新毛巾轻轻擦拭。深色衣料因发霉泛白，可以用棉花蘸少许酒精擦洗，色泽可恢复如前。

（四）毛料服装

1. 熨烫

烫衣板要平整，有弹性。在裤子上加一块湿布，熨斗温度高低灵活掌握。熨烫温度一般控制在120~160℃之间，衣服熨烫后，应在室内挂二三小时或过夜，使毛料中残留的水充分挥发。毛料衣服具有收缩性，熨烫时应在反面垫上湿布再熨烫。呢子料被熨烫泛黄时，可先轻洗刷，让烫黄的地方失去绒毛露出底纱，然后再用针尖轻轻摩挑无绒毛处，直到挑起新的绒毛，再垫上湿布，沿着织物绒毛的倒向熨烫。

2. 收藏

毛料抗虫蛀和真菌的性能差，在收藏时应彻底清洗干净，用软毛刷轻轻刷去表面的灰尘，湿气散尽后放上樟脑丸或熏衣草，再放进衣柜。夏天雨季前，及时晾晒，但不宜直接暴露在阳光下，可用干净的白布覆盖在服装表面，既可防止紫外线的侵入，又可避免空气中灰尘的沾染。灰尘是西服的最大的敌人，会使西服失去清新感，故需常用刷子轻轻刷去尘土，有时西服沾上其他的纤维或较不容易除去的尘埃，可以用胶带纸加以黏附，效果很好。经常穿着的西服或久放衣橱中的西服，挂在稍有湿度的地方，可使纤维消除疲劳，但湿度过大会影响西服定型的效果。一般毛料西服在相对湿度35%~40%的环境中放置一晚，可除去衣服的皱纹。每次脱掉西服后，要将其挂在专用的衣架上，吊挂西服最好是木质或塑胶的宽柄圆弧西服专用衣架，这种衣架多被制成衣裤联合衣架。裤子吊挂可用衣裤联合衣架，也可用带夹子的西裤专用衣架，将裤线对齐，夹住裤脚，倒挂起来。西服穿过后，因局部受张力而变形，但让它适当“休息”，就能复原，所以应准备二、三套来换穿。回家后换下衣服，应立即清除口袋里的物品，如口袋内填满东西而吊挂着，则衣服很容易受损变形。

（五）仿毛类服装

1. 熨烫

熨烫前要保证衣物的干净，否则衣物上的污点经熨烫后会更加明显。熨烫的温度一般为120~140℃，最好应参照洗涤标上标注的温度操作，不应将熨斗停放某一部位，以防面料变色、褪色。熨烫时，最好加盖棉质类烫布再蒸汽熨烫，不可重压高温熨烫，以防熨烫亮光现象。

2. 收藏

入柜收藏前应洗净晒干。所有冬衣洗涤和收藏中应该注意，尽量干净、干燥，藏衣箱柜要清洁、干燥。如收于藏箱中，应按纤维种类分别保存，耐湿耐压的棉质和合成纤维可放最下层，毛织品放中层，丝绸类应放最上层。该类服装宜平放，仿毛西服使用宽型衣架挂装保存，不宜叠装重压，久压易产生死折痕。

（六）天然皮革类服装

1. 熨烫

皮面起皱可用电熨斗进行整烫，且无蒸汽熨烫，温度一般掌握在60~70℃之间，熨烫时要用薄棉布做衬，不停地移动电熨斗。

2. 收藏

天然皮革含有蛋白质成分，因之，要特别注意避免受潮、发霉、生虫。在穿着时如已沾上油污或脏物，可用干净棉布蘸上少许清水轻轻揩去表面灰尘，然后用绒布蘸上中性洗洁精或鸡蛋清轻轻揩擦，待污垢擦去后，再用清水擦净。如发现皮革服饰有撕裂、缝线脱落、纽扣缺失、拉链失灵、夹里破损等现象，应及时进行修补或调换。如果是小裂痕，可在裂痕处涂上鸡蛋清，裂痕即可黏合。如果皮革表面已失去光泽，可用“皮革上光剂”上光，但切莫用鞋油揩擦。皮革上光并不难，只要用布蘸上剂液，在衣饰上轻轻涂上一两遍即可。一般来说，每隔两三年上光一次，就可使皮革服饰保持光泽，并能延长皮革服饰的使用寿命。收藏时最好用衣架挂在衣橱内，但不要同其他呢绒、化纤衣物挂在一起，可用棉布与之隔开。如放在箱子里，宜平放，不宜折叠。因为折叠久了，皱纹痕迹就难以退去，切勿使用胶袋衣套罩住，最好能用真丝衣套覆罩存放。在箱内切忌放樟脑丸或防虫剂等化学物，以免引起革面化学反应而泛色。梅雨季节过后的大伏天，必须将皮革服饰取出来检查一下有无霉变。如有霉点，要及时揩霉，并放在早晨八九点钟的阳光下晒上 1h 左右后方可收藏。

（七）仿皮类服装

1. 熨烫

如需熨烫仿皮服装，熨斗温度不宜超过 120℃。熨烫时要用薄棉布做衬，无蒸汽熨烫，不停地移动电熨斗。

2. 收藏

仿皮服装是用合成材料制成，故不怕虫蛀，不易发霉，也无须擦油，表面耐水性能好。但合成革不耐高温，不耐化学物质侵蚀。储存人造革服装时，不要置于闷热的环境中，也不要沾染酸碱等有腐蚀性的化学物品。要经常通风晾晒，防止革面发黏。不要放置樟脑球，应在干燥阴凉处放置，不要折叠，不可压上重物，应用宽型衣架挂装保存。切勿使用胶袋衣套罩住，最好能用衣套覆罩存放。

（八）天然皮草类服装

皮草的大敌是阳光和湿气，所以在存放时，要避免阳光直射及闷热潮湿的地方。最好能保持室温在 15℃，并放置防潮剂。悬挂时应用有肩垫的衣架来挂皮草，不要用钢丝衣架，以免皮草破损或变形。同时，要确保透气度高，不要用塑胶袋，有需要时可以用宽大的布衣袋套着皮草，隔开灰尘。如果不小心弄湿了皮草，切忌用吹风机吹干，因为皮草不能遇热，只需让它自然风干就可以了。

第四节　服装的标志

服装主要用途是满足人们生理及心理需求，即满足人们遮体保暖的生理需求及展示其穿着效果的美学要求。服装的标志说明了与该产品有关的直接或潜在的质量信息，如制造者的名称和地址、服装号型、安全等级、材质成分、洗涤要求以及是否经特殊处理或含有特殊性能等。因此，服装的标志是向人们展示该产品能否满足消费者对产品质量要求的承诺。

一、常见服装成分及含量标志

服装成分及含量标志标明服装组成的纤维种类，使消费者明确其品质。各国家及有关国际组织对纺织纤维成分制定了相关法律、法规，如《美国羊毛成品成分标签条例》、《国际羊毛局羊毛标志和混纺羊毛成分标志规定》。服装标签要求对纤维含量百分比按多少顺序排列名称及百分比，两种以上纤维的成分差异，各个国家允许的误差也不同，一般在3%~5%。我国纺织业也制定了 FZ/T 01053—1998《纺织品纤维含量的标志》的标准，规范了在我国市场上销售服装的纤维标志内容。

纤维含量以织物中某纤维的重量占织物总重量的百分比（%）表示，主要有以下一些标示方法。

1. 纯纺衣料

以“100%”或“纯 × × 纤维”表示，如“100% 棉”。

2. 混纺或交织衣料

（1）列出各纤维的名称和含量，按递减顺序列出。如 95% 棉，5% 氨纶。

（2）含量不超 5%，集中标明为“其他纤维”。如 95% 羊毛，5% 其他纤维。

3. 由地组织和绒毛组成的产品

如绒毛：75%棉，25%锦纶；基布：100%涤纶。

4. 有里料的产品

如面料：纯棉；里料：100%涤纶。

5. 含填充物的产品

如面料：65%棉，35%涤纶；里料：100%锦纶；填充物：100%灰鸭绒（含绒量90%）；充绒量：200g。

6. 不同原料组成的单件产品

如，大身：100%棉；袖：100%锦纶。

二、服装的号码标志

在购买服装时，大多数消费者对衣服上的尺码标签看不明白，不知道什么样的规格适合自己。一方面是因为很多厂家的标注不规范，造成混乱，不便确认；另一方面则是很多人对我国的规格号型不了解。

（一）什么是号型

一般情况下，成年男女服装的尺码都是用号型制来表示的。当仔细观察上衣的商标时，常会发现商标旁边有一个小标签，上面写着“160/84A”这样的字样。这就是服装的号型规格。

在国家标准号型系列中，“号”也就是身高，是以5cm为差量分档的。这样，男子按照155、160、165、170、175、180、185、190分成七档。女子按照145、150、155、160、165、170、175分成七档。“型”一般是胸围，可以按照4cm或者2cm分档。“体型代码”有四类：Y、A、B、C，它是根据胸围减去腰围的差值来分类的。Y体型为宽肩细腰型（偏瘦或肌肉特发达型），A体型为一般正常体型，B体型腹部略突出（偏胖体型），C体型为肥胖体。男子号型中，如果胸腰围差值在2~6cm之间，是C体型；胸腰围差值在7~11cm之间，是B体型；胸偠围差值在12~16cm之间，是A体型；胸腰围差值在17~22cm之间，是Y体型。女子号型中，如果胸腰围差值在4~8cm之间，是C体型；胸腰围差值在9~13cm之间，是B体型；胸腰围差值在14~18cm之间，是A体型；胸腰围差值在19~24cm之间，是Y体型。人群中A和B型较多，大约占70%左右；其次是Y型，大约占20%左右；C型较少，低于10%。

如某成年女性身高是166cm，胸围87cm，腰围64cm，那么，上衣就可以选择165/88Y的号型规格。因为，跟166最接近的“号”是165，跟87最接近的“型”是88。而87cm−64cm=23cm，属于Y体型。下装（如裙子、裤子）可以选择165/64Y的号型规格。

（二）特殊的规格

除了号型制以外，有些服装还有自己特殊的规格。男士衬衫就是其中最代表一种。男士衬衫最讲究的就是领子。领子既不能离脖子太松，看上去不服帖；也不能贴紧脖子，让人活动不舒服。所以，衬衫还要加上领围作为服装的规格。主要有两种方法得知领围规格。一是测量一下颈围，就是在喉结的位置围量颈部一周，然后追加2cm就是需要的领围尺寸。另外，可查看衬衫的尺码表，找到对应的领围，可参看表10−1。

表10−1 衬衫尺码表

号型	165/80/A	170/84/A	170/88/A	175/92/A	175/96/A	180/100/A	180/104/A	185/108/A	185/112/A
领围	37	38	39	40	41	42	43	44	45

休闲类服饰常用S、M、L、XL等符号来表示规格。但标注S、M等符号的同时，号型标志必须要有。对于标准体型的男士来说，M一般对应165，L对应170，XL对应175，以此类推；对于标准体型的女士来说，M一般对应160，L对应165，XL对应170，以此类推。

裤子有时会用27、28、29来表示规格，这些指的是腰围，单位是英寸。1英寸＝2. 54cm，而1m＝3尺（市尺）。对于裤装而言，其换算公式为：英寸−7＝市寸。如果是29的裤子，腰围就是29−7=22市寸，也就是腰围2. 2尺，或74 cm。

女士的文胸也是一类特殊规格的服装。文胸采用的是胸下围和罩杯类型为规格。如75B就是指胸下围为75 cm、B罩杯的文胸。罩杯的类型是按照A、B、C、D、E的顺序编号的，A 为少女型的小罩杯，依次往后，杯型越大越适合丰满体型。

消费者学会认识规格以后，既可以方便地找到试穿的号型，也可以在无法试穿时按规格准确地挑选服装。尤其是网络时代，网上购物更需要多了解服装尺码规格的常识。

三、服装的洗涤熨烫标志

服装的洗涤熨烫标志主要提醒消费者在使用过程中会遇到的在洗涤、熨烫时易产生的问题，以免因护理不当造成服装品质受损，影响消费者利益或引起供货人和消费者之间的纠纷。因使用不当易造成服装产品本身损坏的，应标明使用注意事项；有储藏要求的服装应简要标明储藏方法。服装一些常用的洗涤熨烫标志见表 10–2。

表 10–2　服装的洗涤熨烫标志

 可以拧干	 不可以拧干	 不能用搓板搓洗
 手洗须小心	 只能手洗	 不能水洗，在湿态时须小心
 适合所有干洗溶剂洗涤	 可用机洗	 可轻轻手洗，不能机洗，30℃以下洗涤液温度
 水温 40℃，机械常规洗涤	 水温 40℃，机械作用弱，常规洗涤	 水温 40℃，洗涤和脱水时强度要弱
 最高水温 50℃，洗涤和脱水时强度要逐渐降弱	 水温 60℃，机械常规洗涤	 最高水温 60℃，洗涤和脱水时强度要逐渐降弱
 可以熨烫	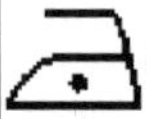 熨烫温度不能超过 110℃	 熨烫温度不能超过 150℃
 熨烫温度不能超过 200℃	 须垫布熨烫	 须蒸气熨烫
 不能蒸气熨烫	 不可以熨烫	 阴干
 衣物需挂干	 衣物需阴干	 滴干
 可以氯漂	 不可以氯漂	 可以在低温设置下翻转干燥

续表

可在常规循环翻转干燥	可放入滚筒式干衣机内处理	不能干洗
仅能使用轻质汽油及三氯三氟乙烷洗涤，干洗过程无要求	仅能使用轻质汽油及三氯三氟乙烷洗涤，干洗过程有要求	适合四氯乙烯、三氯氟甲烷、轻质汽油及三氯乙烷洗涤
干洗时间短	低温干洗	干洗时要降低水分

四、纺织产品健康安全标志

通常，为了使衣物更平整、抗皱性更高、颜色更牢固，免烫服装在制衣过程中会使用到含有甲醛的服装整理剂，容易造成甲醛超标。如果长时间穿着甲醛超标的衣服，游离的甲醛就会随着衣物和人体的摩擦挥发出来，被吸入人体后慢慢积累，引起呼吸道疾病甚至有患癌症的危险。此外，牛仔服多出现 pH 值不合格的情况，如果服装的 pH 值超标，就会刺激皮肤，甚至引发皮肤感染。

服装中最具杀伤力的物质当属可分解芳香胺。可能致癌的芳香胺偶氮染料，多出现在鲜艳的女式服装和童装上。偶氮染料如果与人体长期接触会被皮肤吸收，在人体内扩散并发生反应，分解出二十多种致癌的芳香胺物质。这种毒染料制成服装后，不溶于水，无色无味，只有通过专业技术才能检测得到，消费者很难发现它的踪迹。正因为如此，可分解芳香胺在国际上都是被禁止使用的。

要买到健康无害的服装最简单的办法，就是认准吊牌上是否有标明“符合 GB 18401 标准”的中文字样。GB 18401 是国家强制标准 GB 18401—2003《国家纺织产品基本安全技术规范》的简称，于 2005 年 1 月 1 日起强制性实施。规范将所有列入控制范围的产品分成三个大类，A 类：婴幼儿产品；B 类：直接接触皮肤的产品；C 类：非直接接触皮肤的产品。由于不同产品的最终用途各不相同，对人体的危害程度也会有很大的差异。所以根据不同类别的产品，对甲醛含量、pH 值、色牢度（耐水、汗等）、异味、分解芳香胺染料等五项健康安全指标作出了详细规定。从规定的严格程度来看，A 类比 B 类的安全指标严格，B 类比 C 类严格。如甲醛含量，A 类要低于 20mg/kg，B 类要低于 75mg/kg，C 类要低于 300mg/kg。

如下图所示是一服装吊牌的示例，其中包含了服装的原料成分、号型、技术标准、洗涤维护表示等各种信息。

合格证
品名：衬衫
执行标准：GB/T 2660-1999
安全技术标准：GB18401-2003B类
色号：W 24#
成分：面料：100%棉
等级：合格品 检验：08
水温30℃ 不可氯漂 不可干洗 低温熨烫
产地：无锡
6 925888 452656

号型标志
安全等级标志
成分标志
洗涤标志

产品名称男西服
号 型 175/92A
纤维成分面料：纯毛
里料：黏纤100%
洗涤方法
执行标准 GB/T 2644—1993
产品等级优等品
检验合格证 检
生产企业 ×××××××
地 址 ×××××××

服装标志示例

思考题

1. 打开衣柜，查看十件服装的水洗标，认识各种熨烫、洗涤和保养标识。
2. 比较干洗、湿洗的优缺点。
3. 试述各类纤维织物和服装的洗涤要点，并说明原因。
4. 试述各类纤维织物和服装的熨烫要点，并说明原因。

参考文献

[1]朱松文，刘静伟.服装材料学[M].3版.北京：中国纺织出版社，2001.

[2]王革辉.服装材料学[M].2版.北京：中国纺织出版社，2010.

[3]于伟东.纺织材料学[M].2版.北京：中国纺织出版社，2006.

[4]姚穆.纺织材料学[M].3版.北京：中国纺织出版社，2009.

[5]于伟东，储才元.纺织物理[M].上海：东华大学出版社，2002.

[6]周璐瑛.现代服装材料学[M].北京：中国纺织出版社，2000.

[7]郁崇文.纺纱学[M].北京：中国纺织出版社，2009.

[8]谢春萍，徐伯俊.新型纺纱[M].2版.北京：中国纺织出版社，2009.

[9]周惠煜.花式纱线开发与应用[M].2版.北京：中国纺织出版社，2009.

[10]王善元，于修业.新型纺织纱线[M].上海：东华大学出版社，2007.

[11]吴薇薇，全小凡.服装材料及其应用[M].杭州：浙江大学出版社，2000.

[12]蔡陛霞.织物结构与设计[M].3版.北京：中国纺织出版社，2004.

[13]刘铁山.织物设计与CAD[M].黑龙江：东北林业大学出版社，2005.

[14]张怀珠，袁观洛，王利君.新编服装材料学[M].上海：东华大学出版社，2007.

[15]龙海如.针织学[M].北京：中国纺织出版社，2008.

[16]宋广礼，蒋高明.针织物组织与产品设计[M].2版.北京：中国纺织出版社，2008.

[17]言宏元.非织造工艺学[M].2版.北京：中国纺织出版社，2010.

[18]柯勤飞，靳向煜.非织造学[M].2版.上海：东华大学出版社，2010.

[19]赵书经.纺织材料实验教程[M].北京：中国纺织出版社，2003.

[20]范雪荣.纺织品染整工艺学[M].北京：中国纺织出版社，2006.

[21]王建平.REACH法规与生态纺织品[M].北京：中国纺织出版社，2009.

[22]王宏.染整技术（第三册）[M].北京：中国纺织出版社，2008.

[23]蔡再生.染整概论[M].2版.北京：中国纺织出版社，2007.

[24]傅粤涛.织物染整基础[M].北京：中国纺织出版社，2007.

[25]赵雅琴.染料化学基础[M].北京：中国纺织出版社，2006.

[26]刘咏，王兆进.织物印花与特种印刷[M].北京：印刷工业出版社，2007.

[27]李晓春.纺织品印花[M].北京：中国纺织出版社，2002.

[28]朱平.功能纤维及功能纺织品[M].北京：中国纺织出版社，2006.

[29]商成杰.功能纺织品[M].北京：中国纺织出版社，2006.

[30]郑燕.皮革与皮草[M].杭州：浙江科学技术出版社，2008.

[31] 程凤侠，张岱民，王学川 . 毛皮加工原理与技术 [M] . 北京 : 化学工业出版社，2005 .

[32] 刁梅 . 毛皮与毛皮服装创新设计 [M] . 北京 : 中国纺织出版社，2011.

[33] 张丽平，李桂菊 . 皮革加工技术 [M] . 北京 : 中国纺织出版社，2006 .

[34] 俞从正，丁绍兰，孙根行 . 皮革分析检验技术 [M] . 北京 : 化学工业出版社，2005.

[35] 杨建忠 . 新型纺织材料及应用[M] . 2 版 . 上海 : 东华大学出版社，2005.

[36] 刘国联 . 服装新材料 [M] . 北京 : 中国纺织出版社，2005.

[37] 李栋高，蒋蕙钧 . 纺织新材料 [M] . 北京 : 中国纺织出版社，2002.

[38] 濮微 . 服装面料与辅料 [M] . 北京 : 中国纺织出版社，1998.

[39] 杰尼 · 阿黛尔 . 时装设计元素 : 面料与设计 [M] . 朱方龙，译 . 北京 : 中国纺织出版社，2010.

[40] 李莉 . 纺织面料和服装质量鉴别与选购 [M] . 北京 : 兵器工业出版社，2009.

[41] 陈东生 . 服装卫生学 [M] . 北京 : 中国纺织出版社，2000.

[42] 梁惠娥 . 服装面料艺术再造 [M] . 北京 : 中国纺织出版社，2009.

[43] 王庆珍 . 纺织品设计的面料再造 [M]. 重庆 : 西南师范大学出版社，2008.

[44] 邓美珍 . 现代服装面料再造设计 [M]. 长沙 : 湖南人民出版社，2008.

[45] 刘静伟 . 服装洗涤去污与整理 [M] . 北京 : 中国纺织出版社，1999.

附　录

附录1：服装面辅料展会与交易会

一、服装面辅料展会与交易会的现状和发展趋势

当下全球经济中，会展产业正随着工业和商业的进步而不断向前发展。现代纺织服装展会的发展促使专业纺织市场的迅速崛起。两者的相互对仗与补充推动着现代纺织服装经济和区域经济的发展。纵观近十年的国际主要纺织服装展会，可以清晰地看到展会的规模在扩大，展会的功能不仅仅局限于提供商机，其对纺织服装业技术创新和新产品的推广发挥着不可替代的作用。

国际知名和主要的展会公司在继续办好各自传统纺织服装展会的同时，积极与新兴经济体国家合作，将知名展会延伸，吸引更多商家参展，迎合高、中、低不同市场的需求。例如，巴黎Premiere Vision展已逐步拓展，走向海外。其主办方Premiere Vision Le Salon公司，在2000年创办了Premiere Vision Preview New York（纽约）；2004年创办了Premiere Vision China（从2009年开始Premiere Vision China在中国北京和上海交替举行）；2006年创办了Premiere Vision Moscow（莫斯科）；2009年与巴西Fagga Eventos公司合作创办了Premiere Vision Sao Paula巴西圣保罗。

近年来，纺织服装展会的另一个特点是在同时同地举办两个或两个以上的展会。在一个展馆同期举办两个展会，形成专业市场，两展的联盟达到客商共享的目的，使得世界各地的生产商、分销商和买家云集一堂，非常有利于到会客商选择比较、下单订货。以法国国际纱线展览会为例，该展会于2007年调整开展时间，使其与“PV第一视觉国际面 料展”同期同馆联合举办，从而成为世界纺织与时尚界最负盛名的Premiere Vision展会之一。主办美国纽约国际面料博览会的德国法兰克福展览公司和奥地利兰精集团借鉴法国国际纱线展览会的成功经验，将展会安排与PV美国展（Premiere Vision New York）同期举行，从而集合了高中低各档次产品的全球供应商。

当今，展会已成为企业开拓国际市场、推广品牌的首选方式。展会能够在同一时间、同一地点将行业中最知名的厂商和国际上最专业的买家集中到一起，这种集聚功能，是其他贸易方式不能达到的。更多的企业能在展会期间获得订单，从而进一步突现了展会效益。以MW（Material World）展的主办方为例，AAFA是美国国家级的纺织及鞋业协会，在2007年9月举办的展会上开始全新推出订单速配活动，主办方根据展会前参展商提供

的产品资料，以及买家所提交的产品采购意向，进行整理配对，归纳出速配详情单。在展会期间，工作人员按照速配单把买家带到各个相对应的参展商摊位上，介绍买家与参展商认识，使双方能进行面对面的洽谈交流。通过现场速配形式，更快更有效地拉近参展商与买家的距离，为参展商精确导航，增加企业获取订单的机会。

许多主办者在展会期间还举办各种论坛、讲座、座谈等活动。这些形式多样的交流活动为买卖双方提供了互相了解的机会，为同行提供了获取行业发展方向信息的机会，为制造商提供了展示其创新技术和新品的平台，为设计师提供了交流设计新理念、新思路的机会。例如，比利时布鲁塞尔家用纺织品面料博览会，其最大的特色在于为参展商提供一个探讨的平台，交流家用纺织品的流行趋势。

目前，展会上涉及的纤维加工新技术主要有：

（1）天然纤维的改性，高性能、高仿真、多功能差别化纤维的开发。

（2）新型织造技术、电子提花技术。

（3）数字化设计技术的推广和应用。

参展的纺织品及服装呈现的发展总趋势为：

（1）崇尚自然、柔软、舒适。

（2）强调工艺的科技含量，通过新型的技术加工达到崭新的视觉和触觉效果。

（3）多元融合。

（4）生态环保绿色产品，提倡绿色加工工艺。

二、海外主要服装面辅料交易会简介

（一）欧洲地区

1. 法国第一视觉面料博览会（简称法国巴黎PV展）（Premiere Vision Paris）

【展会周期】一年两届

【展会地点】巴黎维勒班展览中心

【展会内容】各种面料

【组委会】巴黎 PV 展览（Premiere Vision Le Salon）

【展会简介】展会始于 1973 年，以 900 家欧洲组织商为实体，面向全世界。展会分为春夏及秋冬两届，2 月为春夏面料展，9 月为秋冬面料展。每年有近 10 万多来自 100 多个国家和地区的专业人士与欧洲最优秀的纺织服装商相聚。同时，它已成为欧洲最具权威的最新面料和流行趋势的发布窗口，公布世界纺织品和服装的最新走向。展会中心发布台每季展出近 5000 块面料小样，并有丰富的近乎奢侈的趋势陈列物，推崇、鼓励、保护企业设计和创新能力。

2. 法国巴黎国际面料展（TEXWORLD）

【展会周期】一年两届

【展会地点】法国巴黎勒布尔格博览中心（Paris Le Bourge）

【展会内容】面料、辅料和服饰

【组委会】法兰克福展览公司

【展会简介】TEXWORLD 是大型国际性面料展，每年分春秋两季，分别在 2 月与 9 月。展会仅向专业观众开放。其展出规模之大，专业性之强，国际知名度之高，在纺织服装行业都是首屈一指的。TEXWORLD 每年都聚集了全球的重要面料生产商，但参展商主要来自非欧洲国家，旨在向欧洲客商展示来自于欧洲之外国家的面料及纺织产品。

3. **法国里尔第一国际面料展（成衣面料及运动装面料展）**（Tissu Premier）

【展会周期】一年两届

【展会地点】里尔展览馆（Lille Grand Palais）

【展会内容】各类服装面料和辅料

【组委会】法国纺织服装领域的专业展览公司（Eurovet）

【展会简介】展会始于 2007 年，一年两届，分春秋两季。国际参展商占 75%。展会主办方 Eurovet 所举办的展会都是业内最知名的展会。Tissu Premier 是欧洲首屈一指的面料展会，成交量大，是面向大型专业销售商的时装面料展。展会聚集欧洲各大名牌，及时满足面料界的各种专业特殊要求。

4. **法国国际纱线展览会**（Expofil – Pari，France）

【展会周期】一年两届

【展会地点】法国巴黎 Nord Villepinte

【展会内容】纱线产品

【组委会】EXPOFIL S. A

【展会简介】该纱线展览会始于 1979 年，最初是法国国内展会。到了 1987 年，展会发展成欧盟范围内的国际专业展。到 2001 年，该展会向全世界最优秀的纱线和纤维制造商敞开大门，因而成为全球最大的纱线和纤维贸易博览会。法国国际纱线展览会每年举办两届，分别展示春夏、秋冬季的最新纱线产品。主办方在展会期间向世界展示最新纺织纱线、纤维、行业服务与流行咨询等。如今，Expofil 是法国第一视觉面料展（Premiere Vision）的一部分。

5. **意大利米兰国际服装、面料展览会**（INTERTEX Milano & READY TO SHOW）

【展会周期】每年两届

【展会地点】意大利米兰展览中心（SUPERSTUDIO PI ù ）

【展会内容】服装、面料和辅料

【组委会】意大利 T.D.F.S.R.L. 展览公司

【展会简介】该展会是意大利境内第一个吸纳全球（包括非欧盟国家）的纺织厂商参展的纺织品展览会，旨在向欧洲客商展示来自非欧洲国家的面料及纺织产品。该展每年举办春秋两届，已经成功举办 15 届。意大利以外的国家参展商达到了 30%。2011 年展会与意大利米兰国际纺织展 Milano Unica 同期同地举行，吸引更多的客商。

6. **意大利米兰国际纺织展**（Milano Unica–Milan, Italy）

【展会周期】每年两届

【展会地点】米兰展览中心

【展会内容】男装面料、女装面料、衬衫面料和新型面料

【组委会】意大利对外贸易委员会和意大利纺织工业协会

【展会简介】该展会由意大利四大传统纺织展会 Ideabiella（男装面料展览会）、Ideacomo（女装面料展览会）、Moda In（新型 / 新式服装面料展览会）和 Shirt Avenue（衬衫面料展览会）统一而来，是欧洲最具影响力的面料展会之一，代表着意大利乃至欧洲纺织品制造业水平，是欧洲高端纺织产品发布的首选平台，已成为全球时尚界不可或缺的行业盛会，将欧洲最好的质量、最好的技术、最好的创意、最好的设计面料产品和最新的流行趋势展示给全世界的专业观众。

7. **米兰国际流行面料博览会**（Moda in fabrics & accessories）

【展会周期】每年两届

【展会地点】米兰国际展览中心（Palazzo Delle Stelline）

【展会内容】各种面料

【组委会】T.D.F.S.r.l. 展览公司

【展会简介】米兰国际流行面料博览会（Moda in fabrics & accessories）简称 Moda in，始创于 1984 年，每年举办春秋两届，是世界上规模最大的专业国际流行面料展览会之一。其以国际专业展览为卖点，荟萃当今世界最为流行的各种面料，体现流行面料在现代服装设计理念中不可替代的重要作用，推动流行面料服装文化有序发展。随着现代高科技的运用及对大自然的渴望，使自然与科技巧妙结合，环保型面料更加独领风骚。每届都有色彩、面料和配饰的时尚潮流发布。

8. **伦敦服装博览会**（London Garments Expo – London, United Kingdom）

【展会周期】每年一届

【展会地点】伦敦奥利匹亚会展中心（Olympia Exhibition Centre）

【展会内容】服装、纺织品和服饰

【组委会】Perfect Management London Ltd

【展会简介】该展会是服装界的盛大活动，为展销商提供了独一无二的交流平台，有机会了解客户的需求和市场动向。同时，也是向全世界展示新产品，提高品牌知名度，寻求潜在客户并与之建立合作关系的最佳时机。

9. **巴塞罗那纺织品面料展**（The Brandery Trade show – Barcelona, Spain）

【展会周期】每年两届

【展会地点】西班牙巴塞罗那展览中心

【展会内容】各种服装和面辅料

【组委会】西班牙巴塞罗那展览中心（Fira De Barcelona）

【展会简介】该展会代表了巴塞罗那前卫的国际化都市时尚，是西班牙市场当代都市时尚唯一的贸易平台。由此被公认为是一个引领主要时尚潮流的现代面料及纺织品的展会，备受业内人士期待。展会主要专注于有当代都市感的时尚服饰。

10. **丹麦哥本哈根国际时装博览会**（Copenhagen International Fashion Fair - Copenhagen，Denmark）

【展会周期】每年两届

【展会地点】哥本哈根贝拉中心（Bella Center, Copenhagen, Denmark）

【展会内容】各种服装和面料

【组委会】丹麦纺织和成衣联合会

【展会简介】该展会是北欧规模最大的时装展。至 2011 年已举办了 33 届。CIFF 观展商来自 50 多个国家，其中 45% 来自丹麦境外，参观人数位于前三位的为瑞典、挪威和德国。参展的品牌、人气与影响力都达到了国际性展会的水准。

11. **德国杜塞尔多夫国际服装面料展**（CPD）

【展会周期】每年两届

【展会地点】德国杜塞尔多夫国际展览中心（Messe Duesseldorf）

【展会内容】各种服装、面料和辅料

【组委会】德国杜塞尔多夫

【展会简介】该展始于 1949 年，春季展会针对当年秋冬新款服装信息的发布和订货；秋季展会针对次年春夏新款服装信息的发布和订货。每年举办的 CPD 国际服装展规模大、影响力强、观众人数多，使其在服装业具有相当权威的地位，可以说是“欧洲服装的晴雨表”。

12. **德国慕尼黑国际面料展览会**（Munich Fabric Start）

【展会周期】每年两届

【展会地点】慕尼黑国际展览馆

【展会内容】面料和辅料

【组委会】慕尼黑面料展公司

【展会简介】该展会创立于 1996 年，每年举办春、秋两届。在各国均受到 2008 年金融危机的冲击下，慕尼黑面料展仍以 5% 的观众增长幅度向人们展示着自己的独特魅力和成功。新增的 ORGANIC SELECTION 和 FULL PACKAGING 展区无疑取得了巨大的成功。慕尼黑面料展还为牛仔布料单独设立了 BlueZone 展区，该主题区每届都吸引了 50 家左右的国际领先的牛仔服、运动服、街头装面料生产商和染整企业参加。2006 年，展会设立了 Asia Salon 主题区。

13. **德国法兰克福家纺展**（Heimtextil Frankfurt - Frankfurt，Germany）

【展会周期】每年一届

【展会地点】德国法兰克福展览中心

【展会内容】家用纺织品、居室纺织品、技术软件服务

【组委会】Messe Frankfurt Exhibition GmbH

【展会简介】该展会创办于1971年，被誉为历史悠久、规模巨大、国际化程度高的家用纺织品展示盛会。业内人士认为法兰克福家用纺织品博览会已经成为全球领导家纺用品潮流的桥梁和前哨。现已在莫斯科、上海、孟买、东京以及拉斯维加斯相继举办了同品牌全球展。如今，Heimtextil仍在不断发展壮大，力保业界同类展会领头羊的地位。博览会主旨在于让所有的参展商和参观者都能有效地利用这次难得的机会联系老客户，挖掘新客户，都能在展会期间发现本年度及下一年度的流行趋势。其中Trend forum，也能让参展商掌握最新的室内装潢产品资讯及设计潮流主题。

14. **巴黎国际内衣及面料展览会**（Salon International de la LINGERIE）

【展会周期】每年一届

【展会地点】法国巴黎凡尔赛展览中心

【展会内容】内衣、泳装和面料

【组委会】法国欧罗维特展览公司

【展会简介】该展会是欧洲最大内衣展览会之一，在欧洲市场首屈一指，是面向大型专业销售商的专业性展览会。2011年展会的专业买家中，有67%来自海外，500个国际品牌参与了展出。

15. **莫斯科国际毛皮产品展**（Mexa Moscow）

【展会周期】每年一届

【展会地点】莫斯科中央会展中心

【展会内容】带毛皮的纺织品，毛皮制品及助剂、设备

【组委会】OWP OST-WEST-PARTNER GMBH

【展会简介】该展已有17年的历史，长期以来一直是俄罗斯毛皮行业中最重要的展会。作为俄罗斯和东欧地区独一无二的国际性毛皮行业的展会，它提供了一个平台，国际和俄罗斯的参展商在这里展出自己最新的款式和产品。

16. **乌克兰纺织、纱线、配件展**（FABRICS.THREADS.ACCESSORIES - Kiev Ukraine）

【展会周期】每年两届

【展会地点】乌克兰基辅市基辅国际展览中心

【展会内容】纱线 / 面料

【组委会】Ukrainian Podium

【展会简介】本展会是乌克兰最大的轻工纺织时尚博览会，已累计展出17届，是乌克兰唯一进入UFI（国际博览会联盟）的展会。在展览初期，主要以面料、纱线及辅料类展品为主。展会从2009年开始，把室内纺织品类产品专设成为室内纺织品展，使展会呈现四足鼎立的格局，即为："乌克兰室内纺织品展"、"国际面料纱线及辅料展"、"特殊用途

纺织品展”和“刺绣手工艺品展”，展会的这种布局覆盖纺织品所有的系门别类，从而极大地方便参观商在有限的时间内找到更多有价值的供应商。

17. 巴塞罗那国际纺织机械展（ITMA）

【展会周期】四年一届

【展会地点】西班牙巴塞罗那展览中心

【展会内容】各种纺织机械 / 制衣设备和纱线

【组委会】欧洲纺机协会 CEMATEX

【展会简介】ITMA 展是全球顶级、专业性、涉及纺织机械领域最大的国际性展览会，每四年在欧洲举办一次，被公认是联系全球纺织机械设计、加工制造、技术应用的最重要的平台之一。展会由欧洲纺机协会 CEMATEX 主办，该组委会由比利时、法国、德国、意大利、荷兰、西班牙、瑞典、瑞士和英国的纺织机械协会组成，是 ITMA 和 ITMA 亚洲展的所有者。

（二）美洲地区

1. 美国纽约国际面料博览会（Texworld USA）

【展会周期】每年两届

【展会地点】Javits 会展中心，纽约

【展会内容】纤维、纱线、面料、辅料、内衬、CAD/CAM、织造、印花、设计、时尚媒体等

【组委会】德国法兰克福展览公司和奥地利兰精集团

【展会简介】Texworld USA 是由德国法兰克福展览公司和世界上最大的人造纤维素纤维生产商奥地利兰精集团联合主办的专业纺织面料展览会，每年举办春秋两届。该展会前身是国际知名纤维制造商 Lenzing 兰精集团旗下著名的供应商展览会（Innovation Asia）。2007 年 7 月第三届 Texworld USA 展移至纽约最著名的 Javits 会展中心举办，其规模和影响得到进一步扩大。Texworld USA 展会还借鉴了巴黎 Texworld 面料展的成功经验，将展会安排与 PV 美国展（Premiere Vision New York）同期举行，从而集合了高中低各档次产品的全球供应商。该展会是北美大陆唯一针对服装面辅料产品的专业展会。该展览会属贸易性质，只对专业商人开放，其展出规模之大，专业性之强，国际知名度之高，在纺织品面料行业都是首屈一指的。

2. 美国纽约国际流行纱线展（Spinexpo New York）

【展会周期】每年一届

【展会地点】Metropolitan Pavilion and Altman Building，纽约，美国

【展会内容】纤维、纱线、针织产品

【组委会】香港利佳顾问有限公司

【展会简介】该展始于 2009 年，设在纽约时装区的 Altman Bldgand Metropolitan Pavilion 举办。本展会展示了国际中高端的纺织纤维和纱线、横编和圆筒针织物以及来自纺织和针

织行业内专业纺织机械领导者的新技术及发展趋势。

3. 美国洛杉矶国际纺织面料展（LOS ANGELES INTERNATIONAL TEXTILE SHOW）

【展会周期】每年两届

【展会地点】美国洛杉矶

【展会内容】面料和辅料

【组委会】加州市场管理中心

【展会简介】该展始于1993年，是洛杉矶首屈一指的纺织和设计行业盛会，吸引了众多的著名业内专业人士。展品包括面料、辅料、工艺品，介绍潮流和时尚活动、趋势服务，技术解决方案的领先资源。展会期间还设有讲座，提供交流平台。

4. 美国拉斯维加斯MAGIC国际时装展览会

【展会周期】每年两届

【展会地点】拉斯维加斯会展中心（Las Vegas Convention Center）

【展会内容】各类服装、面料、辅料、鞋类等

【组委会】MAGIC INT. 公司

【展会简介】MAGIC展每年2月和8月各举办一次，始于1933年，已有70多年历史，是全球历史最悠久的专业服装及面料展览会。现已发展成为美洲市场最大、最有代表性的专业服装展览会。展会主要由九个专题展组成：WWDMAGIC，FN PLATFORM，MENSWEAR，PREMIUM，STREET UNLIMITED，S.L.A.T.E.，POOL，TRADESHOW 和 SOURCING at MAGIC。该展是美洲服装市场最为重要的市场信息发布中心及交易场所，同时也是世界上最大的集男装、女装、童装、前卫时装及服装面料为一体的专业服装类综合展会之一，是世界著名的订货性服装展会。

5. 纽约印花图案展会（PRINTSOURCE NEW YORK）

【展会周期】每年三场

【展会地点】美国纽约

【展会内容】印花和面料

【组委会】PRINTSOURCE NEW YORK

【展会简介】该展会在位于纽约曼哈顿中心地区的宾夕法尼亚酒店举行。每年举办三次，被认为是世界上顶尖设计人才和作品的集中地，也是美国面料设计最重要的市场。每次展会汇集了大量引领时尚的印花和面料精品。

6. 墨西哥国际服装、面料、辅料展览会（The International Fashion Trade Show in Mexico）

【展会周期】每年两届

【展会地点】墨西哥瓜的那哈拉国际展览馆（Expo Guadalajara, Jalisco, Mexico）

【展会内容】服装、面料、辅料

【组委会】Internacionales de la Moda, S.A.de C.V.

【展会简介】该展已举办了近 30 年之久，知名度也逐届提升。如今已发展成在墨西哥举办的唯一一个专业、自由的纺织服装制造行业的贸易盛会。

7. **巴西（圣保罗）国际面料、辅料纺织展**（FENETEC）

【展会周期】一年一届

【展会地点】巴西圣保罗市北方展览中心（Expo Centre Notre）

【展会内容】面料、辅料、配件等

【组委会】英国 IRR 展览公司

【展会简介】该展会是英国 INFORMA 集团旗下 IRR 展览公司在巴西举办的纺织、服装、家纺及鞋业贸易展览会，是南半球最大的纺织专业贸易博览会，参展公司水平及展品档次较高。

（三）亚洲地区

1. **香港国际成衣及时装材料展**（Interstoff Asia Essential - Hong Kong，China）

【展会周期】每年两届

【展会地点】香港会展中心（Hong Kong Convention and Exhibition Centre）

【展会内容】各种服装、辅料、配饰和面料

【组委会】香港会展中心（Hong Kong Convention and Exhibition Centre）

【展会简介】自 1987 年举办以来，该展会一直深受业界人士欢迎，为国际服装面料及成衣业带来源源不绝的创新和灵感。2011 年 10 月举办的展会成为时尚、功能性及环保面料专业贸易盛事。参展商和参观者中不乏顶尖零售品牌、时装店及百货公司的决策人、时装设计师等行内买家。其中，“时尚廊”荟萃本地及海外的高级服装及设计师作品精选。

2. **日本国际家用纺织品展览会**（JAPANTEX）

【展会周期】每年一届

【展会地点】东京国际展览中心

【展会内容】一般家用纺织品及相关产品

【组委会】日本家用纺织品协会

【展会简介】该展会始创于 1982 年，不仅是日本最大的国际家用纺织品展览会，同时也是亚洲最有影响力的贸易活动之一，无论从规模、质量、参展人数、成交规模都无愧于世界著名展览会的称号。

2003 年始，JAPANTEX 与日本家具博览会同期举办，时间由每年 1 月改为每年 11 月举办，进一步扩大了规模，室内家具与家用织品互相结合，到会专业客商大幅增加。

3. **韩国国际纺织展览会**（Seoul International Textile Fair）

【展会周期】每年一届

【展会地点】韩国首尔 COEX 一楼 B 馆（原印度洋厅 INDIAN HALL）

【展会内容】各种面料、辅料、成衣和出版物

【组委会】韩国纤维产业联合会

【展会简介】该展会始办于2000年，由韩国纤维产业联合会主办，得到韩国官方韩国商工能源部、韩国投资贸易促进委员会的支持。经过十多年的精心培育和打造，该展现已成为目前亚洲为数不多的专业性纺织品类展览会之一。

4. 孟加拉（达卡）国际纱线和面料辅料展（Dhaka Textiles & Garments Industry Exhibition - Dhaka，Bangladesh）

【展会周期】每年一届

【展会地点】孟加拉—中国友谊会展中心

【展会内容】各种面料和辅料

【组委会】孟加拉会展管理服务公司（CEMS）

【展会简介】主办公司CEMS"孟加拉会展管理服务公司"，成立于1992年，是孟加拉国最早、最大、最为知名的展览集团，成功举办了超过150场专业展览会，与本展会同期举办的"TEXTECH"是孟加拉服装加工领域最大的专业展览会。展会参展商达几百家，分别来自意大利、土耳其、韩国、日本、中国、中国台湾等。

5. 印度国际产业用纺织品及非织造布展览会［Techtextil India - Goregaon（East），Mumbai，India］

【展会周期】两年一届

【展会地点】印度孟买展览中心

【展会内容】原材料、辅料、非织造布和相关加工设备

【组委会】法兰克福展览（印度）有限公司

【展会简介】该展会每两年举办一次，是南亚地区唯一的产业用纺织品及非织造布展。至2007年举办首届以来，展会规模一届比一届大，影响力涵盖亚洲、非洲、欧洲、美洲以及大洋洲等全球79个国家或地区，是业内企业展出新产品、交流新技术、检验新产品的重要平台，更是发展新客户、扩大市场、建立企业品牌的良好商机。

6. 斯里兰卡国际面料及纱线展览会（Colombo International Yarn and Fabric Show–Colombo，Sri Lanka）

【展会周期】每年一届

【展会地点】斯里兰卡科伦坡国际会展中心（SLECC）

【展会内容】各种纱线和面料

【组委会】CEMS国际展览集团

【展会简介】CIFS展会是CEMS展览集团品牌展会—孟加拉国际纺织面料及纱线展（DIFS）在斯里兰卡的延伸，该展会将与斯里兰卡国际纺织机械展（Textech）、斯里兰卡国际化工印染展（Dye+Chem）一起，为海内外企业展示最新技术与产品，并提供了一站式的服务，现已成为斯里兰卡纺织面料、纺织机械及化工印染采购商及供应商最大的交易平台。

7. **印尼雅加达国际纺织面料及纱线博览会**（Jakarta International Yarn & Fabric Show）

【展会周期】每年一届

【展会地点】雅加达国际展览中心

【展会内容】各种面料和辅料

【组委会】CEMS 展览集团

【展会简介】印尼雅加达国际纺织面料及纱线博览会是 CEMS 展览集团品牌展会—孟加拉国际纺织面料纱线展（DIFS）在印尼的延伸，并得到印尼贸易部、工业部、印尼展览组织协会、印尼纺织同盟、印尼服装同盟等鼎力支持。该展会也通常与印尼国际纺织服装机械展览会（TEXTECH）同期举行。

8. **土耳其国际纺织面料及辅料博览会**（INTERNATIONAL ISTANBUL YARN FAIR - Istanbul，Turkey）

【展会周期】每年一届

【展会地点】土耳其伊斯坦布尔 CNR 展览中心（CNR EXPO）

【展会内容】纱线、面料和成衣

【组委会】土耳其 ITF 展览公司

【展会简介】该展会与土耳其国际时尚服装展（Istanbul Fashion Fair）均由土耳其 ITF 展览公司主办，土耳其棉纺工业者协会（PTSB）、土耳其纺织工业雇主联盟（TUTSIS）、土耳其服装服饰协会（KYSD）、伊斯坦布尔纺织与服装出口协会（ITKIB）等 14 个相关行业协会共同协办。此展会已成为土耳其唯一专业服装和纺织面料的展会，为来自世界各地的纺织服饰生产商以及贸易商创造了一个交流、沟通的大平台。

该展会在促进纺织服装国际贸易的同时，力争将伊斯坦布尔建设为一个全球的纺织服装中心。目前，该展览会作为国际纺织服装界一个世界级水平的贸易平台，在国际上的知名度和影响力日益提升，已对中东地区纺织服装市场的发展发挥着重要的作用。

9. **巴基斯坦国际服装、纺织机械、附件及辅料展览会**（Megatech Pakistan - Lahore，Pakistan）

【展会周期】每年一届

【展会地点】巴基斯坦拉合尔博览中心

【展会内容】服装机械、皮革机械、面料、辅料等

【组委会】巴基斯坦神马顾问有限公司

【展会简介】该展会前身是 IGATEX PAKISTAN——巴基斯坦国内首个最大的纺织及服装机械展览会。展会作为巴基斯坦和南亚地区最重要的一站式采购中心，吸引了众多的来自巴基斯坦和南亚、中东等地区的众多实力买家，也为国际上众多的纺织 / 服装机械生产商及配件生产商提供良好的机会展出其最高尖端的设备和产品。自 2008 年起，巴基斯坦国际服装、纺织机械，附件及辅料展览会正式由原来的 IGATEX PAKISTAN 更名为

MEGATEX PAKISTAN。

（四）其他地区

1. 南非开普敦国际纺织博览会（ATF）

【展会周期】每年一届

【展会地点】开普敦的国际展览中心举办（Cape Town International Convention Centre）

【展会内容】面料、辅料等

【组委会】L.T.E.South Africa

【展会简介】该展始于1998年，在位于南非著名旅游城市开普敦的国际展览中心举办，目前是南非地区唯一、非洲地区最大的纺织品及鞋类展览会。来自南非、意大利、捷克、中国、印度、孟加拉国、毛里求斯、土耳其、巴基斯坦等国家及地区的企业参加了此展会，Atum Sr、Consorzio Expoo、Marchetti Antoni 等国际知名企业也参加过该展会。

2. 中东迪拜纺织展（MOTEXHA）

【展会周期】每年一届

【展会地点】迪拜国际展览中心

【展会内容】各种面料、辅料等

【组委会】英国IIR展览公司

【展会简介】该展会已举办了30多年。迪拜是中东的贸易中心，市场辐射中东地区、独联体国家、印度次大陆及部分非洲国家10多亿人口。由于阿联酋奉行自由贸易政策，进口关税只有4%，并且鼓励发展贸易。 在过去的几年中，该展促成商业成交额超过10亿美元，参加该展会已被公认为企业进入中东家纺、服装、皮革市场的最佳途径。该展是中东地区唯一最为专业、规模最大、最具权威性的家纺、纺织面辅料及服装展会。

附录2：各类纺织品编号及含义

各类纺织品出厂时在外包装上印刷产品的编号，这是我国国家标准对纺织品统一编制的产品编号。消费者可以通过编号了解面料的纤维原料、产品类别、产品规格和产地等信息，准确掌握织物的产品编号，就能正确识别面料。

一、棉织物的编号

1. 本色棉织物

本色棉织物的产品编号用三位数字表示，左起第一位数字代表品种类别，见附表1，后面两位数字代表织物的规格。

后两位数字中，“01~29”表示各类纱织物；“30~39”表示各类半线织物；“50”以上表示全线织物。

例如：125 表示中平布，202 表示纱府绸，405 表示纱哔叽。

2. 印染棉织物

印染棉织物的产品用四位数字表示，左起第一位数字代表品种类别，见附表 1，后三位数字与本色棉织物的产品编号意义相同。

附表 1　棉织物的编号

类别	本色棉织物	印染棉织物
1	平布	漂白布
2	府绸	卷染染色布
3	斜纹	扎染染色布
4	哔叽	精元染色布
5	华达呢	硫化元染色布
6	卡其	印花布
7	直贡、横贡	精元底色印花布
8	麻纱	精元花印花布
9	绒布	本光漂色布

例如，1130 表示漂白中平布，6213 表示印花纱府绸，2404 表示卷染染色纱哔叽。

二、毛织物的编号

毛织物的编号由五位数字组成，前面冠以拼音字母表示产地和生产厂家。精纺毛织物与粗纺毛织物的产品分别编号。

1. 精纺毛织物的编号

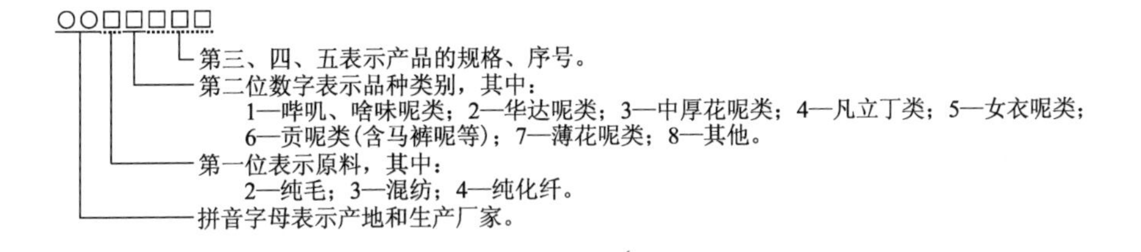

例如，22013 表示精纺纯毛华达呢。

2. 粗纺毛织物的编号

○○□□□□□

第三、四、五位数字表示产品的规格、序号。

第二位数字表示品种类别，其中：
1—麦尔登；2—大衣呢；3—制服呢；4—派力司；5—女式呢；6—法兰绒；7—粗花呢；8—大众呢；9—其他。

第一位表示原料，其中：
0—纯毛；1—毛混纺；7—纯化纤

拼音字母表示产地和生产厂家。

例如，XA06058 表示新疆八一毛纺织厂生产的粗纺纯毛法兰绒。

3. **长毛绒的编号**

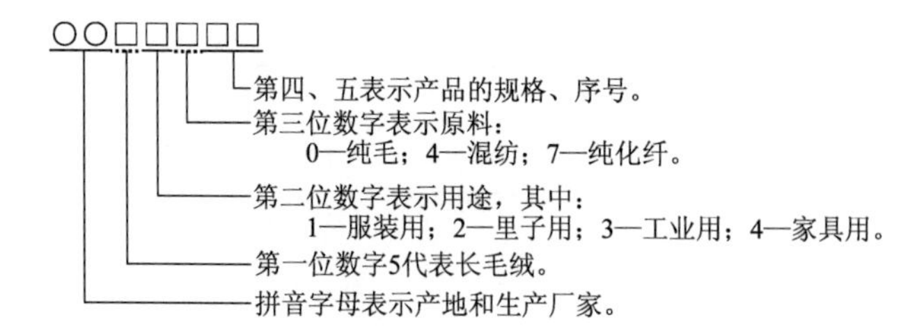

例如：X5101 表示 X 厂生产的服装用全毛长毛绒产品

三、丝织物的编号

丝织物的编号有内销及外销两种，都由五位数字组成。

1. **外销丝织品的编号**

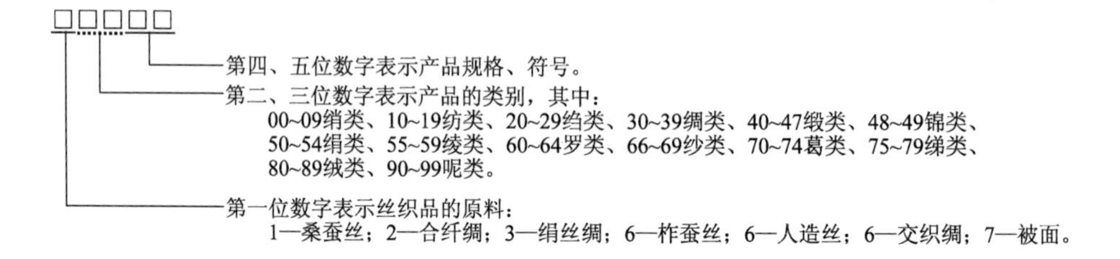

例如：14006 表示桑丝缎；65803- 表示交织绫织物。

2. **内销丝织品的编号**

内销丝织品的编号的第一位数字表示织物的用途，用途分为两大类："8"表示服装用丝绸，"9"表示装饰用丝绸；第二位数字表示原料；第三位数字表示织物组织结构；第四、第五位表示产品的规格，见附表 2。

附表 2 内销丝织物编号

<table>
<tr><th colspan="2">第一位数字</th><th colspan="2">第二位数字</th><th colspan="4">第三位数字</th><th>第四位数字</th></tr>
<tr><th>编号</th><th>用途</th><th>编号</th><th>原料</th><th>平纹</th><th>变化组织</th><th>斜纹</th><th>缎纹</th><th>规格</th></tr>
<tr><td rowspan="4">8</td><td rowspan="4">服装用丝绸</td><td>4</td><td>人造丝纯纺</td><td rowspan="2">0~2</td><td rowspan="2">3~5</td><td rowspan="2">6~7</td><td rowspan="2">8~9</td><td>50~99</td></tr>
<tr><td>5</td><td>人造丝交织</td><td rowspan="8">01~99</td></tr>
<tr><td>7</td><td>蚕丝纯织 / 交织</td><td>0</td><td>1~2</td><td>3</td><td>4</td></tr>
<tr><td>9</td><td>合纤纯织 / 交织</td><td>5</td><td>6~7</td><td>8</td><td>9</td></tr>
<tr><td rowspan="5">9</td><td rowspan="5">装饰用丝绸</td><td>1</td><td>线绨被面</td><td colspan="4">0~9</td></tr>
<tr><td>2</td><td>人造丝被面纯 / 交织</td><td colspan="4">6~9/0~5</td></tr>
<tr><td>3</td><td>印花被面</td><td colspan="4">0~9</td></tr>
<tr><td>7</td><td>蚕丝纯织 / 交织</td><td colspan="4">0~5/6~9</td></tr>
<tr><td>9</td><td>装饰绸、广播绸</td><td colspan="4">0~9</td></tr>
</table>

四、麻织物的编号

国家对麻织物的编号规定，用五位数字表示，前三位与后两位之间用破折号隔开。编号的第一位数字代表亚麻布的类别；第二位、第三位数字代表同一类别加工基本条件的不同；在破折号后面的两位数字是染整加工特性的代号。

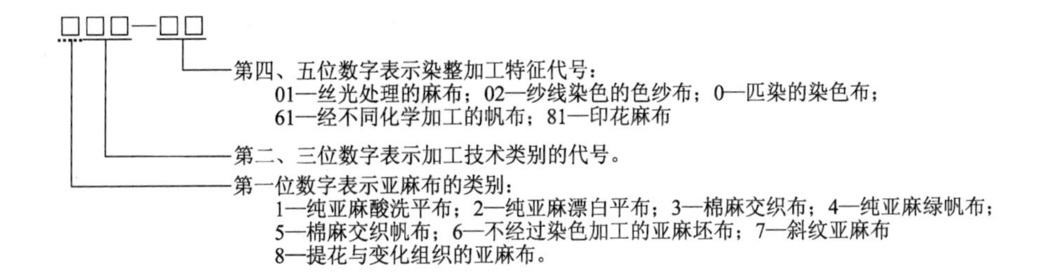

五、化学纤维织物的分类及编号

化学纤维织物的分类方法很多，目前主要以所使用的原料品种来分。可以分为黏胶纤维织物、涤纶织物、锦纶织物、腈纶织物、丙纶织物、维纶织物等几大分类。各类中又有纯纺及混纺织物、交织物；还可以纤维的细度和长度分成棉型化纤织物、中长型化纤织物、毛型化纤织物和化纤长丝织物等。

化纤织物的大类编号用四位数字表示。分别代表织物的种类、织物品类及原料使用方法。中长纤维织物又在编号前加字母“C”以便区别。代号详细说明如下：

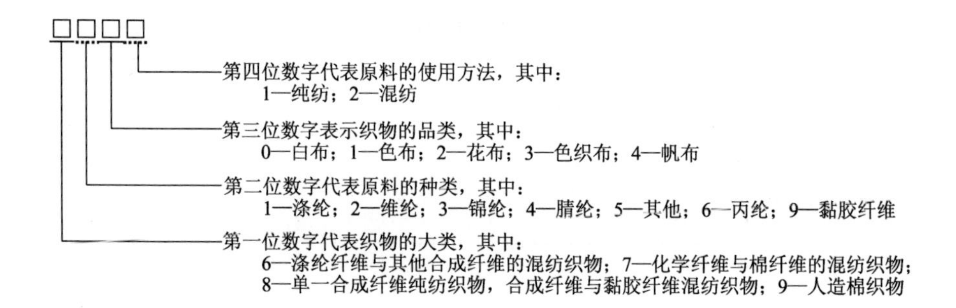

例如：7112 表示涤纶混纺色布，8132 表示涤黏混纺色织布；C8132 表示中长涤黏混纺色织布。

书目：服装类

书名	作者	定价(元)
【服装高等教育“十二五”部委级规划教材】		
女装结构设计与产品开发	朱秀丽　吴巧英	42.00
现代服装材料学(第2版)	周璐瑛　王越平	36.00
运动鞋结构设计	高士刚	39.80
服装生产现场管理(第2版)	姜旺生　杨　洋	32.00
新编服装材料学	杨晓旗　范福军	38.00
实用服装专业英语(第2版)	张小良	36.00
发式形象设计	徐　莉	48.00
CAD服装款式表达	高飞寅	35.00
服装产品设计:从企划出发的设计训练	于国瑞	45.00
运动鞋造型设计	魏　伟　吴新星	39.80
【服装高等教育“十二五”部委级规划教材(本科)】		
礼服设计与立体造型	魏　静　等	39.80
服装工业制板与推板技术	吴清萍　黎　蓉	39.80
服装表演基础	朱焕良	35.00
纺织服装前沿课程十二讲	陈　莹	39.80
服装画表现技法	李　明　胡　迅	58.00
成衣设计与立体造型(附光盘1张)	魏　静	39.80
时装工业导论(附光盘1张)	郭建南	38.00
【国际服装丛书·营销】		
视觉之旅——品牌时装橱窗设计	[英]托尼·摩根　著　陈　望　译	78.00
视觉营销:零售店橱窗与店内陈列	[英]摩根	78.00
时尚买手	[英]海伦·格沃雷克	30.00
全球最佳店铺设计	[美]马丁·M.派格勒	148.00
店面橱窗设计	[美]缪维	42.00
视觉·服装:终端卖场陈列规划	[韩]金顺九　李美荣	48.00
全程掌控服装营销	[韩]崔彩焕	36.00
服饰零售采购:买手实务(第7版)	[美]杰·戴孟拉	38.00
服装零售成功法则	[美]多丽丝·普瑟	42.00
服装产业运营	[美]伊莱恩·斯通	88.00
【国际服装丛书·生产技术】		
美国时装样板设计与制作教程(上)	[法]海伦·约瑟夫·阿姆斯特朗　著　裘海索　译	59.80
服装纸样设计原理与应用	[美]欧内斯廷·科博	48.00
男装样板设计	威尼弗　雷德－奥　尔德里	24.00
美国经典服装制图与打板	吴巧英　译	22.00
美国经典服装推板技术	[美]珍妮·普赖斯	29.80
美国经典立体裁剪·提高篇	海伦·约瑟夫·阿姆斯特朗	48.00
图解服装缝制手册	刘恒　译	38.00

书　　名	作　　者	定价(元)
美国时装样板设计与制作教程(下)	[美]海伦·约瑟夫·阿姆斯特朗　著 裘海索　译	59.80
【国际服装丛书·其他】		
回眸时尚:西方服装简史	[法]格罗	29.80
时尚不死?——关于时尚的终极诘问	[法]多米尼克·古维烈	42.00
定位时尚:服装纺织从业人员职业生涯规划	[英]格沃雷克	32.00
服装设计师创业指南	[美]玛丽·吉尔海厄	29.80
服饰美学	叶立诚	38.00
流行预测	李宏伟　译	28.00
服装表演导航	朱迪思·C. 埃弗雷特	29.80
中西服装史	叶立诚	128.00
【法国看时尚·时尚看法国】		
时尚手册(二)服饰配件设计	[法]奥利维埃·杰瓦尔　著　治　棋　译	58.00
时尚手册(一)时尚工作室与产品	[法]奥利维埃·杰瓦尔　著　郭平建 肖海燕　姚霁娟　译	58.00
时尚映像——速写顶级时装大师	[法]弗里德里克·莫里　著　治　棋 骆巧凤　译	68.00
法国新锐时装绘画——从速写到创作	[法]多米尼克·萨瓦尔　著　治　棋　译	49.80
【新编服装院校系列教材】		
成衣纸样与服装缝制工艺(第2版)	孙兆全	39.80
【服装技术应用实践教材】		
服装形象设计	东华大学继续教育学院	36.00
服装应用设计	东华大学继续教育学院	29.80
【其他】		
男装款式和纸样系列设计与训练手册	刘瑞璞　张　宁	35.00
女装款式和纸样系列设计与训练手册	刘瑞璞　王俊霞	42.00
国际化职业装设计与实务	刘瑞璞　常卫民　王永刚	49.80